Hilfsbuch für Betriebsberechnungen

Mit besonderer Berücksichtigung nomographischer Methoden

Von

Ing. B. M. Konorski

Mit 46 Nomogramm- und 13 Kurventafeln
und einem Lineal in einer Mappe sowie mit 71 Zahlentafeln
und 35 Textabbildungen

Berlin
Verlag von Julius Springer
1930

ISBN-13: 978-3-642-89972-0 e-ISBN-13: 978-3-642-91829-2
DOI: 10.1007/978-3-642-91829-2

Inhaltsverzeichnis.

Abkürzungen: N = Nomogramm, K = Kurventafel.

IV. Dampfkessel.

V. Beleuchtungstechnik.

VI. Elektrotechnik.

VII. Dampfverbrauch und Wirkungsgrad von Dampfmaschinen und Dampfturbinen.

VIII. Pumpen und Ventilatoren.

Einleitung.

Die Anfänge der Berechnungstechnik liegen sehr weit zurück. Schon in uralten Zeiten waren die Menschen bestrebt, gewisse Zusammenhänge in der Natur und im Leben rechnerisch zu erfassen. Es berührt uns heute seltsam, wenn wir sehen, wie primitiv im Altertum die Berechnungsmethoden waren im Vergleich mit der Kompliziertheit und hohen Blüte der Logik. Die erste große Erfindung, die die Berechnungstechnik auf neuzeitliche Bahnen gelenkt hat, war die Entdeckung der Buchstabenrechnung im 13. Jahrhundert. Durch sie ist zwar nicht der Berechnungsvorgang selbst verbessert worden, doch hat sie es ermöglicht, denselben leicht zu übersehen, was in früherer Zeit durch die Weitläufigkeit der erklärenden und die Reihenfolge der Rechnungsoperationen bestimmenden Worte außerordentlich schwierig war. Der nächste große Fortschritt war die Erfindung der Logarithmen im 17. Jahrhundert, durch welche es möglich wurde, komplizierte rechnerische Verrichtungen außerordentlich zu erleichtern. Der logarithmische Rechenschieber, zwar schon lange Zeit bekannt, jedoch erst während der letzten Jahrzehnte des 19. Jahrhundert zur allgemeinen Verbreitung gelangt, bildet heute das beliebteste Hilfsmittel und unentbehrlichste Rüstzeug jedes Technikers. Hand in Hand mit dieser Entwicklung ging auch diejenige der graphischen Rechnung, die ebenfalls im Altertum ihre Wurzeln hat. Sie ist erst in neuerer Zeit zur eigentlichen Berechnung von Zusammenhängen herangezogen worden und hat früher mehr durch die Anschaulichkeit der dargestellten Beziehungen und die Erleichterung ihrer Analyse gute Dienste geleistet. Die Berechnungstechnik ist nicht nur bestrebt, die Lösung einer rechnerischen Aufgabe zu finden, sondern auch, dies in einer möglichst kurzen Zeit zu bewerkstelligen und unter möglichst geringer geistiger Anstrengung des Ausführenden. So wie es in anderen Zweigen der Wissenschaft oder Technik der Fall ist, braucht auch die Berechnungstechnik immer umfangreichere Hilfsmittel zur Erfüllung dieser Aufgabe. Es wird heutzutage niemand einfallen, sich selbst einen Logarithmus oder eine Kubikwurzel auszurechnen. Er wird dazu entsprechende Tabellen benützen. Auf diese Weise hat man in der ausübenden Berechnungstechnik die Selbständigkeit insofern verloren, als der Berechnende von fremden Hilfsmitteln und Erfahrungswerten, die in Formeln, Tabellen oder wo immer niedergelegt sind, abhängig ist. Jedoch ist es charakteristisch für die neuzeitliche Technik, daß diese Abhängigkeit von Erfahrungswerten und der Verlust der Selbständigkeit nicht als lästig empfunden werden. Vor Siemens konnte sich die Dynamomaschine nicht durchsetzen, weil man eine selbständig Strom erzeugende Maschine benötigte. Heute aber fällt es niemand ein, etwa für sein Haus extra elektrischen Strom zu erzeugen, und man empfindet die Abhängigkeit vom Elektrizitätswerk nicht mehr als drückend.

Die modernen Berechnungsmethoden erfüllen in hohem Maße die vorhin gestellten Forderungen. Ganz besonders, wo es sich um oft wiederholte Auswertung von einander ähnlichen Berechnungskomplexen handelt, verfügt man über eine Anzahl oft komplizierter Hilfsmittel und Geräte, die den Betreffenden einen großen Teil der Berechnungsarbeit abnehmen. Im technischen Aufgabenkreis sind solche Hilfsmittel von hoher Präzision, wie Planimeter, Spezialrechenschieber und Wanderkurventafeln, ganz besonders in Projektierungs- und Konstruktionsbüros eingeführt. Es handelt sich dabei um ziemlich eng umgrenzte Spezialaufgaben. Das vorliegende Buch stellt sich eine mehr allgemeine Aufgabe, nämlich die, die Berechnungen, welche der Praktiker in einem technischen Betriebe auszuführen hat, zu erleichtern, und den Berechnungsvorgang möglichst abzukürzen. Da diese Aufgabe ziemlich allgemeiner Natur ist und es sich hier um vielerlei Probleme aus den verschiedensten Gebieten handelt, sind auch die Hilfsmittel, deren sich dieses Buch bei den Berechnungen bedient, viel einfacher gehalten. Frei von theoretischer Genauigkeit wird hier versucht, die rechnerischen Zusammenhänge der Erscheinungen einwandfrei und möglichst einfach zu erfassen und auszuwerten.

Der Betriebsingenieur steht bei Ausübung seiner Tätigkeit in der Hauptsache vor zwei Aufgaben:

1. der Beurteilung der Sicherheit und
2. der Beurteilung der Wirtschaftlichkeit des ihm anvertrauten Betriebes.

Wenn wir uns hier auf die rechnerischen Zusammenhänge beschränken, so hat der Ingenieur, was die Sicherheit des Betriebes betrifft, zu ermitteln, ob die auftretenden Spannungen, Temperaturen und sonstigen Beanspruchungen nicht übermäßig groß sind und dadurch die Sicherheit von Menschenleben und des Betriebes gefährden; vom Standpunkt der Wirtschaftlichkeit aus muß er feststellen, ob diese Beanspruchungen nicht zu klein sind, was eine Vergeudung des Materials bedeuten würde, und ob der Wirkungsgrad der unter seiner Aufsicht stehenden Maschinen und Anlagen nicht zu gering ist, was einem Energieverlust gleichkäme. Die in den Betrieben oft vorkommenden Neu-Installationen werden ebenfalls nach diesen Gesichtspunkten projektiert.

Um den hier angeführten Aufgaben gerecht werden zu können, muß der Betriebsingenieur die quantitativen Beziehungen ermitteln, und bei dieser Tätigkeit soll ihm das vorliegende Buch ein Hilfsmittel sein. Der Verfasser hofft jedoch, daß es auch bei der Projektierung von Neu-Installationen in technischen Büros usw. wertvolle Dienste leisten wird.

Innerhalb dieses Rahmens erblicken wir nun die Elemente, deren wir uns hier zu bedienen haben. Es sind dies:

1. Vorschriften, welche aus langjähriger Erfahrung entstanden und von Fachvereinen oder von der Polizei herausgegeben sind,
2. Tabellen, die die Eigenschaften und Dimensionen handelsüblicher Erzeugnisse enthalten, und
3. Berechnungsformeln.

Alle drei Gruppen sind in dieses Buch so weit aufgenommen worden, als es dem Verfasser für die ausübende Praxis nötig erschien. Den geltenden Vorschriften sind Sätze, Formeln und Erfahrungszahlen entnommen, die sich für die quantitative Beurteilung der Betriebsgrößen eignen. Die Tabellen über Eigenschaften und Abmessungen von Maschinen, Apparaten, Installationsmaterial usw. sind den Katalogen führender Firmen entnommen.

Was die Berechnungsformeln anbetrifft, welche oft vom Ingenieur im Betriebe ausgewertet werden müssen, so handelte es sich erstens darum, sie in eine möglichst kurze, prägnante Form zu bringen, in welcher alles enthalten ist, was zur Beurteilung der Grundzüge des betreffenden Falles gehört, während alles ausgeschaltet erscheint, was, wenn auch vielleicht theoretisch wichtig, den Anforderungen eines Betriebsmannes nicht entspricht. Außerdem ist es oft für denselben außerordentlich wichtig, diese Auswertung in kurzer Zeit vornehmen zu können. Man muß sich die Fälle vor Augen halten, die im Betriebe eine rasche Entscheidung erheischen, Dispositionen, die in der Fabrik oder Werkstatt selbst erwogen und erteilt werden müssen, oder Ratschläge während technischer Konferenzen. Es ist wichtig, dann rasch die Wirkung einer Änderung berechnen zu können und so ein, wenn auch nicht absolut, so doch hinreichend genaues Resultat in kurzer Zeit zu erhalten.

Um die Formeln auszuwerten, besitzt der Techniker einige wichtige Hilfsmittel. Das erste ist der Rechenschieber, dessen Handhabung so allgemein ist, daß sich jede Erklärung erübrigt. Das nächste Hilfsmittel ist das Nomogramm, d. h. eine graphische Darstellung der Beziehungen zwischen zwei, drei und mehreren Variablen mittels Skalenleitern und die Darstellung mittels Kurvenscharen. Ein drittes Hilfsmittel sind die Zahlentabellen, welche höchstens bis zu drei Variablen anwendbar sind. Die Zahlen- und Kurventafeln werden auch dann benutzt, wenn der gesetzmäßige Zusammenhang zwischen den in Betracht kommenden Größen nicht bekannt ist und dieselben nur empirisch festgestellt sind.

Von allen drei angeführten Mitteln wird in diesem Buche ausgiebig Gebrauch gemacht. Die Nomogramme, die hier mit einer Anzahl von 46 Tafeln vertreten sind, machen es mittels einfacher Handhabungen (siehe unten) möglich, die Gleichungen auszuwerten. Gegenüber den Tabellen, welche etwa die gleiche Funktion darzustellen hätten, besitzen sie große Vorteile:

1. Die umständliche rechnerische Interpolation zwischen zwei Werten einer Spalte oder einer Zeile, oder zwischen vier Werten zweier Spalten und zweier Zeilen wird durch die mühelose graphische Interpolation ersetzt.

Inhaltsverzeichnis.

Abkürzungen: N = Nomogramm, K = Kurventafel.

IV. Dampfkessel.

V. Beleuchtungstechnik.

VI. Elektrotechnik.

VII. Dampfverbrauch und Wirkungsgrad von Dampfmaschinen und Dampfturbinen.

VIII. Pumpen und Ventilatoren.

2. Die Nomogramme gestatten eine leichte Inversion, d. h. Auffindung von beliebigen Unbekannten, wenn andere sie bestimmende Variable bekannt sind.

3. Sie ermöglichen die Auswertung von Beziehungen auch zwischen vier und sogar mehreren Variablen, für welche die Tabellen außerordentlich umfangreich werden würden.

Vor der direkten Auswertung der numerischen Gleichungen haben die Nomogramme den Vorteil, daß sie die Rechnung ohne jegliche Gedankenarbeit lösen können. Die in diesem Buche befindlichen Nomogramme sollen nicht dem Rechenschieber bei den einfachen Rechnungen, die mittels des Schiebers in zwei oder drei Operationen ausgeführt werden können, Konkurrenz machen. Es ist also nicht beabsichtigt, den Rechenschieber in der Ausführung einer einfachen Multiplikation oder Division ($Z = A \cdot X \cdot Y$) zu ersetzen. Im Gegenteil, um die Nomogramme durchsichtiger zu gestalten, vereinigen wir hier oft einige Variable in Form von Produkten oder Quotienten, die mit dem Rechenschieber gebildet werden müssen und im Nomogramm als eine Unbekannte fungieren.

Die hier angewendeten Nomogramme besitzen eine oder mehrere geradlinige oder kurvenförmige Skalen, deren jede einem Änderungsintervall einer Variablen entspricht. Im einfachsten Falle sind drei solcher Geraden vorhanden. Wir nennen dann das Nomogramm ein Dreiskalensystem. Die Skalen sind auf den Skalenleitern und diese in gegenseitiger Abhängigkeit so gezeichnet, daß der Schnitt dieser drei Skalen mit einer geraden Schnittlinie in den Schnittpunkten Werte ergibt, die einer betreffenden Gleichung (also im besprochenen Falle einer Gleichung zwischen 3 Variablen) entsprechen. Stellt also das Nomogramm die Funktion $F(x, y, z) = 0$ dar und suchen wir zu bestimmten x und y den entsprechenden Wert von z, so haben wir auf den Skalen des Nomogrammes für x und y die entsprechenden Werte aufzusuchen und sie durch eine Gerade zu verbinden. Der Schnittpunkt dieser Geraden mit der z-Skala ergibt den gesuchten, der obigen Gleichung entsprechenden Wert von z. Die Schnittgerade kann mittels eines Fadens oder eines Lineals gezogen werden. Es kann dazu das hier beigegebene Zelluloidlineal benützt werden. Besteht außerdem eine Beziehung $x = f(q)$, so kann mühelos auch q in dasselbe Nomogramm hineingenommen werden, indem man die Skala für x als Doppelskala ausbildet, an deren beiden Seiten die Beschriftung für x und für q aufgetragen wird. (Also z. B. für eine Leistung die doppelte Beschriftung in PS und in kW.)

Für die Gleichungen zwischen vier Veränderlichen benützt man meistens ein Nomogramm, das 4 Skalen besitzt, für jede Veränderliche eine, und außerdem eine Skala ohne Beschriftung (Zapfenlinie). Wir nennen daher ein solches Nomogramm ein „Vierskalensystem mit Zapfenlinie". Die Handhabung dieses Nomogrammes ist folgende: Mittels verschiedenartiger Beschriftung sind die 4 Veränderlichen x, y, z und q in zwei Gruppen von je 2 Veränderlichen geteilt, und zwar werden etwa x und y durch Kursivlettern, z und q durch gewöhnliche Lettern dargestellt. Es werden nun auf den Skalen für x und y die entsprechenden Werte aufgesucht und durch eine Gerade verbunden. Der Schnittpunkt dieser Geraden mit der Zapfenlinie wird mit Hilfe einer Nadel[1] festgehalten und das Lineal so geschwenkt, daß die Gerade nunmehr durch diesen Punkt der Zapfenlinie und durch den gegebenen Wert von z hindurchgeht. Der Schnittpunkt dieser Geraden mit der q-Skala liefert den gesuchten, den gegebenen Werten von x, y, z entsprechenden Wert q. Auf diese Weise kann man auch jede andere von den Variablen x, y, z und q ermitteln. Auf die geschilderte Handhabung hat es keinen Einfluß, ob die Skalenträger gerade Linien oder Kurven sind.

Andere Nomogramme, wie sie oft anzutreffen sind, bestehend aus vielen Skalen, die mittels in bestimmter Weise verlaufender Linienzüge zu verwenden sind, werden hier nicht aufgenommen und zwar aus dem Grunde, weil man sich in jedes solche Nomogramm erst „einarbeiten" muß, was hier bei der großen Anzahl von Nomogrammen schwer möglich wäre. Außerdem wird eine solche Handhabung erfahrungsgemäß sehr leicht vergessen bzw. verwechselt. Die Handhabung von Dreiskalen- oder Vierskalensystemen mit Zapfenlinie ist jedoch sehr einfach, da das Nomogramm immer ohne weitere Kommentare und Erklärungen „betriebsfähig" ist, ohne daß man sich erst „einarbeiten" müßte.

Wo zwischen den vorkommenden Größen Proportionalität herrscht, wird diese Eigenschaft in den Nomogrammen ausgenutzt. Wir wollen dies an einem einfachen Beispiel erläutern.

---

[1] Es empfiehlt sich, zu diesem Zwecke eine Nadel an einen Faden und denselben am Loch des Lineals zu befestigen (s auch S. 5).

Es sei die Funktion

$$z = a\,x\,y \tag{1}$$

durch ein Nomogramm darzustellen, wobei also

$$z \sim x, \quad z \sim y, \quad x \sim \frac{1}{y} \tag{2}$$

ist. Dabei sollen die Werte von x und y im Nomogramm enthalten sein, die zwischen den Grenzwerten, x_1, x_2 bzw. y_1, y_2 sich befinden. Ist

$$\frac{x_2}{x_1} < 10, \quad \frac{y_2}{y_1} < 10, \tag{3}$$

so übt die Proportionalität zwischen den Variablen keinen Einfluß auf die Gestaltung des Nomogrammes aus, das auf normale Weise konstruiert wird. Ist jedoch

$$\frac{x_2}{x_1} > 10, \quad \frac{y_2}{y_1} > 10, \tag{4}$$

so braucht man das Nomogramm nicht für den verlangten Änderungsintervall

$$x_2 \geqq x \geqq x_1, \quad y_2 \geqq y \geqq y_1 \tag{5}$$

zu entwerfen, sondern nur für

$$10 \geqq x \geqq 1, \quad 10 \geqq y \geqq 1. \tag{6}$$

Will man bei der Benutzung dieses Nomogrammes die Größe von z für Werte von x und y ermitteln, von welchen einer oder beide nicht in den im Nomogramm eingezeichneten Intervall enthalten sind, so setzen wir

$$x = \bar{x}\cdot(x), \quad y = \bar{y}\cdot(y), \tag{7}$$

dabei sind (x) und (y) Proportionalitätsfaktoren, die einer Potenz von 10 gleich und so gewählt sind, daß

$$10 \geqq \bar{x} \geqq 1 \quad \text{und} \quad 10 \geqq \bar{y} \geqq 1 \tag{8}$$

ist. Für diese Werte läßt sich aus dem Nomogramm der Wert $\bar{z}$ ermitteln, der der Gleichung

$$\bar{z} = a\,\bar{x}\,\bar{y} \tag{9}$$

genügt. Es ist jetzt

$$\begin{aligned} z = a\,x\,y &= a\cdot\bar{x}\cdot\bar{y}\cdot(x)\cdot(y) = \bar{z}\cdot(x)\cdot(y) \\ &= \bar{z}\cdot(z) \end{aligned} \tag{10}$$

und also ist der gesuchte Proportionalitätsfaktor

$$(z) = (x)\cdot(y). \tag{11}$$

Um somit den richtigen Wert von z zu erhalten, muß man das aus dem Nomogramm gefundene $\bar{z}$ mit dem Proportionalitätsfaktor (z) multiplizieren, der der Gleichung (11) genügt. Es sei nochmals hervorgehoben, daß stets der richtige Wert einer Größe = Nomogrammangabe × Proportionalitätsfaktor ist.

Um die Auswertung der Gl. (11) zu erleichtern, wird dieselbe ebenfalls durch ein Hilfsnomogramm dargestellt, das dann „Tabelle für Proportionalitätsfaktoren" genannt wird und an der Haupttafel unten angebracht wird. Nachdem die Werte (x), (y), (z) stets Potenzen von 10 sind, können die „Skalen" dieser Tabelle durch Punktreihen, die aus wenigen Punkten bestehen, ersetzt werden. Durch Anlegung eines Lineals erhält man für zwei gegebene Proportionalitätsfaktoren ohne weiteres den Wert des dritten.

Der Vorteil der Rechnungsweise mit den Proportionalitätsfaktoren ist, daß man bei deren Anwendung die Maßstäbe der Skalen für x und y (und folglich auch für z) viel größer wählen kann als sonst, wodurch die Genauigkeit der Ablesungen sich vergrößert. Weitere Beispiele für die Anwendung der Proportionalitätsfaktoren befinden sich zahlreich im Text. Siehe auch die besonders ausführlichen Beispiele S. 13, 14, 16, 49, 94, 96, 100, 101, 114.

Von der Anwendung jeder anderen Art graphischer Spezialtafeln, die mittels Vornahme kunstvoll ausgedachter Linienzüge oder ähnlicher Verfahren die Auswertung von Formeln ermöglichen, ist hier Abstand genommen. Jede solche Tafel braucht eine besondere Anleitung, die vor der Inangriffnahme der Berechnung erst studiert werden muß und die, wie die Erfahrung lehrt, von demjenigen, der sie nur selten anwendet, leicht vergessen wird. Dabei überbietet die Leistungsfähigkeit dieser Spezialtafeln selten diejenige der Nomogramme, dagegen stehen diese Tafeln, was die Leichtigkeit der Anwendung betrifft, weit hinter den Nomogrammen zurück[1].

Die physikalischen und technischen Zusammenhänge zwischen den in Betracht kommenden Größen sind in diesem Buche als bekannt vorausgesetzt, ebenso wie eine gewisse Vertrautheit mit der Materie. Wie schon oben gesagt, werden hier nur die zahlenmäßigen Beziehungen behandelt.

Die Formeln werden im allgemeinen ohne Ableitung angegeben. Nur in solchen Fällen, wo sie weniger bekannt sein dürften, bzw. wo sie aus Neuüberlegungen oder Vereinfachungen hervorgegangen sind, ist auch die betreffende Ableitung kurz angegeben.

Praktische Winke für Nomogrammbenützung.

1. Zeichnung flach hinlegen.
2. Ausgangswerte und Resultate nicht im Kopf behalten, sondern auf einen Zettel schreiben.
3. Die Zueinandergehörigkeit der Skalen beachten. Es dürfen nur Punkte solcher Skalen miteinander in Verbindung gebracht werden, die gleichartige Beschriftung aufweisen. Es müssen somit beide Skalen aufrechte oder beide kursive Beschriftung besitzen. Mit lichter Schrift sind solche Zahlen beschriftet worden, die gemeinsam für beide Systeme (also für das aufrecht geschriebene und das kursive) sind. Es kann also ein Punkt mit lichter Schrift mit einem der aufrecht beschriebenen bzw. mit einem der kursiv beschriebenen Skala in Zusammenhang gebracht werden, niemals jedoch die kursiven Zahlen mit den aufrechtgeschriebenen.

   Die Skalenleitern mit gestrichelten Skalenträgern sind Hilfsskalen, die zur Schnittbildung überhaupt nicht herangezogen werden dürfen.
4. Bei 3-skaligen Nomogrammen zur Ablesung den in das Lineal eingeritzten Strich benützen. Das Lineal ist auf die Zeichnung so zu legen, daß der Strich unmittelbar auf die Papierebene zu liegen kommt.
5. Bei 4-skaligen Nomogrammen zur Ablesung den Linealrand benützen. Den Punkt auf der Zapfenlinie (s. S. 3) mittels einer dünnen Nadel (am besten eignet sich dazu eine Stecknadel mit größerem Kopf wie ähnliche zur Markierung auf Landkarten verwendet werden) oder eines feingespitzten Bleistiftes markieren. Die Nadelspitze ist am Linealrand so anzuordnen, daß sie sich genau in einer Geraden mit den auf den beiden Skalen liegenden Punkten befindet. Dieselben Dienste leistet ein zweites (etwa ebenfalls durchsichtiges) Lineal.
6. Beim Arbeiten mit den Kurventafeln leisten das Lineal und die Nadel ebenfalls gute Dienste.
7. Von Zeit zu Zeit ist das Lineal auf seine Geradlinigkeit zu prüfen.
8. Die einzelnen meistbenützten Tafeln sind zur besseren Kenntlichmachung am Rand mit farbigen Papierstückchen zu überkleben.

* * *

Bei sorgfältiger Handhabung ist der Fehler meistens $< 0{,}5\%$, maximal 1%.

Papierdehnung vermag eine Verlängerung der einzelnen Skalenleitern bis zu 1% zu bewirken. Für die Genauigkeit der Berechnung ist indessen dieser Umstand kaum von nachteiliger Bedeutung, da die Papierverzerrungen angenähert projektiver Natur sind.

---

[1] Gerade in letzter Zeit werden die Fachzeitschriften und der Markt überschwemmt mit graphischen Rechenmitteln, Doppel- und Spezial-Rechenschiebern, gleitenden Kurvenlinealen usw. Man staunt manchmal darüber, mit welchem großen Aufwand von Rüstzeug ein Resultat erstrebt wird, das sich mit einfachen Nomogrammen mühelos erzielen ließe. Die nomographischen Methoden stellen heute ein Normalwerkzeug dar, das nicht ohne besondere Gründe durch andere Spezialwerkzeuge ersetzt werden sollte.

I. Allgemeines.

Zahlentafel 1. Potenzen, Wurzeln, Kreisumfänge, Kreisflächen, reziproke Werte und Logarithmen der Zahlen von 1 bis 100.

n	n^2	n^3	$\sqrt{n}$	$\sqrt[3]{n}$	πn	$\frac{\pi n^2}{4}$	$\frac{1}{n}$	$\lg n$	n
1	1	1	1,000	1,000	3,142	0,785	1,0000	0,0000	1
2	4	8	1,414	1,260	6,283	3,142	0,5000	0,3010	2
3	9	27	1,732	1,442	9,425	7,069	0,3333	0,4771	3
4	16	64	2,000	1,587	12,566	12,566	0,2500	0,6532	4
5	25	125	2,236	1,710	15,708	19,635	0,2000	0,6990	5
6	36	216	2,449	1,817	18,850	28,274	0,1667	0,7782	6
7	49	343	2,646	1,913	21,991	38,485	0,1429	0,8451	7
8	64	512	2,828	2,000	25,133	50,265	0,1250	0,9031	8
9	81	729	3,000	2,080	28,274	63,617	0,1111	0,9542	9
10	100	1000	3,162	2,154	31,416	78,540	0,1000	1,0000	10
11	121	1331	3,317	2,224	34,558	95,033	0,09091	1,0414	11
12	144	1728	3,464	2,289	37,699	113,097	0,08333	1,0792	12
13	169	2197	3,606	2,351	40,841	132,732	0,07692	1,1139	13
14	196	2744	3,742	2,410	43,982	153,938	0,07143	1,1461	14
15	225	3375	3,873	2,466	47,124	176,715	0,06667	1,1761	15
16	256	4096	4,000	2,520	50,265	201,062	0,06250	1,2041	16
17	289	4913	4,123	2,571	53,407	226,980	0,05882	1,2304	17
18	324	5832	4,243	2,621	56,549	254,469	0,05556	1,2553	18
19	361	6859	4,359	2,668	59,690	283,529	0,05263	1,2788	19
20	400	8000	4,472	2,714	62,832	314,159	0,05000	1,3010	20
21	441	9261	4,583	2,759	65,973	346,361	0,04762	1,3222	21
22	484	10648	4,690	2,802	69,115	380,133	0,04545	1,3424	22
23	529	12167	4,796	2,844	72,257	415,476	0,04348	1,3617	23
24	576	13824	4,899	2,885	75,398	452,389	0,04167	1,3802	24
25	625	15625	5,000	2,924	78,540	490,874	0,04000	1,3979	25
26	676	17576	5,099	2,962	81,681	530,929	0,03846	1,4150	26
27	729	19683	5,196	3,000	84,823	572,555	0,03704	1,4314	27
28	784	21952	5,292	3,037	87,965	615,752	0,03571	1,4472	28
29	841	24389	5,385	3,072	91,106	660,520	0,03448	1,4624	29
30	900	27000	5,477	3,107	94,248	706,858	0,03333	1,4771	30
31	961	29791	5,568	3,141	97,389	754,768	0,03226	1,4914	31
32	1024	32768	5,657	3,175	100,531	804,248	0,03125	1,5051	32
33	1089	35937	5,745	3,208	103,673	855,299	0,03030	1,5185	33
34	1156	39304	5,831	3,240	106,814	907,920	0,02941	1,5315	34
35	1225	42875	5,916	3,271	109,956	962,113	0,02857	1,5441	35
36	1296	46656	6,000	3,302	113,097	1017,88	0,02778	1,5563	36
37	1369	50653	6,083	3,332	116,239	1075,21	0,02703	1,5682	37
38	1444	54872	6,164	3,362	119,381	1134,11	0,02632	1,5798	38
39	1521	59319	6,245	3,391	122,522	1194,59	0,02564	1,5911	39
40	1600	64000	6,325	3,420	125,66	1256,64	0,02500	1,6021	40

Zahlentafel 1 (Fortsetzung).

n	n^2	n^3	$\sqrt{n}$	$\sqrt[3]{n}$	πn	$\frac{\pi n^2}{4}$	$\frac{1}{n}$	$\lg n$	n
41	1681	68921	6,403	3,448	128,81	1320,25	0,02439	1,6128	41
42	1764	74088	6,481	3,476	131,95	1385,44	0,02381	1,6232	42
43	1849	79507	6,557	3,503	135,09	1452,20	0,02326	1,6335	43
44	1936	85184	6,633	3,530	138,23	1520,53	0,02273	1,6435	44
45	2025	91125	6,708	3,557	141,37	1590,43	0,02222	1,6532	45
46	2116	97336	6,782	3,583	144,51	1661,90	0,02174	1,6628	46
47	2209	103823	6,856	3,609	147,65	1734,94	0,02128	1,6721	47
48	2304	110592	6,928	3,634	150,80	1809,56	0,02083	1,6812	48
49	2401	117649	7,000	3,659	153,94	1885 74	0,02041	1,6902	49
50	2500	125000	7,071	3,684	157,08	1963,50	0,02000	1,6990	50
51	2601	132651	7,141	3,708	160,22	2042,82	0,01961	1,7076	51
52	2704	140608	7,211	3,733	163,36	2123,72	0,01923	1,7160	52
53	2809	148877	7,280	3,756	166,50	2206,18	0,01887	1,7243	53
54	2916	157464	7,349	3,780	169,65	2290,22	0,01852	1,7324	54
55	3025	166375	7,416	3,803	172,79	2375,83	0,01818	1,7404	55
56	3136	175616	7,483	3,826	175,93	2463,01	0,01786	1,7482	56
57	3249	185193	7,550	3,849	179,07	2551,76	0,01754	1,7559	57
58	3364	195112	7,616	3,871	182,21	2642,08	0,01724	1,7634	58
59	3481	205379	7,681	3,893	185,35	2733,97	0,01695	1,7709	59
60	3600	216000	7,746	3,915	188,50	2827,43	0,01667	1,7782	60
61	3721	226981	7,810	3,937	191,64	2922,47	0,01639	1,7853	61
62	3844	238328	7,874	3,958	194,78	3019,07	0,01613	1,7924	62
63	3969	250047	7,937	3,979	197,92	3117,25	0,01587	1,7993	63
64	4096	262144	8,000	4,000	201,06	3216,99	0,01563	1,8062	64
65	4225	274625	8,062	4,021	204,20	3318,31	0,01538	1,8129	65
66	4356	287496	8,124	4,041	207,35	3421,19	0,01515	1,8195	66
67	4489	300763	8,185	4,062	210,49	3525,65	0,01493	1,8261	67
68	4624	314432	8,246	4,082	213,63	3631,68	0,01471	1,8325	68
69	4761	328509	8,307	4,102	216,77	3739,28	0,01449	1,8388	69
70	4900	343000	8,367	4,121	219,91	3848,45	0,01429	1,8451	70
71	5041	357911	8,426	4,141	223,05	3959,19	0,01408	1,8513	71
72	5184	373248	8,485	4,160	226,19	4071,50	0,01389	1,8573	72
73	5329	389017	8,544	4,179	229,34	4185,39	0,01370	1,8633	73
74	5476	405224	8,602	4,198	232,48	4300,84	0,01351	1,8692	74
75	5625	421875	8,660	4,217	235,62	4417,86	0,01333	1,8751	75
76	5776	438976	8,718	4,236	238,76	4536,46	0,01316	1,8808	76
77	5929	456533	8,775	4,254	241,90	4656,63	0,01299	1,8865	77
78	6084	474552	8,832	4,273	245,04	4778,36	0,01282	1,8921	78
79	6241	493039	8,888	4,291	248,19	4901,67	0,01266	1,8976	79
80	6400	512000	8,944	4,309	251,33	5026,55	0,01250	1,9031	80
81	6561	531441	9,000	4,327	254,47	5153,00	0,01235	1,9085	81
82	6724	551368	9,055	4,345	257,61	5281,02	0,01220	1,9138	82
83	6889	571787	9,110	4,362	260,75	5410,61	0,01205	1,9191	83
84	7056	592704	9,165	4,380	263,89	5541,77	0,01190	1,9243	84
85	7225	614125	9,220	4,397	267,04	5674,50	0,01176	1,9294	85
86	7396	636056	9,274	4,414	270,18	5808,80	0,01163	1,9345	86
87	7569	658503	9,327	4,431	273,32	5944,68	0,01149	1,9395	87
88	7744	681472	9,381	4,448	276,46	6082,12	0,01136	1,9445	88
89	7921	704969	9,434	4,465	279,60	6221,14	0,01124	1,9494	89
90	8100	729000	9,487	4,481	282,74	6361,73	0,01111	1,9542	90
91	8281	753571	9,539	4,498	285,88	6503,88	0,01099	1,9590	91
92	8464	778688	9,592	4,514	289,03	6647,61	0,01087	1,9638	92
93	8649	804357	9,644	4,531	292,17	6792,91	0,01075	1,9685	93
94	8836	830584	9,695	4,547	295,31	6939,78	0,01064	1,9731	94
95	9025	857375	9,747	4,563	298,45	7088,22	0,01053	1,9777	95
96	9216	884736	9,798	4,579	301,59	7238,23	0,01042	1,9823	96
97	9409	912673	9,849	4,595	304,73	7389,81	0,01031	1,9868	97
98	9604	941192	9,899	4,610	307,88	7542,96	0,01020	1,9912	98
99	9801	970299	9,950	4,626	311,02	7697,69	0,01010	1,9956	99
100	10000	1000000	10,000	4,642	314,16	7853,98	0,01000	2,0000	100

Zahlentafel 2. Quadrat- und Kubikwurzeln der natürlichen Zahlen von 110 bis 1000.

n	$\sqrt{n}$	$\sqrt[3]{n}$	n	$\sqrt{n}$	$\sqrt[3]{n}$	n	$\sqrt{n}$	$\sqrt[3]{n}$
110	10,488	4,791	410	20,248	7,429	710	26,646	8,921
120	10,955	4,932	420	20,494	7,489	720	26,833	8,963
130	11,402	5,066	430	20,736	7,548	730	27,019	9,004
140	11,832	5,192	440	20,976	7,606	740	27,203	9,045
150	12,247	5,313	450	21,213	7,663	750	27,386	9,086
160	12,649	5,429	460	21,448	7,719	760	27,568	9,126
170	13,038	5,540	470	21,679	7,775	770	27,749	9,166
180	13,416	5,646	480	21,909	7,830	780	27,928	9,205
190	13,784	5,749	490	22,136	7,884	790	28,107	9,244
200	14,142	5,848	500	22,361	7,937	800	28,284	9,283
210	14,491	5,944	510	22,583	7,990	810	28,460	9,322
220	14,832	6,037	520	22,804	8,041	820	28,636	9,360
230	15,166	6,127	530	23,022	8,093	830	28,810	9,398
240	15,492	6,214	540	23,238	8,143	840	28,983	9,435
250	15,811	6,300	550	23,452	8,193	850	29,155	9,473
260	16,125	6,383	560	23,664	8,243	860	29,326	9,510
270	16,432	6,463	570	23,875	8,291	870	29,496	9,546
280	16,733	6,542	580	24,083	8,340	880	29,665	9,583
290	17,029	6,619	590	24,290	8,387	890	29,833	9,619
300	17,321	6,694	600	24,495	8,434	900	30,000	9,655
310	17,607	6,768	610	24,698	8,481	910	30,166	9,691
320	17,889	6,840	620	24,900	8,527	920	30,332	9,726
330	18,166	6,910	630	25,100	8,573	930	30,496	9,761
340	18,439	6,980	640	25,298	8,618	940	30,659	9,796
350	18,708	7,047	650	25,495	8,662	950	30,822	9,830
360	18,974	7,114	660	25,690	8,707	960	30,984	9,865
370	19,235	7,179	670	25,884	8,750	970	31,145	9,899
380	19,494	7,243	680	26,077	8,794	980	31,305	9,933
390	19,748	7,306	690	26,268	8,837	990	31,464	9,967
400	20,000	7,368	700	26,458	8,879	1000	31,623	10,000

Zahlentafel 3. Wichtige Zahlenwerte.

π	3,145927	$1:\pi^2$	0,101
$\pi:2$	1,571	$1:\pi^3$	0,0323
$\pi:3$	1,047	$\sqrt{2\pi}$	2,507
$\pi:4$	0,785	$\sqrt{2:\pi}$	0,798
$\pi:5$	0,629	$\sqrt{\pi:2}$	1,253
$\pi:6$	0,524	$\lg \pi$	0,49715
$\pi:7$	0,449	e	2 71828
$\pi:8$	0,393	e^2	7,389
$\pi:9$	0,349	$M = \lg e$	0,43429
$\pi:12$	0,262	$1:e$	0,368
$\pi:16$	0,196	$1:M = 1:\lg e$	2,303
$\pi:32$	0,098	g	9,81
$\pi:180$	0,01745	g^2	92,236
π^2	9,870	$\sqrt{g}$	3,132
π^3	31,006	$\sqrt{2g}$	4,429
π^4	97,409	$1:g$	0,102
$\sqrt{\pi}$	1,772	$1:2g$	0,051
$\sqrt[3]{\pi}$	1,465	B	$57^0\,17'\,45''$
$\sqrt[4]{\pi}$	1,331	arc 1^0	$175 \cdot 10^{-4}$
$1:\pi$	0,318	arc $1'$	$29 \cdot 10^{-5}$
$2:\pi$	0,637	arc $1''$	$485 \cdot 10^{-8}$
$3:\pi$	0,955		
$4:\pi$	1,273		
$5:\pi$	1,592		
$6:\pi$	1,910		
$7:\pi$	2,228		
$8:\pi$	2,546		
$9:\pi$	2,865		

e = Basis der natürlichen Logarithmen

M = Modul der natürlichen Logarithmen

$\ln x = \frac{1}{M} \lg x$

$\lg x = \lg e \cdot \ln x$

g = Beschleunigung der Schwerkraft

B = Zentriwinkel, für welchen Bogenlänge = Kreisradius

Zahlentafel 4. Kreisfunktionen.

φ	$\sin\varphi$	$\cos\varphi$	$\mathrm{tg}\,\varphi$	$\mathrm{cotg}\,\varphi$	$\frac{1}{\cos\varphi}$	$\frac{1}{\sin\varphi}$	
0	0,000	1,0000	0,000	∞	1,000	∞	90
1	0,017	0,9998	0,017	57,290	1,000	57,299	89
2	0,035	0,9994	0,035	28,636	1,001	28,654	88
3	0,052	0,9986	0,052	19,081	1,001	19,107	87
4	0,070	0,9976	0,070	14,301	1,003	14,336	86
5	0,087	0,9962	0,087	11,430	1,004	11,474	85
6	0,105	0,9945	0,105	9,514	1,006	9,567	84
7	0,122	0,9925	0,123	8,144	1,008	8,206	83
8	0,139	0,9903	0,141	7,115	1,010	7,185	82
9	0,156	0,988	0,158	6,314	1,013	6,393	81
10	0,174	0,985	0,176	5,671	1,015	5,759	80
11	0,191	0,982	0,194	5,145	1,019	5,241	79
12	0,208	0,978	0,213	4,705	1,022	4,810	78
13	0,225	0,974	0,231	4,331	1,026	4,445	77
14	0,242	0,970	0,249	4,011	1,031	4,134	76
15	0,259	0,966	0,268	3,732	1,035	3,864	75
16	0,276	0,961	0,287	3,487	1,040	3,628	74
17	0,292	0,956	0,306	3,271	1,046	3,500	73
18	0,309	0,951	0,325	3,078	1,052	3,236	72
19	0,326	0,946	0,344	2,904	1,058	3,072	71
20	0,342	0,940	0,364	2,747	1,065	2,924	70
21	0,358	0,934	0,384	2,605	1,071	2,790	69
22	0,375	0,927	0,404	2,475	1,079	2,669	68
23	0,391	0,921	0,424	2,356	1,086	2,559	67
24	0,407	0,914	0,445	2,246	1,095	2,459	66
25	0,423	0,906	0,466	2,145	1,103	2,366	65
26	0,438	0,899	0,488	2,050	1,113	2,281	64
27	0,454	0,891	0,510	1,963	1,123	2,208	63
28	0,469	0,883	0,532	1,881	1,133	2,130	62
29	0,485	0,875	0,554	1,804	1,143	2,063	61
30	0,500	0,866	0,577	1,732	1,155	2,000	60
31	0,515	0,857	0,601	1,664	1,167	1,942	59
32	0,530	0,848	0,625	1,600	1,179	1,887	58
33	0,545	0,839	0,649	1,540	1,192	1,836	57
34	0,559	0,829	0,675	1,483	1,206	1,788	56
35	0,574	0,819	0,700	1,428	1,221	1,744	55
36	0,588	0,809	0,727	1,376	1,236	1,701	54
37	0,602	0,799	0,754	1,327	1,252	1,662	53
38	0,616	0,788	0,781	1,280	1,269	1,624	52
39	0,629	0,777	0,810	1,235	1,287	1,589	51
40	0,643	0,766	0,839	1,192	1,305	1,556	50
41	0,656	0,755	0,869	1,150	1,325	1,525	49
42	0,669	0,743	0,900	1,111	1,346	1,495	48
43	0,682	0,731	0,933	1,072	1,367	1,466	47
44	0,695	0,719	0,966	1,036	1,390	1,440	46
45	0,707	0,707	1,000	1,000	1,414	1,414	45
	$\cos\varphi$	$\sin\varphi$	$\mathrm{cotg}\,\varphi$	$\mathrm{tg}\,\varphi$	$\frac{1}{\sin\varphi}$	$\frac{1}{\cos\varphi}$	φ

Geometrische Addition und Subtraktion.

Der absolute Wert S der Summe zweier geometrischer Vektoren A und B, die den Winkel ω miteinander bilden, ist

$$S = A\,(+)\,B = \sqrt{A^2 + B^2 + 2\,A\,B\cos\omega}\,, \tag{12}$$

der absolute Wert der Differenz D derselben Vektoren

$$D = A\,(-)\,B = \sqrt{A^2 + B^2 - 2\,A\,B\cos\omega}\,. \tag{13}$$

Wenn wir die Bezeichnungen

$$\sigma = \frac{S}{B}, \qquad \delta = \frac{D}{B}, \qquad \alpha = \frac{A}{B} \tag{14}$$

einführen, so können wir die beiden Gleichungen (12) und (13) in der Form schreiben

$$\sigma \text{ (bzw. } \delta) = \sqrt{1 + \alpha^2 \pm 2\,\alpha \cos \omega}\,. \tag{15}$$

Diese Gleichung wird durch das Nomogramm N 1 dargestellt. Dasselbe besteht aus 2 Einzelnomogrammen I und II, die durch einen schrägen Strich voneinander getrennt sind. Beide Nomogramme I und II bestehen je aus 3 Skalen für σ bzw. δ, α und ω, sie gelten jedoch für verschiedene Bereiche von ω, und zwar umfaßt

für Addition

das Nomogramm I den Bereich von ω

(0° bis) 20° bis 75° und von 105° bis 160° (bis 180°),

das Nomogramm II 45° bis 105° (bis 180°);

für Subtraktion

das Nomogramm I von (0° bis) 20° bis 75° und von 105° bis 160° (bis 180°),

„ „ II „ (0° bis) 75° bis 135°.

Die Handhabung der beiden Nomogramme I und II ist verschieden.

Nomogramm I (die Skala für α ist ein Kreis). Für die Bestimmung der Vektorensumme muß man die Werte von α und ω, die in derselben Schriftart angeschrieben sind, miteinander verbinden. Für die Bestimmung der Vektorendifferenz verbindet man die Werte von α und ω, die in verschiedenen Schriftarten angeschrieben sind. Die Skala für σ und für δ bleibt in beiden Fällen dieselbe.

Nomogramm II (die Skala für α ist eine Parabel). Zwecks Bildung der Vektorsumme benützt man die oberen Werte von ω (aufrechtstehende Ziffern). Für die Bildung der Vektorendifferenz benützt man die unteren Werte von ω (Kursivziffern). Die Skalen für σ bzw. δ und für α bleiben in beiden Fällen dieselben.

Beispiele. 1. Es sind die Resultierenden zweier Kräfte 200 kg und 730 kg zu berechnen, die miteinander den Winkel 60° bilden.

Falls wir $\alpha = \frac{730}{200} = 3{,}65$ wählen, so erhalten wir sehr ungünstige Schnitte; wir wählen deshalb

$$\alpha = \frac{200}{730} = 0{,}274$$

und erhalten sowohl aus Nomogramm I wie auch aus II

$$\sigma = 1{,}16\,,$$

d. h.

$$S = 1{,}16 \cdot 730 = 847 \text{ kg}\,.$$

2. Es ist die dritte Seite eines Dreieckes zu berechnen, dessen beide bekannte Seiten 22 m und 32 m lang sind und einen Winkel von 95° miteinander bilden.

Wir wählen

$$\alpha = \frac{22}{32} = 0{,}69 \quad \text{bzw.} \quad \alpha = \frac{32}{22} = 1{,}45$$

und erhalten mittels N. II

$$\delta = 1{,}265 \quad \text{bzw.} \quad \delta = 1{,}83\,,$$

d. h.

$$D = 1{,}265 \cdot 32 = 40{,}5 \text{ m} = 1{,}83 \cdot 22 = 40{,}4 \text{ m}\,.$$

3. Eine Werkstatt wird durch einen elektrischen Drehstrommotor angetrieben, der 23 Amp. bei $\cos\varphi = 0{,}80$ aufnimmt. Außerdem braucht man für die Beleuchtung 7 Amp. Wie groß ist der effektive Gesamtstromverbrauch?

$\cos\varphi = 0{,}80$ entspricht dem Wert $\varphi = 37°$ (s. Zahlentafel 4, bzw. N 44, Sk. V u. VI).

Für diesen Wert und für $\alpha = \frac{7}{23} = 0{,}304$ ergibt N. I

$$\sigma = 1{,}255$$

und

$$J = 1{,}255 \cdot 23 = 28{,}9 \text{ Amp.}$$

Weitere Beispiele siehe S. 57.

Zahlentafel 5. Maße und Gewichte.

	n	$\frac{1}{n}$	n^2	$\frac{1}{n^2}$	n^3	$\frac{1}{n^3}$
1 deutsche Landmeile. . . .	7,5 km	0,1333				
1 geogr. Meile	7,42 km	0,1348				
1 deutsche Seemeile.	1,852 km	0,54				
1 preuß. Zoll.	2,615 cm	0,382	6,841 cm^2	0,146	17,89 cm^3	0,056
1 „ Fuß = 12 pr. Zoll. .	0,3138 m	3,186	0,0985 m^2	10,152	0,0309 m^3	32,342
1 „ Elle.	0,6669 m	1,499				
1 „ Rute	3,7662 m	0,266	14,185 m^2	0,0705		
1 „ Morgen			25,53 Ar	0,0392		
1 engl. Zoll	2,54 cm	0,394	6,451 cm^2	0,155	16,386 cm^3	0,061
1 „ Fuß = 12 engl. Zoll .	0,3048 m	3,28	0,0929 m^2	10,8	0,0283 m^3	35,32
1 „ Yard = 3 engl. Fuß .	0,914 m	1,093	0,836 m^2	1,196	0,764 m^3	1,308
1 „ Fathom = 2 Yards. .	1,829 m	0,547				
1 „ Imperial Gallon . . .					4,54 Lit.	0,22
1 „ Pfund	453,6 g	$2{,}205 \cdot 10^{-3}$				
$1 \frac{\text{engl. Pfund}}{\text{engl. Quadratzoll}}$	0,0703 at	14,223				
1 neue at $= 1 \frac{\text{kg}}{\text{cm}^2}$.	0,7355 m Hg	1,36				
1 „ „	0,9678 alte at	1,033				
1 PS	0,736 kW	1,36				
1 „	75 kgm/sek	1,333				
1 kW	102 kgm/sek	0,00981				
1 engl. Pferdestärke	1,014 PS	0,986				

Zahlentafel 6. kW umgerechnet in PS.

Watt	PS	kW	PS	kW	PS	kW	PS	kW	PS
50	0,068	1,0	1,36	4,0	5,44	7,0	9,52	10,0	13,6
100	0,136	1,1	1,50	4,1	5,58	7,1	9,66	10,5	14,3
150	0,204	1,2	1,63	4,2	5,71	7,2	9,79	11,0	15,0
200	0,272	1,3	1,77	4,3	5,85	7,3	9,93	11,5	15,6
250	0,340	1,4	1,90	4,4	5,98	7,4	10,06	12,0	16,3
300	0,408	1,5	2,04	4,5	6,12	7,5	10,20	12,5	17,0
350	0,476	1,6	2,18	4,6	6,26	7,6	10,34	13,0	17,7
400	0,544	1,7	2,31	4,7	6,39	7,7	10,47	13,5	18,4
450	0,612	1,8	2,45	4,8	6,53	7,8	10,61	14,0	19,0
500	0,680	1,9	2,58	4,9	6,66	7,9	10,74	14,5	19,7
550	0,748	2,0	2,72	5,0	6,80	8,0	10,88	15,0	20,4
600	0,816	2,1	2,86	5,1	6,94	8,1	11,02	15,5	21,1
650	0,884	2,2	2,99	5,2	7,07	8,2	11,15	16,0	21,8
700	0,952	2,3	3,13	5,3	7,21	8,3	11,29	16,5	22,4
750	1,020	2,4	3,26	5,4	7,34	8,4	11,42	17,0	23,1
800	1,088	2,5	3,40	5,5	7,48	8,5	11,56	17,5	23,8
850	1,156	2,6	3,54	5,6	7,62	8,6	11,70	18,0	24,5
900	1,224	2,7	3,67	5,7	7,75	8,7	11,83	18,5	25,2
950	1,292	2,8	3,81	5,8	7,89	8,8	11,97	19,0	25,8
		2,9	3,94	5,9	8,02	8,9	12,10	19,5	26,5
		3,0	4,08	6,0	8,16	9,0	12,24	20,0	27,2
		3,1	4,22	6,1	8,30	9,1	12,38	20,5	27,9
		3,2	4,35	6,2	8,43	9,2	12,51	21,0	28,6
		3,3	4,49	6,3	8,57	9,3	12,65	21,5	29,2
		3,4	4,62	6,4	8,70	9,4	12,78	22,0	29,9
		3,5	4,76	6,5	8,84	9,5	12,92	22,5	30,6
		3,6	4,90	6,6	8,98	9,6	13,06	23,0	31,3
		3,7	5,03	6,7	9,11	9,7	13,19	23,5	32,0
		3,8	5,17	6,8	9,25	9,8	13,33	24,0	32,6
		3,9	5,30	6,9	9,38	9,9	13,46	24,5	33,3
		4,0	5,44	7,0	9,52	10,0	13,60	25,0	34,0

Zahlentafel 7. PS umgerechnet in kW.

PS	kW	PS	kW	PS	kW	PS	kW	PS	kW
$^1/_{20}$	0,037	1,0	0,736	4,0	2,94	7,0	5,15	10,0	7,36
$^1/_{15}$	0,049	1,1	0,809	4,1	3,02	7,1	5,22	10,5	7,73
$^1/_{12}$	0,061	1,2	0,883	4,2	3,09	7,2	5,30	11,0	8,09
$^1/_{10}$	0,074	1,3	0,956	4,3	3,16	7,3	5,37	11,5	8,46
$^1/_8$	0,092	1,4	1,03	4,4	3,24	7,4	5,44	21,0	8,83
$^1/_7$	0,105	1,5	1,10	4,5	3,31	7,5	5,52	12,5	9,20
$^1/_6$	0,123	1,6	1,18	4,6	3,38	7,6	5,59	13,0	9,56
$^1/_5$	0,147	1,7	1,25	4,7	3,46	7,7	5,67	13,5	9,93
$^1/_4$	0,184	1,8	1,32	4,8	3,53	7,8	5,74	14,0	10,30
$^1/_3$	0,245	1,9	1,40	4,9	3,60	7,9	5,81	14,5	10,67
$^1/_2$	0,368	2,0	1,47	5,0	3,68	8,0	5,89	15,0	11,04
1	0,736	2,1	1,54	5,1	3,75	8,1	5,96	15,5	11,40
		2,2	1,62	5,2	3,83	8,2	6,03	16,0	11,77
		2,3	1,69	5,3	3,90	8,3	6,11	16,5	12,14
		2,4	1,77	5,4	3,97	8,4	6,18	17,0	12,51
		2,5	1,84	5,5	4,05	8,5	6,25	17,5	12,87
		2,6	1,91	5.6	4,12	8,6	6,33	18,0	13,24
		2,7	1,99	5,7	4,19	8,7	6,40	18,5	13,61
		2,8	2,06	5,8	4,27	8,8	6,48	19,0	13,98
		2,9	2,13	5,9	4,34	8,9	6,55	19,5	14,34
		3,0	2,21	6,0	4,41	9,0	6,62	20,0	14,71
		3,1	2,28	6,1	4,49	9,1	6,70	20,5	15,08
		3,2	2,35	6,2	4,56	9,2	6,77	21,0	15,45
		3,3	2,43	6,3	4,69	9,3	6,84	21,5	15,81
		3,4	2,50	6,4	4,71	9,4	6,92	22,0	16,19
		3,5	2,58	6,5	4,78	9,5	6,99	22,5	16,55
		3,6	2,65	6,6	4,86	9,6	7,06	23,0	16,92
		3,7	2,72	6,7	4,93	9,7	7,14	23,5	17,29
		3,8	2,80	6,8	5,00	9,8	7,21	24,0	17,66
		3,9	2,87	6,9	5,08	9,9	7,28	24,5	18,03
		4,0	2,94	7,0	5,15	10,0	7,36	25,0	18,39

Gewicht von Drähten, Wellen und Stäben aus Flußeisen und Kupfer.

(Bezeichnungen siehe S. 13.)

Das Gewicht wird nach der Formel

$$G = \gamma l F \tag{16}$$

berechnet. Für kreisförmigen Querschnitt ist

$$F = \frac{\pi}{4} d^2. \tag{17}$$

Für Kupfer setzen wir in die Gl. (16)

$$\gamma = 8{,}89 \frac{g}{\text{cm}^3}, \tag{18}$$

für Flußeisen

$$\gamma = 7{,}85 \frac{g}{\text{cm}^3}. \tag{19}$$

Die Gleichungen (16) und (17) mit den beiden durch (18) und (19) spezialisierten Werten von γ lassen sich durch das

Nomogramm N. 2

auswerten. Dasselbe besteht aus einem Dreiskalensystem, das die Gl. (16) darstellt; die erste und zweite Skala sind als Doppelskalen ausgebildet, und zwar entspricht die Skala I der Gl. (17); die Skala II gibt uns das Gewicht G für Kupfer [Gl. (18)] und Flußeisen [Gl. (19)] in beiden Fällen in kg. Die Skalen I und III führen je zwei Maßaufschriften: eine in aufrechtstehenden, die andere in Kursivlettern. Von Wichtigkeit ist, daß zueinander nur sämtliche aufrechtstehenden, bzw. sämtliche kursiven Maßaufschriften gehören, und daß es falsch wäre, z. B. der an der ersten Skala abgelesenen Zahl die Maßeinheit cm (cm²) beizulegen, während man gleichzeitig an der Skala III l in m abliest.

Beispiel 1. Wieviel wiegt eine S. E.-Welle, 70 mm ∅, 5,5 m lang?

Wir finden aus N 2 für $d = 7$ cm und $1 = 550$ cm

$$G = 166 \text{ kg}.$$

Beispiel 2. Wie groß ist das Gewicht von 150 m blanker Kupferleitung von 25 mm² Querschnitt?

$$F = 25 \text{ mm}, \quad 1 = 150 \text{ m}.$$

N 2 ergibt $G = 33{,}4$ kg.

Beispiel 3. Es ist das Gewicht eines 6 m langen Gasrohres 3'' Durchmesser (= 76 mm) zu ermitteln. Die Wandstärke des Rohres beträgt (s. Zahlentafel 17, S. 41) 5 mm.

Wir erhalten für $d_1 = 7{,}6$ cm und $1 = 600$ cm

$$G_1 = 214 \text{ kg}$$

und ebenso für $d_2 = 7{,}6 + 2 \cdot 0{,}5 = 8{,}6$ cm und $1 = 600$ cm

$$G_2 = 274 \text{ kg}.$$

Die Differenz der beiden gefundenen Werte gibt uns das Gewicht der Rohrstange

$$G = 274 - 214 = 60 \text{ kg}.$$

(Der Fehler, der diesem Resultat anhaften kann, ist im Grenzfall doppelt so groß wie der Fehler einer einzigen Ablesung.)

Beispiel 4. Ein Eisendrahtbündel wiegt 200 g, der Drahtdurchmesser beträgt 0,25 mm; wie groß ist seine Länge?

$$\bar{d} = 2{,}5 \text{ mm}, \quad \bar{G} = 20 \text{ kg},$$
$$\bar{l} = 520 \text{ m};$$
$$(d) = 0{,}1; \quad (G) = 0{,}01; \quad (l) = 1.$$

Die gesuchte Länge beträgt

$$l = (l) \cdot (l) = 520 \text{ m}.$$

Wir können auch folgendermaßen vorgehen:

$$\bar{d} = 2{,}5 \text{ mm}, \quad \bar{G} = 2 \text{ kg},$$
$$\bar{l} = 52 \text{ m};$$
$$(d) = 0{,}1; \quad (G) = 0{,}1; \quad (l) = 10.$$
$$l = \bar{l} \cdot (l) = 520 \text{ m}.$$

II. Mechanik und Wärme.

Bezeichnungen.

Q, Q' Durchflußvolumen.
G Gewicht.
γ spezifisches Gewicht.
v, $\mathfrak{v}$ spezifisches Volumen.
l Länge.
f, F, F_1, F_2 Querschnitt.
D, d Durchmesser.
n Umdrehungszahl in Minute.
T Zeit.
v Geschwindigkeit.
g Beschleunigung der Schwerkraft = 9,81 m/sek².
U Umfangskraft.
N Leistung.
$t, t', t_n, t_f, t_1, t_2$ Temperatur in °C.
f Temperatur eines feuchten Thermometers in °C.
T absolute Temperatur in °C.
t'' Sättigungstemperatur des Wasserdampfes in °C.
h, h_g, H, H_0 Höhe, Höhenunterschied.
h_p Druckunterschied als Höhe einer Wassersäule (WS.).
h_v Geschwindigkeitshöhe.
p, p_{abs}, p_1, p_2 absoluter Druck in at.
$p_ü$ Überdruck in at.
p_t Sättigungsdruck des Wasserdampfes bei der Temperatur t.
p_d Teildruck des Wasserdampfes in der Luft.
B Barometerdruck in mm Quecksilbersäule (QS.).
B_{abs} Barometerdruck in at.
V Vakuum in mm Quecksilbersäule.
V_{abs} Vakuum in at.
φ relative Luftfeuchtigkeit.
μ Ausflußkoeffizient.
w Widerstandshöhe.
w_1, w_1' Widerstandshöhe für 100 m gerade horizontale Rohrleitung.
w_2 Widerstandshöhe von Rohrkrümmern, Armaturen usw.
i Wärmeinhalt in kcal.
R Gaskonstante.
ΔP Druckabfall in einer Rohrleitung in at.
ΔP_h Druckabfall in einer horizontalen Rohrleitung in at.
Δp Druckabfall für 100 m einer horizontalen Rohrleitung in at.
ζ Widerstandskoeffizient.
M Zähigkeitsmodul der Flüssigkeit in m²/sek.
ν Stauarandkoeffizient.
λ, α, a, k, x, Ω, J_1, J_2, $\mathfrak{B}$, β, c Hilfsgrößen.

Umfangsgeschwindigkeit und Umfangskraft.

Es ist

$$v = \frac{D \pi n}{60} \qquad [D \text{ in m}, v \text{ in m/sek}] \tag{1}$$

und

$$U = \frac{75 N}{v} \qquad [N \text{ in PS}, v \text{ in m/sek}, U \text{ in kg}]; \tag{2}$$

diese beiden Gleichungen werden durch das Nomogramm N 3 dargestellt. Dasselbe besteht aus zwei Dreiskalensystemen mit einer gemeinsamen Skala. Die zueinandergehörigen Skalen werden durch verschiedenartige Beschriftung kenntlich gemacht. Die gemeinsame Skala (v) weist Ziffern in lichter Schrift auf. Es gehören zueinander

I Teilnomogramm . . . . D, n und v,
II „ . . . . U, N und v.

Ist die Umfangskraft U aus den Größen D, n und N zu bestimmen, so benützt man das Nomogramm als ein Vierskalensystem mit Zapfenlinie; die Zapfenlinie ist in diesem Falle die v-Skala. Selbstverständlich kann man in ähnlicher Weise, wenn von den 5 in Betracht kommenden Größen N, v, U, n, D irgendwelche drei gegeben sind (die nicht einem Teilnomogramm angehören), die übrigen zwei ermitteln.

Beispiele. 1. Durchmesser der Riemenscheibe 700 mm, Umdrehungszahl 720 in der Minute. Riemengeschwindigkeit?

Wenn man $D = 700$ mit $n = 720$ verbindet, erhält man an der v-Skala:

$$v = 26{,}4 \text{ m/sek}.$$

2. Seilgeschwindigkeit $v = 30$ m/sek, $D = 3600$ mm, $N = 310$ PS. Umdrehungszahl und Umfangskraft gesucht.

Für $\bar{D} = 360$[1] und $\bar{v} = 3$ erhalten wir

$$\bar{n} = 158.$$

Es ist $(D) = 10$, $(v) = 10$, und aus der Tabelle für Proportionalitätsfaktoren ersehen wir, daß für diesen Fall

$$(n) = 1$$

ist. Es ist also

$$n = \bar{n}\,(n) = 158.$$

Weiter entnehmen wir aus N 3

$$\text{für } \bar{v} = 3 \text{ und } \bar{N} = 30 \text{ ist } \bar{U} = 750,$$
$$(v) = 10, \quad (N) = 10,$$
$$(U) = 1,$$
$$U = 750 \text{ kg}.$$

3. Wie groß muß die Tourenzahl einer Scheibe von 500 mm Durchmesser gewählt werden, damit bei Übertragung von 30 kW die Umfangskraft 250 kg nicht überschreitet?

Für $N = 30$ kW, $U = 250$ erhalten wir auf der Zapfenlinie: $v = 12{,}25$. Dieser Punkt mit $D = 500$ verbunden, ergibt

$$n \geqq 468.$$

Weitere Beispiele siehe S. 64 und 65.

Durchflußmenge und -geschwindigkeit. Geschwindigkeitshöhe.

Zwischen dem Volumen Q eines in einem Zeitabschnitt den Querschnitt F durchfließenden Mediums und seiner Durchflußgeschwindigkeit v besteht die Beziehung

$$Q = F v \qquad [F \text{ in m}^2, v \text{ in m/sek}, Q \text{ in m}^3\text{/sek}] \tag{3}$$

---

[1] Siehe Einleitung S. 4.

oder

$$Q = 60\,F v \qquad [F \text{ in m}^2,\ v \text{ in m/sek},\ Q \text{ in m}^3\text{/min}] \tag{4}$$

oder

$$Q = 3600\,F v \qquad [F \text{ in m}^2,\ v \text{ in m/sek},\ Q \text{ in m}^3\text{/st}]. \tag{5}$$

Falls der vom Medium durchflossene Querschnitt kreisförmig ist (Durchmesser d), so ist

$$F = \frac{\pi}{4} d^2. \tag{6}$$

Der Erzeugung der Geschwindigkeit v entspricht ein Aufwand h an Druckhöhe (Geschwindigkeitshöhe), der aus der Gleichung

$$h_v = \gamma \frac{v^2}{2g} \qquad [h_v \text{ in kg/m}^2,\ \gamma \text{ in kg/m}^3,\ v \text{ in m/sek}] \tag{7}$$

bestimmt wird. Ist das fließende Medium Wasser, wofür wir angenähert (siehe Zahlentafel 8, S. 25) $\gamma = 1000\,\text{kg/m}^3$ setzen können, so erhält man mit Berücksichtigung der Beziehung

$$1\,\text{kg/m}^2 = 1\,\text{mm W. S.},$$

aus Gl. (7):

$$h_v = \frac{v^2}{2g} \qquad [h_v \text{ in m},\ v \text{ in m/sek}]. \tag{8}$$

Aus den Gleichungen (3) und (7) erhält man

$$Q = F\sqrt{2g\frac{h_v}{\gamma}} \qquad [Q \text{ in m}^3\text{/sek},\ F \text{ in m}^2,\ h_v \text{ in kg/m}^2,\ \gamma \text{ in kg/m}^3], \tag{9}$$

und für Wasser:

$$Q = F\sqrt{2g h_v} \qquad [Q \text{ in m}^3\text{/sek},\ F \text{ in m}^2,\ h_v \text{ in m}]. \tag{10}$$

Multipliziert man schließlich die Gleichungen (9) und (10) mit γ, so erhält man, wenn man das Gewicht des in der Zeiteinheit durchfließenden Mediums mit G bezeichnet:
für beliebige Flüssigkeit (oder Gas)

$$G = F\sqrt{2g h_v \gamma} \qquad G \text{ in kg/sek},\ F \text{ in m}^2,\ h_v \text{ in kg/m}^2,\ \gamma \text{ in kg/m}^3] \tag{11}$$

und für Wasser

$$G = F\sqrt{2g h_v} \qquad [\text{numerisch richtig für } G \text{ in t/sek},\ F \text{ in m}^2,\ h_v \text{ in m}]. \tag{12}$$

Die Gleichungen (3) und (5) bis (12) werden durch das

Nomogramm N 4

dargestellt. Dasselbe besteht aus einem Dreiskalensystem, wobei jede Skala als Doppelskala ausgebildet ist und außerdem 3 Skalen doppelte Bezifferung aufweisen. Die erste Skala gibt uns den Zusammenhang zwischen F (cm²) und d (cm), die zweite (aufrechtstehende Ziffern) zwischen Q L/sek und Q m³/st bzw. (Kursivziffern) zwischen G kg/sek und G t/st, die dritte zwischen v m/sek und $\frac{h_v}{\gamma}$ mm W.S. (aufrechtstehende Bezifferung) bzw. für $\gamma = 1$, also für Wasser, zwischen v und h. Die an dieser Skala für $\frac{h_v}{\gamma}$ abgelesenen Zahlen müssen also für ein beliebiges Medium erst mit dessen spezifischem Gewicht γ kg/L multipliziert werden, um die Druckhöhe h mm W.S. zu erhalten, welche nötig ist, um die Durchflußgeschwindigkeit v zu erzeugen.

Die Gleichungen (11) und (12) werden mittels des N 4 ausgewertet, indem man die Kursiv-Bezifferung an der zweiten und dritten Skala verwendet. Die an dieser letzten Skala abgelesenen Werte stellen jedoch dann die Produkte $h_v \gamma$ dar und müssen somit durch das spezifische Gewicht γ kg/L dividiert werden, um die Druckhöhe h mm W.S. zu liefern. Für Wasser stellen sie direkt die h-Werte dar. Es sei noch besonders darauf hingewiesen, daß man die aufrechtstehenden und Kursivziffern (also die Werte für v und für $h_v \gamma$) an der dritten Skala nicht in Zusammenhang bringen darf. Nach Gesagtem dürfen also in Zusammenhang gebracht werden: die Bezifferung in lichter Schrift (F, d) mit den Kursivlettern an den Skalen G und $h_v \gamma$, bzw. die Bezifferung in lichter Schrift (F, d) mit den aufrechtstehenden Lettern an den Skalen Q und v, $\frac{h_v}{\gamma}$.

Beispiel 1. Eine Zentrifugalpumpe liefert 50 m^3 Wasser pro Stunde durch eine Rohrleitung von 80 mm l. W. Wie groß ist die Geschwindigkeit und die Geschwindigkeitshöhe?

Für $Q = 50\ m^3/st$ und $d = 8$ cm erhalten wir aus N 4

$$v = 2{,}76\ m/sek; \quad h = 390\ mm.$$

Beispiel 2. Ein Ventilator saugt durch eine Mündung von $20 \times 20\ cm^2$ die Luftmenge von $55\ m^3/min$. Die Lufttemperatur beträgt 20^0 C, und der Barometerdruck ist 750 mm. Wie groß ist die Luftgeschwindigkeit und die für ihre Erzeugung notwendige Druckhöhe?

Aus N 11 finden wir für $B = 750$ und $t = 20^0$ C

$$\gamma = 1{,}19\ kg/m^3.$$

Es ist

$$F = 400, \qquad Q = 55 \cdot 60 = 3300\ m^3/st.$$

Wir wählen

$$(F) = 1, \qquad (Q) = 10$$

und erhalten für

$$\overline{F} = 400, \qquad \overline{Q} = 330;$$

$$\overline{v} = 2{,}29.$$

nachdem

$$(v) = 10$$

ist (siehe Tabelle für Proportionalitätsfaktoren), ergibt sich

$$v = 22{,}9\ m/sek.$$

Gleichzeitig erhalten wir

$$\frac{\overline{h_v}}{\gamma} = 268\ \text{mm und} \quad \left(\frac{h_v}{\gamma}\right) = 100.$$

Es ist somit

$$h_v = 268 \cdot 100 \cdot 1{,}19 = 31900\ mm \cdot \frac{kg}{m^3} = 31{,}9\ mm\ W.S.$$

Beispiel 3. Anstatt der im Beispiel 2 errechneten Druckhöhe von 31,9 mm steht zur Verfügung $h = 50$ mm W.S. Wie groß wird für dieselbe die sekundliche Luftmenge in kg sein?

Es ist

$$\gamma\, h_v = 50 \cdot 0{,}001 \cdot 1{,}19 = 0{,}0595 \frac{kg}{m^2} \cdot \frac{kg}{L};$$

wir wählen

$$(\gamma\, h_v) = 0{,}01, \qquad \overline{\gamma\, h_v} = 5{,}95.$$

Für diese Werte und für $F = 400$ erhalten wir (mittlere Skala, Kursivziffern)

$$\overline{G} = 13{,}7$$

und

$$(G) = 0{,}1.$$

Es ist somit

$$G = 1{,}37\ kg/sek.$$

Beispiel 4. Welche Dampfmenge kann in einer Stunde durch eine Rohrleitung von 150 mm l. W. hindurchgeleitet werden, wenn die Dampfgeschwindigkeit 50 m/sek beträgt? Dampfdruck 8,3 at abs, Dampftemperatur 260^0 C.

Aus K 2 finden wir (s. S. 34)

$$\gamma = 3{,}4\ kg/m^3.$$

Nachdem die Skalen für v und $h_v\gamma$ nicht in direkten Zusammenhang gebracht werden dürfen, schlagen wir den folgenden Weg ein:

$$d = 15; \quad (d) = 1; \quad \overline{v} = 5; \quad (v) = 10.$$

$$\overline{Q} = 318; \quad (Q) = 10;$$

$$Q = 3180\ m^3/st.$$

$$G = 3180 \cdot 3{,}4 = 10\,800\ kg/st.$$

Wir können auch vorgehen wie folgt:

Dem Wert $v = 50$ entspricht

$$\frac{h_v}{\gamma} = 1274 \cdot 100 \text{ mm W.S.} \cdot \frac{L}{\text{kg}}.$$

Es ist somit

$$h_v \gamma = \frac{h}{\gamma} \gamma^2 = 127400 \cdot (0{,}0034)^2 = 1{,}473 \text{ mm W.S.} \cdot \frac{\text{kg}}{L}.$$

Für diesen Wert und für $d = 15$ erhalten wir (Kursivziffern):

$$G = 10{,}8 \text{ t/st}.$$

Ausflußmenge und Entleerungszeit.

Die sekundliche Wassermenge Q', die durch eine im Boden eines Behälters befindliche Öffnung f unter Druck der unveränderlichen Wassersäule h_g ausfließt, ist

$$Q' = \mu f \sqrt{2 g h_g} \qquad [f \text{ in m}^2,\ h_g \text{ in m},\ Q \text{ in m}^3/\text{sek}], \tag{13}$$

wobei μ der Ausflußkoeffizient ist. Die Auswertung dieser Gleichung kann mittels N 4 vorgenommen werden, das die Gleichung

$$Q = f \sqrt{2 g h_g} \tag{14}$$

darstellt (siehe S. 14). Es ist also

$$Q' = \mu Q. \tag{15}$$

Der Wert von μ für Wasser hängt stark von der Beschaffenheit der Bodenöffnung ab. Für eine scharfkantige kreisförmige Öffnung im Boden des Gefäßes (ohne Ansatzstücke) ist

$$\mu = 0{,}63.$$

Durch ein an der Öffnung angebrachtes Ansatzstück läßt sich dieser Wert beträchtlich steigern. Er beträgt

für ein Ansatzstück nach Abb. 1 (jedoch im Boden des Behälters) $\mu = 0{,}82$,
" " " " " 2 $\mu = 0{,}88$,
" " " " " 3 $\mu = 0{,}95$ bis 0,98,
" " " " " 4 $\mu = 0{,}54$,
" " " " " 5 $\mu = 0{,}50$
(stärkste Strahlkontraktion).

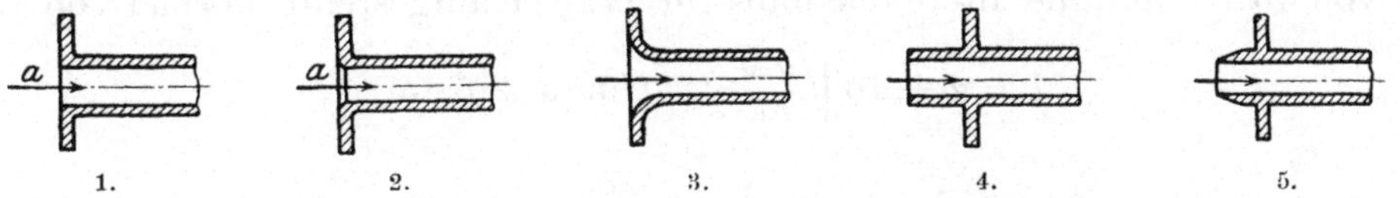

Abb. 1—5. Verschiedene Formen der Ansatzstücke.

Die Entleerungszeit eines prismatischen Behälters ohne Wasserzufluß von außen ist gleich der doppelten Ausflußzeit derselben Wassermenge aus derselben Öffnung bei unveränderlicher Höhe h_g. Bezeichnen wir mit F den Querschnitt des Behälters, so ist die Entleerungszeit T

$$T = \frac{2 h_g F}{Q'} \qquad [T \text{ in sek},\ h_g \text{ in m},\ F \text{ in m}^2,\ Q \text{ in m}^3 \text{ sek}] \tag{16}$$

oder

$$T = \frac{2 h_g F}{\mu f \sqrt{2 g h_g}}. \tag{17}$$

Am bequemsten für die Berechnung von T ist die Gl. (16) unter Zuhilfenahme des Nomogrammes N 4).

Durchfluß von Wasser durch Rohrleitungen.

Die Widerstandshöhe einer geraden horizontalen Rohrleitung.

Bewegt sich durch eine Rohrleitung eine ideelle (reibungslose) Flüssigkeit, so ist zur Erzeugung ihrer Geschwindigkeit v ein Flüssigkeitsdruck notwendig, der auch als Flüssigkeitssäule aufgefaßt werden kann. Die Höhe h_v dieser Flüssigkeitssäule ist

$$h_v = \frac{v^2}{2g}\gamma,$$

wobei $g = 9{,}81\ \mathrm{m/sek}^2$ und γ das spezifische Gewicht der Flüssigkeit ist. h_v wird auch Geschwindigkeitshöhe genannt. Der Strömung einer wirklichen Flüssigkeit stellen sich verschiedene energieverzehrende Widerstände entgegen, die durch die Zähigkeit und Dichte der Flüssigkeit, durch die Form und Rauheit der Rohrleitung verursacht sind und demnach auch von der Größe (Durchmesser und Länge) der Leitung und von der Geschwindigkeit der Flüssigkeit abhängig sind. Diese Widerstände werden ebenfalls durch eine Flüssigkeitssäule ausgedrückt und mit w bzw. $\sum w$ bezeichnet (Widerstandshöhe).

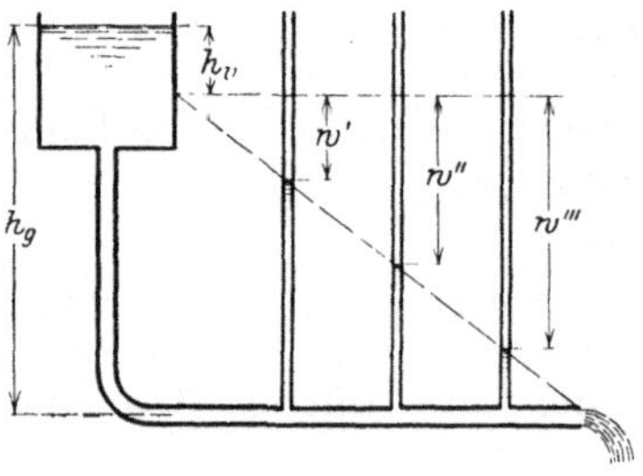

Abb. 6. Geschwindigkeits- und Widerstandshöhe.

Geschieht die Bewegung des Wassers durch den Druck einer Wassersäule (etwa die Höhe h_g bis zur Wasseroberfläche eines hochgelegenen Behälters, Abb. 6) und ist die Widerstandshöhe des bereits durchströmten Teiles der Rohrleitung gleich w, so ist der wirkliche durch ein Manometer nachweisbare Druck in jedem Punkte der Rohrleitung gleich $h_g - w - h_v$.

Wir schreiben für eine horizontale Rohrleitung

$$w = \zeta \frac{v^2}{2g}\gamma \tag{18}$$

und setzen für einen geraden Rohrleitungsstrang von der Länge l und Durchmesser d

$$\zeta = \lambda \frac{l}{d}. \tag{19}$$

Der Koeffizient λ ist nach neueren Versuchen von der Zähigkeit der Flüssigkeit, von der Rauheit der Wand und vom Produkt vd abhängig. Aus den verschiedenen Formeln, die sich auf umfangreiche Messungen stützen und diese Abhängigkeit zum Ausdruck bringen, greifen wir die Formel von Flamant und Blasius

$$\lambda = \frac{a}{\sqrt[4]{v\,d}} \tag{20}$$

für Wasser von 15° C, und die ältere ebenfalls für Wasser aufgestellte Formel von Lang:

$$\lambda = \alpha + 10\sqrt{\frac{\pi M}{v\,d}} \qquad (\text{für } d \geqq 5\ \text{cm}) \tag{21}$$

heraus.

Wird in die Gleichung (20) der Wert von v aus

$$Q = \frac{\pi d^2}{4} v \tag{22}$$

eingesetzt, so erhält man nach einer Umformung und Eliminierung von ζ und λ aus den Gl. (18), (19) und (20), wenn wir

$$a = 0{,}018, \qquad l = 100\ \text{m}$$

setzen, die Gleichung

$$\boldsymbol{w_1 = 264{,}63\, \frac{Q^{\frac{7}{4}}}{d^{\frac{19}{4}}}} \qquad [Q \text{ in m}^3/\text{st},\ d \text{ in cm},\ w_1 \text{ in m für 100 lauf. m der Rohrleitung}], \tag{23}$$

die durch das Nomogramm N 5 dargestellt ist. Dasselbe besteht aus einem Dreiskalensystem mit den Skalen für w_1, Q und d, wobei die Q-Leiter als Doppelskala ausgebildet ist und Werte Q in m^3/st und in L/sek angibt.

Fällt der Schnittpunkt der Verbindungslinie der gegebenen Punkte d und Q mit der w_1-Skala ungünstig aus, so verfährt man wie folgt. Man verbindet miteinander durch eine Gerade die Punkte $x\,Q$ und $x\,d$, wobei x so gewählt ist, daß der Schnittpunkt dieser Geraden mit der w_1-Skala günstig ausfällt. Ergibt sich auf der letzteren nunmehr der Wert w_1, so ist derselbe x^3mal zu klein, d. h. der richtige Wert von w_1 ist gleich

$$w_1 \cdot x^3 .$$

Dasselbe Verfahren kann auch reziprok angewendet werden. Wird z. B. Q gesucht, und fällt der Schnittpunkt der Verbindungslinie d—w mit der Q-Skala außerhalb der Zahlentafel aus, so verbindet man $d\,x$ mit $w\,x^3$. Der erhaltene Wert Q' wird $x$mal zu groß sein, d. h. der richtige Wert von Q ist gleich

$$\frac{Q'}{x} .$$

Nachdem w_1 in Gl. (23) die Widerstandshöhe für eine 100 m lange Rohrleitung ist, erhalten wir die Widerstandshöhe w für die Rohrleitungslänge l aus

$$w = w_1 \frac{l}{100} . \tag{24}$$

Der Wert

$$a = 0{,}018 \tag{25}$$

entspricht den mittleren in der Praxis auftretenden Rauheitsverhältnissen der Rohrleitung (gebrauchte Rohre aus Eisen und Stahl). Für andere Verhältnisse ist a entsprechend zu wählen, etwa

$$a' = 0{,}012 \text{ bis } 0{,}022; \tag{26}$$

die Widerstandshöhe w_1 bzw. w ist dann mit

$$\frac{a'}{0{,}018}$$

zu multiplizieren. Es empfiehlt sich jedoch, auch bei neuen glatten Rohren mit $a = 0{,}018$ zu rechnen, nachdem zu erwarten ist, daß sich im Betriebe eine gewisse Rauheit einstellen wird. (Handelt es sich um die Berechnung der Druckhöhe einer Pumpe, so bedingt der Aufschlag auf die Widerstandshöhe eine Reserve im Antriebsmotor der Pumpe.) Hat sich im Rohr eine gleichmäßige Schleimschicht gebildet, so ist ihre Dicke vom Radius des Rohres zu subtrahieren. Je nach der Qualität des im Rohre fließenden Wassers ist die Stärke der Kruste verschieden, in besonderen Fällen kann letztere den Durchflußquerschnitt sehr beträchtlich vermindern. Ganz besonders erhöhen jedoch den Wert von a ungleichmäßige Krusten, Anrostungen und Höcker, die die Reibung der Flüssigkeit an den Wänden in großem Maße steigern.

Die Ungewißheit, die die unbekannten Rauheitsverhältnisse der Rohrleitungen hervorrufen, führt dazu, daß man den aus Formeln oder Zahlentafeln errechneten Wert der Widerstandshöhe nicht als einen präzisen, sondern nur als einen Näherungswert betrachten darf. Wie nahe dieser dem genauen Wert kommt, hängt vollkommen von der richtigen Schätzung der Rauheit der Rohrwand ab. (Von Einfluß sind ebenfalls: die Häufigkeit der Flanschen bzw. Muffen, die Ausführung der Rohrverbindungen, die Beschaffenheit des Wassers u. a. m.)

In der Gl. (21) kann man für mittlere Rauheitsverhältnisse

$$\alpha = 0{,}02 \tag{27}$$

und für Wassertemperatur von 15° C

$$\sqrt{\pi M} = 0{,}0018 \tag{28}$$

setzen, so daß man für 100 m Rohrleitungslänge den Wert

$$w_1 = \left(2 + \frac{1{,}8}{\sqrt{v\,d}}\right) \frac{v^2}{d}\, \frac{1}{2g} \qquad [d \text{ in cm},\ v \text{ in m/sek},\ g = 9{,}81,\ w_2 \text{ in m}] \tag{29}$$

für die Widerstandshöhe erhält. Setzt man in diese Gleichung den Wert von v aus Gl. (3)

und (6) ein, so folgt nach einer Umformung

$$w_1 = \left(127{,}51 + 61{,}02\sqrt{\frac{d}{Q}}\right)\frac{Q^2}{d^5} \qquad \left[Q \text{ in } \frac{\mathrm{m}^3}{\mathrm{st}},\ d \text{ in cm},\ w_1 \text{ in m}\right], \tag{30}$$

oder wenn man die Bezeichnung

$$\Omega = \frac{Q}{d} \tag{31}$$

einführt,

$$w_1 = \left(127{,}51 + \frac{61{,}02}{\sqrt{\Omega}}\right)\frac{\Omega^2}{d^3} \qquad \left[\Omega \text{ in } \frac{\mathrm{m}^3}{\mathrm{st}}:\mathrm{cm},\ d \text{ in cm},\ w_1 \text{ in m}\right]. \tag{32}$$

Diese Gleichung ist durch das Nomogramm N 6 dargestellt (Dreiskalensystem; Skalen für w_1, d und $\Omega = \frac{Q}{d}$). Bildet die Verbindungslinie zwischen den Punkten Ω und d keinen günstigen Schnitt mit der W_1-Skala, so kann man folgendermaßen verfahren: man verbindet denselben Punkt Ω wie früher mit einem solchen Punkt $d_1 = xd$, daß der Schnittpunkt mit der w_1-Skala günstig ausfällt; erhält man auf diese Weise auf der w_1-Skala den Wert w_1, so ist der richtige Wert von w_1 gleich

$$w_1 \cdot x^3.$$

Den Wert der Widerstandshöhe für eine l Meter lange Rohrleitung erhält man wie früher aus Gl. (24).

Da im Nomogramm N 6 d in zwei Skalen enthalten ist, ist die Anwendung dieses Nomogrammes nur dann bequem, wenn d bekannt ist. Ist d unbekannt, so wird es sich empfehlen, dasselbe aus N 5 zu berechnen und N 6 zur Nachrechnung zu verwenden; anderenfalls muß ein Wert von d_1 angenommen werden, aus $\frac{Q}{d_1}$ und w_1 ist ein neuer Wert von $d = d_2$ zu bestimmen, und da im allgemeinen $d_1 \neq d_2$ ist, muß die Diskrepanz zwischen diesen beiden Werten durch geeignete weitere Annahmen zum Verschwinden gebracht werden.

Die aus den beiden Nomogrammen N 5 und N 6 berechneten Werte von w weichen voneinander für gewisse Verhältnisse ziemlich beträchtlich ab. Diese Abweichung ist von dem Wert $\frac{Q}{d}$ abhängig; sie beträgt für kleine (0,1 bis 0,5 m³/st/cm) und für sehr große Werte von $\frac{Q}{d}$ (50 m³/st/cm) bis 35%. Für mittlere Werte von $\frac{Q}{d}$ (7 bis 20 m³/st/cm) beträgt der Unterschied weniger als 10%. Für kleine Werte $\frac{Q}{d}$ ist w_1 nach N 6 kleiner als nach N 5; für große Werte von $\frac{Q}{d}$ gibt N 6 größere Werte für w_1 als N 5. N 6 ist für niedrige Werte von d (4 bis 5 cm) nicht geeignet; N 5 gibt für große Durchmesser und große Geschwindigkeiten zu niedrige Werte von w_1.

Beispiel 1. Wie groß ist die Widerstandshöhe einer 100 m langen geraden horizontalen Rohrleitung von 70 mm Durchmesser bei einer durchfließenden Wassermenge $Q = 50$ m³/st?

N 5 ergibt für $d = 7$, $Q = 50$:

$$w_1 = 24{,}1 \text{ m},$$

N 6 ergibt für $d = 35$, $\frac{Q}{d} = 7{,}14$ (dabei ist also $x = 5$):

$$w_1 = 0{,}18;$$

folglich ist

$$w_1 = 5^3 \cdot 0{,}18 = 22{,}5 \text{ m}.$$

Die gesuchte Widerstandshöhe beträgt rund 23 m.

Beispiel 2. Wie groß ist die Widerstandshöhe einer 40 m langen horizontalen Rohrleitungsstrecke von 1″ l. W., durch welche die Wassermenge 1,5 L/sek hindurchfließt?

Aus N 5 finden wir für

$$Q = 2 \cdot 1{,}5 \text{ L/sek} \quad \text{und} \quad d = 2 \cdot 2{,}54 \text{ cm};$$

$$w_1 = 7{,}6 \text{ m};$$

somit ist

$$w_1 = 2^3 \cdot 7{,}6 = 60{,}8 \text{ m}$$

und

$$w_1 = 0{,}4 \cdot 60{,}8 = 24{,}3 \text{ m}.$$

Beispiel 3. Eine mittels Piezometerröhren ausgeführte Messung der Widerstandshöhe an zwei voneinder um 5 m entfernten Punkten einer Rohrleitung von 100 mm l. W. hat bei $Q = 18$ L/sek den Wert von $w = 44$ cm ergeben. Wie groß ist der Rauheitskoeffizient a der Rohrleitung [Gl. (26)].

Aus N 5 finden wir für $d = 10$ cm $Q = 18$ L/sek

$$w_1 = 7{,}0 \text{ m},$$

folglich ist

$$w_1 = 0{,}05 \cdot 7{,}0 = 0{,}35 \text{ m}.$$

Nachdem der wirkliche Wert von $w = 0{,}44$ m beträgt, ist

$$a = \frac{0{,}44}{0{,}35}\, 0{,}018 = 0{,}0226,$$

ein hoher Wert, der auf starke Inkrustierung der Rohrleitung schließen läßt.

Widerstandshöhe von Rohrkrümmern, Armaturen usf.

Die in einer Rohrleitung befindlichen Krümmern, Armaturen usf. bewirken eine Erhöhung des sich dem Wasserstrom entgegenstellenden Widerstandes. Dieser Widerstand kann ebenso wie auf S. 18 durch eine Flüssigkeitssäule w_2 (Widerstandshöhe) ausgedrückt werden, und es ist für Wasser

$$w_2 = \zeta \frac{v^2}{2g} \quad [v \text{ in m/sek},\ g = 9{,}81,\ w_2 \text{ in m}], \tag{33}$$

wobei ζ ein Koeffizient ist, der von der besonderen Krümmung oder dem durch eine Armatur bedingten Hindernis abhängig ist. Setzt man in diese Gl. (33) den Wert von v aus Gl. (22) ein, so folgt

$$\boldsymbol{\zeta Q^2 = 1{,}5685\, w_2 d^4} \quad [Q \text{ in m}^3/\text{st},\ d \text{ in cm},\ w_2 \text{ in m}], \tag{34}$$

eine Gleichung, die durch das

Nomogramm N 7

dargestellt ist. Dasselbe besteht aus einem Vierskalensystem (Skalen für ζ, Q, w_2 und d) mit Zapfenlinie, wobei die zugehörigen Skalenpaare durch die Art der Beschriftung kenntlich gemacht sind. Die Skala für Q ist als Doppelskala ausgeführt; sie liefert die Werte von Q in m³/st und in L/sek ausgedrückt.

Beispiele siehe unten S. 23.

Der Wert des

Widerstandskoeffizienten ζ

wird aus folgenden Tabellen und Formeln gewonnen.

1. Bogenstück (Abb. 7). (Nach Weisbach.)

$$\zeta = 0{,}13 + 0{,}16 \left(\frac{d}{r}\right)^{3,5}. \tag{35}$$

Abb. 7.

$\frac{d}{r}$ = 0,1	0,2	0,3	0,4	0,5	0,6	0,7	0,8	0,9	1,0
ζ = 0,13	0,13	0,13	0,14	0,14	0,16	0,18	0,20	0,24	0,29
$\frac{d}{r}$ = 1,1	1,2	1,3	1,4	1,5	1,6	1,7	1,8	1,9	2,0
ζ = 0,35	0,43	0,53	0,66	0,79	0,96	1,15	1,41	1,64	1,98

Der hier angegebene Wert von ζ gibt nur die Vergrößerung der Widerstandshöhe gegenüber derjenigen einer geraden Leitung an. Er ist von der Länge des Bogens unabhängig; dieselbe muß zur geraden Rohrleitungsstrecke hinzugerechnet werden.

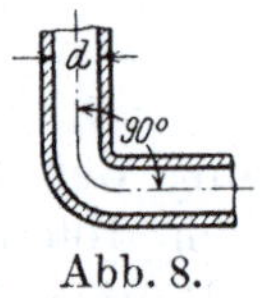

Abb. 8.

2. Scharfkantiges Kniestück (Abb. 8). 90°.
(Nach Brabbée.)

$d = 15$	20	25	30	35	40	45	50 mm
$\zeta = 1{,}7$	1,58	1,3	1,17	1,08	0,98	0,9	0,82

3. T-Stücke. (Nach Brabbée.)

In der Durchgangsrichtung . $\zeta = 1{,}0$,
,, ,, Abzweigrichtung . . . $\zeta = 1{,}5$,
Für den Zusammenlauf. . . . $\zeta = 3{,}0$.

4. Einlaufstücke. (Nach Weisbach.)

Abb. 1: Einlaufkante a scharfkantig . . . $\zeta = 0{,}5$,
,, 2: ,, a gebrochen . . . . $\zeta = 0{,}25$,
,, 3: Je nach Glätte der Wandung . . $\zeta = 0{,}06$ bis 0,01,
,, 4: Winkel an der Einlaufkante 90° . $\zeta = 0{,}56$,
,, 5: Messerscharfe Einlaufkante . . . ζ bis 3,0 (stärkste Einschnürung).

5. Zentrale Rohrerweiterung. Plötzliche zentrale Erweiterung (Abb. 9).

$$\zeta_2 = \left(\frac{F_2}{F_1} - 1\right)^2.$$

$\frac{F_2}{F_1} = 10$	9	8	7	6	5	4,5	4	3,5	3
$\zeta_2 = 81$	64	49	36	25	16	12,25	9	6,25	4

$\frac{F_2}{F_1} = 2{,}8$	2,6	2,5	2,4	2,2	2	1,8	1,6	1,5	1,4
$\zeta_2 = 3{,}24$	2,56	2,25	1,96	1,44	1	0,64	0,36	0,25	0,16

$\frac{F_2}{F_1} = 1{,}3$	1,25	1,2	1,15	1,1
$\zeta_2 = 0{,}09$	0,06	0,04	0,02	0,01

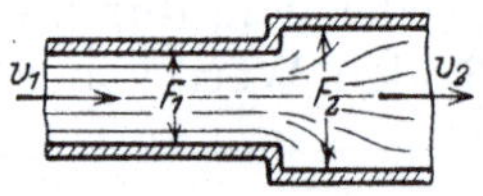

Abb. 9. Plötzliche zentrale Rohrerweiterung.

Hierbei ist ζ_2 auf den größeren Durchmesser d_2 des Rohres (d. h. nach der Erweiterung) bezogen.

Bei der allmählichen Erweiterung mit günstigem Erweiterungswinkel (8° bis 10°) betragen die Widerstandskoeffizienten 0,15 bis 0,20 von obigen Werten für ζ_2 (glatte Wandung vorausgesetzt).

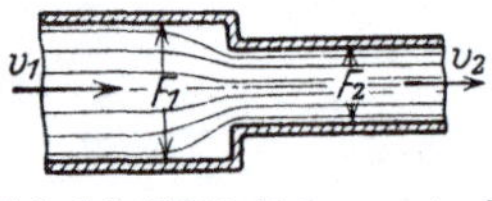

Abb. 10. Plötzliche zentrale Rohrverengung.

6. Zentrale Rohrverengung. Plötzliche zentrale Verengung (Abb. 10).

$\frac{F_2}{F_1} = 0{,}01$	0,1	0,2	0,3	0,4	0,5	0,6	0,7	0,8	0,9	1,0
$\zeta_2 = 0{,}50$	0,46	0,42	0,37	0,33	0,28	0,23	0,18	0,13	0,07	0,0

Hierbei ist ζ_2 auf den kleineren Durchmesser d_2 des Rohres (d. h. nach der Verengung) bezogen.

Allmähliche Verengung:

$\zeta = 0{,}06$ bis 0,005 (ζ um so kleiner, je größer d und Q).

7. Saugkorb mit Rückschlagklappe.

$d = 4$	5	6	7,5	10	12,5	15	20	25	30	40	50	60	70 cm
$\zeta = 12$	10,3	9,3	8,2	7,2	6,7	6	5,1	4,3	3,7	2,9	2,5	2,2	1,7

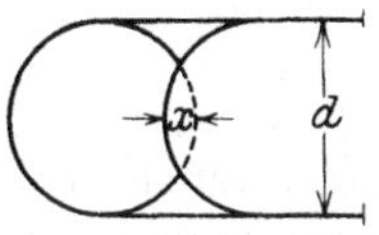

Abb. 11. Absperrschieber.

8. Absperrschieber (Abb. 11).

$\frac{x}{d} = 0$	0,1	0,2	0,3	0,4	0,5	0,6	0,7	0,8
$\zeta = 0,05$	0,1	0,5	1,0	1,8	3,0	7,0	15	51

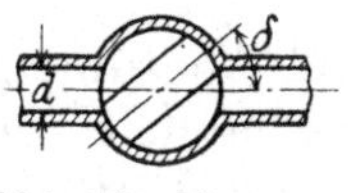

Abb. 12. Absperrhahn.

9. Absperrhahn (Abb. 12).

$\delta = 5$	10	20	30	40	45	50
$\zeta = 0,05$	0,3	1,6	5,2	17	31	53

Ventile, nicht ganz offene Hähne oder Schieber sind wegen großem ζ zu vermeiden.

Beispiele zur Anwendung des Nomogrammes N 7.

Beispiel 1. In einer horizontalen Rohrleitung von 80 mm l. W. befinden sich 3 Bogenstücke mit $\frac{d}{r} = 0,2$, ein scharfkantiges Kniestück (90^0) und ein Absperrschieber. Wie groß ist die Widerstandshöhe bei offenem Schieber und der Wasserdurchflußmenge $Q = 50\ \mathrm{m^3/st}$.

Wir finden

$$\zeta = 3 \cdot 0,13 + 0,8 = 1,19$$

und aus N 7

$$w_2 = 0,46\ \mathrm{m}\,.$$

Beispiel 2. Für eine Rohrleitung mit $d = 4$ cm und $Q = 20\ \mathrm{m^3/st}$ ist der Widerstandskoeffizient $\zeta = 10,0$ errechnet worden. Wie groß ist die Widerstandshöhe w_2?

Wenn wir mit den angegebenen Werten rechnen, erhalten wir einen Schnittpunkt mit der w_2-Skala, der außerhalb der Zahlentafel liegt. Wir wählen deshalb

$$(\zeta) = 10\,, \quad (Q) = 1$$

und erhalten für $\bar{\zeta} = 1$ $\bar{Q} = 20$

$$\bar{w}_2 = 0,99\,,$$

weiters aus der Tabelle für Proportionalitätsfaktoren

$$(w_2) = 10\,,$$

somit

$$w_2 = 9,9\ \mathrm{m}\,.$$

Berechnung der Wasserrohrleitungen.

Um in einer Rohrleitung einen Wasserstrom zustande zu bringen, muß auf das Wasser eine Druckkraft ausgeübt werden, die sämtliche Widerstände in der Leitung kompensiert und in derselben eine Wassergeschwindigkeit erzeugt. Diese Widerstände (die durch Flüssigkeitssäulen ausgedrückt werden) sind

a) der geometrische Höhenunterschied $\pm h_g$ zwischen dem Ort der Druckerzeugung (Pumpe, ein unter Druck stehendes Reservoir) und der Ausflußstelle,

b) der Druckunterschied $\pm h_p$ (in Meter Wassersäule) zwischen dem absoluten Druck an der Stelle der Druckerzeugung (Pumpe, Reservoir) und dem absoluten Druck an der Ausflußstelle,

c) der Bewegungswiderstand (Widerstandshöhe) w_1 in den geraden Leitungsstrecken,

d) der Bewegungswiderstand (Widerstandshöhe) w_2 der in der Leitung eingebauten Rohrkrümmer, Kniestücke, Schieber usw.,

e) der Anteil h_v der Druckkraft, die zur Erzeugung der Geschwindigkeit dient (Geschwindigkeitshöhe).

Es ist somit die aufzuwendende Druckhöhe

$$H = \pm \gamma h_g \pm h_p + \Sigma w_1 + \Sigma w_2 + h_v \qquad [H,\ h,\ w \text{ in m W.S.},\ \gamma \text{ in kg/L}]. \qquad (36)$$

Geschieht die Wasserförderung durch ein offenes Reservoir, so ist sinngemäß, nachdem h_g nunmehr nicht als ein Widerstand, sondern motorisch wirkt,

$$\gamma h_g = \pm h_p + \Sigma w_1 + \Sigma w_2 + h_v\,. \qquad (37)$$

Wir führen die Bezeichnung

$$H_0 = H \pm \gamma h_g \pm h_p \qquad (38)$$

ein und erhalten allgemein

$$H_0 = \sum w_1 + \sum w_2 + h_v. \qquad (39)$$

Die Größen h_g und h_p sind direkt durch die Lage und Art der betreffenden Leitung bestimmt (sie können positive oder negative Werte annehmen). Zur Berechnung von w_1 dient N 5 und N 6 (S. 18ff.), w_2 kann man aus N 7 (S. 21ff.) berechnen, schließlich wird h_v mit Hilfe von N 4 (S. 15) ermittelt.

Bei der Berechnung geht man stets von der bekannten Lage und Anordnung der Leitung aus. Die Größen h_g und h_p sind somit von vornherein gegeben. Es handelt sich nun darum, für gegebene zwei von den drei Größen H_0, d und Q die unbekannte dritte zu bestimmen. Es ergeben sich folgende Fälle:

I. Gegeben Q und d, gesucht H_0.

Man bestimmt (wie oben angegeben) w_1, w_2 und h_v und erhält aus Gl. (39) das gesuchte H_0.

II. Gegeben d und H_0, gesucht Q.

Es wird ein plausibel erscheinender Wert Q' angenommen und mittels d und Q' wie oben bei I. die Druckhöhe H_0' berechnet. Im allgemeinen wird $H_0' \neq H_0$ sein. Man sucht dann durch geeignete neue Annahmen, Q'' usw., den Unterschied $H_0' - H_0$ kleiner und schließlich $= 0$ werden zu lassen. Als Anhaltspunkt für die erste Annahme von Q' kann man $H_0 = w_1$ setzen und mit dem aus N 5 zu w_1 und d ermittelten Wert von Q' rechnen.

III. Gegeben Q und H_0, gesucht d.

Das Verfahren ist dasselbe wie oben bei II. mit dem Unterschied, daß jetzt anstatt Q' ein Wert d' angenommen werden muß.

Die Bestimmung der charakteristischen Kurve einer Rohrleitung, d. h. der Kurve

$$H = f(Q) \qquad (40)$$

ist in der Weise vorzunehmen, daß man für verschiedene Werte von Q die entsprechenden Werte von H ermittelt und die Kurve punktweise konstruiert. Nachdem hier d als bekannt anzusehen ist, fällt diese Berechnung unter I.

Staurandberechnung bei Mengenmessungen[1].

Beim Durchfluß eines Mediums durch eine in einen Leitungszug mit dem Durchmesser D eingebaute Stauscheibe findet am Rand derselben (Durchmesser d) eine Kontraktion statt, die sich in der Einführung des Koeffizienten k (Kontraktionszahl) ausdrückt. Es ist nun

$$Q = \frac{\pi d^2}{4} k \sqrt{2g\frac{h}{\gamma}} \quad [Q \text{ in } m^3/\text{sek}, d \text{ in m}, h \text{ in mm W. S.}, \gamma \text{ in kg/m}^3], \qquad (41)$$

und

$$G = \frac{\pi d^2}{4} k \sqrt{2gh\gamma} \quad [G \text{ in kg/sek, sonst wie in Gl. (41)}]. \qquad (42)$$

Dabei ist k eine Funktion des Verhältnisses $\frac{d}{D}$ und des Durchmessers der Rohrleitung D, h ist die Differenz zwischen dem in der Leitung vorhandenen und dem an dem Staurand auftretenden Druck, γ das spezifische Gewicht des durchfließenden Mediums. Wir können diese beiden Gl. (41) und (42) auch wie folgt schreiben:

$$\mathbf{Q = \nu \sqrt{2g\frac{h}{\gamma}}} \quad [Q \text{ in } m^3/\text{sek}, h \text{ in mm W. S.}, \gamma \text{ in kg/m}^3, \nu \text{ in m}^2], \qquad \mathbf{(43)}$$

$$\mathbf{G = \nu \sqrt{2gh\gamma}} \quad [G \text{ in kg/sek, sonst wie in Gl. (43)}], \qquad \mathbf{(44)}$$

wobei ν wiederum eine Funktion von $\frac{d}{D}$ und D ist, die durch die Kurvenschar der Tafel K 1 dargestellt ist. Zur Berechnung dieser Tafel sind die Werte von k nach Kretzschmer und Jakob für die ringförmige Druckentnahme verwendet[2]. Diese Gleichungen sind mit den Gl. (9) und (11) auf S. 15 vollkommen identisch, wenn man in die letzteren anstatt F die Größe ν einsetzt. Wir können somit zur Auswertung der Gleichungen (43) und (44) das Nomogramm N 4 benützen.

[1] Der immer größer werdenden Verbreitung der Mengenmessungen mittels Stauscheiben in Betrieben Rechnung tragend, wurde auch diese Berechnung hier aufgenommen, die sich an schon vorhandene Nomogramme anschließt.

[2] Siehe z. B. Rundschreiben Nr. 267 der Wärmestelle Düsseldorf vom Jahre 1927, Tafel 4.

1. Wird bei einer Messung der Differenzdruck h (mittels Manometer oder ähnlichem) gefunden und will man die Menge Q bzw. G berechnen, so bestimmt man für gegebene $\frac{d}{D}$ und D aus K 1 den Wert von ν und benützt dann N 4, in welchem man ν an Stelle von F setzt. (K 1 gibt direkt ν in cm^2 an, so daß man ohne Umrechnung die F-Skala des N 4 benützen kann.) γ wird für Wasser = 1 gesetzt, für Luft aus N 11, für Dampf aus K 2 bestimmt.

2. Wünscht man bei angenommenem Differenzdruck h (z. B. bei gegebenem bestimmtem Differentialmanometer, das zur Messung von h verwendet werden soll) den Stauranddurchmesser zu berechnen, so bestimmt man aus gegebenen G bzw. Q, h und γ den Wert von ν. Aus K 1 ermittelt man dann für gegebene ν und D das Verhältnis $\frac{d}{D}$.

Beispiel 1. Dampfmessung. Dampfdruck 18,5 at abs., Dampftemperatur 340 C, D = 200 mm, d = 120 mm, h = 2000 mm W. S. Dampfmenge?

Aus K 2 finden wir $\gamma = 6{,}6 \frac{kg}{m^2}$ (s. S. 34, Beispiel 2).

Aus K 1 finden wir für $\frac{d}{D} = 0{,}6$, $D = 200$ mm: $\nu = 74{,}0$.

N 4 ergibt für $\nu = 74$ und $h\gamma = \frac{6{,}6 \cdot 2000}{1000} = 13{,}2$ (Kursiv-Ziffern):

$$G = 13{,}6 \text{ t/st}.$$

Beispiel 2. Berechnung einer Stauscheibe für Wassermessungen. $Q = 70$ m³/st, $D = 100$ mm, $h = 3000$ mm W. S.

N 4 ergibt für $Q = 70\,m^3/st$ und $\frac{h}{\gamma} = 3000$

$$\nu = 25{,}3 \text{ cm}^2.$$

K 1 ergibt für $D = 100$ und $\nu = 25{,}3$

$$\frac{d}{D} = 0{,}69 \quad \text{und} \quad d = 69 \text{ mm}.$$

Beispiel 3. Berechnung des Differenzdruckes. Ein Gebläse liefert 6000 m^3/st Gas mit dem spezifischen Gewicht 0,56 kg/m^3 durch eine Rohrleitung von 400 mm l. W. Wie groß wird der Differenzdruck sein, der sich am Rande einer Stauscheibe von 300 mm Durchmesser einstellt?

K 1: $\frac{d}{D} = 0.75$, $D = 400$, $\nu = 512{,}8$.

N 4: $\nu = 512{,}8$, $Q = 6000$, $\frac{h}{\gamma} = 53\,800 \frac{kg}{m^2} \cdot \frac{L}{kg}$,

$$h = 53\,800 \cdot 0{,}56 \cdot 0{,}001 = 30{,}1 \text{ mm W.S.}$$

Wird der Differenzdruck nicht in mm W.S., sondern in anderen Einheiten angegeben, so benutzt man zur Umrechnung folgende Beziehungen

$$1 \text{ at} = 1 \text{ kg/cm}^2 = 10\,000 \text{ kg/m}^2 = 10\,000 \text{ mm W.S.} = 735{,}5 \text{ mm Q.S.},$$
$$1 \text{ mm Q.S.} = 13{,}6 \text{ mm W.S.}, \; 1 \text{ m}^3 = 1000 \text{ L}.$$

Zahlentafel 8. Spezifische Gewichte γ, mittlere spezifische Wärmen c zwischen 0° und 100°, Schmelz- und Gefrierpunkte verschiedener Körper.

Feste Körper.

	Spezifisches Gewicht γ in kg/dm³ bzw. g/cm³	Mittl. spez. Wärme c	Schmelzpunkt t° C
Aluminium, chemisch rein	2,70	0,22	658
„ gehämmert	2,75		
„ gegossen	2,56		
Asbest	2,1—2,8		
Asphalt	1,1—1,5		
Beton	1,8—2,45	0,21	
Blei	11,25—11,37	0,031	327
Braunkohle	1,2—1,5		
Bronze (7,9 bis 14% Zinngehalt)	7,4—8,9		etwa 900
Eisen, chemisch rein	7,86	0,115	1520
Erde lehmig, fest gestampft, frisch	2,0		
„ „ „ „ trocken	1,6—1,9		
„ mager, trocken	1,34		
Flußeisen	7,85	0,115	1350—1450
Flußstahl	7,86		1300—1400

Zahlentafel 8. Feste Körper. (Fortsetzung.)

	Spezifisches Gewicht γ in kg/dm³ bzw. g/cm³		Mittl. spez. Wärme c	Schmelzpunkt t^0 C
Gips, gesiebt	1,25		0,20	
„ gegossen, trocken	0,97			
Glas, Fenster-	2,4—2,7		0,20	
Grobkohle	1,2—1,5			
Gußeisen	7,25			1130—1200
Holzarten	lufttrocken	frisch		
Ahorn	0,53—0,80	0,83—1,05		
Birke	0,51—0,77	0,80—1,09		
Eberesche	0,69—0,89	0,87—1,13		
Eiche	0,69—1,03	0,93—1,28	0,57	
Fichte	0,35—0,74	0,40—1,07	0,65	
Kiefer	0,32—0,76	0,38—1,08		
Tanne	0,37—0,75	0,77—1,23		
Kalk, gebrannt	0,9—1,3			
„ gelöscht	1,15—1,25			
Kalkmörtel, trocken	1,60—1,65			
„ frisch	1,75—1,80			
Koks (in Stück)	bis 1,4			
Kupfer, gewalzt oder gehämmert	8,9—9,0			1083
Kupferdraht	8,93—8,95			
Kupfer elektrolyt.	8,9—8,95			
Leder, gefettet	1,02			
„ trocken	0,86			
Lehm, trocken	1,5—1,6			
„ frisch	1,67—1,85			
Messing, gewalzt (je nach Zinngehalt)	8,52—8,62			
„ gegossen (je nach Zinngehalt)	8,4—8,7		0,092	etwa 900
„ gezogen (je nach Zinngehalt)	8,43—8,73			
Nickel, gegossen	8,35		0,11	1450
„ gewalzt	8,6—8,9			
Papier	0,7—1,15			
Sand, fein und trocken[1]	1,20—1,65			
„ fein und feucht	1,90—2,05			
„ grob	1,4—1,5			
Schweißeisen (Draht)	7,6—7,75			
„	7,8			
Steinkohle (in Stück)[2]	1,2—1,5			
Torf, Erd-	0,64			
Torf, Pech-	0,84			
Zemente	0,82—1,95			
Ziegel, gewöhnlich	1,4—1,6		0,22	
„ Klinker	1,7—2,0			
Zink, gegossen	6,86		0,094	419
„ gewalzt	7,13—7,20			
Zinn, gewalzt oder gehämmert	7,3—7,5		0,056	232
„ gegossen	7,2			

Flüssigkeiten.

	Spez. Gewicht[3] in kg/dm³ bzw. g/cm³	Spez. Gewicht[3] bei °C	Mittl. spez. Wärme C	Gefrierpunkt t^0 C
Alkohol (wasserfrei)	0,79	15	0,58	−118
Benzin	0,68—0,70	15		−150
Benzol	0,9	0	0,44	
Leinöl	0,94	15		−20
Mineralschmieröl	0,90—0,93	20		
Naphtha (Petroleum)	0,76	19	0,50	
Quecksilber	13,596	0	0,033	−38,9
Rizinusöl	0,97	15		
Teer (Steinkohlen-)	1,2	—		
Wasser	1	4	∼ 1	0

Gase.

	Spez. Gewicht in kg/m³ (bei 0° und 760 mm)	Spez. Gewicht bezogen auf Luft (bei 0° und 760 mm)
Ammoniak NH_3	0,771	0,596
Kohlenoxyd CO	1,250	0,967
Kohlensäure CO_2	1,977	1,529
Leuchtgas	0,56	0,43
Luft	1,293	1
Sauerstoff O_2	1,429	1,105
Stickstoff N_2	1,251	0,967
Wasserdampf H_2O	0,80	0,623
Wasserstoff H_2	0,09	0,070

[1] 1 m³ trockener Sand, Lehm, Erde wiegt 1600 kg, 1 m³ nasser Sand, Lehm, Erde wiegt 2000 kg.
[2] 1 m³ Steinkohle wiegt 720 bis 870 kg (geschichtet).
[3] Ist $\gamma < 1$, so ist bei dem Aräometer nach Baumé

$$\gamma = \frac{146}{146+n}; \quad n = 146\left(\frac{1}{\gamma} - 1\right);$$

ist $\gamma > 1$, so ist

$$\gamma = \frac{146}{146-n}; \quad n = 146\left(1 - \frac{1}{\gamma}\right),$$

wobei n den Aräometergrad bedeutet.

Zahlentafel 9. Vergleichung der Thermometergrade.

C	F	C	F	C	F	C	F	C	F
-20	-4	5	41	30	86	55	131	80	176
-19,44	-3	,56	42	,56	87	,56	132	,56	177
-19	-2,2	6	,8	31	,8	56	,8	81	,8
-18,89	-2	,11	43	,11	88	,11	133	,11	178
-18,33	-1	,67	44	,67	89	,67	134	,67	179
-18	-0,4	7	,6	32	,6	57	,6	82	,6
-17,78	0	,22	45	,22	90	,22	135	,22	180
-17,22	1	,78	46	,78	91	,78	136	,78	181
-17	,4	8	,4	33	,4	58	,4	83	,4
-16,67	2	,33	47	,33	92	,33	137	,33	182
-16,11	3	,89	48	,89	93	,89	138	,89	183
-16	,2	9	,2	34	,2	59	,2	84	,2
-15,56	4	,44	49	,44	94	,44	139	,44	184
-15	5	10	50	35	95	60	140	85	185
-14,44	6	,56	51	,56	96	,56	141	,56	186
-14	,8	11	,8	36	,8	61	,8	86	,8
-13,89	7	,11	52	,11	97	,11	142	,11	187
-13,33	8	,67	53	,67	98	,67	143	,67	188
-13	,6	12	,6	37	,6	62	,6	87	,6
-12,78	9	,22	54	,22	99	,22	144	,22	189
-12,22	10	,78	55	,78	100	,78	145	,78	190
-12	,4	13	,4	38	,4	63	,4	88	,4
-11,67	11	,33	56	,33	101	,33	146	,33	191
-11,11	12	,89	57	,89	102	,89	147	,89	192
-11	,2	14	,2	39	,2	64	,2	89	,2
-10,56	13	,44	58	,44	103	,44	148	,44	193
-10	14	15	59	40	104	65	149	90	194
- 9,44	15	,56	60	,56	105	,56	150	,56	195
- 9	,8	16	,8	41	,8	66	,8	91	,8
- 8,89	16	,11	61	,11	106	,11	151	,11	196
- 8,33	17	,67	62	,67	107	,67	152	,67	197
- 8	,6	17	,6	42	,6	67	,6	92	,6
- 7,78	18	,22	63	,22	108	,22	153	,22	198
- 7,22	19	,78	64	,78	109	,78	154	,78	199
- 7	,4	18	,4	43	,4	68	,4	93	,4
- 6,67	20	,33	65	,33	110	,33	155	,33	200
- 6,11	21	,89	66	,89	111	,89	156	,89	201
- 6	,2	19	,2	44	,2	69	,2	94	,2
- 5,56	22	,44	67	,44	112	,44	157	,44	202
- 5	23	20	68	45	113	70	158	95	203
- 4,44	24	,56	69	,56	114	,56	159	,56	204
- 4	,8	21	,8	46	,8	71	,8	96	,8
- 3,89	25	,11	70	,11	115	,11	160	,11	205
- 3,33	26	,67	71	,67	116	,67	161	,67	206
- 3	,6	22	,6	47	,6	72	,6	97	,6
- 2,78	27	,22	72	,22	117	,22	162	,22	207
- 2,22	28	,78	73	,78	118	,78	163	,78	208
- 2	,4	23	,4	48	,4	73	,4	98	,4
- 1,67	29	,33	74	,33	119	,33	164	,33	209
- 1,11	30	,89	75	,89	120	,89	165	,89	210
- 1	,2	24	,2	49	120,2	74	,2	99	,2
- 0,56	31	,44	76	,44	121	,44	166	,44	211
0	32	25	77	50	122	75	167	100	212
,56	33	,56	78	,56	123	,56	168		
1	,8	26	,8	51	,8	76	,8	148,89	300
,11	34	,11	79	,11	124	,11	169	200	392
,67	35	,67	80	,67	125	,67	170	204,44	400
2	,6	27	,6	52	,6	77	,6	260	500
,22	36	,22	81	,22	126	,22	171	300	572
,78	37	,78	82	,78	127	,78	172	315,56	600
3	37,4	28	,4	53	,4	78	,4	371,11	700
,33	38	,33	83	,33	128	,33	173	400	752
,89	39	,89	84	,89	129	,89	174	426,67	800
4	,2	29	,2	54	,2	79	,2	482,22	900
,44	40	,44	85	,44	130	,44	175	500	932

Thermometer.

Bezeichnen C, R und F die einer bestimmten Temperatur entsprechenden Grade nach Celsius, Reaumur und Fahrenheit, so ist

$$C = {}^5/_4\,R = {}^5/_9\,(F - 32)\,, \tag{45}$$

$$\mathrm{R} = {}^4/_5\,\mathrm{C} = {}^4/_9\,(\mathrm{F} - 32)\,, \tag{46}$$

$$\mathrm{F} = 32 + {}^9/_5\,\mathrm{C} = 32 + {}^9/_4\,\mathrm{R}\,. \tag{47}$$

Die Beziehung zwischen der Größe der einzelnen Grade ist

$$1^0\,\mathrm{C} = {}^4/_5{}^0\,\mathrm{R} = {}^9/_5{}^0\,\mathrm{F}\,, \tag{48}$$

$$1^0\,\mathrm{R} = {}^5/_4{}^0\,\mathrm{C} = {}^9/_4{}^0\,\mathrm{F}\,, \tag{49}$$

$$1^0\,\mathrm{F} = {}^5/_9{}^0\,\mathrm{C} = {}^4/_9{}^0\,\mathrm{R}\,. \tag{50}$$

Die Vergleichung zwischen den Thermometergraden C und F gibt die Zahlentafel 9.

Beispiel 1. $\mathrm{C} = 230^0;\quad \mathrm{F} = ?$

Aus der Zahlentafel 9 entnehmen wir, daß der Temperatur 30° C in der *F*-Skala 86° F entspricht; andererseits ist

$$100^0\,\mathrm{C} = 100 \cdot \frac{9}{5} = 180^0\,\mathrm{F}.$$

Folglich ist

$$\mathrm{F} = 86 + 2 \cdot 180 = 446\,.$$

Beispiel 2. $\mathrm{F} = 1000^0;\quad \mathrm{C}\,?$

Aus der Zahlentafel 9: für F = 900° ist C = 482,2°. Nachdem 100° F = 55,6° C ist, ist

$$\mathrm{C} = 482{,}2 + 55{,}6 = 537{,}8^0.$$

Thermometerkorrektion.

Der aus dem Meßraum herausragende Teil des Quecksilberfadens besitzt eine andere Temperatur (t_f) als das Quecksilber im Behälter. Infolgedessen ist die abgelesene Temperatur t' im allgemeinen zu niedrig, und um die richtige Temperatur t zu erhalten, muß man zu t die Temperaturkorrektion Δt addieren

$$t = t' + \Delta t\,. \tag{51}$$

Ist z die Höhe des herausragenden Quecksilberfadens in Thermometergraden, so ist angenähert $z = t' - t_n$ (siehe Abb. 13) und

$$\Delta t = \frac{(t' - t_n)\,(t' - t_f)}{6300}\,, \tag{52}$$

wobei der Ausdehnungskoeffizient des üblichen (Jenaer) Glases zu $\frac{1}{6300}$ angenommen ist.

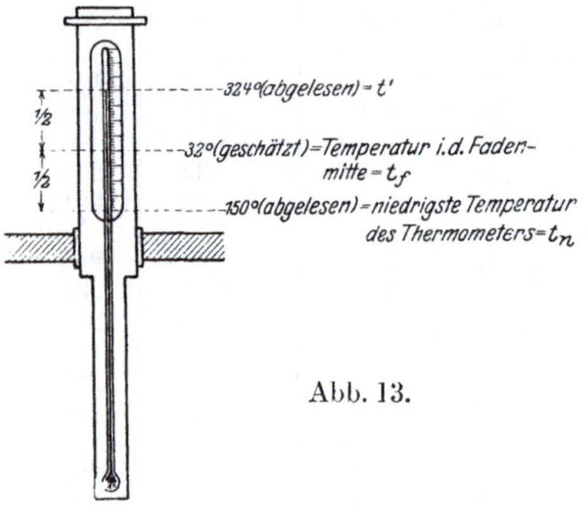

Abb. 13.

Beispiel (siehe Abb. 13)

$$t = \frac{(324 - 150)\,(324 - 32)}{6300} + 324 = 8{,}1 + 324 = \text{rd. } 332^0\,\mathrm{C}.$$

Luftfeuchtigkeit und Luftbefeuchtung.

Ist p_d der Teildruck des Wasserdampfes in der Luft bei der Temperatur t und ist p_t der Sättigungsdruck bei derselben Temperatur, so nennt man das Verhältnis zwischen beiden die relative Feuchtigkeit φ

$$\varphi = \frac{p_d}{p_t}\,. \tag{53}$$

Die relative Feuchtigkeit bestimmt man in den technischen Betrieben meistens mit Hilfe des Psychrometers. Sind t und f die Angaben des trockenen bzw. des feuchten Thermometers desselben und bezeichnet man die entsprechenden Sättigungsdrucke des Wasserdampfes mit p_t und p_f, so ist angenähert

$$\varphi = \frac{p_f - c\,(t - f)}{p_t}\,; \tag{54}$$

dabei ist c eine Konstante, die von der Güte der Psychrometeranordnung abhängig ist: es ist meistens $c = 0{,}5$ bis $0{,}6$ (kleinerer Wert entspricht besserem Psychrometer).

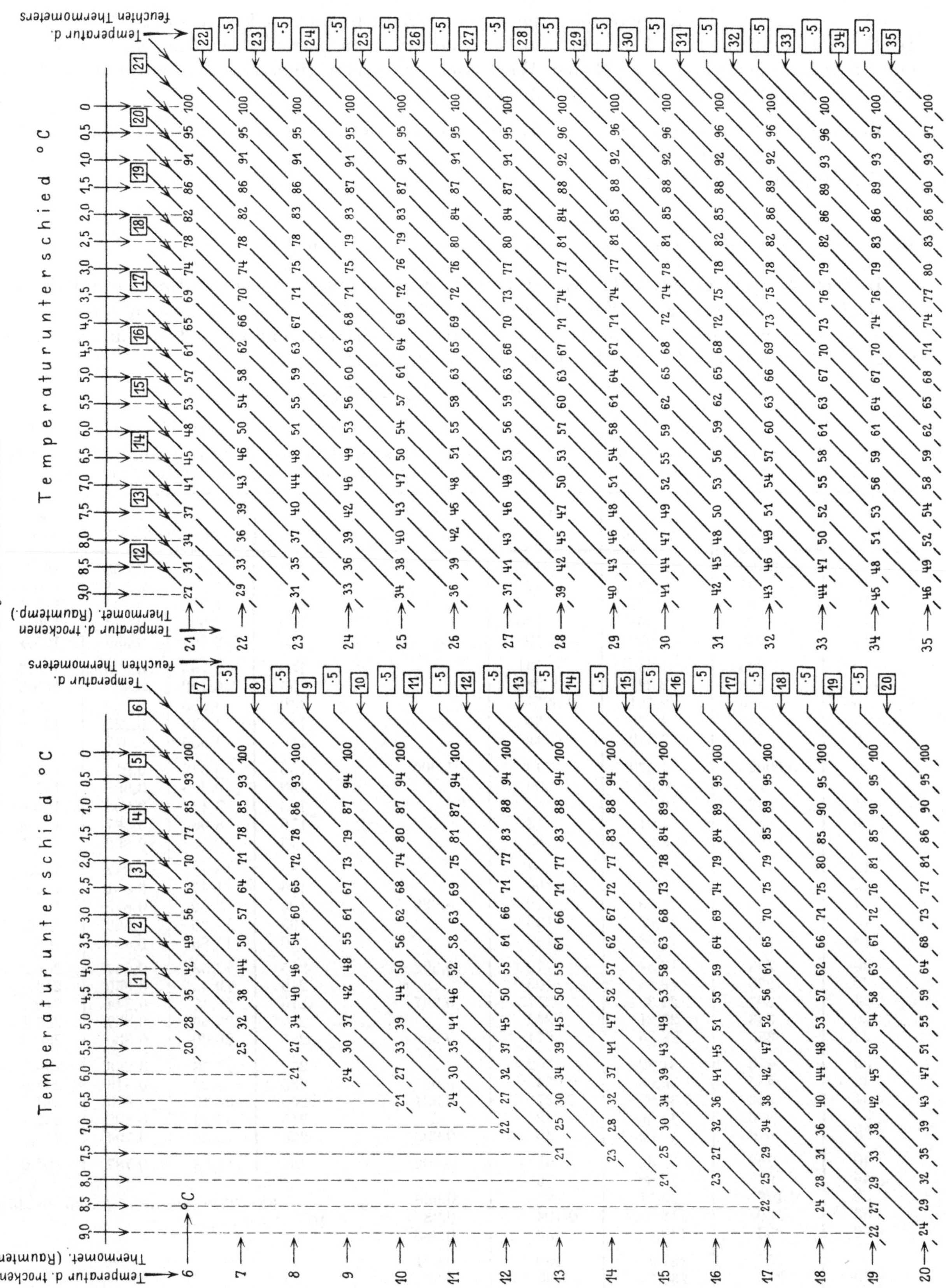

Zahlentafel 10. Psychrometertafel.

Die Werte von φ (in %) sind für Temperaturen t von 6^0 bis 35^0 C aus der Zahlentafel 10 zu entnehmen. Darin entsprechen die horizontalen Reihen den Temperaturen t, die vertikalen den Temperaturunterschieden $(t - f)$. Anstatt die letzteren erst zu bilden, kann man auch direkt aus dem Wert f die gesuchte Feuchtigkeit finden, wenn man die schräg geführten Geraden benützt. Die an den Enden derselben angebrachten Zahlen (Kursivziffern) sind die Werte von f. Im Schnittpunkt einer solchen schrägen Geraden, die dem betreffenden f zugeordnet ist, mit einer Horizontalen, die dem gegebenen Wert von t entspricht, finden wir den zugehörigen Wert von φ. Die Zahlentafel ist für $c = 0{,}6$ berechnet.

Beispiel 1. Das trockene Thermometer eines Psychrometers zeigt 24° C, das feuchte 17,5° C an. Luftfeuchtigkeit?

Zahlentafel 10 ergibt für $t = 24$, $f = 17{,}5$:

$$\varphi = 49\,\%.$$

Denselben Wert von φ erhält man für $t = 24$ und $t - f = 6{,}5$.

Beispiel 2. Wie groß ist der Wasserbedarf einer Befeuchtungseinrichtung, wenn die im Beispiel 1 bestimmte relative Feuchtigkeit von 49 % auf 72 % gebracht werden soll?

Aus der Zahlentafel 11 finden wir, daß der maximale Dampfgehalt von 1 m³ Luft bei 24° C 0,0217 kg beträgt. Folglich ist der gesuchte Wasserbedarf

$$(0{,}72 - 0{,}49) \cdot 0{,}0217 \text{ kg} = 5 \text{ Gramm}$$

für 1 m³.

Zahlentafel 11. Sättigungsdruck p des Wasserdampfes in at und in mm Q.S.; Dampfgehalt von 1 m³ mit Wasserdampf gesättigter Luft; spezifisches Gewicht γ und Wärmeinhalt i_w des Wassers.

t °C	p at abs.	p mm Q.S.	G kg	γ kg/L
−20	0,00106	0,772	0,00105	
−18	127	0,935	125	
−16	153	1,128	146	
−14	185	1,357	170	
−12	228	1,672	198	
−10	265	1,946	231	
− 8	316	2,321	269	
− 6	376	2,761	0,0031	
− 4	445	3,276	36	
− 2	527	3,879	42	
0	0,0062	4,579	49	1,000
2	72	5,29	56	,,
4	83	6,10	64	,,
6	95	7,01	73	,,
8	0,0109	8,05	83	,,
10	125	9,21	94	,,
12	143	10,52	0,0106	,,
14	163	11,99	120	0,999
16	185	13,63	136	,,
18	210	15,48	153	,,
20	238	17,54	172	0,998
22	270	19,83	193	,,
24	304	22,38	217	0,997
26	343	25,21	242	,,
28	385	28,35	271	0,996
30	433	31,82	302	,,
32	485	35,66	0,034	0,995
34	542	39,90	37	0,994
36	606	44,56	42	,,
38	676	49,69	46	0,993
40	752	55,32	51	0,992
45	977	71,88	65	,,
50	0,126	92,51	83	0,988
55	160	118,0	0,104	0,986
60	203	149,4	130	0,983
65	255	187,5	160	0,981
70	318	233,7	197	0,978
75	393	289,1	241	0,975
80	483	355,1	292	0,972
85	589	433,6	351	0,969
90	715	525,8	0,42	0,965
95	862	633,9	50	0,962
100	1,033	760,0	59	0,958

t °C	p at abs.	γ kg/L	i_w [1] kcal
105	1,232	0,955	105,1
110	1,461	0,951	110,1
115	1,724	0,947	115,2
120	2,025	0,943	120,3
125	2,367	0,939	125,4
130	2,755	0,935	130,5
135	3,192	0,931	135,6
140	3,685	0,926	140,7
145	4,238	0,922	145,9
150	4,855	0,917	151,0
155	5,542	0,913	156,2
160	6,303	0,908	161,4
165	7,147	0,903	166,6
170	8,08	0,897	171,8
175	9,10	0,892	177,1
180	10,23	0,887	182,3
185	11,45	0,881	187,6
190	12,80	0,875	192,9
195	14,26	0,869	198,2
200	15,85	0,863	203,5
205	17,58	0,857	208,9
210	19,45	0,850	214,3
215	21,48	0,844	219,7
220	23,66	0,837	225,1
225	26,00	0,830	230,6
230	28,53	0,823	236,1
235	31,23	0,816	241,6
240	34,13	0,809	247,1
245	37,24	0,802	252,7
250	40,55	0,794	258,3
255	44,08	0,787	264,0

[1] Für Temperaturen t von 0° bis 100° C ist $i_w \cong t$.

Zahlentafel 12. Lineare Wärmeausdehnung von Eisen und Kupfer zwischen 0° und t° in mm, bezogen auf 1 m Länge bei 0° C.

t° C	Gußeisen	Flußeisen	Flußstahl	Kupfer	t° C	Gußeisen	Flußeisen	Flußstahl
5	0,05	0,06	0,06	0,08	120	1,26	1,44	1,42
10	0,10	0,11	0,11	0,17	140	1,48	1,71	1,67
15	0,15	0,17	0,17	0,25	160	1,71	1,97	1,92
20	0,20	0,23	0,23	0,33	180	1,95	2,23	2,18
25	0,25	0,29	0,28	0,42	200	2,18	2,50	2,45
30	0,30	0,35	0,34	0,50	220	2,43	2,77	2,71
35	0,35	0,41	0,40	0,58	240	2,68	3,05	2,98
40	0,40	0,47	0,45	0,67	260	2,93	3,33	3,26
45	0,45	0,53	0,51	0,75	280	3,18	3,62	3,54
50	0,50	0,59	0,57	0,83	300	3,45	3,92	3,83
55	0,56	0,65	0,63	0,92	320	3,71	4,21	4,12
60	0,61	0,71	0,69	1,00	340	3,98	4,51	4,41
70	0,71	0,83	0,81	1,17	360	4,26	4,82	4,71
80	0,82	0,94	0,93	1,34	380	4,54	5,12	5,01
90	0,93	1,08	1,05	1,50	400	4,81	5,44	5,31
100	1,04	1,20	1,17	1,67	450	5,55	6,24	6,10
					500	6,31	7,06	6,90

Zahlentafel 13. Längenschwindmaße.

		pro 1 m Länge mm			pro 1 m Länge mm
Blei	1:92	10,9	Messing	1:65	15,4
Bronze	1:63	15,9	Stahlguß	1:50	20,0
Flußeisen, gewalzt	1:55	18,2	Zink, gegossen	1:62	16,1
Flußstahl	1:64	15,6	Zinn	1:128	7,8
Gußeisen	1:96	10,4			

Absoluter Druck, Barometerstand, Vakuum.

Die meisten technischen Meßinstrumente zeigen den Überdruck $p_{ü}$ an, d. h. den Unterschied zwischen dem absoluten Druck p_{abs} eines Mediums und dem Atmosphärendruck B_{abs}:

$$p_{ü} = p_{abs} - B_{abs}. \tag{55}$$

Es ist also auch

$$\boldsymbol{p_{abs} = p_{ü} + B_{abs}}. \tag{56}$$

Der Atmosphärendruck wird mit Hilfe eines Barometers bestimmt und meistens nicht in at, sondern in mm Quecksilbersäule angegeben. Es ist

$$\mathbf{1\ at = 1\ kg/cm^2 = 735{,}5\ mm\ Hg\text{-}Säule}. \tag{57}$$

Beträgt der abgelesene Barometerstand B mm Quecksilbersäule, so ist

$$\boldsymbol{B_{abs} = \frac{B}{735{,}5}}\ \textbf{at abs}. \tag{58}$$

Nachdem B meistens von 735,5 mm abweichend ist, weicht auch B_{abs} vom Wert 1 ab (es ist meistens $B_{abs} > 1$), und die oft benutzte Gleichung

$$p_{abs} = p_{ü} + 1 \tag{59}$$

hat nur näherungsweise Gültigkeit. Allerdings ist der Unterschied $B_{abs} - 1$ meist klein.

Die Vakuummesser geben meistens den Unterdruck unter dem Atmosphärendruck in mm Quecksilbersäule an. Beträgt die Ablesung an einem Vakuummeter V_{mm}, so ist der entsprechende absolute Druck

$$B - V \text{ mm Hg-Säule}$$

oder

$$\boldsymbol{p_{abs} = \frac{B - V}{735{,}5}}\ \textbf{at abs}. \tag{60}$$

Das Vakuum wird oft in % einer Atmosphäre (1 at) ausgedrückt. Dann gilt die Beziehung

$$\boldsymbol{p_{abs} = 1 - \frac{V_{abs}}{100}}, \tag{61}$$

wobei V_{abs} Vakuum in % bedeutet. Es entspricht also der Wert $V_{abs} = 100\,\%$ dem absoluten Druck $p_{abs} = 0$, und der Wert $V_{abs} = 0$ dem absoluten Druck $p_{abs} = 1$ at. Im speziellen Fall der Kondensation der Dampfmaschinen und Dampfturbinen kann das Vakuum mittels Messung der Temperatur im Abdampfstutzen der Maschine (bzw. der Kondensationstemperatur) bestimmt werden. Dieser Temperatur als der Sättigungstemperatur des Wasserdampfes entspricht ein ganz bestimmter absoluter Druck p_{abs}, der also an der Meßstelle herrschen muß.

Die Gl. (58), (60) und (61) werden durch das

Nomogramm N 8

dargestellt. Dasselbe besteht aus 4 Skalen, I, II, III und IV, von welchen die ersten drei ein Dreiskalensystem bilden. Die Skala IV darf zur Schnittbildung nicht benutzt werden, sie bildet nur eine Ergänzung zur Skala III, und zwar gibt sie für jeden Wert des absoluten Druckes p_{abs} die entsprechende Sättigungstemperatur des Wasserdampfes t'' an. Die Skalen I und III sind als Doppelskalen ausgebildet, und zwar stellt die Skala I die Beziehung (58), die Skala III die Beziehung (61) dar.

Beispiel 1. Der Kesselmanometer zeigt 12,5 at an. Der Barometerstand beträgt 750 mm. Wie groß ist der absolute Druck im Kessel?

Aus der Skala I des N 8 entnehmen wir

$$B_{abs} \sim 1{,}02 \text{ at},$$

und somit ist

$$p_{abs} = 12{,}5 + 1{,}02 = 13{,}52 \text{ at}.$$

Beispiel 2. Der Barometerstand beträgt 740 mm, die Angabe des Vakuummeters an der Turbine ist 70,5 cm. Wieviel beträgt das Vakuum in %, und wie hoch ist die Kondensattemperatur?

Aus N 8 finden wir

$$V_{abs} = 95{,}25\,\%.$$

An der Skala IV finden wir die entsprechende Sättigungstemperatur

$$t'' = 31{,}5^0 \text{ C}.$$

Beispiel 3. Das für eine Dampfmaschine garantierte Vakuum beträgt 90,5%. Wie groß soll die Anzeige des Vakuummeters sein, wenn der Barometerstand 759 mm beträgt?

N 8 ergibt für

$$V_{abs} = 90{,}5\,\% \quad \text{und} \quad B = 759,$$

$$V = 68{,}9 \text{ cm}.$$

Beispiel 4. Die Temperatur im Dampfraum des Kondensators einer Dampfturbine beträgt 34^0 C. Wie groß ist das Vakuum in %?

Aus der Zahlentafel 11 entnehmen wir:

für $t = 34^0$ ist $\qquad p_{abs} = 0{,}0542;$

folglich ist

$$V_{abs} = 100\,(1 - p_{abs}) = 94{,}6\,\%.$$

Dasselbe Resultat erhalten wir aus N 8.

Wärmeinhalt des Wasserdampfes.

Die zur Berechnung des Wärmeinhaltes des überhitzten Dampfes dienenden neuen Formeln von Mollier lauten:

$$i = 0{,}47\, t - J_1\, p - J_2 \left(\frac{p}{100}\right) + 595, \tag{62}$$

wobei

$$J_1 = \frac{202{,}96}{\left(\frac{T}{100}\right)^{\frac{10}{3}}}; \qquad J_2 = \frac{2{,}2248 \cdot 10^{12}}{\left(\frac{T}{100}\right)^{14}}. \tag{63}$$

Da dieselben zur Konstruktion eines Nomogrammes ungeeignet sind, ist dieses unter Zuhilfenahme der älteren Formeln von Mollier entworfen. Diese Formeln sind:

$$i = 594{,}7 + 0{,}477\,t - J \cdot p, \tag{64}$$

wobei

$$J = \frac{10000}{427}\left(\frac{13}{3}\,\mathfrak{V} - 0{,}001\right) \tag{65}$$

und

$$\mathfrak{V} = 0{,}075\left(\frac{273}{T}\right)^{\frac{10}{3}}. \tag{66}$$

Die mit Hilfe der Formel (64) berechneten Werte von i sind durchwegs größer als diejenigen, welche aus der Formel (62) resultieren. Bezeichnet man die ersteren mit i_2, die letzteren mit i_1, so ist die Differenz

$$i_1 - i_2 = k \tag{67}$$

stets negativ und beträgt je nach Druck und Temperatur 0 bis 3 kcal, wie aus folgender Tabelle ersichtlich ist.

Differenz $k = i_1 - i_2$ in kcal.

Temperatur	Druck $p = 1$	5	10	15	20 at abs.
100	−0,28	—	—	—	—
150	−0,66	−0,77	—	—	—
200	−1,04	−0,91	−1,32	(−2,91)	—
250	−1,42	−1,31	−1,31	−1,60	(−2,34)
300	−1,78	−1,76	−1,68	−1,72	−1,89
350	−2,14	−2,08	−2,03	−2,00	−2,00
400	−2,50	−2,51	−2,54	−2,56	−2,61
450	−2,86	−2,89	−2,93	−2,97	−3,03

Wie wir sehen, ist die Abhängigkeit der Differenz k von der Temperatur viel ausgeprägter als die Abhängigkeit vom Druck. Wir fassen k als Korrektion der mit der Gl. (50) berechneten Werte i_2 auf und setzen laut nebenstehender Tabelle:

Temperatur t^0 C	Korrektion k kcal
100	
150	−0,5
200	−1,0
250	−1,5
300	−2,0
350	−2,0
400	−2,5
450	−3,0

Bis auf die in der Tabelle eingeklammerten Werte von k (die kaum je den in der Praxis vorhandenen Verhältnissen entsprechen) ist der dabei sich ergebende Fehler $\leq 0{,}5$ kcal, d. h. der relative Fehler ist $< 0{,}1\,\%$, also kleiner als der bei der Messung von p und t normal erreichbare Genauigkeitsgrad.

Das Nomogramm N 9 liefert für p und t direkt den [mit Hilfe von Gl. (64) berechneten] Wert von i_2. Dabei bedeutet p den absoluten Druck, d. h. den um den Atmosphärendruck vermehrten Überdruck $p_{ü}$ (siehe S. 31). Ist B der Barometerstand in mm Q.S., so ist $p_{abs} = p_{ü} + \frac{B}{735{,}5}$ (siehe N 8, Skala links). Falls größere Genauigkeit gewünscht wird, so kann man die Korrektion k des Wertes i_2 benützen, die neben der krummlinigen Skala für t angeschrieben ist (Kursivziffern). k ist zum erhaltenen Wert von i_2 zu addieren, d. h. der resultierende Wert von i ist kleiner als der aus dem Nomogramm sich ohne Korrektion ergebende.

Auf der Skala für p rechts ist eine Skala aufgetragen (Kursivziffern), welche die Temperaturen t'' des gesättigten Dampfes vom entsprechenden Druck p in C darstellen. Die Werte von t'' sind den Dampftabellen von Mollier[1] entnommen.

Beispiel 1. Der Wärmeinhalt des überhitzten Dampfes von 12 at 300° C beträgt

$$730{,}4 - 2 = 728{,}4 \text{ kcal};$$

will man diesen Dampf noch um weitere 50° überhitzen, so muß man ihm noch

$$(756{,}1 - 2) - 728{,}4 = 754{,}1 - 728{,}4 = 25{,}7 \text{ kcal}$$

[1] Mollier: Neue Tabellen und Diagramme für Wasserdampf. Berlin: Julius Springer 1925.

zuführen. Die spezifische Wärme des Dampfes von 12 at zwischen 300° und 350° beträgt somit

$$\frac{25,7}{50} = 0,514.$$

Beispiel 2. Wie groß ist der Wärmeinhalt des gesättigten Dampfes von 15 at abs.

Die Temperatur des gesättigten Dampfes finden wir aus der linken Doppelskala

$$t'' = 197,3.$$

Für diese Temperatur und für $p = 15$ erhalten wir aus N 9

$$i'' = 670,8 - 1 = 669,8.$$

(Nach den älteren Tafeln von Mollier ist $i = 670,5$, nach den neueren $= 667,4$.)

Beispiel 3. Wie groß ist die Verdampfungswärme des Dampfes von 15 at?

Sie beträgt angenähert (wenn man den Wärmeinhalt der Flüssigkeit gleich 200,5 setzt; siehe Zahlentafel 11)

$$669,8 - 200,5 = 469,3.$$

Spezifisches Gewicht des Wasserdampfes.

Das spezifische Gewicht γ und das spezifische Volumen

$$\mathfrak{v} = \frac{1}{\gamma} \tag{68}$$

des gesättigten und überhitzten Wasserdampfes kann mittels K 2 ermittelt werden. Dieselbe besteht aus einer Kurvenschar, deren jeder Kurve ein Wert von γ zugeordnet wird. Auf der Ordinatenachse befinden sich die Werte des absoluten Druckes p, auf der Abszissenachse, die Werte der Dampftemperatur t. Die Kurven für γ entsprechen dem überhitzten Dampf; sie nehmen ihren Ausgang (links) von einer parabelähnlichen Kurve, die für den gesättigten Dampf gilt.

Der K 2 liegt die (ältere) Formel von Mollier

$$\mathfrak{v} = 0,0047\,\frac{T}{p} + 0,001 - 0,075\left(\frac{273}{T}\right)^{\frac{10}{3}} \tag{69}$$

zugrunde.

Beispiel 1. Für den überhitzten Dampf mit $p = 8,3$ at abs., $t = 260°$ ist nach K 2

$$\gamma = 3,4\ \text{kg/m}^3 \quad \text{und somit} \quad \mathfrak{v} = \frac{1}{3,4} = 0,295\ \text{m}^3/\text{kg}.$$

Beispiel 2. Für $p = 18,5$ at abs.; $t = 340$ ist nach K 2

$$\gamma = 6,6\ \text{kg/m}^3$$

und somit

$$\mathfrak{v} = 0,152\ \text{m}^3/\text{kg}.$$

Beispiel 3. Für trockengesättigten Dampf von $p = 10,5$ at finden wir aus K 2

$$\gamma = 5,22\ \text{kg/m}^3$$

und also

$$\mathfrak{v} = 0,191\ \text{m}^3/\text{kg}.$$

Spannungsabfall bei Bewegung von Gasen und Dämpfen in Rohrleitungen.

Für gerade Rohrleitungen mit kleinen Druckunterschieden und nicht allzu geringen Geschwindigkeiten (turbulente Strömung) gilt die Formel

$$\Delta P = \frac{\beta}{10000}\,\gamma\,\frac{v^2}{d}\,l \pm \frac{\gamma\,h_g}{10000} \quad \left[\begin{matrix} d \text{ in mm}, & v \text{ in m/sek}, & \gamma \text{ in kg/m}^3, \\ h \text{ in m}, & \Delta P \text{ in at}, & l \text{ in m} \end{matrix}\right] \tag{70}$$

wobei nach Fritzsche[1]

$$\beta = 6,02\,d^{-0,269}\,(\gamma\,v)^{-0,148} \qquad [d \text{ in mm}, v \text{ in m/sek}, \gamma \text{ in kg/m}^3] \tag{71}$$

[1] Mitt. Forschungsarb. H. 60. Herausg. vom V. d. I.

Haben Sie schon den neuen Dubbel?

Sie können ihn nicht entbehren.

Als Taschenbuch in Büro und Fabrik

orientiert er Sie schnell und sicher, vor allem auch über Ihnen fernerliegende Seitengebiete. **Die Übersichtlichkeit der Anordnung** läßt Sie rasch das Gesuchte finden. Stets wird das Grundlegende des Themas herausgearbeitet und der **Zusammenhang zwischen den verschiedenen Zweigen** des gesamten Maschinenbaues aufgezeigt.

Sie können ihn auch nicht entbehren

als Lehrbuch bei Ihrer Weiterbildung.

Kurz, prägnant, aber **erschöpfend** unterrichtet er Sie über jedes Gebiet. Praktische und wissenschaftliche Aufgaben sind rechnerisch und zeichnerisch durchgeführt, **konstruktive Einzelheiten** (2800 Textfiguren) sind klar herausgearbeitet. Die ersten Kapitel geben gründliche Einführung in Mathematik und Mechanik unter geschickter **Einbeziehung der Anwendungen.**

Der Dubbel wird Ihnen in Studium und Praxis ein absolut sicherer Führer sein

Taschenbuch für den Maschinenbau

Bearbeitet von

Prof. Dr.-Ing. H. Baer-Breslau, Prof. H. Dubbel-Berlin, Dr. G. Glage-Berlin, Dipl.-Ing. W. Gruhl-Berlin, Dipl.-Ing. R. Hänchen-Berlin, Prof. Dr.-Ing. E. Heidebroek-Darmstadt, Ing. O. Heinrich-Berlin, Dr.-Ing. M. Krause-Berlin, Baurat Fr. Krauß-Nürnberg, Prof. Dr. techn. M. Kurrein-Berlin, Dr.-Ing. K. Lachmann-Berlin, Prof. Dr.-Ing. Fr. Oesterlen-Hannover, Prof. Dr.-Ing. W. Pauer-Dresden, Prof. Dr. A. Schiebel-Prag, Dipl.-Ing. E. Schulz-Berlin, Prof. Dr.-Ing. e. h. E. Toussaint-Berlin, Dipl.-Ing. H. Winkel †-Berlin, Dr.-Ing. F. Wettstaedt-Berlin, Dr.-Ing. K. Wolters-Berlin

Herausgegeben von

Prof. H. Dubbel

Ingenieur, Berlin

Fünfte, völlig umgearbeitete Auflage

X, 1756 Seiten mit 2800 Textfiguren. 1929

In zwei Bänden gebunden RM 26.–

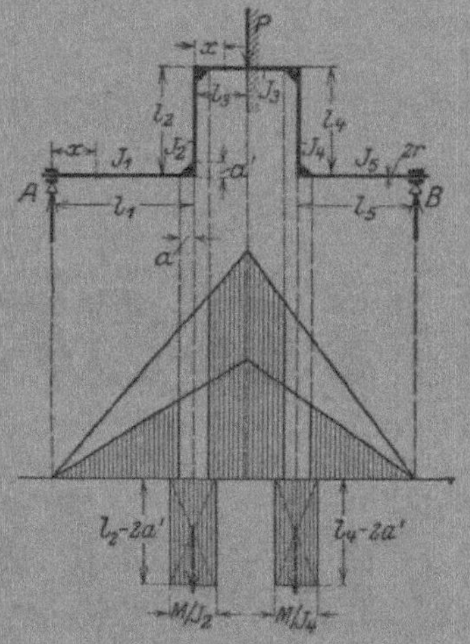

Formänderungsarbeit bei einer gekröpften Welle

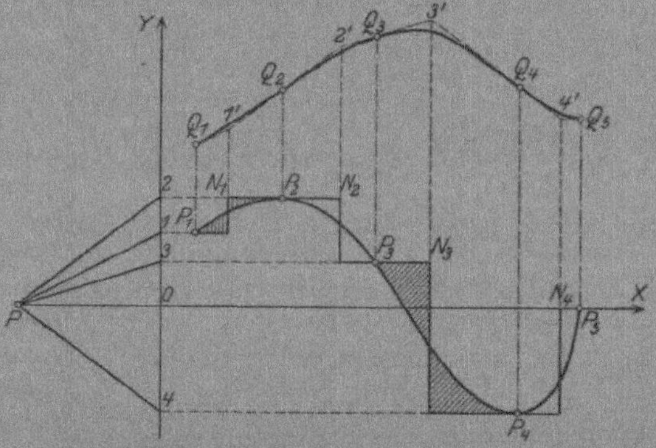

Zeichnerische Integration: Tangentenverfahren

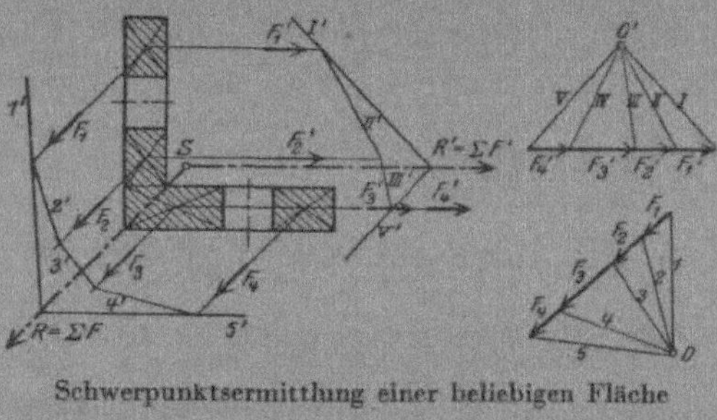

Schwerpunktsermittlung einer beliebigen Fläche

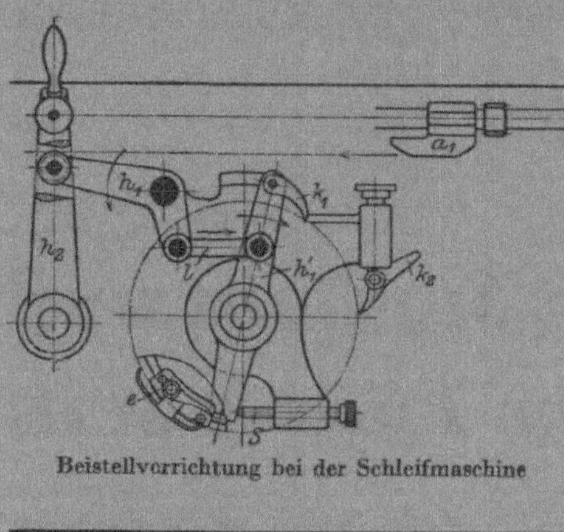

Beistellvorrichtung bei der Schleifmaschine

Inhaltsverzeichnis

Erster Band

Mathematik

Mechanik

Verlag von Julius Springer / Berlin

Die Reinigung der technischen Gebrauchswässer. — Die Brennstoffe und ihre technische Verwendung. — Stoffkunde. Bearbeitet von Ing. O. Heinrich.

Maschinenteile. Bearbeitet von Dr.-Ing. K. Wolters.

I. Vernietungen. II. Schrumpfringe und -platten. III. Keilverbindungen. IV. Schrauben. V. Bolzen und Stifte. VI. Zapfen. VII. Wellen und Achsen. VIII. Kupplungen. IX. Schmierung und Schmiervorrichtungen. X. Lager.

XI. Zahnräder. Bearbeitet von Prof. Dr. A. Schiebel.

XII. Reibungsräder. XIII. Kettenräder.

XIV. Planeten- und Differentialgetriebe. Bearbeitet von Prof. Dr. e. h. E. Toussaint.

XV. Riemen- und Seiltrieb. XVI. Kurbeltrieb. XVII. Rohrleitungen. XVIII. Absperrvorrichtungen.

Zweiter Band

Die Dampferzeugungsanlagen. Bearbeitet von Ing. O. Heinrich und Dipl.-Ing. E. Schulz.

I. Die Leistungsfähigkeit einer Kesselanlage. II. Die Leistungsfähigkeit der Brennstoffe. III. Die Wärmeverluste. IV. Bericht über einen Verdampfversuch. V. Feuerungen. VI. Übersicht über besondere Feuerungseinrichtungen. VII. Die Feuerzüge — Zugkanäle. VIII. Das Mauerwerk. IX. Die Zugerzeugung. X. Der Schornstein. XI. Ausführung der Schornsteine. XII. Die Dampfkessel. XIII. Die Überhitzer. XIV. Die Speisewasservorwärmer. XV. Die Abgaslufterhitzer. XVI. Die Wärmespeicher. XVII. Einzelheiten aus dem Kesselbau. XVIII. Festigkeitsrechnungen. XIX. Die Kesselausrüstung.

Die Kraft- und Arbeitsmaschinen mit Kolbenbewegung.

I. Die Dampfmaschinen. Bearbeitet von Prof. H. Dubbel.

II. Die Brennkraftmaschinen. Bearbeitet von Prof. H. Dubbel und Dr.-Ing. F. Wettstaedt.

III. Die Kolbenkompressoren. Bearbeitet von Prof. H. Dubbel.

IV. Die Kolbenpumpen. Bearbeitet von Baurat Fr. Krauß.

V. Pumpen und Kompressoren verschiedener Bauart. Bearbeitet von Prof. H. Dubbel.

Schwungräder, Massenausgleich und Regler. — Die Kondensation. Bearbeitet von Prof. H. Dubbel.

Die rotierenden Kraft- und Arbeitsmaschinen.

I. Wasserturbinen. Bearbeitet von Prof. Dr. Fr. Oesterlen.

II. Die Kreiselpumpen. Bearbeitet von Prof. Dr.-Ing. E. Heidebroek.

III. Die Dampfturbinen. Bearbeitet von Prof. Dr.-Ing. H. Baer.

IV. Turbokompressoren und Gebläse. Bearbeitet von Prof. Dr.-Ing. H. Baer.

Abwärmeverwertung. Bearbeitet von Prof. Dr.-Ing. W. Pauer.

Rohrleitungen. Bearbeitet von Prof. H. Dubbel.

Hebe- und Fördermittel. Bearbeitet von Dipl.-Ing. R. Hänchen.

I. Aussetzend arbeitende Förderer. II. Stetig arbeitende Förderer oder Dauerförderer.

Werkzeugmaschinen für Metallbearbeitung. Bearbeitet von Prof. Dr. techn. M. Kurrein.

I. Werkzeuge. II. Die Werkzeugmaschine. III. Konstruktion der Werkzeugmaschine.

Elektrotechnik. Bearbeitet von Dipl.-Ing. W. Gruhl.

I. Physikalische Grundgesetze. II. Elektrotechnische Meßkunde. III. Die Erzeugung des elektrischen Stromes. IV. Elektromotoren. V. Umformung des elektrischen Stromes. VI. Elektrische Beleuchtung. VII. Anlagen für Stromlieferung (Zentralen). VIII. Wahl der Stromart und der Spannung.

Sachverzeichnis.

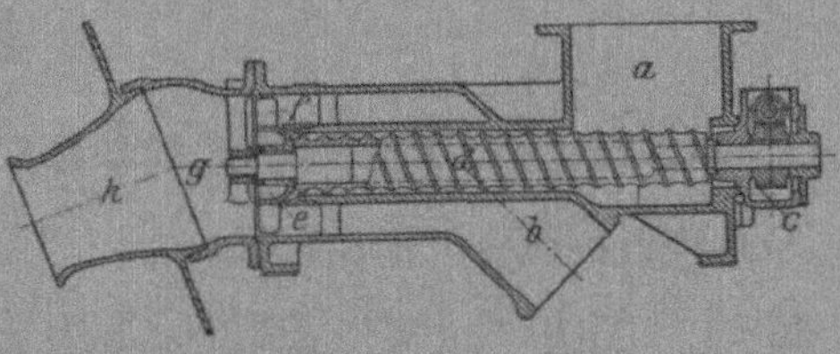

Zuteiler bei der Kohlenstaubfeuerung

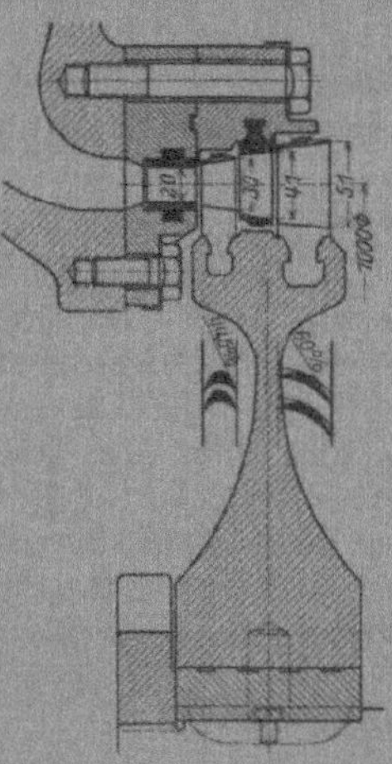

Curtis-Rad einer Dampfturbine

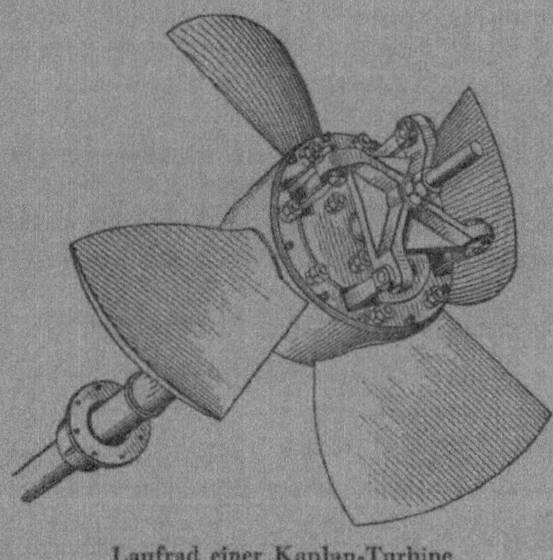

Laufrad einer Kaplan-Turbine

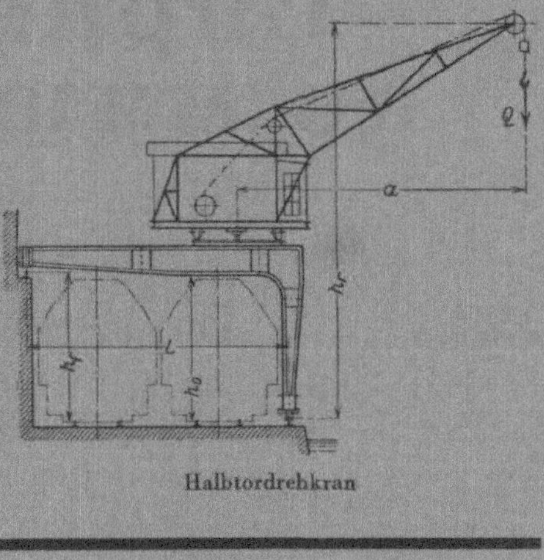

Halbtordrehkran

Verlag von Julius Springer / Berlin

ist. Die durch die Leitung während einer Stunde hindurchfließende Gas- bzw. Dampfmenge G wird berechnet aus der Gleichung

$$G = \gamma\, v \cdot \pi \cdot \frac{d^2}{4} \cdot 3600; \qquad [\gamma \text{ in kg/m}^3,\ v \text{ in m/sek},\ d \text{ in m},\ G \text{ in kg/st}]; \tag{72}$$

setzt man diesen Ausdruck in die Gl. (70) ein, so folgt für eine horizontale Rohrleitung (für welche somit $h_g = 0$ ist)

$$\Delta P_h = 31{,}595 \frac{G^{1,852}}{\gamma\, d^{4,973}}\, l \qquad [G \text{ in kg/st},\ \gamma \text{ in kg/m}^3,\ d \text{ in mm},\ l \text{ in m},\ \Delta P \text{ in at}]. \tag{73}$$

Für eine 100 m lange Rohrleitung erhalten wir

$$\Delta p = 3159{,}5 \frac{G^{1,852}}{\gamma\, d^{4,973}} \qquad [G \text{ in kg/st},\ \gamma \text{ in kg/m}^2,\ d \text{ in mm},\ \Delta p \text{ in at}], \tag{74}$$

eine Gleichung, die durch das

Nomogramm N 10

dargestellt ist. Dasselbe besteht aus einem Vierskalensystem mit Zapfenlinie, wobei die zugehörigen Skalen durch die Art der Beschriftung kenntlich gemacht sind.

Für eine horizontale Rohrleitung von der Länge l ist das aus dem Nomogramm ermittelte Δp mit

$$\frac{l}{100}$$

zu multiplizieren:

$$\Delta P_h = \Delta p \frac{l}{100}. \tag{75}$$

Befinden sich Anfang und Ende der Rohrleitung nicht auf gleichem Niveau und beträgt die Höhendifferenz h, so kann dieselbe berücksichtigt werden, indem zu dem vorhin errechneten Wert von ΔP_h noch das Gewicht der betreffenden Gassäule, also

$$\frac{\gamma\, h}{10000}$$

addiert wird:

$$\Delta P = \Delta P_h \pm \frac{\gamma\, h}{10000}. \tag{76}$$

In den meisten Fällen ist der zweite Summand der Gl. (76) sehr klein, so daß man ihn vernachlässigen und nach Gl. (75) rechnen kann.

Die entwickelten Gleichungen gelten für den Fall, daß der Zustand des durch die Rohrleitung fließenden Mediums konstant bleibt. Dies ist bei Dampfbewegung nicht der Fall: durch die längs der Leitung erfolgende Abnahme der Temperatur (Abkühlung) und des Druckes ändert sich das spezifische Dampfgewicht γ. Bei Bestimmung von γ (siehe S. 34) muß man daher von einem mittleren, aus dem Anfangs- und Endzustand ermittelten, oder von dem etwa in der Mitte der Rohrleitung bestehenden Dampfzustand ausgehen.

Für Luft und andere Gase ist γ der Zahlentafel 8 und dem N 11 zu entnehmen.

Beispiel 1. Wie groß ist der Druckabfall bei Strömung von stündlich 2300 kg überhitzten Dampfes von 8,3 at abs. 260° C durch eine 75 m lange gerade Rohrleitung von 80 mm l. W.?

Nach S. 34 (Beispiel 1) ist für den Dampf von $p = 8{,}3$ at abs. und $t = 260°$ C

$$\gamma = 3{,}4 \frac{\text{kg}}{\text{m}^3}.$$

Aus N 10 finden wir

$$\Delta p = 0{,}54,$$

und somit ist der gesuchte Druckabfall

$$\Delta P = 0{,}54 \frac{75}{100} = \text{rd. } 0{,}4 \text{ at}.$$

Beispiel 2. Um wieviel würde sich die im Beispiel 1 angenommene stündliche Dampfmenge G steigern, wenn man den Druckabfall von 0,7 at in der Leitung zuließe?

Für $l = 100$ ist dann der Druckabfall

$$0{,}7 \cdot \frac{100}{75} = 0{,}933 \text{ at}.$$

N 10 ergibt für $\varDelta p = 0{,}933$, $d = 80$, $\lambda = 3{,}4$:

$$G = 3050 \text{ kg/st}.$$

Beispiel 3. Wie groß soll für eine im Freien befindliche, 110 m lange Druckluftleitung, durch welche stündlich eine Menge von 500 kg Druckluft von 12 at abs. durchströmt, der Rohrdurchmesser gewählt werden, wenn der auftretende Druckabfall im ungünstigsten Falle 0,5 at nicht übersteigen soll?

Nach N 11 ist für $t \pm 30^0$ C (der ungünstigste Fall) und $\bar{p} = 6$

$$\bar{\gamma} = 6{,}8.$$

Nachdem $(p) = 2$ ist, ist auch $(\gamma) = 2$ und

$$\gamma = 13{,}6;$$

wir erhalten nun aus N 10 für $\bar{\gamma} = 1{,}36$, $(\gamma) = 10$ und für $G = 500$, $\overline{\varDelta p} = 5$, $(\varDelta p) = 0{,}1 = \frac{1}{(\gamma)}$:

$$d = 35 \text{ mm}.$$

Die Widerstände in den Rohrleitungen, verursacht durch Ventile, Krümmer usw. werden in ähnlicher Weise berücksichtigt, wie es bei den Wasserrohrleitungen der Fall war (siehe S. 21). Die dort aufgestellte Gl. (34) und das sie darstellende Nomogramm werden auch bei Berechnung von Dampf- und Gasleitungen benützt, wobei jedoch berücksichtigt werden muß, daß die aus denselben ermittelte Widerstandshöhe w_2 in m Wassersäule ausgedrückt ist, so daß dieselbe durch 10 dividiert werden muß, um den Druckabfall in at zu erhalten. In Ermangelung anderer Werte von ζ benützt man hier ebenfalls die für Wasser aufgestellten Werte (S. 21ff.). Die dabei begangene Ungenauigkeit ist relativ klein, weil man im allgemeinen bei Dampfleitungen mit viel höheren Drücken als bei Wasserleitungen zu tun hat. Für gewöhnliche[1] Durchgangsventile ist (nach Guilleaume, Feuerungstechnik 1913/14)

beim Ventildurchmesser	70	100	200	300	350 mm
$\zeta =$	5,1	5,3	6,1	7,1	7,2.

Die Berechnung von Dampf- und Gasrohrleitungen

erstreckt sich auf die Prüfung:

1. des Druckabfalles,
2. der Geschwindigkeit.

1. Der Druckabfall ist nach Gl. (74) und N 10 zu berechnen. Besteht die Rohrleitung aus mehreren Leitungsstrecken, so sind die Druckabfälle $\varDelta P_1$, $\varDelta P_2$ usw. in denselben einzeln zu ermitteln; sind außerdem die Druckabfälle, die durch die in der Leitung eingebauten Armaturen, Ventile, Krümmer usw. (Berechnung siehe S. 21ff.) hervorgerufen werden, gleich $\varDelta P_1'$, $\varDelta P_2'$ usw., so ist der gesamte auftretende Spannungsabfall

$$\varDelta P_s = \sum \varDelta P + \sum \varDelta P'. \tag{77}$$

Von den drei in Betracht kommenden Größen $\varDelta P_s$, G und d werden stets zwei gegeben und eine zu bestimmen sein. Soll G oder d ermittelt werden, so setzt man in einfachen Fällen als erste Annäherung

$$\varDelta P_s = \sum \varDelta P \tag{78}$$

und bestimmt (ohne Berücksichtigung von Ventilen, Krümmern usw.) die gesuchte Größe aus N 7, wie im Beispiel 2 und 3 gezeigt. In komplizierteren Fällen sucht man durch mehrmalige vorläufige Annahmen von d bzw. G die gegebenen Bedingungen in Einklang zu bringen (siehe auch S. 23).

2. Um die Dampf- bzw. Gasgeschwindigkeit v zu berechnen, bestimmt man zunächst mittels K 2, Zahlentafel 8 oder N 11 das spezifische Gewicht γ oder das spezifische Volumen $\mathfrak{v}$,

[1] Für Ventile Bauart „Koswa" ist nach Dr.-Ing. Gasterstädt (Z. f. Dampfkessel- u. Maschinenbetrieb 1921) der Koeffizient ζ ca. 7mal kleiner.

Es ist dann das stündlich durchfließende Dampf- bzw. Gasvolumen Q

$$Q = \frac{G}{\gamma} = G\mathfrak{v}. \tag{79}$$

Mittels N 4, das die Gleichung

$$Q = \frac{\pi d^2}{4} v \tag{80}$$

darstellt, ermittelt man dann die Geschwindigkeit v.

Durchschnittlich werden folgende Dampf- und Luftgeschwindigkeiten gewählt:

Kolbendampfmaschinen bei Sattdampf:	$v = 25$ m/sek,
,, ,, Heißdampf:	$v = 40$ bis 50 m/sek,
Dampfturbinen:	$v = 50$,, 70 ,,
Luftkolbenkompressoren bei Saugleitung:	$v = 16$,, 20 ,,
,, ,, Druckleitung:	$v = 25$,, 30 ,,
Luftturbokompressoren bei Saug- und Druckleitung:	$v = 20$,, 25 ,,

Die Zustandsgleichung der Gase und der Luft.

Die allgemeine Zustandsgleichung der Gase lautet:

$$v p = R(t + 273) \quad [v \text{ in } m^3/kg,\ p \text{ in at},\ t \text{ in } {}^0C]; \tag{81}$$

für Luft ist

$$R = 29{,}27 \cdot 10^{-4} \tag{82}$$

und somit

$$\boldsymbol{v p = 29{,}27\,(t + 273) \cdot 10^{-4}}. \tag{83}$$

Nachdem

$$\boldsymbol{\gamma = \frac{1}{v}} \tag{84}$$

ist, kann man die beiden Gl. (81) und (83) auch schreiben

$$p = \gamma R(t + 273) \tag{85}$$

bzw. (für Luft)

$$p = 29{,}27\,\gamma\,(t + 273)\,10^{-4} \quad [p \text{ in at},\ \gamma \text{ in kg/m}^3,\ t \text{ in } {}^0C]. \tag{86}$$

Die Gl. (86) ist durch das

Nomogramm N 11

dargestellt. Dasselbe besteht aus einem Dreiskalensystem mit den Skalen für v, p und t. Die Skala für v ist entsprechend der Gl. (84) als Doppelskala für v und γ ausgeführt. Ebenso ist die Skala für p teilweise als Doppelskala ausgebildet, indem die Drücke in at abs. und in mm Q.S. dargestellt sind. (Es ist at 1 = 735,5 mm Hg.)

Dasselbe Nomogramm kann zur Bestimmung des Zustandes eines beliebigen Gases verwendet werden, wenn ein anderer Zustand desselben Gases bei demselben Druck, Temperatur oder Volumen bekannt ist. (Reduktion des Gases auf anderen Druck, Volumen, Temperatur.) Sind diese letzteren Werte in einem Zustand gleich p_1, t_1, v_1, in einem anderen p_2, t_2, v_2, so ist

$$\frac{p_1 v_1}{p_2 v_2} = \frac{273 + t_1}{273 + t_2}. \tag{87}$$

Ist nun z. B.

$$p_1 = p_2,$$

so lautet die Gl. (87):

$$\frac{v_1}{v_2} = \frac{273 + t_1}{273 + t_2}. \tag{88}$$

Für bekanntes v_1 und t_1 läßt sich für jedes v_2 der entsprechende Wert von t_2 mittels N 11 berechnen (Zustandsänderung bei gleichem Druck). Man verfährt dabei wie folgt.

Die Verbindungslinie der Punkte v_1 und t_1 bringt man zum Schnitt mit der Skala für p, man liest jedoch den sich ergebenden p-Wert nicht ab. [Die Ablesung würde ein für ein beliebiges

Zahlentafel 15. Zulässige Spannungen,

			Schweißeisen		Flußeisen				Flußstahl			
			n. Bach	*n. Föppl*	nach Bach		*nach Föppl*		nach Bach		*nach Föppl*	
					von	bis	*von*	*bis*	von	bis	*von*	*bis*
1	Zug k_{zul}	I	900	*900*	900	1500	*900*	*1500*	1200	1800	*1200*	*1800*
2		II	600	*540*	600	1000	*540*	*900*	800	1200	*720*	*1080*
3		III	300	*450*	300	500	*450*	*750*	400	600	*600*	*900*
4	Druck k_{zul}	I	900	*900*	900	1500	*900*	*1500*	1200	1800	*1200*	*1800*
5		II	600	*540*	600	1000	*540*	*900*	800	1200	*720*	*1080*
6	Biegung k_{zul}	I	900	*900*	900	1500	*900*	*1500*	1200	1800	*1200*	*1800*
7		II	600	*540*	600	1000	*540*	*900*	800	1200	*720*	*1080*
8		III	300	*450*	300	500	*450*	*750*	400	600	*600*	*900*
9	Schub k_{zul}	I	720	*720*	720	1200	*720*	*1200*	960	1440	*960*	*1440*
10		II	480	*430*	480	800	*430*	*720*	640	960	*580*	*860*
11		III	240	*360*	240	400	*360*	*600*	320	480	*480*	*720*
12	Drehung k_{zul}	I	360	*360*	600	1200	*600*	*1200*	900	1440	*900*	*1440*
13		II	240	*220*	400	800	*360*	*720*	600	960	*540*	*860*
14		III	120	*180*	200	400	*300*	*600*	300	480	*450*	*720*
	Elastizitätsmaß E		2000000		2150000				2200000			
	Gleitmaß G		770000		810000				850000			

Gas falsches Resultat liefern, denn die Werte von p an der p-Skala sind nach der Gl. (86) berechnet, die nur für Luft gilt, während ein anderes Gas eine andere Gaskonstante R besitzt.] Man schwenkt nun das Ablesungslineal um den erhaltenen Punkt auf der p-Skala so, daß dasselbe durch (diesen Punkt und) den Punkt v_2 hindurchgeht. Der Schnitt mit der t-Skala ergibt den gesuchten Wert von t_2.

Wir ersehen daraus, daß das geschilderte Verfahren dasselbe wie bei einem Vierskalensystem der Zapfenlinie ist. Die Zapfenlinie war dabei die p-Skala, die 4 Skalen diejenigen für v_1, v_2, t_1 und t_2. Dabei sind jedoch die Skalen für v_1 und v_2 wie auch diejenigen für t_1 und t_2 identisch und zusammengefallen.

Wir erhalten somit

bei der Reduktion des Gaszustandes	fungiert als Zapfenlinie:
bei konstantem Druck p	die p-Skala
,, konstanter Temperatur t	,, t-Skala
,, konstantem Volumen v	,, v-Skala

Beispiel 1. Wie groß ist das spezifische Volumen der Luft bei 300° C und 6 at abs. Wir erhalten aus N 11 für $p = 6$ und $t = 300$:

$$v = 0{,}279 \text{ m}^3/\text{kg}.$$

Beispiel 2 (siehe S. 85, Beispiel 1). Das Volumen der Verbrennungsgase beträgt $Q = 11{,}44 \text{ m}^3$ bei der Temperatur $t = 0°$. Wie groß wird dieses Volumen bei der Temperatur $t_m = 242$ sein?

Für $\bar{Q} = 0{,}1144$ und $t = 0$ bzw. 242

erhalten wir aus N 12:

$$Q_m = 0{,}216; \quad (Q) = (Q_m) = 100; \quad Q_m = 21{,}6 \text{ m}^3.$$

Zahlentafel 14. Gaskonstanten verschiedener Gase.

Stoff	Gaskonstante R	Gaskonstante, bezogen auf Luft R/R Luft
Luft	$29{,}27 \cdot 10^{-4}$	1
Sauerstoff . . .	$26{,}50 \cdot 10^{-4}$	0,905
Wasserstoff . .	$420{,}6 \cdot 10^{-4}$	14,4
Stickstoff . . .	$30{,}26 \cdot 10^{-4}$	1,033
Kohlenoxyd . .	$30{,}29 \cdot 10^{-4}$	1,034
Kohlensäure . .	$19{,}27 \cdot 10^{-4}$	0,658
Wasserdampf .	$47{,}1 \cdot 10^{-4}$	1,607
Leuchtgas . . .	$73{,}5 \cdot 10^{-4}$	2,51

Beispiel 3. Das Volumen der Rauchgase pro 1 kg Brennstoff beträgt 22 m³ bei 210° C und 765 mm Barometerstand Wie groß ist dieses Volumen auf 0° und 750 mm reduziert?

Mit Hilfe des N 11 erhalten wir

Volumen bei 200° C und 765 mm: 22 m³

,, ,, 200° C ,, 750 ,, : 22,4 ,,

,, ,, 0° C ,, 750 ,, : 12,9 ,,

Elastizitäts- und Gleitmaße in kg/cm².

	Stahlguß				Gußeisen		Phosphorbronze	Eichenholz[1] ∥ zur Faser	Kiefernholz[1] ∥ zur Faser
	nach Bach		*nach Föppl*		nach Bach	*nach Föppl*			
	von	bis	*von*	*bis*					
1	600	1200	*600*	*1200*	300	*300*	750		
2	400	800	*360*	*720*	200	*180*	500	100	100
3	200	400	*300*	*600*	100	*150*	250		
4	900	1500	*900*	*1500*	900	*900*	750	80	60[2]
5	600	1000	*540*	*900*	600	*540*	250		
6	750	1200	*750*	*1200*			750		
7	500	800	*450*	*720*			500	100	100
8	250	400	*375*	*600*			250		
9	480	960	*480*	*960*	300	*300*			
10	320	640	*290*	*580*	200	*180*		10	10
11	160	320	*240*	*480*	100	*180*			
12	480	960	*480*	*960*			300		
13	320	640	*290*	*580*			200		
14	160	320	*240*	*480*			100		
	2150000				750000 bis 1050000		1100000	100000 bis 108000	90000 bis 108000
	830000				290000 bis 400000				

I. Ruhende Belastung.
II. Belastung wechselt von 0 bis zu einem Höchstwerte beliebig oft.
III. Belastung wechselt von einem negativem bis zu einem positiven Höchstwerte beliebig oft.

III. Festigkeitslehre und Maschinenelemente.

Festigkeitsberechnungen.

Bezeichnungen.

P, P_k, Q, A, B	Kraft.
F	Querschnitt.
D, d	Kreisdurchmesser.
a	Quadratseite.
a, b, h	Rechteckseiten.
l, l_1, l_2	Länge (freie Trägerlänge).
z	Hebelarm, reduzierte Trägerlänge.
α, β	Abstände.
$\delta = \frac{\alpha\beta}{\alpha+\beta}$.	
k	Druckbeanspruchung in kg/cm².
k_z	Zugbeanspruchung in kg/cm².
k_k	Knickungsbeanspruchung in kg/cm².
k_b	Biegungsbeanspruchung in kg/cm².
k_d, k_d'	Drehungsbeanspruchung in kg/cm².
M_b	Biegungsmoment.
M_d	Drehmoment.
J	Trägheitsmoment des Querschnittes.
W	Widerstandsmoment des Querschnittes.
i	Trägheitsradius.
E	Elastizitätsmaß in kg/cm².
G	Gleitmaß in kg/cm².
$\mathfrak{S}$	Sicherheitskoeffizient.
λ	Schlankheitskoeffizient.
ω	Knickzahl.
f	Durchbiegung.
ψ_{cm}	Verdrehungswinkel für 1 cm Länge.
ψ_m	Verdrehungswinkel für 1 m Länge.
N	Leistung in PS oder kW.
n	Umdrehungszahl pro 1 Min.
α, α_0, ω	Koeffizient, Verhältniszahl.
σ	geometrische Summe.
M_b'	ideelles Biegungsmoment.
M_d'	ideelles Drehmoment.
q	Hilfsgröße.
Z, Z_I, Z_{II}, Z_{III}	Riemenzug.
U	Umfangskraft.
R	resultierende Kraft.
G, G_I, G_{II}, G_{III}	Gewicht.
l_1, l_2	Lagerentfernung.

Zug, Druck und Schub.

Es gelten die Formeln

für Druck:

$$P = F \cdot k, \tag{1}$$

für Zug:

$$P = F \cdot k_z, \tag{2}$$

für Schub:

$$P = F \cdot k_s. \tag{3}$$

Die zulässigen Spannungen $k_{z\,\text{zul}}$, k_{zul} und $k_{s\,\text{zul}}$ in kg für 1 cm² sind aus der Zahlentafel 15 zu entnehmen.

[1] Nach Lang ist für Nadelholz ⊥ zur Faser $k_{\text{zul}} = 8$ bis 12.
[2] Nach Seitz ist für Nadel- und Laubholz $k_{\text{zul}} = 90$.

Knickung.

Die unten angeführten Berechnungen beziehen sich ausschließlich auf Holzträger (Berechnungen bei Stützungsarbeiten, Gerüsten usw.). Die viel seltener im praktischen Betriebe vorkommenden Berechnungen von Gußeisensäulen, Flußeisen- und Eisenbeton-Trägern sind in hohem Maße von der Konstruktion derselben und den besonderen jeweilig vorhandenen Bedingungen abhängig und werden hier nicht berücksichtigt.

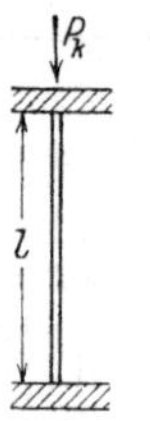

Abb. 14. Knickbelastung.

Der hauptsächlich auftretende und den nachfolgenden Berechnungen zugrunde gelegte Belastungsfall ist derjenige der Abb. 14. Dabei wird vorausgesetzt, daß der Träger unten und oben nicht eingespannt ist, so daß er in durchgebogenem Zustande in den Auflagerpunkten einen spitzen Winkel mit der Wagerechten bildet. Liegt ein Fall vor, daß das eine Ende oder beide Enden eingespannt sind, so kann man dennoch die geschilderte Rechnungsweise anwenden, wodurch man eine etwas größere Sicherheit erhält. Dies ist um so mehr gerechtfertigt, als bei etwa eintretender Lockerung der Einspannung der Belastungsfall auf den in der Abbildung dargestellten übergeht.

Allgemein wird die Euler-Formel

$$P_k = \pi^2 \frac{EJ}{l^2} \cdot \frac{1}{\mathfrak{S}} \qquad [E \text{ in kg/cm}^2,\ J \text{ in cm}^4,\ l \text{ in cm},\ P_k \text{ in kg}], \tag{4}$$

bzw. die Formel von Tetmajer

$$P_k = \frac{1}{\mathfrak{S}}\, 293\,(1 - 0{,}00662\,\lambda)\, F \qquad [F \text{ in cm}^2,\ P_k \text{ in kg}] \tag{5}$$

angewendet, je nachdem, ob

$\lambda > 100$ [Euler; gültig für sehr schlanke Stäbe]

oder

$\lambda < 100$ [Tetmajer; gültig für schlanke und mittelschlanke Stäbe]

ist. Man berechnet den Schlankheitskoeffizienten λ aus

$$\lambda = \frac{l}{i}\,. \tag{6}$$

wobei i der Trägheitshalbmesser ist, d. h.

$$i = \sqrt{\frac{J}{F}}\,. \tag{7}$$

In Anlehnung an diese beiden Formeln hat Dr.-Ing. Seitz folgende Formeln aufgestellt:

für $\lambda < 100$:
$$\omega = \frac{151}{151 - \lambda} \tag{8}$$

für $\lambda > 100$:
$$\omega = \frac{\lambda^2}{3380} \tag{9}$$

(für $\lambda = 100$ liefern beide Formeln dasselbe Resultat).

Darin bedeutet ω die Knickzahl, d. h. das Verhältnis der zulässigen Druckspannung für Holz zu der zulässigen Knickspannung

$$\omega = \frac{k}{k_K}\,.$$

Als zulässige Druckspannung gibt Dr. H. Seitz[1]

$$k = 90 \text{ kg/cm}^2 \tag{10}$$

für Laub- und Nadelholz an. Nachdem für kreisförmigen Querschnitt

$$J = \frac{\pi a^4}{64} \quad \text{und} \quad F = \frac{\pi}{4} a^2 \tag{11}$$

ist, erhält man

$$i = \frac{a}{4} \tag{12}$$

und somit

$$\lambda = \frac{4\,l}{a}\,. \tag{13}$$

[1] Grundlagen des Ingenieurholzbaues. Berlin 1925.

Zahlentafel 16. Blanke Sechskantschrauben mit Whitworth-Gewinde. Nach DIN.

Äußerer Durchmesser des Gewindes D engl. Z.	D mm	Kern Durchm. d_1 mm	Kern Querschn. $\pi\frac{d_1^2}{4}$ cm²	Anzahl der Gewindegänge auf einen engl. Z.	Anzahl der Gewindegänge auf die Länge d	Höhe der Mutter abgerundet h_1 mm	Höhe des Kopfes abgerundet h_0 mm	Schlüsselweite abgerundet s_0 * mm	$P = \frac{1}{4}\pi d_1^2 k_z$ wenn k_z (in kg/cm²) = 480 kg	k_z = 600 kg
$\frac{1}{4}$	6,35	4,72	0,175	20	5	6	5	11	85	105[1]
$\frac{5}{16}$	7,94	6,13	0,295	18	$5\frac{5}{8}$	8	6	14	140	175[1]
$\frac{3}{8}$	9,53	7,49	0,441	16	6	9	7	17	210	265[1]
$\frac{7}{16}$	11,11	8,79	0,607	14	$6\frac{1}{8}$	11	8	19	290	365[1]
$\frac{1}{2}$	12,70	9,99	0,784	12	6	13	9	22	375	470[1]
$\frac{5}{8}$	15,88	12,92	1,311	11	$6\frac{7}{8}$	16	11	27	630	785
$\frac{3}{4}$	19,05	15,80	1,961	10	$7\frac{1}{2}$	19	13	32	940	1175
$\frac{7}{8}$	22,23	18,61	2,720	9	$7\frac{7}{8}$	22	16	36	1305	1630
1	25,40	21,34	3,573	8	8	25	18	41	1715	2145
$1\frac{1}{8}$	28,58	23,93	4,498	7	$7\frac{7}{8}$	28	20	46	2160	2700
$1\frac{1}{4}$	31,75	27,10	5,768	7	$8\frac{3}{4}$	32	22	50	2770	3460
$1\frac{3}{8}$	34,93	29,51	6,835	6	$8\frac{1}{4}$	35	24	55	3280	4100
$1\frac{1}{2}$	38,10	32,68	8,388	6	9	38	27	60	4030	5030
$1\frac{5}{8}$	41,28	34,77	9,495	5	$8\frac{1}{8}$	41	30	65	4560	5700
$1\frac{3}{4}$	44,45	37,95	11,31	5	$8\frac{3}{4}$	45	32	70	5430	6780
$1\frac{7}{8}$	47,63	40,40	12,82	$4\frac{1}{2}$	$8\frac{7}{16}$	48	34	75	6150	7690
2	50,80	43,57	14,91	$4\frac{1}{2}$	9	50	36	80	7160	8950
$2\frac{1}{4}$	57,15	49,02	18,87	4	9	55	40	85	9060	11320
$2\frac{1}{2}$	63,50	55,37	24,08	4	10	60	45	95	11560	14450
$2\frac{3}{4}$	69,85	60,56	28,80	$3\frac{1}{2}$	$9\frac{5}{8}$	65	49	105	13820	17280
3	76,20	66,91	35,15	$3\frac{1}{2}$	$10\frac{1}{2}$	68	53	110	16870	21090
$3\frac{1}{4}$	82,55	72,54	41,36	$3\frac{1}{4}$	$10\frac{9}{16}$	75	58	120	19850	24820
$3\frac{1}{2}$	88,90	78,87	48,92	$3\frac{1}{4}$	$11\frac{3}{8}$	78	62	130	23480	29350
$3\frac{3}{4}$	95,25	84,41	55,95	3	$11\frac{1}{4}$	82	67	135	26860	33570
4	101,60	90,76	64,68	3	12	85	71	145	31050	38810
$4\frac{1}{4}$	107,95	96,64	73,37	$2\frac{7}{8}$	$12\frac{7}{32}$	92	76	155	35220	44020
$4\frac{1}{2}$	114,30	102,99	83,29	$2\frac{7}{8}$	$12\frac{15}{16}$	95	80	165	39980	49970
$4\frac{3}{4}$	120,66	108,83	93,04	$2\frac{3}{4}$	$13\frac{1}{16}$	100	85	175	44660	55820
5	127,00	115,18	104,2	$2\frac{3}{4}$	$13\frac{3}{4}$	105	89	180	50020	62530
$5\frac{1}{4}$	133,36	120,96	114,9	$2\frac{5}{8}$	$13\frac{25}{32}$	108	93	190	55160	68940
$5\frac{1}{2}$	139,70	127,31	127,3	$2\frac{5}{8}$	$14\frac{7}{16}$	112	98	200	61100	76380
$5\frac{3}{4}$	146,06	133,04	139,0	$2\frac{1}{2}$	$14\frac{3}{8}$	118	102	209	66740	83420
6	152,41	139,39	152,6	$2\frac{1}{2}$	15	122	106	220	73250	91560

Zahlentafel 17. Gasrohre und Whitworth-Rohrgewinde.

Nennweite des Rohres in engl. Zoll = d	$\frac{1}{8}$	$\frac{1}{4}$	$\frac{3}{8}$	$\frac{1}{2}$	$\frac{5}{8}$	$\frac{3}{4}$	$\frac{7}{8}$	1	$1\frac{1}{4}$	$1\frac{1}{2}$	$1\frac{3}{4}$
Innendurchmesser d_i in mm	6	9	12	15	18	20	24	26	34,5	40	44
Außendurchmesser d_a in mm	10	13	16,5	20,5	24	26,5	31	33	42	48	52
Wandstärke s in mm	2	2	2,25	2,75	3	3,25	3,5	3,5	3,75	4	4
Kerndurchmesser d_k des Gewindes in mm		11,3	14,8	18,2	20,7	24,2		30	39	45	49
Gängeanzahl z auf 1″	28	19	19	14	14	14	14	11	11	11	11

d	2	$2\frac{1}{4}$	$2\frac{1}{2}$	$2\frac{3}{4}$	3	$3\frac{1}{2}$	4
d_i	51	60	66	71	79	92	104
d_a	59	69	76	81	89	102	114
s	4	4,5	5	5	5	5	5
d_k	56		73		86	98,5	111
z	11	11	11	11	11	11	11

Dieses, in obige Formeln eingesetzt, ergibt:

für $\frac{l}{a} < 25$:
$$k_k = \frac{90}{151}\left(151 - \frac{4\,l}{a}\right)\ \text{kg/cm}^2. \tag{14}$$

für $\frac{l}{a} > 25$:
$$k_k = \frac{90 \cdot 3380}{16}\,\frac{a^2}{l^2}\ \text{kg/cm}^2. \tag{15}$$

[1] P ist für reine Zugbeanspruchung berechnet. Bei Beanspruchung auf Drehung z. B. durch Nachziehen im Betriebe müssen die Werte von P unter Umständen auf weniger als die Hälfte herabgesetzt werden. Besondere Vorsicht bei den kleinen Durchmessern bis etwa $\frac{3}{4}$″!

* Schlüsselweite $s_0 = 5 + 1{,}4\cdot$ Durchmesser; größter Mutterndurchmesser $= 1{,}15\,s_0 = 5{,}75 + 1{,}60\cdot$ Durchmesser; Unterlegscheibedurchmesser $= 1{,}3\,s_0 = 6{,}5 + 1{,}8\cdot$ Durchmesser; Dicke der Unterlegscheibe $= 0{,}1\,s_0$.

Zahlentafel 18. Zulässige Belastung von runden Hanfseilen[1] (nach Felten u. Guilleaume, Köln).

Seildurchmesser mm	Tragkraft in kg bei 8facher Sicherheit kg	Seilgewicht kg/m
13	130	0,14
16	200	0,21
18	250	0,25
20	310	0,31
23	415	0,39
26	530	0,51
29	660	0,67
33	855	0,80
36	1015	0,96
39	1190	1,15
46	1660	1,50
52	2120	1,95
55	2225	2,25
60	2470	2,55
65	2690	2,9
70	2885	3,5
75	3160	3,9
80	3330	4,5
85	3760	5,0
90	4135	5,6
95	4665	6,3
100	5160	7,2
110	6055	8,5
120	7205	9,6
130	8300	11,5

Zulässige Belastung und Gewicht von Baumwollseilen annähernd wie bei Hanf.

[1] Hanfseile unbeschädigt, ungeteert.

Zahlentafel 19. Zulässige Belastung von Drahtseilen aus Tiegelstahldraht mit Bruchfestigkeit von $k_z = 12000$.

Nenndurchmesser des Seiles mm	Nutzzugkraft bei Menschenförderung 10fache Sicherheit kg	Nutzzugkraft bei Lastenförderung 8fache Sicherheit kg
8	270	340
9	335	420
10	410	510
11	490	610
12	575	720
13	670	840
14	780	975
15	900	1125
16	1030	1290
17	1170	1460
18	1320	1650
19	1485	1850
20	1660	2070
22	2030	2540
24	2420	3020
26	2830	3540
28	3270	4080
30	3740	4670
32	4250	5320
34	4800	6000
36	5400	6750
38	6050	7550
40	6700	8370
42	7400	9250
44	8100	10100

Drahtseile aus mehreren Litzen und feinen biegsamen Drähten bestehend, unbeschädigt.
Trommeldurchmesser $\geqq 500 \times$ Drahtdurchmesser.

Für rechteckige Querschnitte mit den Seiten a und b (wobei $b > a$) erhält man in ähnlicher Weise

$$\lambda = \frac{2\sqrt{3}}{a}\, l \tag{16}$$

und

für $\frac{l}{a} < 28{,}9$:
$$k_k = \frac{90}{151}\left(151 - \frac{2\sqrt{3}\,l}{a}\right) \text{kg/cm}^2, \tag{17}$$

für $\frac{l}{a} > 28{,}9$:
$$k_k = \frac{90 \cdot 3380}{12}\, \frac{a^2}{l^2}\ \text{kg/cm}^2. \tag{18}$$

(Dabei fällt die große Rechteckseite b aus der Formel aus.)

Diese Formeln (14), (15), (17) und (18) sind der Konstruktion des Nomogrammes N 12 zugrunde gelegt. Die Werte von a erscheinen darin in cm, die zulässige Knickspannung in kg/cm². Die Benutzung des Nomogrammes bleibt sich gleich, unbeachtet dessen, ob $\frac{l}{a}$ größer oder kleiner als der betreffende Grenzwert ist.

Wie wir aus dem Nomogramm erkennen, wird die normale Druckbeanspruchung des Holzes $k = 90$ kg/cm² durch das Hinzutreten der Knickung verringert, und zwar um so mehr, je größer das Verhältnis $\frac{l}{a}$ ist.

Zwischen der auf den Träger wirkenden Kraft P_k und dem Trägerquerschnitt F besteht die Beziehung

$$P_k = F k_k. \tag{19}$$

Rechnungsgang: I. Es ist gegeben die Kraft P_k und die freie Trägerlänge l. Gesucht sind die Abmessungen des rechteckigen Trägerquerschnittes.

Über den Querschnitt wird eine erste vorläufige Annahme gemacht, es werden also die Rechteckseiten a_1 und b_1 angenommen (wobei $a_1 < b_1$ bzw. Quadratseite a_1). Aus der Formel (19) und

$$F = a_1 b_1 \quad \text{bzw.} \quad = a_1^2$$

wird die erste vorläufige Knickspannung k_{k_1} ermittelt. Aus dem Nomogramm N 12 bestimmt man aus gegebenem l und angenommenem a_1 die zulässige Druckspannung k'_{k_1} (Skala rechts für Rechteckquerschnitte). Je nachdem, ob $k'_{k_1} < k_{k_1}$ oder $k'_{k_1} > k_{k_1}$ ist, muß man die angenommenen Querschnittsmaße vergrößern oder kann man sie verkleinern. Dies kann geschehen entweder durch Vergrößern der kleineren Rechteckseite a_1, der größeren Rechteckseite b_1 oder durch beides.

Zahlentafel 20. Zulässige Belastung von Ketten (nach DIN).

Verwendung	Rundeisen Durchmesser mm	Nutzzugkraft kg	Gewicht kg/m
Handkette	5	175	0,5
,,	6	250	0,72
Lastkette	7	350	1,0
,,	8	500	1,3
,,	9,5	750	1,9
,,	11	1000	2,7
,,	13	1500	3,75
,,	16	2500	5,8
,,	19	3500	8,0
,,	23	5000	12,0

Probelast $\geqq 2 \times$ Nutzzuglast.
Bruchlast $\geqq 4 \times$ Nutzzuglast.

Auf diese Weise kommen wir zur zweiten vorläufigen Annahme und durch ein wiederholt vorgenommenes Abgleichen der Resultate zur endgültigen Annahme.

Ähnlich verfährt man, wenn der Trägerquerschnitt ein Kreis ist. Die Rechnung gestaltet sich dann noch einfacher.

Beispiel 1. Eine Maschine die 9500 kg wiegt, soll mittels eines provisorischen Holzgerüstes in die Höhe gebracht werden. Das Gewicht der Flaschenzüge, der Mannschaft und das Eigengewicht der Holzverschalung usw. wird auf 1500 kg geschätzt. Die Last wird auf 2 quadratische Balken mit der freien Trägerlänge 6 m verteilt. Wie sollen die Balken dimensioniert werden?

Wir wählen

$$a_1 = 15 \text{ cm}$$

und erhalten

$$k_{k_1} = \frac{5500}{15^2} = 24{,}4 \text{ kg/cm}^2.$$

Aus dem Nomogramm finden wir für $a_1 = 15$ und $l = 600$:

$$k_k < 16 \text{ kg/cm}^2,$$

woraus folgt, daß der Wert 15 für a_1 zu klein ist. Für $a_2 = 18$ erhält man

$$k_{k_2} = \frac{5500}{18^2} = 17 \text{ kg/cm}^2,$$

und aus dem Nomogramm N 12

$$k_k = 22{,}7 \text{ kg/cm}^2,$$

woraus wir schließen, daß der Balkenquerschnitt 18×18 cm² für den betreffenden Fall als ausreichend erscheint. In Wirklichkeit wird man wohl $a = 20$ wählen und die Träger in halber Höhe durch Querbalken miteinander binden.

II. Gegeben ist die freie Trägerlänge l und der Trägerquerschnitt F (also Rechteckseiten a und b, wobei $a < b$ bzw. der Kreisdurchmesser a). Gesucht ist die zulässige Kraft P_k.

Für a und l erhalten wir aus dem Nomogramm N 12 die zulässige Knickspannung k_k (Skala rechts oder links, je nachdem, ob der Querschnitt rechteckig oder kreisförmig ist). Aus der Gl. (19) erhalten wir dann die gesuchte Kraft P_k.

Beispiel 2. Ein zu schwacher, in der Deckenkonstruktion eines Magazinkellers angewandter Eisenträger ist durch das auf ihm lastende Gewicht der Decke und der aufgestapelten Ware stark durchgebogen worden, so daß derselbe durch einen runden Holzpfeiler vom Durchmesser 15 cm gestützt wurde. Die lichte Höhe des Kellers beträgt 3 m. Welche Last kann der Holzbalken aushalten?

Aus N 12 ergibt sich für $l = 300$ und $a = 15$

$$k_k = 42{,}2 \text{ kg/cm}^2,$$

so daß die gesuchte Last

$$\frac{\pi}{4}\, 15^2 \cdot 42{,}2 = 7460 \text{ kg}$$

beträgt.

III. Gegeben ist die Kraft P_k und der Trägerquerschnitt F, gesucht die zulässige Trägerlänge 1.

Aus der Gl. (19) ermitteln wir k_k und bestimmen dann aus dem N 12 die zulässige Länge l.

Beispiel 3. Wie groß ist die höchstzulässige freie Länge für einen Holzbalken von $20 \times 25\,cm^2$ Querschnitt und Knicklast 15000 kg?

Es ist

$$k_k = \frac{15000}{20 \times 25} = 30\ kg/cm^2.$$

Für diesen Wert und für $a = 20$ liefert N 12

$$l_{max} = 580\ cm.$$

Biegung.

Wird ein Träger auf Biegung beansprucht, so ist zunächst der Verlauf der auftretenden Biegungsmomente festzustellen, aus welchen man entnehmen kann, für welche Querschnitte das Biegungsmoment am größten ist. Für diese „gefährlichen" Querschnitte ermittelt man die Dimensionen bzw. die in ihnen auftretenden Beanspruchungen mittels der Gleichung

$$\boldsymbol{M_{b\,max} = W k_b} \qquad [M_b \text{ in kgcm}, \ W \text{ in } cm^3, \ k_b \text{ in } kg/cm^2]; \qquad \textbf{(20)}$$

ist $M_{b\max}$ das maximale Biegungsmoment in kgcm und W das Widerstandsmoment des betreffenden Querschnittes in cm^3, so ist k_b die in diesem Querschnitte auftretende Biegungsbeanspruchung in kg/cm^2. Die Werte für die zulässigen Biegungsbeanspruchungen k_b sind in der Zahlentafel 15 enthalten. Widerstandsmomente siehe unten S. 46.

Der Wert des maximalen Biegungsmomentes $M_{b\max}$ ist für die meist in der Praxis vorkommenden Fälle in der Zahlentafel 21 (Spalte 5) angegeben. Er ist stets gleich dem Produkt der Kraft P und eines Hebelarmes z (mit Ausnahme des Falles IIIb, wo 2 Kräfte P und Q auftreten), so daß die Gleichung sich in der allgemeinen Form schreiben läßt:

$$\boldsymbol{W = \frac{P\,z}{k_b}} \qquad [P \text{ in kg}, \ z \text{ in cm}, \ k_b \text{ in } kg/cm^2, \ W \text{ in } cm^3]. \qquad \textbf{(21)}$$

Der Wert für das Widerstandsmoment W ist für die Belastungsfälle I bis VI aus der Zahlentafel 21 (Spalte 7) zu entnehmen. Die Größe z, die stets eine Länge bedeutet (in cm ausgedrückt), ist verschieden für die verschiedenen Belastungsfälle und ist in der Spalte 8 der Zahlentafel 21 angegeben. Die Werte von W (Spalten 7 und 8) sind bei der Ermittlung des Trägerquerschnittes zu benutzen; ist der Querschnitt gegeben, so bestimmt man die maximal zulässige Last P, indem man die Ausdrücke für P aus der Spalte 9 benützt (Werte für $k_{b\,zul}$ (siehe Zahlentafel 15).

Nomogramm N 13

stellt die Beziehung (21) dar. Es ist ein 4-Skalen-Nomogramm mit Zapfenlinie, die zugehörigen Skalen sind durch gleiche Art der Beschriftung gekennzeichnet. Auf der Skala für k_b sind rechts die zulässigen Biegungsbeanspruchungen (nach Bach) eingetragen. Dabei kennzeichnen die römischen Zahlen I bis III die Art der Belastung (siehe Zahlentafel 15). Auf der Skala für W sind die entsprechenden Werte der Widerstandsmomente der Doppel-T-Eisen und der [-Eisen eingetragen (siehe auch Zahlentafel 23). Sie sind auf die Achse xx bezogen (siehe Abb. 15).

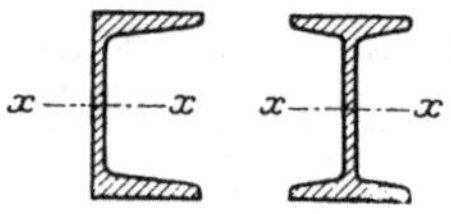

Abb. 15.

Beispiel 1. Die Decke eines Warenlagers ruht auf 6 m langen Doppel-T-Trägern, die in der Entfernung von 120 cm voneinander angeordnet sind. Die auf die Decke wirkende Last betrage 600 kg für 1 m^2 (Eigengewicht der Decke inbegriffen). Wie groß sollen die Träger gewählt werden?

Obwohl die Balken in den Wänden eingemauert werden, rechnen wir so, als ob sie frei aufliegen würden und wenden nach Zahlentafel 21 den Belastungsfall IV an (den Belastungsfall VI kann man anwenden, wenn man weiß, daß die eingemauerten Trägerenden genügend lang — nicht unter 30 cm — sind und daß besondere Sorgfalt bei deren Einmauerung angewendet wurde: die Voraussetzung ist, daß sämtliche Lücken mit Zementmörtel ausgefüllt sind, der

Zahlentafel 21. Biegungsbeanspruchung[1].

1	2	3	4	5	6	7	8	9	10	
Nr.	Belastungsfall	Auflagerdrücke A kg	B kg	Maximales Biegungsmoment $M_{b\,max}$ kgcm	Gefährlicher Querschnitt bei	Widerstandsmoment W cm³	Koeffizient Z in der Formel $W = \frac{Pz}{k_b}$ cm	Maximal zulässige Last P kg	Maximale Durchbiegung f cm	Tritt auf bei (im Punkte)
I	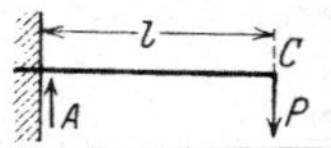	P	—	Pl	A	$\frac{Pl}{k_b}$	l	$\frac{W k_{b\,zul}}{l}$	$\frac{P}{EJ}\frac{l^3}{3}$	C
II	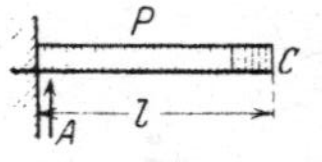	P	—	$\frac{Pl}{2}$	A	$\frac{Pl}{2\,k_b}$	$\frac{l}{2}$	$\frac{2\,W k_{b\,zul}}{l}$	$\frac{P}{EJ}\frac{l^3}{8}$	C
III	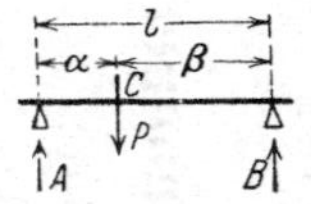	$\frac{P\beta}{l}$	$\frac{P\alpha}{l}$	$P\delta$ *	C	$\frac{P\delta}{k_b}$ *	δ *	$\frac{W k_{b\,zul}}{\delta}$ *	$\frac{P}{EJ}\frac{l^3}{3}\frac{\alpha^2\beta^2}{l^4}$	In der Nähe von C auf der größeren von den beiden Strecken α und β
IIIa	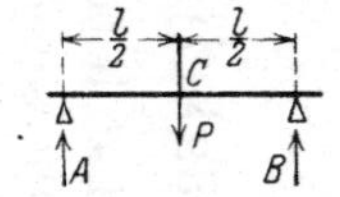	$\frac{P}{2}$	$\frac{P}{2}$	$\frac{Pl}{4}$	C	$\frac{Pl}{4\,k_b}$	$\frac{l}{4}$	$\frac{4\,W k_{b\,zul}}{l}$	$\frac{P}{EJ}\frac{l^3}{48}$	C
IIIb	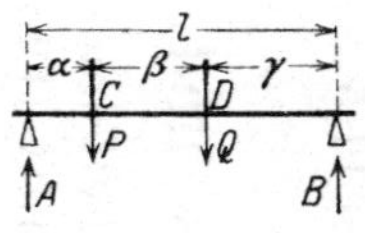	$P + \frac{Q\gamma - P\alpha}{l}$	$Q + \frac{P\alpha - Q\gamma}{l}$	im Punkt C $(P+Q)\frac{\alpha\gamma}{l} + P\frac{\alpha\beta}{l}$ oder im Punkt D $(P+Q)\frac{\alpha\gamma}{l} + Q\frac{\gamma\beta}{l}$	C $(P\alpha > Q\gamma)$ oder D $(Q\gamma > P\alpha)$	$\frac{M_{b\,max}}{k_b}$	Die Formel wird nicht angewendet	—	angenähert $\frac{l^3\,\tau^2}{3\,EJ\,(P+Q)^3}$ †	Meistens zwischen C und D
IV	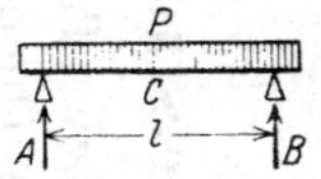	$\frac{P}{2}$	$\frac{P}{2}$	$\frac{Pl}{8}$	C	$\frac{Pl}{8\,k_b}$	$\frac{l}{8}$	$\frac{8\,W k_{b\,zul}}{l}$	$\frac{P}{EJ}\frac{5\,l^3}{384}$	C
V	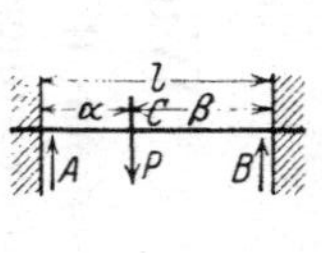	$P\frac{(3\alpha+\beta)\beta^2}{l^3}$	$P\frac{(3\beta+\alpha)\alpha^2}{l^3}$	$P\frac{\alpha\beta^2}{l^2}$ oder $P\frac{\beta\alpha^2}{l^2}$	A $(\alpha < \beta)$ oder B $(\beta < \alpha)$	$\frac{M_{b\,max}}{k_b}$	$\frac{\alpha\beta^2}{l^2}$ oder $\frac{\beta\alpha^2}{l^2}$	$\frac{W l^2 k_{b\,zul}}{\alpha\beta^2}$ oder $\frac{W l^2 k_{b\,zul}}{\beta\alpha^2}$	$\frac{P}{EJ}\cdot\frac{2}{3}\cdot\frac{\beta^3\alpha^2}{(3\beta+\alpha)^2}$ oder $\frac{P}{EJ}\cdot\frac{2\alpha^3\beta^2}{3(3\alpha+\beta)^2}$	In der Nähe von C auf der größeren von den beiden Strecken α und β
Va	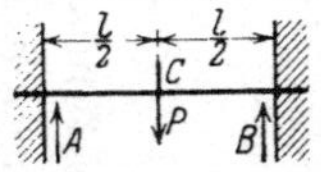	$\frac{P}{2}$	$\frac{P}{2}$	$\frac{Pl}{8}$	A, B und C	$\frac{Pl}{8\,k_b}$	$\frac{l}{8}$	$\frac{8\,W k_{b\,zul}}{l}$	$\frac{P}{EJ}\frac{l^3}{192}$	C
VI	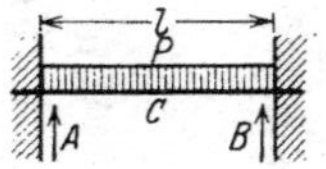	$\frac{P}{2}$	$\frac{P}{2}$	$\frac{Pl}{12}$	A und B	$\frac{Pl}{12\,k_b}$	$\frac{l}{12}$	$\frac{12\,W k_{b\,zul}}{l}$	$\frac{P}{EJ}\frac{l^3}{384}$	C

[1] In dieser Zahlentafel sind sämtliche Kräfte in kg, sämtliche Längen in cm einzusetzen. * $\frac{1}{\delta} = \frac{1}{\alpha} + \frac{1}{\beta}$; $\delta = \frac{\alpha\beta}{\alpha+\beta}$. † $\tau = l(\alpha P^2 + \gamma Q^2 + \beta PQ) - (\alpha P - \gamma Q)^2$.

mit der umliegenden Wand ein starres Ganzes bildet). Es ist dann

$$z = \frac{l}{8} = \frac{600}{8} = 75 \text{ cm}.$$

Für diesen Wert und für

$$P = 6 \cdot 1{,}2 \cdot 600 = 4320 \text{ kg}$$

erhalten wir, wenn wir die Biegungsbeanspruchung

$$k_b = 800 \text{ kg/cm}^2$$

zulassen wollen, aus N 13

$$W = 405,$$

was einem Doppel-T-Träger Nr. 25 entspricht.

Beispiel 2. Ein Behälter, der 1500 kg wiegt, soll in das obere Stockwerk eines Gebäudes in der Weise gebracht werden, daß auf dem Dach ein frei herausragender Doppel-T-Träger NP 22 an 2 Punkten genügend fest abgestützt wird und an dessen von der äußeren Gebäudewand 200 cm entferntem Ende ein Flaschenzug aufgehängt wird, der die Last aufnehmen soll. Es ist die Biegungsbeanspruchung des Trägers an der Gebäudekante zu bestimmen.

Zahlentafel 21, Belastungsfall I.

$$z = 200 \text{ cm}, \qquad P = 1500 \text{ kg}.$$

N 13 ergibt für I NP 22

$$k_b = 1080 \text{ kg/cm}^2,$$

eine ziemlich hohe Beanspruchung.

Liegt der Fall der Biegungsbeanspruchung

1. eines Flußeisenträgers mit $k_b = 750$ kg/cm² oder $k_b = 1000$ kg/cm² oder
2. eines Holzträgers mit $k_b = 100$ kg/cm² vor, so kann das einfachere

Nomogramm N 14

benutzt werden. Dasselbe besitzt ein Dreiskalensystem mit den Skalen für z, W und P. Die Skala für z ist als Doppelskala ausgeführt und trägt links die Werte von z, die für $k_b = 750$ in Betracht kommen, rechts diejenigen für $k_b = 1000$ und — in Kursivschrift — die Werte für Holzträger mit $k_b = 100$. Der Wert von z wird wie bei Anwendung der Nomogramme N 13 aus der Zahlentafel 21 (Spalte 8) entnommen. Auf der Skala für W sind die entsprechenden Werte der Widerstandsmomente für normale Doppel-T-Eisen- und [-Eisenprofile eingetragen (siehe auch Zahlentafel 23). Sie sind auf die Achse x—x bezogen (siehe Abb. 15).

Beispiel 3. In einer Scheddach-Holzkonstruktion greift die Last $P = 900$ kg in $^1/_3$ der 6 m betragenden Länge des rechteckigen Querbalkens. Wie soll der letztere dimensioniert werden? ($k_b = 100$.)

Zur Anwendung kommt Zahlentafel 21, Belastungsfall III. $\alpha = 400$, $\beta = 200$, $\delta = 133{,}3$. Für

$$z = \bar{\delta} = 13{,}3, \quad (z) = 10 \quad \text{und} \quad P = 900$$

erhalten wir aus N 14

$$W = 1200.$$

Aus N 15 finden wir für $W = 1200$

$$b = 32, \qquad h = 15$$

oder

$$b = 20, \qquad h = 18{,}9$$

oder

$$b = 11{,}5, \qquad h = 25 \qquad [(b) = 1;\ (h) = 10;\ (W) = 100]$$

usw.

Widerstands- und Trägheitsmomente.

Widerstandsmoment W bzw. Trägheitsmoment J beträgt:

I. Für den kreisförmigen Querschnitt (Durchmesser d)

$$W_d = \frac{\pi d^3}{32}; \qquad J_d = \frac{\pi d^4}{64} \qquad (22)\ (23)$$

(siehe Zahlentafel 22, wo die Werte von Wd und Jd für $d = 1$ bis $d = 100$ enthalten sind).

Zahlentafel 22.

Widerstands- und Trägheitsmomente für kreisförmige und quadratische Querschnitte.

W = Widerstandsmoment, J = äquat. Trägheitsmoment,
d = Kreisdurchmesser, a = Quadratseite.

	Kreisförm. Querschnitt		Quadrat. Querschnitt			Kreisförm. Querschnitt		Quadrat. Querschnitt	
	$W = \frac{\pi d^3}{32}$	$J = \frac{\pi d^4}{64}$	$W = \frac{a^3}{6}$	$J = \frac{a^4}{12}$		$W = \frac{\pi d^3}{32}$	$J = \frac{\pi d^4}{64}$	$W = \frac{a^3}{6}$	$J = \frac{a^4}{12}$
1	0,0982	0,0491	0,1667	0,0833	21	909	9547	1543,5	16207
2	0,7854	0,7854	1,333	1,333	22	1045	11499	1774,7	19521
3	2,651	3,976	4,5	6,75	23	1194	13737	2027,8	23320
4	6,283	12,57	10,67	21,33	24	1357	16286	2304,0	27648
5	12,27	30,68	20,83	52,08	25	1534	19175	2604,2	32552
6	21,21	63,62	36,0	108,0	26	1726	22432	2929,3	38081
7	33,67	117,9	57,17	200,08	27	1932	26087	3280,5	44287
8	50,27	201,1	85,33	341,33	28	2155	30172	3658,7	51221
9	71,57	322,1	121,5	546,75	29	2394	34719	4064,8	58940
10	98,17	490,9	166,67	833,33	30	2651	39761	4500,0	67500
10,5	113,65	596,7	192,94	1012,9	35	4209	73662	7145,8	125050
11	130,7	718,7	221,83	1220,1	40	6283	125664	10667	213333
11,5	149,31	858,5	253,5	1457,5	45	8946	201289	15187	341844
12	169,6	1018	288,0	1728,0	50	12272	306796	20833	520833
12,5	191,75	1198	325,5	2034,5	55	16334	449180	27729	762547
13	215,7	1402	366,17	2380,1	60	21206	636172	36000	1080000
13,5	241,55	1630	410,06	2767,5	65	26961	876240	45771	1487551
14	269,4	1886	457,33	3201,3	70	33674	1178588	57167	2000800
14,5	299,30	2170	508,1	3683,7	75	41417	1553156	70313	2636719
15	331,3	2485	562,5	4218,8	80	50265	2010619	85333	3413333
16	402,1	3217	682,7	5461,3	85	60292	2562392	102354	4350049
17	482,3	4100	818,8	6960,1	90	71569	3220623	121500	5467500
18	572,6	5153	972,0	8748,0	95	84173	3998198	142896	6787540
19	673,4	6397	1143,2	10860	100	98175	4908738	166670	8333333
20	785,4	7854	1333,3	13333					

II. Für den kreisringförmigen Querschnitt (äußerer Durchmesser D, innerer Durchmesser d) ist

$$W = \frac{\pi}{32}\frac{D^4 - d^4}{D}; \qquad J = \frac{\pi}{64}(D^4 - d^4); \tag{24}$$

$$= W_D - \frac{d}{D} W_d; \qquad = J_D - J_d. \tag{25}$$

III. Für den rechteckigen Querschnitt (Rechteckseiten b und h) ist

$$W = \frac{b\,h^2}{6}, \qquad J = \frac{b\,h^3}{12}, \tag{26, 27}$$

wenn die Biegungskraft P zur Kante h parallel ist, bzw.

$$W = \frac{b^2 h}{6}, \qquad J = \frac{b^3 h}{12}, \tag{28, 29}$$

wenn die Biegungskraft P zur Kante b parallel ist. Vgl. Abb. 16.

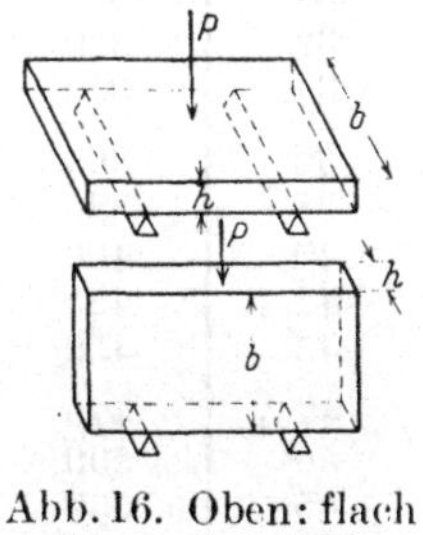

Abb. 16. Oben: flach aufliegender Balken. Unten: hochkant aufliegender Balken.

Die Gl. (26) und (27) für rechteckigen Querschnitt sind durch das N 15 dargestellt. Die Gerade durch b und h gezogen schneidet auf der W-Skala den Wert des betreffenden Widerstandsmomentes, auf der J-Skala den Wert des betreffenden Trägheitsmomentes ab.

Beispiel 1. Für $b = 15$, $h = 10$ ist

$$W = 250, \qquad J = 1250.$$

Beispiel 2. Für $b = 35$, $h = 25$ kann man keine Gerade ziehen: für $\bar{b} = 3{,}5$ $\bar{h} = 2{,}5$ erhalten wir

$$\overline{W} = 3{,}65, \qquad (J) = 4{,}6,$$
$$(b) = 10, \qquad (h) = 10,$$
$$(W) = 1000, \qquad (J) = 10000,$$
$$W = \overline{W}(W) = 3650; \qquad J = \bar{J}\,(J) = 46000$$

(siehe auch Beispiel 3, S. 46).

IV. Für quadratischen Querschnitt (Quadratseite a) ist

$$W_a = \frac{a^3}{6}, \quad J_a = \frac{a^4}{12}$$

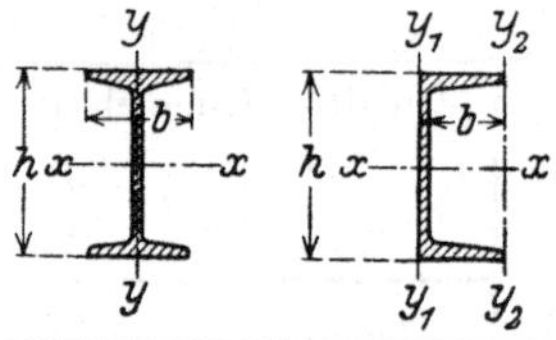

(siehe Zahlentafel 22, wo die Werte von W_a und J_a für $a = 1$ bis $a = 100$ enthalten sind).

V. Widerstandsmomente für Doppel-T-Eisen und [-Eisen sind in der Zahlentafel 23 enthalten.

Zahlentafel 23. I- und [-Eisen.

Profil Nr.	Höhe h mm	Breite b mm	Querschnitt F cm²	Gewicht g kg/m	Trägheitsmoment J_y cm⁴	Trägheitsmoment J_x cm⁴	Widerstandsmoment W_y cm³		Widerstandsmoment W_x cm³	Profil Nr.
				I- (Doppel-T-) Eisen						
8	80	42	7,58	5,95	6,29	77,8	3,00		19,5	8
9	90	46	9,00	7,07	8,78	117	3,82		26,0	9
10	100	50	10,6	8,32	12,2	171	4,88		34,2	10
11	110	54	12,3	9,66	16,2	239	6,00		43,5	11
12	120	58	14,2	11,15	21,5	328	7,41		54,7	12
13	130	62	16,1	12,64	27,5	436	8,87		67,1	13
14	140	66	18,3	14,37	35,2	573	10,7		81,9	14
15	150	70	20,4	16,01	43,9	735	12,5		98,0	15
16	160	74	22,8	17,90	54,7	935	14,8		117	16
17	170	78	25,2	19,78	66,6	1166	17,1		137	17
18	180	82	27,9	21,90	81,3	1446	19,8		161	18
19	190	86	30,6	24,02	97,4	1763	22,7		186	19
20	200	90	33,5	26,30	117	2142	26,0		214	20
21	210	94	36,4	28,57	138	2563	29,4		244	21
22	220	98	39,6	31,09	162	3060	33,1		278	22
23	230	102	42,7	33,52	189	3607	37,1		314	23
24	240	106	46,1	36,19	221	4246	41,7		354	24
25	250	110	49,7	39,01	256	4966	46,5		397	25
26	260	113	53,4	41,92	288	5744	51,0		442	26
27	270	116	57,2	44,90	326	6626	56,2		491	27
28	280	119	61,1	47,96	364	7587	61,2		542	28
29	290	122	64,9	50,95	406	8636	66,6		596	29
30	300	125	69,1	54,24	451	9800	72,2		653	30
32	320	131	77,8	61,07	555	12510	84,7		782	32
34	340	137	86,8	68,14	674	15695	98,4		923	34
36	360	143	97,1	76,22	818	19605	114		1089	36
38	380	149	107	84,00	975	24012	131		1264	38
40	400	155	118	92,63	1158	29213	149		1461	40
42½	425	163	132	103,62	1437	36973	176		1740	42½
45	450	170	147	115,40	1725	45852	203		2037	45
47½	475	178	163	127,96	2088	56481	235		2378	47½
50	500	185	180	141,30	2478	68738	268		2750	50
55	550	200	213	167,21	3488	99184	349		3607	55
				[- (⊔-) Eisen						
							[1]	[2]		
3	30	33	5,44	4,27	5,33	6,39	4,07	2,68	4,26	3
4	40	35	6,21	4,87	6,68	14,1	5,02	3,08	7,05	4
5	50	38	7,12	5,59	9,12	26,4	6,65	3,75	10,6	5
6½	65	42	9,03	7,09	14,1	57,5	9,93	5,07	17,7	6½
8	80	45	11,0	8,64	19,4	106	13,4	6,36	26,5	8
10	100	50	13,5	10,60	29,3	206	18,9	8,49	41,2	10
12	120	55	17,0	13,35	43,2	364	27,0	11,1	60,7	12
14	140	60	20,4	16,01	62,7	605	35,8	14,8	86,4	14
16	160	65	24,0	18,84	85,3	925	46,4	18,3	116	16
18	180	70	28,0	21,98	114	1354	59,4	22,4	150	18
20	200	75	32,2	25,28	148	1911	73,6	27,0	191	20
22	220	80	37,4	29,36	197	2690	92,2	33,7	245	22
24	240	85	42,3	33,21	248	3598	111	39,6	300	24
26	260	90	48,3	37,92	317	4823	134	47,7	371	26
28	280	95	53,3	41,84	399	6276	158	57,3	448	28
30	300	100	58,8	46,16	495	8026	183	67,8	535	30

[1] Bezogen auf die Kante $y_1 - y_1$. [2] Bezogen auf die Kante $y_2 - y_2$.

Durchbiegung von Trägern.

Die Werte der maximalen Durchbiegung f (in cm) für die üblichsten Belastungsfälle sind in der Spalte 10 der Zahlentafel 21 enthalten. Die Werte für Elastizitätsmaß E sind der Zahlentafel 15 zu entnehmen. Die Ausrechnung von f für die Belastungsfälle I, IIIa IV und Va erleichtert das Nomogramm N 16.

Liegt der Belastungsfall II vor, so rechnet man nach IIIa und multipliziert das erhaltene f mit 6, liegt der Belastungsfall Va vor, so rechnet man nach VI und multipliziert das erhaltene f mit 2.

Die erfahrungsgemäß in der Praxis angewendeten Durchbiegungen betragen
im Hochbau: $^1/_{600}\,l$ bis $^1/_{400}\,l$, im Mittel $^1/_{500}\,l$,
im Brückenbau: $^1/_{900}\,l$ bis $^1/_{700}\,l$,
für eine Transmissionswelle (zwischen 2 Lagern): $\leqq$ ⅓ mm auf 1 m Wellenlänge.

Nomogramm N 16

ist als 4-Skalen-Nomogramm mit Zapfenlinie konstruiert. Die zueinandergehörigen Skalen sind durch die Art der Beschriftung gekennzeichnet. Nachdem das Nomogramm für 4 Belastungsfälle dienen soll, sind die zugehörigen Skalen für l als P als zwei Doppelskalen ausgeführt, die oben die Bezeichnung des betreffenden Belastungsfalles führen. Es sind somit stets diejenigen Werte von l und P miteinander zu verbinden, die in den Skalen enthalten sind, welche oben dieselbe Bezeichnung (römische Buchstaben I, IIIa, IV, Va) besitzen. Die Tafel für Proportionalitätsfaktoren ist ebenfalls als Nomogramm mit Zapfenlinie ausgebildet, wobei die Punkte der letzteren der leichteren Ablesung halber mit Buchstaben a bis d usw. bezeichnet sind.

Im N 16 ist im Gegensatz zu Zahlentafel 21 die Durchbiegung f in mm angegeben.

Das Nomogramm ist für Flußeisen mit $E = 2\,150\,000$ kg/cm² entworfen, es läßt sich jedoch auch für die Ermittlung der Durchbiegung von Trägern aus anderem Material verwenden; die errechnete Durchbiegung muß in diesem Falle mit dem Verhältnis der betreffenden Elastizitätsmenge multipliziert werden. So ist z. B. das aus dem N 16 gefundene f

für Stahlträger ($E = 2200\,000$) mit 0,98,
„ Holzträger ($E = 108\,000$) mit 20,0

zu multiplizieren.

Beispiel 1. Es ist die Durchbiegung des Doppel-T-Trägers, der im Beispiel 1 (S. 44) beschrieben wurde, zu bestimmen.

Belastungsfall IV; $P = 4320$ kg, $l = 600$ cm, I NP 25.

Aus Zahlentafel 23 entnehmen wir: $J = 4966$ cm⁴.

Wir verbinden $\bar{l} = 60$ cm (für Belastungsfall IV) mit $P = 4320$ kg (Belastungsfall IV) und zeichnen den Schnittpunkt mit der Zapfenlinie. Dabei ist also

$$(l) = 10, \quad (P) = 1.$$

Die durch den an der Zapfenlinie angestrichenen Punkt und durch

$$J = 49{,}7$$

gehende Gerade schneidet die Skala für f im Punkte

$$\bar{f} = 1{,}13.$$

Es war hier

$$(J) = 100.$$

Aus der Tabelle für die Proportionalitätsfaktoren erhalten wir für $(l) = 10$ und $(P) = 1$ den Punkt c der Zapfenlinie. Dieser Punkt mit $(J) = 100$ verbunden, liefert an der (f)-Skala

$$(f) = 10.$$

Es ist somit

$$f = \bar{f}\,(f) = 11{,}4\,\text{mm}.$$

Beispiel 2. Es ist die Durchbiegung einer Stahlwelle von 100 mm Durchmesser zu bestimmen, die frei auf 2 voneinander um 3,2 m entfernten Lagern aufliegt. Die Last P wirkt in der Mitte und beträgt 1700 kg.

Aus Zahlentafel 22 entnehmen wir für $d = 10$:

$$J = 491 \text{ cm}^4.$$

N 16 ergibt ohne Umrechnung mit Proportionalitätsfaktoren für Flußeisen (Belastungsfall IIIa; Zahlentafel 21)

$$f = 11{,}0 \text{ mm}.$$

Da die Welle aus Flußstahl ist, beträgt ihre Durchbiegung

$$f = 0{,}98 \cdot 11 = 10{,}8 \text{ mm}.$$

(Für eine Transmission wäre eine solche Durchbiegung viel zu groß.)

Drehung.

Bei diesbezüglichen Berechnungen ist zunächst das Drehungsmoment M_d zu bestimmen. Dasselbe ergibt sich als Produkt aus der Kraft P (kg) und dem Hebelarm l (cm)

$$M_d = Pl, \tag{30}$$

oder aus der übertragenen Leistung N (PS oder kW) und der Umdrehungszahl pro Min. zu

$$\boldsymbol{M_d = 71\,620 \frac{N}{n}} \qquad [N \text{ in PS}, \; M_d \text{ in kgcm}], \tag{31}$$

bzw.

$$\boldsymbol{M_d = 97\,403 \frac{N}{n}} \qquad [N \text{ in kW}, \; M_d \text{ in kgcm}]. \tag{32}$$

Die beiden letzten Gleichungen sind durch das N 17 dargestellt (siehe unten).

Die in dem Querschnitt auftretende Drehungsbeanspruchung ergibt sich aus folgenden Formeln

I. für Kreis und Kreisringquerschnitt

$$M_d = 2 W k_d \qquad [M_d \text{ in kgcm}, \; k_d \text{ in kg/cm}^2, \; W \text{ in cm}^3], \tag{33}$$

wobei W das Widerstandsmoment für den betreffenden Querschnitt bedeutet;

II. für quadratischen Querschnitt (Quadratseite a)

$$M_d = 0{,}208\, a^3 k_d. \tag{34}$$

Die Werte für zulässige Drehungsbeanspruchung $k_{d\,\text{zul}}$ sind in der Zahlentafel 15 enthalten.

Der durch das Drehungsmoment M_d hervorgerufene Verdrehungswinkel ψ_{cm} zweier um 1 cm voneinander abstehender Querschnitte beträgt:

für den kreisförmigen Querschnitt (Durchmesser d in cm)

$$\psi^0_{\text{cm}} = \frac{180}{\pi} \frac{M_d}{d W G}, \tag{35}$$

für den kreisringförmigen Querschnitt (Durchmesser D und d)

$$\psi^0_{\text{cm}} = \frac{180}{\pi} \frac{M_d}{D W G}, \tag{36}$$

für den quadratischen Querschnitt (Quadratseite a)

$$\psi^0_{\text{cm}} = 408{,}1 \frac{M_d}{a^4 G}; \tag{37}$$

dabei bedeutet W das Widerstandsmoment des betreffenden Querschnittes und G das Gleitmaß (siehe Zahlentafel 15) des verwendeten Werkstoffes.

Die Gl. (35), die man auch in der Form

$$\boldsymbol{\psi^0_{\text{m}} = 58\,360 \frac{M_d}{G d^4}} \qquad [M_d \text{ in kgcm}, \; d \text{ in cm}, \; G \text{ in kg/cm}^2] \tag{38}$$

(wobei ψ^0_{m} der Verdrehungswinkel zweier um 1 m voneinder abstehenden Querschnitte ist) schreiben kann, ist gemeinsam mit den Gl. (31) und (32) durch das

Nomogramm N 17

dargestellt.

Dasselbe besteht aus zwei Dreiskalensystemen, die eine gemeinsame Skalenleiter besitzen; es sind dies

das Dreiskalensystem N, n, M_d (Berechnung des Drehmomentes aus gegebener Leistung und Umdrehungszahl) und

" " d, M_d, ψ (Berechnung des durch das Drehmoment M_d hervorgerufenen Verdrehungswinkels).

Soll aus N, n und d direkt ψ bestimmt werden, so benützt man die Skala für M_d als Zapfenlinie.

Die Skalenleiter für N ist als Doppelskala ausgebildet, und zwar für PS und kW; ebenso trägt die Skalenleiter für ψ zwei Skalen: für Flußstahl ($G = 850000$) und für Flußeisen ($G = 830000$)[1].

Beispiel 1. Wie groß ist der verhältnismäßige Verdrehungswinkel einer Welle von 50 mm Durchmesser, die 10 PS bei 260 Umdrehungen pro Minute überträgt.

Aus $N = 10$ PS und $n = 260$ erhalten wir

$$M_d = 27{,}6 \text{ kgm},$$

und wenn wir diesen Wert mit $d = 50$ verbinden, folgt

$$\text{für Flußeisen} \quad \psi_m = 0{,}31^0,$$
$$\text{für Flußstahl} \quad \psi_m = 0{,}303^0.$$

Beispiel 2. Lange Triebwerkwellen mit vorherrschender Drehungsbeanspruchung werden oft so gerechnet, daß man den Verdrehungswinkel kleiner oder höchstens gleich ¼⁰ setzt. Für diesen Ansatz lautet die Gleichung

$$\left.\begin{array}{ll}\text{für Flußeisen} & M_d = 3{,}55\, d^4, \\ \text{für Flußstahl} & M_d = 3{,}64\, d^4\end{array}\right\} [M_d \text{ in kgcm}, d \text{ in cm}]^2. \qquad \begin{array}{r}(39)\\(40)\end{array}$$

Für diese Berechnungsweise können wir ebenfalls N 17 anwenden, indem wir den Teilstrich 0,25 der Skala für ψ mit dem Wert von M_d verbinden.

Z. B. für $N = 18$ kW, $n = 300$ erhalten wir

$$M_d = 58{,}4 \text{ kgm}$$

und (für Flußeisen und $\psi_m = 0{,}25$):

$$d = 64 \text{ mm}.$$

Vgl. S. 54 Beispiel 1.

Beispiel 3. Gegeben $N = 150$ PS; $n = 1500$; $d = 100$ (Flußstahl); $\psi = ?$

Da sich die entsprechende Verbindungslinie nicht ziehen läßt, wählen wir

$$\bar{n} = 150, \quad (n) = 10, \quad N = 150, \quad (N) = 1$$

und erhalten

$$\bar{M}_d = 716, \quad (M_d) = 0{,}1, \quad M_d = 71{,}6:$$
$$\bar{\psi}_m = 0{,}5, \quad (\psi_m) = 0{,}1, \quad \psi = 0{,}05^0.$$

Berechnung von Wellen.

Gewöhnlich wird die Wellenberechnung in dreierlei Weise gehandhabt.

I. Für sogenannte „normale Transmissionswellen" läßt man die Biegungsbeanspruchungen unberücksichtigt und rechnet nach der Drehmomentformel

$$M_d = 71\,620 \frac{N}{n} = \pi d^3 \frac{k_d}{16} \qquad [N \text{ in PS}, \; d \text{ in cm}, \; M_d \text{ in kgcm}], \qquad (41)$$

[1] Neuerdings findet man oft für Flußeisen den Wert $G = 810000$ (z. B. Hütte 1925, vgl. auch Zahlentafel 15). Will man diesen Wert der Berechnung von ψ zugrunde legen, so muß man das aus N 17 erhaltene ψ für Flußeisen) mit 1,025 multiplizieren.

[2] Für $G = 810000$ ist $M_d = 3{,}47\, d^4$.

wobei man, gleichsam um die Nichtberücksichtigung der Biegungsmomente wettzumachen, für k_d den sehr niedrigen Wert 122 kg/cm² einsetzt. Man erhält dann die bekannte Gleichung

$$d^3 = 3000 \frac{N}{n}, \quad [N \text{ in PS}, \ d \text{ in cm}], \tag{42}$$

die durch das Nomogramm N 18 dargestellt ist.

II. Bei Wellen, die größeren Biegungskräften unterworfen sind, wird das Drehmoment M_d und das Biegungsmoment M_b ermittelt. Mittels der Bachschen Formel

$$M_b' = 0{,}35\, M_b + 0{,}65 \sqrt{M_b^2 + \alpha_0^2 M_d^2}, \tag{43}$$

wobei

$$\alpha_0 = \frac{k_b}{1{,}3\, k_d} \tag{44}$$

ist, berechnet man das sogenannte ideelle Biegungsmoment M_b', das die zusätzliche Drehungsbeanspruchung berücksichtigt und deshalb größer als das ursprüngliche M_b ist. Hernach rechnet man nach der Formel für die Biegungsbeanspruchung:

$$M_b = \frac{\pi d^3}{32} k_b \tag{45}$$

und bestimmt aus derselben d (Werte von k_b siehe Zahlentafel 15) oder k_b.

III. Bei langen Triebwerkwellen aus Flußeisen wird oft nach der Gleichung

$$d \geqq 12 \sqrt[4]{\frac{N}{n}} = 0{,}733 \sqrt[4]{M_d} \quad [N \text{ in PS}, \ M_d \text{ in kgcm}, \ d \text{ in cm}] \tag{46}$$

gerechnet, die aus der Forderung entsteht, daß der Verdrehungswinkel zwischen 2 voneinander um 1 m entfernten Wellenquerschnitten nicht größer als ¼° sei (siehe S. 51, Beispiel 2 und N 17). Für Flußstahlwellen ist $d \geqq 0{,}777 \sqrt[4]{M_d}$.

Selbstverständlich ist nur die Berechnungsart II korrekt, dafür ist sie aber rechnerisch umständlich. Die Einführung der I. Methode ist dem Bedürfnis entsprungen, für einfache Fälle rasch eine Berechnung vornehmen zu können; ihr Nachteil liegt aber darin, daß ihre Anwendungsgrenzen nicht genügend definiert sind und vollständig unscharf bleiben. In der Praxis wird nach der I. Methode sehr oft gerechnet, manchmal sogar in solchen Fällen, wo sie nicht angewendet werden dürfte; auf diese Weise führt sie oft zu Täuschungen und Unterdimensionierungen. Führt man aber die Berechnung nach den beiden Methoden I und II aus, so empfindet man es als unbegründet, daß man als Grundlage der Berechnung einmal die Drehungsbeanspruchung, das andere Mal die Biegungsbeanspruchung ansehen muß.

Aus den angeführten Gründen ist hier versucht worden, die Berechnungsmethode zu vereinfachen und sie so zu gestalten, daß sie in scharf definierten Anwendungsgrenzen exakte Resultate liefert.

Es gilt im allgemeinen

$$M_d = \pi \frac{d^3}{16} k_d \tag{47}$$

und

$$M_b = \pi \frac{d^3}{32} k_b, \tag{48}$$

so daß

$$M_d = 2\, M_b \frac{k_d}{k_b} \tag{49}$$

oder, wenn man die Bezeichnung

$$\alpha_0 = \frac{k_b}{1{,}3\, k_d} \tag{50}$$

einführt,

$$M_d = \frac{M_b}{0{,}65\, \alpha_0} \tag{51}$$

ist. Wir wollen diese Beziehung auch auf das „ideelle Biegungsmoment“ M_b' anwenden und das erhaltene Drehmoment entsprechend „ideelles Drehmoment“ M_d' nennen. Es ist somit,

$$M_d' = \frac{M_b'}{0{,}65\, \alpha_0}; \tag{52}$$

wenn wir in diese Gleichung den Wert von M_b' aus (43) einsetzen, erhalten wir

$$M_d' = \frac{7}{13}\frac{M_b}{\alpha_0} + \sqrt{\frac{M_b^2}{\alpha_0^2} + M_d^2}\,, \tag{53}$$

oder

$$M_d' = \omega\, M_d \tag{54}$$

mit

$$\omega = \frac{7}{13}\frac{M_b}{\alpha_0 M_d} + \sqrt{\left(\frac{M_b}{\alpha_0 M_d}\right)^2 + 1}\,. \tag{55}$$

Wenn wir in den Ausdruck (55) den Wert von M_d aus (41) einsetzen und die Bezeichnung

$$q = \frac{M_b\, n}{1000\, N} \qquad [M_b \text{ in kgm},\ N \text{ in PS}] \tag{56}$$

einführen, erhalten wir
für Flußeisen (Mittelwert $\alpha_0 = 1,2$):

$$\omega = 0{,}627\, q + \sqrt{1 + (1{,}163\, q)^2}\,; \tag{57}$$

für Flußstahl (Mittelwert $\alpha_0 = 1,0$):

$$\omega = 0{,}752\, q + \sqrt{1 + (1{,}396\, q)^2}\,, \tag{58}$$

Der Wert q hat die Dimension einer Zahl, und demgemäß ist ω ebenfalls eine Zahl. Laut Gl. (54) gibt ω an, um wieviel das „ideelle Drehmoment" größer ist als das tatsächliche, mit anderen Worten, um wieviel sich das tatsächlich vorhandene Drehmoment durch Hinzutreten der Biegungsbeanspruchung vergrößert.

Ist mittels der Gl. (56) und (57) oder (58) q und ω gefunden, so berechnet man den Wellendurchmesser aus der Gleichung

$$M_d' = \omega\, M_d = \pi\frac{d^3}{16}k_d\,. \tag{59}$$

Beide Gleichungen, (42) und (59), liefern denselben Wert für d, wenn

$$\frac{\omega\, M_d}{k_d} = \frac{M_d}{122}$$

ist, d. h. wenn

$$\omega = \frac{k_d}{122} \qquad [k_d \text{ in kg/cm}^2] \tag{60}$$

ist. Ist

$$\omega > \frac{k_d}{122}\,, \tag{61}$$

so liefert die früher geschilderte Methode I zu kleine Werte für d, ist

$$\omega < \frac{k_d}{122}\,, \tag{62}$$

so wird die nach der I. Methode berechnete Welle zu stark.

Aus dem Vorstehenden ergibt sich die neue Berechnungsweise von Wellen: aus gegebenen N, n und M_b berechnet man q und ω; dann entweder wendet man die Gl. (59) an, oder falls $122\,\omega \leqq k_d$ ist, rechnet man nach der Gl. (42), wobei man eine etwaige Überdimensionierung der Welle mit in Kauf nimmt. Die Wahl von k_d soll an Hand der Zahlentafel 15 vorgenommen werden, wobei auf die Art der Belastung (I — unveränderliche Belastung, II — Drehmoment wechselt von 0 bis M_d, III — Drehmoment wechselt von $-M_d$ bis $+M_d$) besonders zu achten ist.

Nomogramm N 19

ermöglicht uns, auf leichte Weise den Wert von ω zu ermitteln. Es besteht aus einem Vierskalensystem mit Zapfenlinie, wobei die zugehörigen Skalen durch die Art der Beschriftung kenntlich gemacht sind. Das Nomogramm stellt die Gl. (56), (57) und (58) dar, und dementsprechend ist die Skala für ω als eine Doppelskala (für Flußeisen und für Flußstahl) ausgebildet.

Ganz rechts ist eine Doppelskala angebracht, die für jeden Wert von ω das zugehörige Produkt $122\,\omega$ (rechts, unter k_d') erscheinen läßt, und uns auf diese Weise ermöglicht, ohne Rechnung das früher beschriebene Kriterium der Anwendbarkeit des Nomogrammes N 18 (Berechnungsmethode I) in Anwendung zu bringen.

Nomogramm N 20

stellt die Beziehung

$$71{,}62 \cdot 10^6 \cdot \frac{N \text{ bzw. } \omega N}{n} = \pi d^3 \frac{k_d}{16} \qquad [N \text{ in PS}, \ d \text{ in mm}] \tag{63}$$

dar. Es besteht ebenfalls aus einem Vierskalensystem mit Zapfenlinie; die zugehörigen Skalen sind durch die Art der Beschriftung kenntlich gemacht. An der Skala für k_d sind die zulässigen Drehungsbeanspruchungen (nach Bach) eingetragen.

Beispiel 1. Es ist gegeben $N = 18$ kW, $n = 300$ Umdr./min; die Biegungsbeanspruchung sei sehr klein, so daß sie nicht berücksichtigt zu werden braucht. Wellendurchmesser d?

Aus N 18 finden wir

$$d = 62{,}5 \text{ mm},$$

ein Wert, der auf 65 mm aufgerundet wird. Vgl. auch S. 51, Beispiel 2.

Beispiel 2. $N = 20$ PS, $n = 195$ Umdr./min, $M_b = 220$ kgm. Wellendurchmesser d?

Aus N 19 folgt für Flußeisen

$$\omega = 4{,}04$$

und

$$122\,\omega = 493 \text{ kg/cm}^2.$$

Wir nehmen an, daß wir für unseren Fall nur

$$k_d = 400 \text{ kg/cm}^2$$

wählen wollen; dann müssen wir nach Formel (63) oder N 20 rechnen. Dasselbe ergibt für

$$\omega N = 80{,}8 \text{ PS}, \quad n = 195 \quad \text{und} \quad k_d = 400,$$
$$d = 72{,}2 \text{ mm},$$

so daß wir $d = 75$ mm wählen.

Würden wir die Biegungsbeanspruchung nicht berücksichtigen, so würden wir erhalten aus N 18:

$$N = 20 \text{ PS}, \quad n = 195,$$
$$d = 67{,}5 \text{ mm}$$

und der danach zu wählende Wellendurchmesser $d = 70$ mm wäre zu schwach.

Will man die nach der hier entwickelten Methode vorgenommenen Rechnungen durch Anwendung der früher erwähnten Rechnungsweise II kontrollieren, so ist darauf zu achten, daß

$$k_b = 1{,}3\,\alpha_0\,k_d$$

gesetzt werden muß, um das gleiche Resultat zu bekommen.

Beispiel 3 (Rechnungsbeispiel). Eine Stahlwelle von 60 mm Durchmesser überträgt 2,5 PS bei 200 Umdr./min. Das maximale Biegungsmoment beträgt 22,9 mkg. Wie groß ist die Drehungsbeanspruchung?

Wir wählen

$$\bar{N} = 25, \quad (N) = 0{,}1,$$
$$\bar{M}_b = 229, \quad (M_b) = 0{,}1,$$

woraus aus der Tabelle für Proportionalitätsfaktoren folgt: $(n) = 1$ und für $n = 200$ aus N 19:

$$\omega = 4{,}1, \quad \omega N = 10{,}25.$$

Wir berechnen k_d mittels N 20; wir wählen

$$\omega N = 102{,}5, \quad (\omega N) = 0{,}1,$$
$$n = 200, \quad (n) = 1,$$

und erhalten

$$(k_d) = 0{,}1$$

und weiters

$$\bar{k}_d = 870,$$

d. h.

$$k_d = (k_d)\,\bar{k}_d = 87 \text{ kg/cm}^2.$$

Siehe auch Beispiel 2 S. 51.

Berechnung des Biegungsmomentes.

Die in gewöhnlichen Fällen auftretenden Biegungskräfte sind

A. Gewichte,

a) Gewicht der Riemen,

b) Gewicht der Riemenscheiben,

c) Gewicht der Welle,

B. Riemenzug.

Zahlentafel 24. Gewichte fertig gedrehter und gebohrter Riemenscheiben in kg. (Angaben der BAMAG, Dessau.)

Die obere Gewichtsangabe gilt für die ungeteilte, die untere für die geteilte, gebrauchsfertige Scheibe. Die Scheiben sind gerade (nicht ballig) gedreht. Bohrung $< 0{,}1\,D + 20$ mm.

D in mm	Breite B der Scheiben in mm											
	75	100	125	150	200	250	300	350	400	450	500	600
200	6,5 7,5	7,5 8,5	8,5 10,0	10,0 11,5	12 14	14,5 16,5	18 21	25 28	30 33			
300	10,0 11,0	11,5 12,5	13,0 14,5	15,0 16,5	17 19	22,0 26,5	27 31	37 43	43 53			
400	15,0 16,0	16,5 18,0	18,0 19,5	20,0 21,5	23 28	32,0 36,5	37 44	52 61	58 73			
500	20,0 21,0	21,5 23,5	23 25	28 31	33 38	42 47	49 59	67 81	74 95	86 96	98 108	
600	24,0 26,0	25,5 28,5	27 30	35 39	42 48	50 59	61 71	83 99	92 117	106 120	122 136	
700	28,5 31	31 34	34 38	43 48	52 59	62 71	75 85	100 121	112 141	130 148	146 164	
800		39 43	42 47	51 58	62 71	76 85	89 101	120 145	132 165	154 178	174 192	
900		47 52	50 56	59 68	72 84	90 99	105 119	141 171	154 191	182 210	204 224	
1000		55 61	58 65	69 79	84 98	104 115	123 137	165 199	178 217	212 244	236 260	
1100		64 71	68 76	79 91	96 113	122 131	142 157	189 229	202 247	244 280	268 298	
1200		74 82	80 89	91 103	110 129	140 149	162 177	217 261	230 279	280 318	304 338	
1300		84 93	92 102	105 117	126 146	160 169	184 198	245 295	260 313	316 358	344 382	
1400				119 133	142 164	182 191	207 222	277 331	292 349	354 400	388 428	
1500				135 151	162 183	204 215	231 248	310 369	326 387	394 444	432 478	
1600				153 171	182 203	226 241	258 276	346 409	364 427	438 490	480 530	
1700				171 191	202 225	248 269	286 306	382 451	404 469	484 540	528 586	
1800				191 213	222 249	274 299	216 338	420 495	446 515	534 594	580 642	
1900				211 237	246 275	302 331	346 372	462 541	490 565	586 652	634 704	
2000					270 303	330 365	378 408	506 589	538 619	642 714	692 766	
2500					416 473	496 561	560 618	776 889	828 927	968 1078	1034 1136	1254 1376
3000					608 693	706 791	784 878	1116 1259	1188 1327	1372 1510	1456 1596	1748 1904
3500					838 963	956 1071	1048 1188	1512 1685	1604 1797	1838 2034	1950 2134	2318 2508
4000					1096 1269	1234 1383	1346 1532	1932 2169	2050 2303	2334 2590	2486 2738	2938 3160

A. Das Gewicht der Riemen wird meistens wegen seiner Kleinheit vernachlässigt. Die Gewichte der Riemenscheiben (die in einem Punkte — in der Mittellinie der Riemenscheibe — konzentriert gedacht werden) sind in der Zahlentafel 24 angegeben (Gewichte von Hanfseilscheiben siehe Zahlentafel 25). Das Gewicht der Welle wird meistens ebenfalls vernachlässigt, bei erstmaligen Entwürfen wohl auch deshalb, weil die Dimensionen der Welle und also auch deren Gewicht noch unbekannt sind. Bei nachträglichen Rechnungen kann das Gewicht jedoch berücksichtigt (Berechnung siehe N 2 und S. 12) und der Einfachheit halber zum Gewicht der Riemenscheiben hinzugezählt werden (der Wert des Biegungsmomentes erscheint dann ein wenig zu groß). Die Berücksichtigung des Gewichtes der Welle in der Form der gleichmäßig auf der Transmissionslänge verteilten Last steht in keinem Verhältnis zur erzielbaren Genauigkeit der ganzen Rechnung, bei welcher ja verschiedene vereinfachende Voraussetzungen vorhanden sind (z. B. Ersatz der wirklichen Lager durch eine Schneide usw.) und wird nicht empfohlen.

Zahlentafel 25. Gewichte gußeiserner Hanfseilscheiben in kg. (Ausführung der BAMAG, Dessau.) Die oberen Zahlen gelten für ungeteilte, die unteren für geteilte Scheiben.

Scheiben-durch-messer mm	Anzahl der Rillen für 45 mm Seildurchmesser									
	1	2	3	4	5	6	7	8	9	10
1000	85	160	233	305	375	465	535	604	672	740
	95	175	253	325	405	505	575	644	722	790
1200	112	202	289	373	455	575	657	739	819	900
	127	217	309	393	485	615	697	779	869	950
1400	139	244	344	441	535	685	780	874	966	1060
	154	259	364	461	585	725	820	924	1016	1120
1600	167	288	403	514	622	802	910	1017	1123	1230
	182	308	423	534	652	842	950	1067	1173	1290
1800	196	334	466	593	716	926	1047	1168	1289	1410
	211	354	486	613	746	966	1097	1218	1339	1470
2000	225	380	529	672	810	1050	1185	1320	1445	1590
	245	400	549	702	850	1090	1235	1370	1505	1650
2200	257	432	601	762	918	1190	1343	1496	1649	1802
	277	452	621	792	958	1240	1393	1546	1709	1872
2400	289	484	672	853	1026	1330	1501	1672	1843	2014
	309	504	697	883	1066	1380	1551	1722	1903	2084
2600	320	538	748	950	1114	1480	1670	1862	2053	2243
	340	558	773	980	1184	1530	1720	1922	2113	2313
2800	350	594	829	1055	1272	1640	1853	2066	2278	2489
	370	614	854	1085	1322	1690	1903	2126	2338	2559
3000	380	650	910	1160	1400	1800	2035	2270	2504	2735
	405	680	940	1195	1450	1850	2085	2330	2564	2805

B. Der Riemenzug Z, den der vorgespannte Riemen auf die Welle ausübt, wird erfahrungsgemäß gesetzt

$$Z = 3\,U \text{ bis } 5\,U, \qquad (64)$$

wobei U die Umfangskraft bedeutet

$$U = 1432{,}4\,\frac{N}{D\,n} \qquad [N \text{ in PS}, \; D \text{ in m}, \; U \text{ in kg}] \qquad (65)$$

(Berechnung von U siehe N 3 S. 14).

Der höhere Wert von Z entspricht den Fällen mit kurzen Wellenabständen und kleinen Riemenscheiben, wobei der Riemen eine erhebliche Vorspannung erhalten muß.

Nachdem die beiden erwähnten Biegungskräfte, das Gewicht G und der Riemenzug Z im allgemeinen einen Winkel (ω) miteinander bilden, müssen sie nach der Formel

$$R = \sqrt{Z^2 + G^2 + 2\,Z\,G\cos\omega} \qquad (66)$$

zusammengesetzt werden. Die Ermittlung von R kann an Hand des N 1 (S. 10) vorgenommen werden.

Sind die einzelnen inmitten der Riemenscheiben angreifenden Kräfte R_1, R_2 usw. berechnet, so bestimmt man das maximale Biegungsmoment nach Zahlentafel 21 (Sp. 5). Bei der Zusammensetzung der Biegungs- und der Drehmomente ist zu beachten, daß sich die letzteren in der Richtung vom Antrieb aus bei jeder Riemenscheibe sprungweise verkleinern (siehe Beispiel).

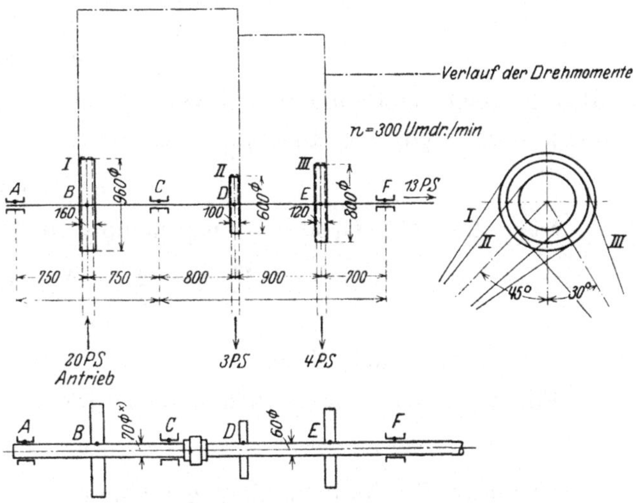

Abb. 17 u. 18. Berechnung einer Welle.

Beispiel. S. Abb. 17.

Gewichte der Riemenscheiben (Zahlentafel 24):

$$G_I = 76 \text{ kg},$$
$$G_{II} = 28,5 \text{ kg},$$
$$G_{III} = 47 \text{ kg}.$$

Riemenzüge (N 3):

I. $N = 20$ PS, $D = 960$, $n = 300$; $U = 99,5$ kg; $Z_I = 298,5$ kg.

I. $N = 3$ PS, $D = 600$, $n = 300$; $U = 24$ kg; $Z_{II} = 72$ kg.

III. $N = 4$ PS, $D = 800$, $n = 300$; $U = 24$ kg; $Z_{III} = 72$ kg.

Die resultierenden Kräfte (N 1):

I. $\alpha = \frac{76}{298,5} = 0,255$, $\omega = 45$;
$\sigma = 1,2$; $R_I = 298,5 \cdot 1,2 = 358$ kg.

II. $\alpha = \frac{28,5}{72} = 0,396$, $\omega = 45$;
$\sigma = 1,31$; $R_{II} = 72 \cdot 1,31 = 95$ kg.

III. $\alpha = \frac{47}{72} = 0,654$, $\omega = 30$;
$\sigma = 1,6$; $R_{III} = 72 \cdot 1,6 = 115$ kg.

Biegungsmomente:

I. Zahlentafel 21, Fall IIIa:

$$M_b = \frac{358 \cdot 1,5}{4} = 142,5 \text{ mkg}.$$

II. Zahlentafel 21, Fall IIIb:

$$M_b = (95 + 115)\frac{0,8 \cdot 0,7}{2,4} + 95\frac{0,8 \cdot 0,9}{2,4} = (49 + 28,5) = 77,5 \text{ mkg}.$$

III. Zahlentafel 21, Fall IIIb:

$$M_b = (95 + 115)\frac{0,8 \cdot 0,7}{2,4} + 115\frac{0,9 \cdot 0,7}{2,4} = 49 + 30,2 = 79,2 \text{ mkg}.$$

Zusammensetzung der Biegungs- und Drehungsbeanspruchung (N 19):

Strecke BC: $M_b = 142,5$ kg, $N = 20$ PS, $n = 300$;
$\omega = 4,03$ (Flußeisen).

Angenommen: Belastungsfall II, $k_d = 300$ kg/cm²:

$$k_d' = 122 \cdot 4,03 > 300,$$

somit Rechnung mit N 20, aus welchem man findet

für $k_d = 300$, $\omega N = 80,6$ PS, $n = 300$;

$$d = 68,9 \text{ mm}.$$

Strecke CD. Größte Beanspruchung im Punkt C.

$$M_b = 77{,}5, \quad N = 20 \text{ PS}, \quad n = 300;$$
$$\omega = 2{,}41;$$
$$k_d' < 300,$$

also zulässig Rechnung mit N 18.

Für $N = 20$, $n = 300$ ergibt N 18:

$$d = 58{,}5 \text{ mm}.$$

Strecke DE. Größte Beanspruchung im Punkt D.

$$M_b = 79{,}2, \quad N = 13 \text{ PS}, \quad n = 300;$$
$$\omega = 3{,}5, \quad k_d' > 300,$$

also Rechnung nach N 20.

Für $k_d = 300$, $\omega N = 13 \cdot 3{,}5 = 45{,}5$ PS, $n = 300$ erhalten wir aus N 20:

$$d = 56{,}9 \text{ m}.$$

Strecke EF braucht nicht gerechnet zu werden.
Man wird die Welle dimensionieren wie folgt:

Strecke AC: $d = 70$ mm

Strecke CF: $d = 60$ mm

und sie ausführen wie gezeigt auf Abb. 18.

Lagerentfernung bei Triebwerkwellen.

Die obere Grenze der Lagerentfernung l ist gegeben durch die in der Praxis bewährte Forderung, nach welcher die maximale Durchbiegung der Welle nicht mehr als $\frac{l}{3}$ mm (Lagerabstand l hier in m ausgedrückt) betragen soll. Es empfiehlt sich, für denjenigen Teil des Wellenstranges, in welchem sich der Antrieb befindet und somit die größten Biegungskräfte vorhanden sind, die Durchbiegung zu bestimmen. Meistens lassen sich die Formeln der Belastungsfälle III und IIIa (Zahlentafel 21) anwenden (N 16). Auch wenn zwei Riemenscheiben nahe voneinander angeordnet sind, kann man, ohne große Fehler zu machen, die beiden Biegungskräfte durch deren Resultante ersetzen.

Beispiel. Es soll die Durchbiegung des Teiles AC der im Beispiel durchgerechneten Welle bestimmt werden.

$$d = 7 \text{ cm}.$$

Trägheitsmoment (Zahlentafel 22): $J = 117{,}9$ cm^4.

$$l = 1500, \quad P = 358 \text{ kg}.$$

N 16, Fall IIIa, ergibt $f = 0{,}99$ mm, also eine etwas zu große Durchbiegung. (Zugelassener Wert wäre etwa $\frac{1{,}5}{3} = 0{,}5$ mm). Aus diesem Grunde würde es sich empfehlen, die Punkte A und C einander näher zu rücken, oder, falls dies aus örtlichen Gründen nicht angängig ist, $d = 80$ mm zu wählen, wodurch sich die Durchbiegung ($J = 201{,}1$) auf 0,58 mm verkleinert.

Für die normalen Triebwerkwellen haben sich folgende Erfahrungsformeln für Lagerentfernung l bewährt:

$$l_1 \leqq 100 \sqrt{d} \quad [l \text{ und } d \text{ in cm}] \tag{67}$$

und

$$l_2 \leqq 110 \sqrt[3]{d} \quad [l \text{ und } d \text{ in cm}]; \tag{68}$$

die letztere Formel ergibt kleinere Werte für l; sie sind anzuwenden, wenn auf etwaige spätere Vergrößerung der Biegungsbelastung, z. B. Aufstecken von neuen Riemenscheiben und ähnliches Rücksicht genommen werden soll.

Zahlentafel 26. Lagerentfernung bei Triebwerken.

d	30	35	40	45	50	55	60	65	70	75	80	85	90	95	100	105	110	115	120	125	130	140	150	160 mm
l_1	170	185	200	210	220	230	240	250	260	270	280	290	300	305	315	320	330	335	345	350	360	370	385	400 cm
l_2	160	165	175	180	190	195	200	205	210	215	220	225	230	235	240	240	245	250	250	255	260	265	270	275 cm

Riemen- und Seiltrieb.

Bezeichnungen.

B Riemenbreite.
N übertragene Leistung.
b, b' Riemenbreite pro übertragenel PS.
δ Riemenstärke, Seildurchmesser.
φ, ψ Koeffizienten.
e Achsenabstand.
$d = 2r$ Durchmesser der kleineren Riemenscheibe.
$D = 2R$ Durchmesser der größeren Riemenscheibe.
σ Schlupf in Prozenten.
n_d Umdrehungszahl der kleineren Riemenscheibe in Min.
n_D Umdrehungszahl der größeren Riemenscheibe in Min.
i Übersetzung.
L Riemenlänge.
L_0 „Stumpfe" Riemenlänge.
α Umschlingungswinkel.
β Winkel.
K_z Zugbeanspruchung.
z Anzahl der Seile.
v Geschwindigkeit.
A_1, A_2, A_3 Koeffizienten.

Riementrieb.

Lederriemen. Die Tafeln K 3 und K 4 erlauben für einen gegebenen Durchmesser d (mm) der kleineren Riemenscheibe und für eine bestimmte Umdrehungszahl (n pro Minute) derselben diejenige Breite b (in mm) eines Riemens zu bestimmen, die notwendig ist, um die Leistung von 1 PS zu übertragen. Aus der Kurvenschar dieser Tafeln sucht man diejenige Kurve aus, die dem gegebenen Durchmesser entspricht, und bestimmt den Schnittpunkt derselben mit derjenigen Ordinate, die durch gegebenes n (Skala auf der Abszissenachse) hindurchgeht. Die durch den gefundenen Schnittpunkt gezogene Parallele zur Abszissenachse liefert uns an der b-Skala (Ordinantenachse) den gesuchten Wert von b. Ist die Breite B des Riemens zu bestimmen, der die Leistung von N PS übertragen soll, so ist

$$B = N\,b \qquad [B \text{ und } b \text{ in mm, } N \text{ in PS}]; \tag{69}$$

wird danach gefragt, welche Leistung ein gegebener Riemen von der Breite B übertragen kann, so ergibt sich dieselbe aus

$$N = \frac{B}{b}. \tag{70}$$

K 3 gilt für einfache Riemen von 5 bis 5,5 mm Stärke, K 4 für Doppelriemen von 9,5 bis 10,5 mm Stärke; gelangen Riemen von anderer Stärke zur Verwendung, so ist die Änderung der Übertragungsfähigkeit aus den Tafeln K 5 (für einfache Riemen) und K 6 (für Doppelriemen) zu entnehmen. Aus den Kurvenscharen dieser Tafeln ist diejenige Kurve zu wählen, die der gegebenen Riemenstärke entspricht, mittels dieser Kurve wird für einen gegebenen Durchmesser der kleineren Riemenscheibe (Skala auf der Abszissenachse) der Wert von φ auf der Ordinatenachse bestimmt, der das Verhältnis der Leistungsfähigkeit des gegebenen Riemens zu derjenigen eines einfachen Riemens von 5 bis 5,5 mm Stärke bzw. eines Doppelriemens von 9,5 bis 10,5 mm Stärke bedeutet. Es ist somit die Breite b' des neuen Riemens, die notwendig ist, um 1 PS zu übertragen, gleich

$$b' = \frac{b}{\varphi}. \tag{71}$$

Alle vier Tafeln K 3 bis K 6 sind entworfen[1] für folgende Voraussetzungen:

1. Es soll bestes lohgares Leder zur Verwendung gelangen.
2. Offener Trieb.

[1] Unter Berücksichtigung von Angaben führender einschlägiger Firmen und Veröffentlichungen u. a. Stiel: Theorie des Riementriebes; Schulze-Pillot: Neuere Riementheorie; Riethof und Weinberger: Grundlagen der Berechnung der Ledertreibriemen usw.

3. Horizontaler oder schwach geneigter (höchstens 45^0 mit der Wagerechten) Trieb.
4. Normaler Achsenabstand (siehe unten).
5. Übersetzung 1 : 1 bis höchstens 1 : 4.
6. Normale Vorspannung.
7. Unteres Riemenstück zieht, oberes ist schlaff.
8. Ruhiger Betrieb ohne größere Ungleichförmigkeiten.

Sind die herrschenden Verhältnisse anders, als hier angegeben, so sind an der ermittelten Riemenbreite folgende Veränderungen vorzunehmen:

Zu 1. Die Beschaffenheit des Riemens ist für dessen Leistungsfähigkeit von höchster Bedeutung. Der auf kleinen Riemenscheiben laufende Riemen muß eine große Geschmeidigkeit besitzen, sonst verkleinert sich durch mangelhafte Anschmiegung des Riemens an die Riemenscheibe der von dem ersteren umspannte Bogen und dadurch die Leistungsfähigkeit. Ein guter Riemen soll gleichmäßiges Gefüge und gleichmäßige Stärke besitzen; bestes Leder ist dasjenige aus dem Mittelrücken, und ein Riemen aus dem stärkeren Seitenleder leistet kaum mehr als ein solcher aus Leder aus dem Mittelrücken. Von hoher Wichtigkeit für die Leistungsfähigkeit und Lebensdauer eines Riemens ist ferner die Wartung desselben im Betrieb, seine Reinhaltung und Anwendung geeigneter Schmiermaterialien. Große Bedeutung besitzen auch die Temperatur der Umgebung und die atmosphärischen Einflüsse (feuchte Witterung, feuchter Betrieb), die die Leistungsfähigkeit der Riemen sehr weitgehend zu vermindern vermögen.

Zu 2. Für gekreuzte und halbgekreuzte Riemen ist die Riemenbreite um 10 bis 30% zu erhöhen je nach Achsenabstand und Übersetzung. Bei breiten Riemen ist der gekreuzte Antrieb zu vermeiden.

Zu 3. Für steile und senkrechte Triebe ist die Riemenbreite um 10 bis 20% zu vergrößern, je nach Steilheit, Achsenabstand und Übersetzung.

Zu 4. Es wird meistens verlangt, daß der Achsenabstand e nicht kleiner sein soll als die 20fache Riemenbreite B. Andererseits ergibt sich eine praktische Regel für den höchstzulässigen Achsenabstand aus der Forderung, daß der Unterschied zwischen den obengenannten Größen nicht mehr als 4000 mm betragen soll. Diese Regel lautet somit:

$$20\,B + 4000 > e \geqq 20\,B \qquad [e \text{ und } B \text{ in mm}]. \tag{72}$$

Es ist also für

$B = 40$	50	60	70	80	90	100	110	120	130	140	150	160	170	180	190	200 mm
$e_{min} = 800$.	1000	1200	1400	1600	1800	2000	2200	2400	2600	2800	3000	3200	3400	3600	3800	4000 mm
$e_{max} = 4800$.	5000	5200	5400	5600	5800	6000	6200	6400	6600	6800	7000	7200	7400	7600	7800	8000 mm

Die Gültigkeit der Gleichung hört auf für größere Werte von B als 200 mm. Der normale Achsenabstand liegt zwischen den Werten e_{min} und e_{max}.

Eine Verringerung des normalen Achsenabstandes zieht (durch die Verkleinerung des umspannten Bogens und die Notwendigkeit einer Vergrößerung der Vorspannung) eine Verminderung der Leistungsfähigkeit des Riemens nach sich. N 21 zeigt die Abhängigkeit zwischen dem Achsenabstand e, dem Durchmesser der größeren Riemenscheibe D und dem Leistungskoeffizienten ψ, der gleich dem Verhältnis (in %) der Leistungsfähigkeit eines Riemens bei normalem Achsenabstand (auf den sich die früheren Tafeln K 3 bis K 6 beziehen) zu derjenigen bei gewähltem Achsenabstand ist. Man soll keine Anordnung des Riementriebes, bei welcher ψ weniger als 90% beträgt, wählen. N 21 gilt für Übersetzungen $\geqq {}^1/_4$.

Schneidet für gegebene D und e die Verbindungslinie dieser Punkte die Skalenträgergerade für ψ oberhalb des Wertes $\psi = 100\%$, so ist die Leistungsfähigkeit des Riemens als unvermindert anzunehmen. Den geringsten Achsenabstand, bei welchem die Leistungsfähigkeit des Riemens noch nicht vermindert wird, erhält man aus N 21, wenn man das gegebene D mit dem Punkt $\psi = 100$ verbindet.

Zu 5. Die Übersetzung i ist für den Fall (A), daß die kleine Riemenscheibe die treibende ist,

$$\text{A:} \qquad i = \frac{d + \frac{\delta}{2}}{D + \frac{\delta}{2}}(1 - \sigma) = \frac{n_D}{n_d}, \tag{73}$$

ist die große Riemenscheibe die treibende (Fall B), so ist:

B: $$i = \frac{d + \frac{\delta}{2}}{D + \frac{\delta}{2}} \frac{1}{(1 - \sigma)} = \frac{n_D}{n_d}. \tag{74}$$

Vernachlässigt man δ gegenüber d und D, so ist:

A: $$i = \frac{d\,(1 - \sigma)}{D} = \frac{n_D}{n_d}, \tag{75}$$

B: $$i = \frac{d}{D\,(1 - \sigma)} = \frac{n_D}{n_d}. \tag{76}$$

(Regel: Der Durchmesser der treibenden Scheibe erscheint stets mit $(1 - \sigma)$ multipliziert.)

Wird schließlich auch der Schlupf σ, der je nach den Verhältnissen 1 bis 3% beträgt (größerer Wert für kleine Scheibendurchmesser, kleinen umspannten Bogen, große Riemengeschwindigkeiten und große Riemenbelastung) vernachlässigt, so erhalten wir in zweiter Annäherung

$$i = \frac{d}{D} = \frac{n_D}{n_d}. \tag{77}$$

Ist die Übersetzung gleich 1 : 5, so verkleinert sich die Leistungsfähigkeit des Riemens gegenüber den in K 3 und K 4 enthaltenen Werten um ca. 4%; ist sie 1 : 6, so beträgt diese Verminderung ca. 7%. Kleinere Übersetzungen als 1 : 6 dürfen ohne eine Spannrolle nicht angewendet werden.

Bei Spannrollenantrieben soll darauf geachtet werden, daß der umspannte Bogen der kleineren Riemenscheibe $\geqq 180^0$ sein soll. Die Spannrolle soll in der Nähe der kleineren Riemenscheibe angeordnet werden und stets im gezogenen Riementrum liegen. Bei richtig ausgeführten Spannrollenantrieben erhöht sich die aus der K 3 und K 4 errechnete Leistungsfähigkeit der Riemen um 10% bis 40%. Der kleinere Wert entspricht größeren Scheibendurchmessern (1000 bis 1500 mm) und kleineren Riemengeschwindigkeiten (1 bis 5 m/sek), der größere Wert kommt bei kleineren Scheibendurchmessern (100 bis 300 mm) und bei mittleren Geschwindigkeiten (15 bis 25 m/sek) zustande. Ist die Geschwindigkeit über 25 m/sek, so ermäßigt sich die Leistungsfähigkeit der Riemen. Spannrollenantriebe fallen auch bei kleinen Achsenabständen günstig aus, K 3, K 4 und N 21 haben auf sie keine Anwendung.

Zu 6 und 8. Zu große Vorspannung und häufige Stöße wirken sehr nachteilig auf die Lebensdauer der Riemen. Die Stöße können durch die schwankende Belastung oder durch mangelhafte Riemenverbindung verursacht werden. Die Leistungsfähigkeit des Riemens kann hier bis auf 50% heruntergehen.

Zu 7. Ist das obere Riemenstück ziehend, so vermindert sich die Leistungsfähigkeit um 10 bis 20%. (Kleinerer Wert entspricht großen Scheibendurchmessern, großer Wert — kleinen Scheibendurchmessern.)

Nachdem man bei der Wahl eines Riemens noch in vielerlei Hinsicht beschränkt ist (siehe oben Anmerkungen zu 1 bis 7), ist auch die durch einen Riemen übertragene Leistung für gewisse Verhältnisse beschränkt, und man kann sie z. B. durch beliebige Vergrößerung der Riemenbreite und -stärke nicht unbegrenzt steigern. So leisten z. B. Doppelriemen auf Scheiben, die kleiner als 300 mm sind, eher weniger als einfache Riemen; auch muß die Breite der Riemenscheibe in einem gewissen Verhältnis zum Durchmesser derselben stehen. Daraus ergibt sich, daß jeder bestimmten Leistung und Umfangsgeschwindigkeit ein kleinstzulässiger Durchmesser der Riemenscheibe entspricht, unter den man nicht herabgehen darf. Dies ist besonders bei elektrischen Antrieben zu beachten, da bei denselben infolge von hohen Umdrehungszahlen sich meistens kleine Scheibendurchmesser ergeben. K 7 gibt in einer Kurvenschar die Abhängigkeit zwischen der Leistung N, der Umdrehungszahl der kleineren Scheibe n und dem kleinstzulässigen Scheibendurchmesser $d_{\min}$ wieder; sie ist ebenso wie die früheren Tafeln K 3 bis K 6 zu handhaben. Es muß dabei hervorgehoben werden, daß die diesbezüglichen Angaben in den Katalogen verschiedener führender elektrotechnischer Firmen voneinander stark differieren, es ist daher schwer, die Werte von $d_{\min}$ danach eindeutig festzulegen. Die in der K 7 enthaltenen Werte sind „obere Werte", unter die in Einzelfällen bis zu 10% heruntergegangen werden kann.

Der Energiewirkungsgrad der Lederriementriebe beträgt 0,94 bis 0,98. Der kleinere Wirkungsgrad ist hauptsächlich durch größeren Schlupf bedingt, der sich durch Erwärmung der Riemenscheiben bemerkbar macht.

Anmerkung. Aus vorstehenden Anmerkungen können wir ersehen, von wie vielen Einzelheiten die Leistungsfähigkeit eines Riemens abhängt. Sie sämtlich in eine Formel bringen, ist unmöglich, auch ist man über verschiedene innere Zusammenhänge nicht im klaren. Die Tafeln K 3 bis K 6, an Hand derer die Dimensionierung des Riemens erfolgen soll, und die eine Summe von Betriebserfahrungen darstellen, können demnach nur als **Anhaltspunkt** für die Berechnung dienen. Je nach dem Riemenmaterial und Anordnung des Triebes müssen an den erhaltenen Zahlen entsprechende Änderungen vorgenommen werden.

Beispiel 1. Ein elektrischer Motor, 225 PS, 720 Umdr./min soll eine Transmission mit 200 Umdr./min antreiben. Achsenabstand 6,5 m.

Der kleinstzulässige Durchmesser ist nach K 7 (für 225 PS = 165 kW) 745 mm. Von diesem Wert ziehen wir 10% ab und wählen

$$d = 670 \text{ mm},$$

Es ist dann, wenn wir den Schlupf zu 2% annehmen:

$$i = \frac{200}{720} = \frac{1}{3,6} = \frac{670 \cdot 0,98}{D}$$

und daraus

$$D = 2361\,.$$

Wir runden diesen Wert auf $D = 2360$ ab.

Für $d = 670$ und $n_d = 720$ ergibt

$$\text{K 3:} \quad b = 2,9 \text{ mm/PS},$$

$$\text{K 4:} \quad b = 2,17 \sim 2,2 \text{ mm/PS},$$

und wir erhalten

Breite des einfachen Riemens mit $\delta = 5$

$$2,9 \cdot 225 = 652 \text{ mm},$$

Breite des doppelten Riemens mit $\delta = 10$

$$2,2 \cdot 225 = 495 \text{ mm}.$$

Falls wir noch die erforderliche Breite eines einfachen und eines Doppelriemens mit $\delta = 8$ feststellen wollen, so ergeben sich dieselben aus K 5 und K 6 zu

Breite des einfachen Riemens mit $\delta = 8$

$$652 : 1,3 = 502 \text{ mm},$$

Breite des Doppelriemens mit $\delta = 8$

$$495 : 0,955 = 518 \text{ mm}.$$

Wir ersehen daraus, daß im betreffenden Falle ein einfacher Riemen geeigneter erscheint als ein Doppelriemen. Um in der Scheibenbreite eine Reserve zu besitzen, wählen wir einen einfachen Riemen von 6,5 bis 7 mm Stärke, dessen Breite sich vorläufig mit

$$652 : 1,16 = 562 \text{ mm}$$

ergibt. Aus N 21 folgt, daß bei $e = 650$ cm der gewählte Durchmesser der größeren Scheibe keinerlei Verminderung der Leistungsfähigkeit des Riemens bedingt. Sind auch die Voraussetzungen 1., 2., 3., 6., 7. und 8. erfüllt, so kann die Riemenbreite 570 mm und die Riemenscheibenbreite 620 mm (siehe S. 63) endgültig festgelegt werden.

Beispiel 2. Eine Arbeitsmaschine soll von einer Transmission angetrieben werden. Energieverbrauch der Maschine 10 PS, Tourenzahl 960 pro min; Durchmesser der Riemenscheibe auf der Maschine beträgt 300 mm; die Transmission macht 220 Umdr./min. Antrieb: Winkeltrieb mit Leitrollen.

$$i = \frac{220}{960} = \frac{1}{4{,}36};$$

$$D = \frac{300 \cdot 4{,}36}{0{,}98} = \mathbf{1335\ mm}.$$

Gewählt $D = 1340$ mm.

Angenommen einfacher Riemen 5 mm stark:

$$b = 7{,}1 \text{ mm};$$

$$B = 10 \cdot 7{,}1 = \mathbf{71\ mm}.$$

Gewählt $B = 3'' = 76{,}2$ mm. (Nachdem der Antrieb über Leitrollen erfolgt, braucht kein größerer Zuschlag auf die Riemenbreite vorgenommen zu werden.)

Beispiel 3. Welche Leistung überträgt auf einer Riemenscheibe von 2 m Durchmesser ein einfacher offener wagerechter Riemen von $B = 20$ cm Breite bei einer Geschwindigkeit von $v = 25$ m/sek?

Aus N 3 folgt für $D = 2$ m, $v = 25$ m/sek:

$$n = 239 \text{ Umdr./min.}$$

Aus K 2 erhalten wir für $n = 239$ und $D = 2$ m:

$$b = 2{,}4.$$

Übertragbare Leistung:

$$\frac{200}{2{,}4} = 83{,}3 \text{ PS}.$$

Beispiel 4. Senkrechter Antrieb von einem elektrischen Motor (3 PS, 960 Umdr./min) aus mit Spannrolle. Durchmesser der Antriebsscheibe (vgl. K 7) ca. 100 mm. Übersetzung (ins Langsame): 1 : 7.

Aus K 3 folgt: $b = 55$.

Wegen Spannrolle 30% Zuschlag (Riemengeschwindigkeit — siehe N 3 — 5,03 m/sek).

$$B = \frac{55 \cdot 3}{1{,}3} = 125 \text{ mm}.$$

Textilriemen.

Es wird meistens die Riemenbreite wie für einen normalen Lederriemen berechnet und dem Textilriemenfabrikanten angegeben, der danach die Riemenstärke bemißt. Für feuchte Betriebe eignen sich besonders gut Balata- und Kamelhaarriemen. Man muß der Riemenverbindung große Aufmerksamkeit schenken, um möglichst stoßfreien Lauf zu erzielen, was sowohl für die Leistungsfähigkeit, wie auch für die Lebensdauer des Riemens von großer Bedeutung ist.

Riemenscheibenbreite in Abhängigkeit von der Riemenbreite.

Wird der Unterschied zwischen der Breite der Riemenscheibe und derjenigen des Riemens mit β bezeichnet, so empfiehlt es sich, folgendermaßen zu wählen (nach DIN 120):

für B	30—60	60—90	90—130	130—240	240—300	300 mm und höher
ist β	10	15	20	30	40	50 mm

Riemenlänge.

Es gilt für die stumpfe Riemenlänge L_0 angenähert (für offene Riemen):

$$L_0 \approx \pi(r + R) + 2e + \frac{(R - r)^2}{e}; \tag{78}$$

für gekreuzte Riemen:

$$L_0 \approx \pi(r + R) + 2e + \frac{(R + r)^2}{e}. \tag{79}$$

Um die tatsächlich benötigte Riemenlänge L zu bestimmen, ist noch ein Falzzuschlag hinzuzurechnen, der 250 bis 500 mm beträgt (kleinerer Wert für schmale Riemen):

$$L = L_0 + 250 \text{ bis } 500. \tag{80}$$

Beispiel. Für die Angaben des Beispieles 1 (S. 62) ist

$$L \approx \pi \frac{2360 + 670}{2} + 2 \cdot 6500 + \frac{(2360 - 670)^2}{4 \cdot 6500}$$

$$= 4760 + 13000 + 51 + 400 = 18210 \text{ mm}.$$

Seiltrieb.

Es gilt für runde Hanf- und Baumwoll-Triebwerkseile die Formel

$$\boldsymbol{N_1 = 0{,}010\,45\, K_z\, \delta^2\, v} \quad [K_z \text{ in kg/cm}^2,\ \delta \text{ in cm},\ v \text{ in m/sek},\ N \text{ in PS}], \qquad (81)$$

wobei vorausgesetzt wird, daß

$$\frac{D}{d} = 40 \text{ für Hanf-}, \ = 25 \text{ für Baumwollseile und } \alpha = 160^0 \text{ ist.}$$

Setzen wir noch die für normale Fälle übliche Zahl

$$K_z = 8 \text{ kg/cm}^2 \qquad (82)$$

ein, so erhalten wir

$$\boldsymbol{N_1 = 0{,}0835\, \delta^2\, v}, \qquad (83)$$

eine Gleichung, für die das Nomogramm N 22 konstruiert ist (Dreiskalensystem).

Sind die obigen Voraussetzungen bezüglich $\frac{D}{d}$, α und K_z nicht erfüllt, so setzt man

$$N = N_1 \cdot A_1 \cdot A_2 \cdot \frac{K_z}{8}. \qquad (84)$$

Den Koeffizienten A_1, der die Abhängigkeit von $\frac{D}{d}$ ausdrückt, erhält man aus dem in N 22 enthaltenen Hilfsnomogramm. Die Werte von A_2 für verschiedene Umschlingungswinkel α sind ebenfalls in N 22 angegeben.

Sind die Durchmesser D_1, D_2 der beiden Seilscheiben und auch deren Abstand e bekannt, so ermittelt man den Umschlingungswinkel der kleineren Seilscheibe aus

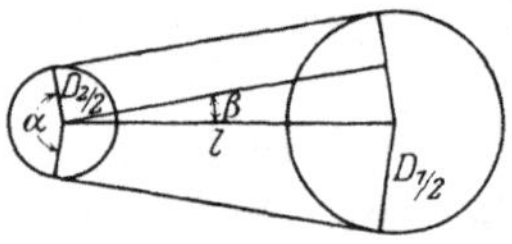

Abb. 19.

$$\alpha = 180 - 2\beta, \qquad (85)$$

wobei

$$\operatorname{tg} \beta = \frac{D_1 - D_2}{2e} \qquad (86)$$

ist (Abb. 19).

1. Gegeben N, n, D. Gesucht z, δ.

Aus D und n ermittelt man (N 3) die Geschwindigkeit v. Sodann wählt man δ, wobei der Wert $\delta = \frac{D}{40}$ als Anhaltspunkt dient. Aus δ und v findet man (N 22) die durch das Seil übertragbare Leistung. Nun sind die Voraussetzungen des N

$$\frac{D}{\delta} = 40; \quad K_z = 8; \quad \alpha = 160^0$$

zu überprüfen, worauf der Wert der aus diesem Nomogramm gefundenen Leistung noch Änderungen unterworfen wird. Wird schließlich die gegebene Leistung N durch den gefundenen Wert der Leistung dividiert, so ergibt sich die Anzahl der Seile z.

Beispiel. $N = 270$ PS (durch Hanfseile zu übertragen),
$D = 2000$ mm (kleinere Seilscheibe),
$n = 250$ Umdr./min.

Wir finden (N 3)

$$v = 26{,}2 \text{ m/sek}$$

und wählen

$$\delta = \frac{D}{50} = 40 \text{ mm}.$$

N 22 ergibt

$$N_1 = 35 \text{ PS}$$

und für $D = 2000$ und $d = 40$ aus dem Hilfsnomogramm $A_1 = 1{,}17$, so daß (für $K_1 = 8$ und $\alpha = 160$)

$$N = 1{,}17 \cdot 35 = 41 \text{ PS}$$

ist. Es ist somit

$$z = \frac{270}{41} = 6{,}6,$$

und es sind 7 Seile anzuordnen.

2. Gegeben D, δ, n, α, K, z. Gesucht N.

Aus D und n berechnet man v (N 3), dann aus diesem und mittels N 22 die übertragbare Leistung N. Dieselbe wird nach Gl. 84 korrigiert und mit z multipliziert, was die von z Seilen im betreffenden Falle übertragbare Leistung ergibt.

Beispiel.

$D_1 = 2000$ mm; $z = 10$ Baumwollseile 30 mm stark;

$D_2 = 700$ mm; Mittenentfernung $e = 6500$ mm;

$K_3 = 9$ kg/cm; $n = 720$ Umdr./min der kleinen Seilscheibe.

Aus N 3 folgt für $D = 700$, $n = 720$:

$$v = 26{,}4.$$

Aus N 22 folgt für $v = 26{,}4$ und $\delta = 30$:

$$N = 19{,}9.$$

Es ist

$$\operatorname{tg}\beta = \frac{2000 - 700}{13000} = 0{,}1, \quad \beta = 6^0 \text{ (s. Zahlentafel 4)}, \quad \alpha = 180 - 2\cdot 6 = 168^0, \quad \text{somit } A_2 = 1{,}06.$$

Hilfsnomogramm ergibt $A_1 = 0{,}97$.

Es ist also

$$N = 10 \cdot 0{,}97 \cdot 1{,}06 \cdot \frac{9}{8} \cdot 19{,}9 = 230 \text{ PS}.$$

Zahnräder (Stirnräder).

Bezeichnungen

(siehe Abb. 20):

Teilung t (in mm); t'' (in engl. Zoll).
Durchmesser des Teilkreises D_t (in mm); D_t'' (in engl. Zoll).
Zähnezahl z.
Zahnhöhe h (in mm); h'' (in engl. Zoll).
Kopfhöhe h_2 (in mm).
Fußhöhe h_1 (in mm).
Zahnbreite b (in mm).
Modul M (in mm).
Zahnstärke auf dem Teilkreis gemessen a (in mm).
Lückenweite auf dem Teilkreis gemessen l (in mm).
Außendurchmesser D_a (in mm); D_a'' (in engl. Zoll).
Umfangsgeschwindigkeit des Teilkreises v (in m/sek).
Zahndruck P (in kg).
Drehzahl n (in min).
Übertragbare Leistung N (in PS).

Die in England üblichen Bezeichnungen:

Circular-pitch t'' (Teilung in engl. Zoll).
Diametral-pitch δ_p (Anzahl der Zähne dividiert durch den Teilkreisdurchmesser D_t'' [in engl. Zoll]).

Die Grundgleichungen sind

$$t = \frac{D_t \pi}{z}, \tag{87}$$

$$M = \frac{t}{\pi}, \tag{88}$$

$$\delta_p = \frac{25{,}4\, z}{D_t}; \tag{89}$$

außerdem wird meistens gewählt

$$h_2 = M, \tag{90}$$

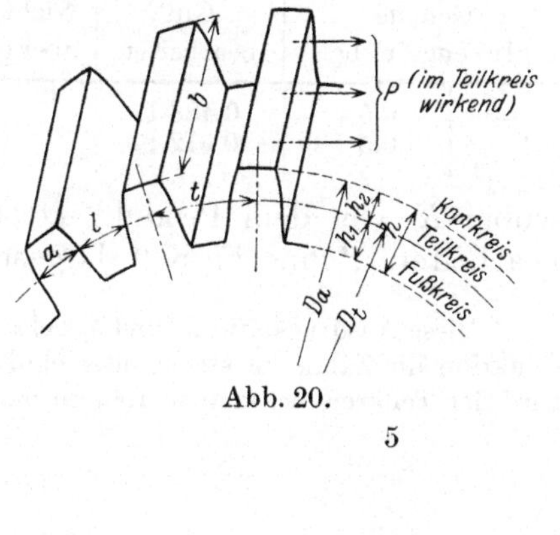

Abb. 20.

so daß

$$D_a = D_t + 2\,M \tag{91}$$

ist.

Auf diesen Gleichungen ist die Formeln-Zusammenstellung Zahlentafel 27 aufgebaut, die den Zusammenhang der in Betracht kommenden Größen darstellt. Aus zwei gegebenen, voneinander unabhängigen Größen lassen sich mittels Zahlentafel 27 alle anderen leicht finden. Wichtig sind noch folgende Beziehungen, die bei normalen Zahnrädern üblich sind:

Zahlentafel 27.

	Gesuchte Größen						
Gegebene Größen	M	t	z	D_t	D_a	δ_p	t''
$z,\ D_t$	$\frac{D_t}{z}$	$\frac{\pi D_t}{z}$	—	—	$D_t \frac{z+2}{z}$	$\frac{z}{D_t''}$	$\frac{\pi D_t''}{z}$
$z,\ D_a$	$\frac{D_a}{z+2}$	$\frac{\pi D_a}{z+2}$	—	$D_a \frac{z}{z+2}$	—	$\frac{z+2}{D_a''}$	$\frac{\pi D_a''}{z+2}$
$z,\ M$	—	πM	—	$z\,M$	$(z+2)\,M$	$\frac{25{,}4}{M}$	$0{,}1237\,M$
$z,\ t$	$\frac{t}{\pi}$	—	—	$\frac{z\,t}{\pi}$	$\frac{(z+2)\,t}{\pi}$	$\frac{79{,}797}{t}$	$\frac{t}{25{,}4}$
$M,\ D_t$	—	πM	$\frac{D_t}{M}$	—	$D_t + 2\,M$	$\frac{25{,}4}{M}$	$0{,}1237\,M$
$M,\ D_a$	—	πM	$\frac{D_a}{M} - 2$	$D_a - 2\,M$	—	$\frac{25{,}4}{M}$	$0{,}1237\,M$
$\delta_p,\ D_t''$	$\frac{25{,}4}{\delta_p}$	$\frac{79{,}797}{\delta_p}$	$\delta_p D_t''$	$25{,}4\,D_t''$	$25{,}4\left(D_t'' + \frac{2}{\delta_p}\right)$	—	$\frac{\pi}{\delta_p}$
$\delta_p,\ D_a''$	$\frac{25{,}4}{\delta_p}$	$\frac{79{,}797}{\delta_p}$	$\delta_p D_a'' - 2$	$25{,}4\left(D_a'' - \frac{2}{\delta_p}\right)$	$25{,}4\,D_a''$	—	$\frac{\pi}{\delta_p}$
$z,\ \delta_p$	$\frac{25{,}4}{\delta_p}$	$\frac{79{,}797}{\delta_p}$	—	$\frac{25{,}4\,z}{\delta_p}$	$\frac{25{,}4\,(z+2)}{\delta_p}$	—	$\frac{\pi}{\delta_p}$
$t'',\ D_t''$	$8{,}085\,t''$	$25{,}4\,t''$	$\frac{\pi D_t''}{t''}$	$25{,}4\,D_t''$	$25{,}4\,(D_t'' + 0{,}6366\,t'')$	$\frac{\pi}{t''}$	—
$t'',\ D_a''$	$8{,}085\,t''$	$25{,}4\,t''$	$\frac{\pi D_a''}{t''} - 2$	$25{,}4\,(D_a'' - 0{,}6366\,t'')$	$25{,}4\,D_a''$	$\frac{\pi}{t''}$	—
$z,\ t''$	$8{,}085\,t''$	$25{,}4\,t''$	—	$8{,}085\,z\,t''$	$8{,}085\,(z+2)\,t''$	$\frac{\pi}{t''}$	—

$$h = 2^1/_6\,M = 2{,}17\,M = \frac{55}{\delta_p} = 0{,}69\,t = 17{,}5\,t''\,, \tag{92}$$

$$h'' = 0{,}0853\,M = \frac{2{,}17}{\delta_p} = 0{,}69\,t''\,, \tag{93}$$

$$h_2 = M = \frac{6}{13}\,h = 0{,}462\,h\,, \tag{94}$$

$$h_1 = 1^1/_6\,M = 1{,}17\,M = \frac{7}{13}\,h = 0{,}539\,h^*. \tag{95}$$

Um den Ausdruck für die durch ein Zahnrad übertragbare Leistung zu finden, formen wir die bekannte Gleichung

$$P = c\,b\,t \tag{96}$$

um und erhalten

$$\boldsymbol{N = K\,M\,b} \quad (N \text{ in PS, } M \text{ und } b \text{ in mm}), \tag{97}$$

	Genaue Innengetriebe	Gut bearbeitet	Nicht bearbeitet, aber gut gegossen
$a =$	0,5 t	0,488 t	0,475 t
$l =$	0,5 t	0,512 t	0,525 t

wobei K von dem Produkt $D \times n$ abhängig ist. Diese Abhängigkeit ist für rohe und für bearbeitete Zähne in K 9 dargestellt. (Diese Tafel ist auf den Angaben der Firma Krupp,

* Diese Ausdrücke für h_1 und h_2 gelten nicht genau für Räder mit weniger als 20 Zähnen, da bei normaler Konstruktion die Zähne zu stark unterschnitten wären. Um die damit verbundene Zahnschwächung zu vermeiden, wird der Teilkreis bei kleinen Rädern näher an den Fußkreis verlegt (siehe Abb. 20).

Grusonwerk, aufgebaut.) Bei Zahnrädern, die nur selten voll ausgenützt werden (Krafträder), kann man K höher als nach K 9 wählen.

Ist e der Mittelpunktabstand zweier miteinander arbeitender Stirnräder mit den Zähnezahlen z_1 und z_2 und den Teilkreisdurchmessern D_{t_1} und D_{t_2}, so ist

$$D_{t_1} = 2e\frac{z_1}{z_1 + z_2}, \qquad D_{t_2} = 2e\frac{z_2}{z_1 + z_2}. \tag{98}$$

Sind n_1 und n_2 die minutlichen Drehzahlen dieser Räder, so ist

$$\frac{z_1}{z_2} = \frac{n_2}{n_1} \tag{99}$$

und

$$D_{t_1} = 2e\frac{n_2}{n_1 + n_2}, \qquad D_{t_2} = 2e\frac{n_1}{n_1 + n_2}. \tag{100}$$

Beispiel 1. Ein an einer Spinnkarde angebrachtes Zahnrad mit $z = 33$, $t = 31{,}5$ mm soll so geändert werden, daß es für dieselbe Teilung nunmehr $z = 25$ Zähne aufweist. Die Mittelpunktsentfernung ist an der Maschine beliebig einstellbar. Wie groß soll der Durchmesser des gußeisernen Rohstückes für das neue Zahnrad gewählt werden?

Aus der Zahlentafel entnehmen wir (Zeile 4 von oben)

$$D_a = \frac{(z+2)\,t}{\pi} = \frac{27 \cdot 31{,}5}{\pi} = 270 \text{ mm}.$$

Gibt man für die Bearbeitung 5 mm dazu, so erhält man den gesuchten Durchmesser 275 mm.

Beispiel 2. Ein Stirnrad engl. Provenienz hat folgende Abmessungen: $D_a = 264$ mm, $b = 38$ mm, $z = 50$. Welche Leistung kann das Zahnrad bei 200 Umdrehungen in Minute übertragen?

Mittels Zahlentafel 27 finden wir

$$\delta_p = \frac{z+2}{D''_a} = \frac{52 \cdot 25{,}4}{264} = 5, \qquad M = \frac{25{,}4}{5} = 5{,}08$$

und

$$D_t = z\,M = 50 \cdot 5{,}08 = 254 \text{ mm}.$$

Aus der Kurventafel K 9 entnehmen wir für

$$D_t\,n = 50{,}8\,\frac{\text{m}}{\text{min}}$$

und für bearbeitete Zähne aus Gußeisen:

$$k = 0{,}024.$$

Somit ist (Gl. 97)

$$N = 0{,}024 \cdot 5{,}08 \cdot 38 = 4{,}63 \text{ PS}.$$

IV. Dampfkessel.

Feuerungstechnische Berechnungen.

Bezeichnungen.

L die zur vollkommenen Verbrennung theoretisch notwendige Luftmenge pro 1 kg Brennstoff in m^3 von 0^0 und 760 mm.
O^x Sauerstoffmenge in m^3 von 0^0 und 760 mm.
N^x Stickstoffmenge „ „ „ 0^0 „ 760 „
C Kohlenstoffgehalt des Brennstoffes in % (Gewicht).
H Wasserstoffgehalt „ „ „ „ „
O Sauerstoffgehalt „ „ „ „ „
S Schwefelgehalt „ „ „ „ „
W Wassergehalt „ „ „ „ „
λ Luftüberschußfaktor.
K Kohlensäuregehalt der Verbrennungsgase in % (Raum).
k Kohlenoxydgehalt der Verbrennungsgase in % (Raum).
O Sauerstoffgehalt der Verbrennungsgase in % (Raum).
W Wasserdampfgehalt der Verbrennungsgase in % (Raum).
K_m maximal möglicher Kohlensäuregehalt in den Verbrennungsgasen in % (Raum) für gegebenen Brennstoff.
τ charakteristische Brennstoffzahl.
μ mittleres Molekulargewicht.
γ spezifisches Gewicht.
$\mathfrak{v}$ spezifisches Volumen.
Q Verbrennungsgasmenge in m^3 von 0^0 und 760 mm pro 1 kg Brennstoff.
R Kondensationswärme d. Wasserdampfes in kcal.
H_o oberer Heizwert in kcal.
H_u unterer Heizwert in kcal.
i'' Wärmeinhalt.
t Temperatur.
x, β Verhältniszahl.
λ', λ'', O' Hilfszahlen.

Verbrennungsvorgänge.

Bei der vollkommenen Verbrennung wird angenommen, daß in den Verbrennungsprodukten keine unverbrannten Gase sich befinden. Geht die vollkommene Verbrennung ohne Luftüberschuß vor sich, so bedeutet das, daß einem Kilogramm Brennstoff nur diejenige Luftmenge L (in m^3) zugeführt wird, die seiner Zusammensetzung nach theoretisch nötig ist, um seine vollständige Verbrennung zu bewirken. Praktisch arbeitet man stets mit einem gewissen Luftüberschuß λ (wobei λ stets größer als 1 und etwa gleich 1,3 bis 2 ist), d. h. man führt einem Kilogramm Brennstoff die Luftmenge λL zu, die bei vollkommener Verbrennung immer größer als L ist. Ist jedoch $\lambda < 1$, so ist die Verbrennung unvollkommen, dem Brennstoff wird weniger Luft zugesetzt, als für seine Verbrennung nötig wäre, und in den Verbrennungsgasen befinden sich unverbrannte Gase, insbesondere Kohlenoxydgas.

Nachdem in der Luft 20,9% Sauerstoff und 79,1% Stickstoff sich befinden, ist die in den Verbrennungsgasen befindliche freie Sauerstoffmenge bei der Verbrennung mit Luftüberschuß

$$O^x = 0{,}209\,(\lambda L - L) = 0{,}209\,L\,(\lambda - 1) \qquad [L \text{ in } m^3,\; O^x \text{ in } m^3]. \tag{1}$$

Es ist somit die Stickstoffmenge

$$N^x = 0{,}791\,\lambda L \qquad [L \text{ in } m^3,\; N^x \text{ in } m^3] \tag{2}$$

und

$$O^x + N^x = (\lambda - 0{,}209)\,L \qquad [L \text{ in } m^3,\; O^x \text{ in } m^3,\; N^x \text{ in } m^3]. \tag{3}$$

Bei Verbrennung von 1 kg Kohlenstoff wird 1,865 m^3 Sauerstoff verbraucht, und es entsteht 1,865 m^3 Kohlensäure. Enthält der Brennstoff C % Kohlenstoff, so ist die bei der vollkommenen Verbrennung von 1 kg des Brennstoffes freiwerdende Kohlensäuremenge gleich

$$\frac{1{,}865\,C}{100}\; m^3 .$$

Da die Verbrennungsgase bei der vollkommenen Verbrennung in der Hauptsache nur Kohlensäure, Sauerstoff und Stickstoff enthalten, so ist der perzentuelle (Raum-%) Gehalt der Kohlensäure in den Verbrennungsprodukten

$$K = \frac{1{,}865\,C}{0{,}01865\,C + L\,(\lambda - 0{,}21)} \,. \tag{4}$$

Um die Größe L zu berechnen, nehmen wir an, daß der Brennstoff die Zusammensetzung habe:

C % Kohlenstoff,
S % Schwefel,
H% Wasserstoff,
O % Sauerstoff.

Weiter bedenken wir, daß das spezifische Volumen eines Gases oder eines Gasgemisches bei 0° und 760 mm gleich $\frac{22{,}4}{\mu}$ ist, wo μ das Molekulargewicht des Gases bzw. das mittlere Molekulargewicht des Gasgemisches bedeutet (siehe S. 76). Die Molekulargewichte der hier in Frage kommenden Brennstoffbestandteile und Verbrennungsprodukte sind

Kohlenstoff C:	$\mu = 12$	Kohlensäure CO_2:	$\mu = 44$
Schwefel S:	$= 32$	Kohlenoxyd CO:	$= 28$
Wasserstoff H:	$= 2$	Schwefeloxyd SO_2:	$= 64$
Sauerstoff O_2:	$= 16$	Wasser H_2O:	$= 18$

Jetzt können wir folgende Verbrennungsgleichungen entwickeln:

$C + O_2 = CO_2$; $12\frac{C}{100}$ kg Kohlenstoff $+ 32\frac{C}{100}$ kg Sauerstoff ergibt $44\frac{C}{100}$ kg Kohlensäure,

$S + O_2 = SO_2$; $32\frac{S}{100}$ kg Schwefel $+ 32\frac{S}{100}$ kg Sauerstoff ergibt $64\frac{S}{100}$ kg Schwefeloxyd,

$H_2 + O = H_2O$; $2\frac{H}{100}$ kg Wasserstoff $+ 16\frac{H}{100}$ kg Sauerstoff ergibt $18\frac{H}{100}$ kg Wasser, oder

$12 \frac{C}{100}$ kg Kohlenstoff benötigt zur Verbrennung $22{,}4 \frac{C}{100}$ m³ Sauerstoff von 0° und 760 mm,

$32 \frac{S}{100}$ kg Schwefel „ „ „ $22{,}4 \frac{S}{100}$ m³ „ „ 0° „ 760 „ ,

$2 \frac{H}{100}$ kg Wasserstoff „ „ „ $\frac{22{,}4}{2} \frac{H}{100}$ m³ „ „ 0° „ 760 „ ,

oder

$\frac{C}{100}$ kg Kohlenstoff benötigt zur Verbrennung $\frac{22{,}4}{12} \frac{C}{100}$ m³ Sauerstoff von 0° und 760 mm,

$\frac{S}{100}$ kg Schwefel „ „ „ $\frac{22{,}4}{32} \frac{S}{100}$ m³ „ „ 0° „ 760 „ ,

$\frac{H}{100}$ kg Wasserstoff „ „ „ $\frac{22{,}4}{4} \frac{H}{100}$ m³ „ „ 0° „ 760 „ .

Die in 1 kg Brennstoff zur Verfügung stehenden $\frac{O}{100}$ kg Sauerstoff sind äquivalent dem Volumen $\frac{22{,}4}{32} \frac{O}{100}$ m³.

Es ist somit die zur Verbrennung von 1 kg Brennstoff theoretisch nötige Sauerstoffmenge gleich

$$O^x = \frac{22{,}4}{100}\left(\frac{1}{12} C + \frac{1}{32} S + \frac{1}{4} H - \frac{1}{32} O\right)$$

$$= 0{,}01865\left[(C + 37\ S) + 3\left(H - \frac{O}{8}\right)\right] \quad [\text{m}^3 \text{ von } 0^0 \text{ und } 760 \text{ mm}]. \tag{5}$$

Da die atmosphärische Luft aus

20,9 % Sauerstoff und

79,1 % Stickstoff

besteht, ist die zur vollständigen Verbrennung von 1 kg Brennstoff benötigte Luftmenge

$$L = \frac{0{,}01865}{0{,}209}\left[(C + 0{,}37\ S) + 3\left(H - \frac{O}{8}\right)\right] \quad [\text{m}^3 \text{ von } 0^0 \text{ und } 760 \text{ mm}]. \tag{6}$$

Wir führen die Bezeichnung

$$\tau = \frac{H - \frac{O}{8}}{C + 0{,}37\,S} \tag{7}$$

ein und nennen τ die charakteristische Brennstoffzahl. τ ist bekannt, wenn die chemische Zusammensetzung des Brennstoffes gegeben ist. Andererseits kann man τ, wie unten angegeben, aus anderen Verbrennungsgrößen bestimmen.

Wir können jetzt die Gl. (6) schreiben:

$$L = 0{,}089\,(C + 0{,}37\ S)\,(1 + 3\,\tau) \quad [\text{m}^3 \text{ von } 0^0 \text{ und } 760 \text{ mm}]. \tag{8}$$

Läßt man den (in den meisten Fällen nur kleinen) Schwefelgehalt S unberücksichtigt, so ist

$$\tau = \frac{H - \frac{O}{8}}{C} \tag{9}$$

und

$$\mathbf{L = 0{,}089\,C\,(1 + 3\,\tau)} \quad [\text{m}^3 \text{ von } 0^0 \text{ und } 760 \text{ mm}]. \tag{10}$$

Setzen wir nun den Ausdruck (10) in die Gleichung (4) ein, so erhalten wir

$$K = \frac{20{,}9}{\lambda + (\lambda - 0{,}21)\,3\,\tau}, \tag{11}$$

oder nach Umformung

$$\mathbf{(\lambda - 0{,}209)\,(1 + 3\,\tau) = 20{,}9\left(\frac{100}{K} - 1\right)}. \tag{12}$$

Wird mit dem Luftüberschuß $\lambda = 1$ gearbeitet, so stellt sich der bei der vollkommenen

Verbrennung maximal mögliche Kohlensäuregehalt K_m ein. Aus Gl. (11) finden wir dann

$$K_m = \frac{20{,}9}{1 + 2{,}373\,\tau} \tag{13}$$

und wir ersehen daraus, daß K_m nur von der Zusammensetzung des Brennstoffes abhängig ist, also ebenfalls eine für den Brennstoff charakteristische Größe darstellt.

In derselben Weise, wie wir die Gl. (4) gefunden haben, erhalten wir den perzentuellen Sauerstoffgehalt der Verbrennungsgase O

$$\mathrm{O} = \frac{20{,}9\,(\lambda - 1)\,L}{0{,}01865\,\mathrm{C} + (\lambda - 0{,}209)\,L}\,. \tag{14}$$

Durch Einsetzen der Gl. (10) für L ergibt sich

$$\mathrm{O} = 20{,}9\,\frac{\lambda - 1}{\lambda - \dfrac{0{,}63\,\tau}{1 + 3\,\tau}} \tag{15}$$

oder

$$\frac{\mathrm{O}}{20{,}9 - \mathrm{O}} = \frac{1 + 3\,\tau}{1 + 2{,}373\,\tau}\,(\lambda - 1) = \frac{100 - K_m}{79{,}1}\,(\lambda - 1)\,. \tag{16}$$

Durch Eliminierung von λ aus den Gl. (12) und (15) erhält man die Beziehung

$$20{,}9 - \mathrm{O} = K\,(1 + 2{,}373\,\tau) = \frac{20{,}9\,K}{K_m}\,. \tag{17}$$

Berechnet man schließlich τ aus den Gl. (12) und (15) und setzt die erhaltenen Ausdrücke in (16) ein, so ergibt sich die Gleichung

$$\mathrm{O} = 0{,}209\,(100 - K)\,\frac{\lambda - 1}{\lambda - 0{,}209}\,. \tag{18}$$

Besteht der Brennstoff nur aus Kohlenstoff, oder ist

$$\mathrm{H} = \frac{\mathrm{O}}{8}\,,$$

so erhalten wir für $\tau = 0$ aus den Gl. (15) und (17)

$$\lambda = \frac{20{,}9}{20{,}9 - \mathrm{O}} \tag{19}$$

und

$$K + \mathrm{O} = 20{,}9\,. \tag{20}$$

Die beiden letzten Gleichungen gelten mit großer Annäherung z. B. für Koks. Die Gl. (12), (15), (17) und (18) stellen die Beziehungen zwischen den uns bei dem Verbrennungsvorgang interessierenden Größen K, O, λ und τ (bzw. K_m) dar. Nachdem jede Gleichung 3 Größen enthält, ersehen wir, daß zur Bestimmung eines vollkommenen Verbrennungsvorganges die Kenntnis zweier beliebigen Größen notwendig ist; aus den entsprechenden Gleichungen kann man die anderen zwei ermitteln. Die Kenntnis von K und O kann aus der Gasanalyse gewonnen werden, τ aus der Zusammensetzung des Brennstoffes; λ ist experimentell schwieriger zu bestimmen.

Die gewonnenen Gleichungen werden durch eine Reihe von Nomogrammen dargestellt, und zwar ermöglicht

N 23 die Berechnung von τ bzw. K_m aus C (bzw. C + 0,37 S) u. $\mathrm{H} - \frac{\mathrm{O}}{8}$, Gl. (9) u. (13),
N 24 „ „ „ L aus C und τ, Gl. (10),
N 25 stellt die Beziehung dar zwischen K, λ und K_m, Gl. (12),
N 26 „ „ „ „ „ O, K und τ (bzw. K_m), Gl. (17),
N 27 „ „ „ „ „ O, λ und K, Gl. (18),
K 8 „ „ „ „ „ O, τ und λ, Gl. (15).

Die hier angeführten Nomogramme sind sämtlich Dreiskalennomogramme. N 26 besitzt noch eine vierte Hilfsskala, deren Bedeutung unten (S. 72 u. 73) auseinandergesetzt wird.

Bei der Handhabung der K 8 müssen die Unterbezeichnungen der Werte O und λ beachtet werden. Zugehörige Werte von O und λ erscheinen stets nur unter derselben Unterbezeichnung. Es müssen somit beide Werte unter I, beide unter II oder beide unter III ausgesucht werden. Beispiel siehe S. 73.

Bei der unvollkommenen Verbrennung weisen die Gase stets einen Gehalt an Kohlenoxyd-Gas auf, der mit k bezeichnet wird (in Raum-%). Dieses Kohlenoxydgas entsteht dadurch, daß nur ein Teil des im Brennstoff befindlichen Kohlenstoffes zu CO_2, d. h. vollständig, verbrennt, während ein anderer Teil wegen unzureichender Luftmenge oder schlechter Durchmischung derselben mit den Feuergasen unvollständig, d. h. nur zu CO verbrennt. Es bestehen nun die Beziehungen

$$x \text{ kg C} + 0{,}933\, x \text{ m}^3 \text{ O}_2 \quad \text{ergibt} \quad 1{,}865\, x \text{ m}^3 \text{ CO},$$

$$y \text{ kg C} + 1{,}865\, y \text{ m}^3 \text{ O}_2 \quad \text{,,} \quad 1{,}865\, y \text{ m}^3 \text{ CO}_2$$

und somit

$$(x + y) \text{ kg C} + (0{,}933\, x + 1{,}865\, y) \text{ m}^3 \text{ O}_2 \quad \text{ergibt} \quad 1{,}865\, (x + y) \text{ m}^3 (\text{CO} + \text{CO}_2)\,.$$

Befinden sich in den Rauchgasen k% CO und K% CO_2, so kann man daraus schließen, daß (bei gleichmäßiger Verbrennung an der ganzen Feuerung) von jedem kg verbrannten Kohlenstoffes

$$y = \frac{K}{k + K} \text{ kg vollständig, d. h. zu CO}_2$$

und

$$x = \frac{k}{k + K} \text{ kg unvollständig, d. h. zu CO}$$

verbrannt sind. Wird dies in die früher aufgestellte Beziehung eingesetzt, so erhält man:

$$\left(\frac{k}{K + k} + \frac{K}{K + k}\right) \text{kg C} + \left(0{,}933\, \frac{k}{K + k} + 1{,}865\, \frac{K}{K + k}\right) \text{m}^3 \text{ O}_2$$

ergibt

$$1{,}865\left(\frac{k}{K + k} + \frac{K}{K + k}\right) \text{m}^3 \; (\text{CO} + \text{CO}_2),$$

oder

$$1 \text{ kg C} + 1{,}865\, \frac{0{,}5\, k + K}{K + k} \text{ m}^3 \text{ O}_2 \quad \text{ergibt} \quad 1{,}865 \text{ m}^3 \; (\text{CO} + \text{CO}_2)\,.$$

Wir sehen also, daß, falls in den Verbrennungsgasen K% Kohlensäure und k% Kohlenoxyd sind, zur Verbrennung von 1 kg nur der

$$\varkappa = \frac{0{,}5\, k + K}{K + k} \tag{21}$$

Teil der früheren Sauerstoffmenge verbraucht wird. Ist L wie früher die zur vollständigen Verbrennung von 1 kg Brennstoff theoretisch notwendige Luftmenge und wird mit dem Überschuß λ gearbeitet, so wird tatsächlich λL Luft zugeführt. Für die Verbrennung wird aber nur

$$0{,}209\, \varkappa\, L$$

Sauerstoff benötigt, und die Gl. (1) bis (3) lauten jetzt:

$$\text{O} = 0{,}209\, \lambda\, L - 0{,}209\, \varkappa\, L = 0{,}209\, (\lambda - \varkappa)\, L, \tag{22}$$

$$\text{N} = 0{,}791\, \lambda\, L, \tag{23}$$

$$\text{O} + \text{N} = (\lambda - 0{,}209\, \varkappa)\, L\,. \tag{24}$$

Es ist dann

$$K + k = \frac{1{,}865 \text{ C}}{0{,}01865 \text{ C} + (\lambda - 0{,}209\, \varkappa)\, L} \tag{25}$$

oder, wenn man in diese Gleichung den Ausdruck (10) einsetzt:

$$K + k = \frac{20{,}9}{0{,}209 + (\lambda - 0{,}209\, \varkappa)\,(1 + 3\, \tau)}\,. \tag{26}$$

Aus dieser Gleichung folgt

$$\lambda = 0{,}209\,\varkappa + \frac{0{,}209\left(\frac{100}{K+k} - 1\right)}{1 + 3\,\tau}\,. \tag{27}$$

Wenn wir jetzt $K + k$ als eine Rechnungsgröße K' betrachten und für dieses K', wie früher für K, unter Annahme der vollständigen Verbrennung aus Gl. (12) λ berechnen, so erhalten wir

$$\lambda' = 0{,}209 + \frac{0{,}209\left(\frac{100}{K+k} - 1\right)}{1 + 3\,\tau}\,. \tag{28}$$

Wir sehen, daß zwischen λ und λ' die Beziehung

$$\lambda = \lambda' - 0{,}209\,(1 - \varkappa) \tag{29}$$

besteht, oder

$$\boldsymbol{\lambda = \lambda' - \lambda'' = \lambda' - 0{,}1045\,\frac{k}{K+k}}\,. \tag{30}$$

Diese Gleichung gibt uns die Möglichkeit, den Luftüberschußfaktor bei unvollkommener Verbrennung zu bestimmen. Je nachdem, ob $\lambda \leqq 1$ oder $\lambda > 1$ ist, kann man den Schluß ziehen, daß die Luftmenge zu klein ist, oder daß die Luftmenge genügt, jedoch die Gase schlecht durchmischt sind.

Für die Bestimmung von λ ist wichtig, daß es ja aus Gl. (12) (N 25) ermittelt wird, also nicht etwa aus dem experimentell gefundenen Sauerstoffgehalt. Der Ausdruck

$$\lambda'' = 0{,}1045\,\frac{k}{K+k} \tag{31}$$

ist in demselben Nomogramm N 25 dargestellt (Kursiv). λ'' ist meistens klein (hat die Größenordnung von etwa 0,01) und hat den Charakter einer Korrekturgröße.

Wir können somit angenähert schreiben

$$\lambda = \lambda' \tag{32}$$

und folgern daraus den Satz: den Luftüberschußfaktor bei der unvollkommenen Verbrennung errechnet man angenähert, wenn man in der Gl. (12) (Nr. 26) anstatt K die Summe $K + k$ setzt.

Nach Hassenstein ist

$$K_m = \frac{20{,}9\,(K + k)}{20{,}9 - O + 0{,}4\,k}\,. \tag{33}$$

Diese Gleichung entsteht aus der Gl. (17), wenn man in der letzteren

anstatt K setzt: $K + k$,

„ O „ $O - 0{,}4\,k$.

Dementsprechend läßt sich N 26 auch für die unvollkommene Verbrennung gebrauchen. Sind k und K bzw. k und O bekannt, so liegt die Benutzung des Nomogrammes auf der Hand. Ist dagegen k unbekannt, aber K, O und τ sind gegeben, so kann man k wie folgt bestimmen:

Die gegebenen Werte von K, O und τ werden nicht auf einer Geraden liegen, da ja eine Gerade in diesem Fall dem Zustande der vollkommenen Verbrennung entsprechen würde. Verbindet man die Punkte, die den gegebenen Werten von K und τ entsprechen, durch eine Gerade, so schneidet sie die O-Skala in einem Punkte, der einem Werte O' entspricht; es ist nun

$$20{,}9 - (O - 0{,}4\,k) = (K + k)\,(1 + 2{,}373\,\tau), \tag{34}$$

$$20{,}9 - O' = K\,(1 + 2{,}373\,\tau)\,. \tag{35}$$

Aus diesen Gleichungen folgt

$$k = \frac{O' - O}{0{,}6 + 2{,}373\,\tau}\,. \tag{36}$$

Bezeichnet man

$$\beta = \frac{1}{0{,}6 + 2{,}373\,\tau}\,, \tag{37}$$

so ist

$$k = (O' - O)\,\beta\,. \tag{38}$$

Die Werte von β sind für jedes τ (K_m) aus der letzten Skala ganz rechts (N 26) (Kursivziffern) zu entnehmen.

Beispiele. 1. In einem Kesselbetriebe stehe der Apparat von D'Orsat zur Verfügung. Eine Messung hat ergeben:

$$O = 9\,\%, \qquad K = 10{,}6\,\%.$$

Mit welchem Luftüberschuß wird gearbeitet?

Wir wollen uns vergewissern, daß die Verbrennung vollkommen ist (die Kohlenoxydbestimmung nach der Methode von D'Orsat ist bekanntlich langwierig und unsicher). Aus N 26 finden wir für $O = 9$ und $K = 10{,}6$: $\tau = 0{,}0515$.

Aus N 27 finden wir $\lambda = 1{,}73$.

Wir stellen nun auf kurze Zeit die Feuerung so ein, daß wir sehr viel Luft durchlassen und also sicher eine vollkommene Verbrennung erreichen. Es ergebe sich $O = 13{,}6\,\%$, $K = 6{,}5\,\%$. Aus N 26 finden wir dazu $\tau = 0{,}0517$, also angenähert so wie früher, was uns darauf schließen läßt, daß die Verbrennung im ersten Fall vollkommen war. Der zu $O = 13{,}6$ und $K = 6{,}5$ gehörende Luftüberschuß wird nach N 27 berechnet zu $\lambda = 2{,}8$.

2. Wie ändert sich bei demselben Brennstoff wie in Beispiel 1 der Luftüberschußfaktor bei verschiedenem Sauerstoffgehalt?

Aus K 8 finden wir

für $\tau = 0{,}0515$

und

	$O = 8$;	10;	12;	14;	16:
	$\lambda = 1{,}60$;	1,89;	2,30;	2,97	4,17
Unterbezeichnung	II		III		

3. Die mit Unterwind zu verbrennende oberschlesische Steinkohle (Staubkohle) habe die Zusammensetzung

$$C = 72\,\%, \qquad O = 9\,\%,$$
$$H = 4\,\%, \qquad S = 1\,\%.$$

Wie groß ist die für die Verbrennung dieser Kohle von dem Ventilator zu beschaffende Luftmenge bei einem Luftüberschußfaktor $\lambda = 2{,}1$?

Wir bilden die Ausdrücke

$$H - \frac{O}{8} = 4 - \frac{9}{8} = 2{,}875\,,$$
$$C + 0{,}37\,S = 72 + 0{,}37 = 72{,}37\,.$$

Aus N 23 finden wir:

$$\tau = 0{,}0397\,,$$
$$K_m = 19{,}1\,\%\,.$$

Aus N 24 finden wir für $K_m = 19{,}1$ und $C = 72{,}37$ die theoretisch nötige Luftmenge $L = 7{,}21$ m³ von 0° und 760° (Umrechnung auf anderen Druck und Temperatur siehe N 11). Bei Überschußfaktor $\lambda = 2{,}1$ beträgt die gesuchte Luftmenge

$$7{,}21 \cdot 2{,}1 = 15{,}14 \text{ m}^3 \text{ von } 0^0 \text{ und } 760 \text{ mm pro 1 kg Brennstoff.}$$

4. Der Verbrennungsvorgang sei durch den Siemensschen Kohlensäure- und Kohlenoxydanzeiger kontrolliert. Die Zusammensetzung der zur Verbrennung gelangenden Bitterfelder Braunkohle sei

$$C = 30\,\%, \quad H = 2{,}3\,\%, \quad O = 8{,}5\,\%, \quad S = 1\,\%.$$

Die Angaben der beiden Apparate seien

$$K = 14\,\%, \quad k = 2\,\%.$$

Es ist der Luftüberschußfaktor zu bestimmen.

Für

$$\tau = \frac{2{,}3 - \frac{8{,}5}{8}}{30 + 0{,}37} = 0{,}0408$$

und

$$K_m = 19{,}05 \qquad (\text{N } 23)$$

finden wir aus N 25 für $K + k = 16$:

$$\lambda' = 1{,}18\,.$$

Die Korrektur λ'' bestimmen wir aus dem Hilfsnomogramm (Kursivziffern) zu

$$\lambda'' = 0{,}013\,.$$

Es ist also

$$\lambda = 1{,}18 - 0{,}01 = 1{,}17\,.$$

5. Die Angaben des Siemensschen Kohlenoxydanzeigers im Beispiel 4 sollen durch Sauerstoffbestimmung (etwa mit Hilfe eines Apparates von D'Orsat) nachgeprüft werden.

Es ergebe die Analyse

$$\text{O} = 4{,}1\,\%\,.$$

Aus N 26 finden wir für $\tau = 0{,}0408$:

$$\beta = 1{,}435$$

und für $\tau = 0{,}0408$, $K = 14$:

$$O' = 5{,}54\,.$$

Es ist somit

$$k = (5{,}54 - 4{,}1)\,1{,}435$$
$$= 1{,}44 \cdot 1{,}435 = 2{,}06\,,$$

also ziemlich übereinstimmend mit der Angabe des zweiten Apparates.

Verbrennungsgasmenge.

A. Genaue Bestimmung der Verbrennungsgasmenge aus der Zusammensetzung des Brennstoffes.

Aus den Verbrennungsgleichungen auf S. 68 u. 69 folgern wir (für vollkommene Verbrennung)

$12\frac{\text{C}}{100}$ kg Kohlenstoff ergibt bei der Verbrennung $22{,}4\frac{\text{C}}{100}$ m³ Kohlensäure von 0° und 760 mm,

$32\frac{\text{S}}{100}$ kg Schwefel ,, ,, ,, ,, $22{,}4\frac{\text{S}}{100}$ m³ Schwefeloxyd ,, 0° ,, 760 ,, ,

$2\frac{\text{H}}{100}$ kg Wasserstoff ,, ,, ,, ,, $22{,}4\frac{\text{H}}{100}$ m³ Wasserdampf ,, 0° ,, 760 ,, ,

oder

$\frac{\text{C}}{100}$ kg Kohlenstoff ergibt bei der Verbrennung $\frac{22{,}4}{12}\frac{\text{C}}{100}$ m³ Kohlensäure von 0° und 760 mm,

$\frac{\text{S}}{100}$ kg Schwefel ,, ,, ,, ,, $\frac{22{,}4}{32}\frac{\text{S}}{100}$ m³ Schwefeloxyd ,, 0° ,, 760 mm,

$\frac{\text{H}}{100}$ kg Wasserstoff ,, ,, ,, ,, $\frac{22{,}4}{2}\frac{\text{H}}{100}$ m³ Wasserdampf ,, 0° ,, 760 mm.

Außer den hier angeführten Verbrennungsprodukten erscheinen in den Rauchgasen noch freier Sauerstoff und Stickstoff, deren Volumen durch die Gl. (3) ausgedrückt ist. Es ist also die Verbrennungsgasmenge pro 1 kg Brennstoff in m³ von 0° und 760 mm:

$$Q = 1{,}865\frac{\text{C}}{100} + 0{,}7\frac{\text{S}}{100} + 11{,}2\frac{\text{H}}{100} + L(\lambda - 0{,}21)\,. \tag{39}$$

Setzen wir in diese Gleichung für $0{,}21\,L$ den betreffenden Wert aus der Gl. (6), so erhalten wir angenähert

$$Q = L\lambda + 0{,}056\,\text{H} + 0{,}007\,\text{O m}^3 \text{ von } 0^0 \text{ und } 760 \text{ mm}\,. \tag{40}$$

Die in den Verbrennungsgasen enthaltene Wasserdampfmenge beträgt

$$W = 0{,}112\,\text{H m}^3 \text{ von } 0^0 \text{ und } 760 \text{ mm}\,, \tag{41}$$

oder in kg

$$W_{kg} = \frac{22,4}{2} \cdot \frac{18}{22,4} \frac{H}{100} = 0,09\,H. \tag{42}$$

Es ist somit die **trockene** Verbrennungsgasmenge

$$Q = \lambda L - 0,056\,H + 0,007\,O\ m^3 \text{ von } 0^0 \text{ und } 760\ mm, \tag{43}$$

oder

$$\mathbf{Q = (C + 0,37\,S)\,[0,089\,\lambda\,(1 + 3\,\tau) - 0,056\,\tau]\ m^3 \text{ von } 0^0 \text{ und } 760\ mm.} \tag{44}$$

Enthält der Brennstoff selbst W'% freie Feuchtigkeit, so beträgt die Wasserdampfmenge in den Verbrennungsgasen

$$W = 0,112\,H + \frac{22,4}{18} \frac{W'}{100}$$
$$= 0,112\,H + 0,0124\,W'\ m^3 \text{ von } 0^0 \text{ und } 760\ mm, \tag{45}$$

oder in kg

$$W_{kg} = \frac{9\,H + W'}{100}. \tag{46}$$

Beispiel 1. Für die im Beispiel 3 (S. 73) angegebene oberschlesische Steinkohle soll die stündliche Verbrennungsgasmenge bestimmt werden für $\lambda = 2,1$. Es wird pro Stunde 1200 kg Kohle verfeuert.

Nach Gl. (40) ist

$$Q = 15,14 + 0,056 \cdot 4 + 0,007 \cdot 9$$
$$= 15,43\ m^3 \text{ von } 0^0 \text{ und } 760\ mm \quad \text{pro } 1\ kg \text{ Brennstoff.}$$

Die gesuchte Gasmenge beträgt $1200 \cdot 15,43$ = rund 1850 m^3 von 0^0 und 760 mm. Die trockene Gasmenge beträgt

$$Q = 15,43 - 0,112 \cdot 4 = 14,99\ m^3 \text{ von } 0^0 \text{ und } 760\ mm.$$

Besitzt der Kessel etwa direkten Rauchgaszug, so ist für die Bemessung des Ventilators diese Gasmenge auf anderen Druck und andere Temperatur umzurechnen. (Siehe N 11.)

Beispiel 2. Wie groß ist der Feuchtigkeitsgehalt der im Beispiel 1 besprochenen Rauchgase?

Aus Gl. (45) und (46) finden wir

$$W = 0,113 \cdot 4 = 0,45\ m^3 \text{ von } 0^0 \text{ und } 760\ mm,$$
$$W_{kg} = 0,36\ kg \text{ pro } 1\ kg \text{ Brennstoff.}$$

B. Bestimmung der Verbrennungsgasmenge aus Kohlenstoffgehalt C des Brennstoffes und Kohlensäuregehalt *K* der Rauchgase.

Die Gl. (4) kann geschrieben werden in der Form

$$K = \frac{1,865\,C}{Q}, \tag{47}$$

woraus für die trockene Verbrennungsgasmenge folgt

$$\mathbf{Q = \frac{1,865\,C}{K} \text{ von } 0^0 \text{ und } 760\ mm,} \tag{48}$$

eine Gleichung, die durch N 28 dargestellt ist.

Nomogramm N 28

besteht aus 2 Dreiskalensystemen, die eine gemeinsame Skalenleiter, und zwar diejenige für Q besitzen. Die zueinandergehörigen Skalen (die durch aufrechtstehende und kursive Beschriftung kenntlich gemacht sind) sind

Skala H, Skala für Q, Skala für λ (aufrechtstehende Ziffern), für Gl. (57), S. 77,
„ K, „ „ Q, „ „ C (Kursivziffern), für Gl. (48).

Beispiel. Wird oberschlesische Steinkohle (Beispiel 3 [S. 73], Beispiel 1 [s. oben]) verfeuert und ist $K = 9$%, so berechnet sich die Verbrennungsgasmenge aus N 28 zu

$$Q = 14,9\ m^3 \quad \text{von } 0^0 \text{ und } 760\ mm.$$

Der Unterschied zwischen dem Resultat des Beispiels 1 (S. 75) 14,99 m³ gegen die jetzt erhaltene Zahl erklärt sich durch Außerachtlassung des Schwefelgehaltes bei der Berechnung der letzteren. Wird derselbe berücksichtigt, so ist

$$Q = \frac{1{,}865\,(C + 0{,}37\,S)}{K + SO_2}.$$

Ist nun $K + SO_2 = 9$ und $C + 0{,}37\,S = 72{,}37$, so erhalten wir aus N 28:

$$Q = 15{,}0 \text{ m}^3 \text{ von } 0^0 \text{ und } 760 \text{ mm}.$$

C. Bestimmung des spezifischen Gewichtes der Rauchgase aus deren Zusammensetzung.

Das spezifische Gewicht eines Gasgemisches von 0⁰ und 760 mm ist gleich

$$\gamma = \frac{\mu}{22{,}4}, \tag{49}$$

wobei μ das mittlere Molekulargewicht bedeutet. Die Analyse habe für ein Rauchgas folgende räumliche Zusammensetzung ergeben:

	Chemische Formel	Molekulargewicht
K % Kohlensäure	CO_2	44
k % „	CO	28
S % Schwefeloxyd	SO_2	64
M % Methan	CH_4	16
O % Sauerstoff	O_2	32
N % Stickstoff	N_2	28

Dann ist das mittlere Molekulargewicht der trockenen Verbrennungsgase

$$\mu = \frac{1}{100}(44\,K + 28\,k + 64\,S + 16\,M + 32\,O + 28\,N) \tag{50}$$

und, nach Gl. (49), das spezifische Gewicht:

$$\gamma = \frac{1}{2240}(44\,K + 28\,k + 64\,S + 16\,M + 32\,O + 28\,N) \text{ kg/m}^3 \text{ von } 0^0 \text{ und } 760 \text{ mm} \tag{51}$$

und somit das spezifische Volumen

$$\mathfrak{v} = \frac{2240}{44\,K + 28\,k + 64\,S + 16\,M + 32\,O + 28\,N}\ \frac{\text{m}^3 \text{ von } 0^0 \text{ und } 760 \text{ mm}}{\text{kg}} \tag{52}$$

(Berücksichtigung der Feuchtigkeit siehe oben Abschnitt A, S. 74).

Beispiel. Die Verbrennungsgase eines Kessels enthalten 14% CO_2, 6% Sauerstoff, 80% Stickstoff.

Das spezifische Gewicht ist

$$\frac{44 \cdot 14 + 32 \cdot 6 + 28 \cdot 80}{2240} = 1{,}35.$$

D. Angenäherte Bestimmung aus dem Heizwert H und Luftüberschußfaktor λ.

Es ist [siehe S. 77, Gl. (60)]

$$H_o = 81\,(C + 0{,}31\,S)\left(1 + 3{,}58\,\frac{H - \frac{O}{8}}{C + 0{,}31\,S}\right); \tag{53}$$

da S nur sehr klein ist, können wir $\frac{H - \frac{O}{8}}{C + 0{,}31\,S}$ gleich $\tau = \frac{H - \frac{O}{8}}{C + 0{,}37\,S}$ setzen; wenn wir außerdem $0{,}58\,\tau$ vernachlässigen, erhalten wir näherungsweise

$$H_o = 81\,(C + 0{,}37\,S)\,(1 + 3\,\tau). \tag{54}$$

In der Gl. (44) vernachlässigen wir $0{,}056\,\tau$, so daß

$$Q = 0{,}089\,\lambda\,(C + 0{,}37\,S)\,(1 + 3\,\tau) \tag{55}$$

ist. Aus diesen Gleichungen erhält man

$$Q = 0{,}089 \frac{H_o \lambda}{81} \tag{56}$$

oder

$$Q = \frac{1{,}1\, H_o \lambda}{1000} \text{ m}^3 \text{ von } 0^0 \text{ und } 760 \text{ mm}. \tag{57}$$

Die so berechnete trockene Verbrennungsgasmenge ist stets etwas größer als die wirkliche. Diese Gleichung wird ebenfalls durch N 28 dargestellt.

Beispiel. Für die oberschlesische Steinkohle mit

$$C = 72; \quad H = 4; \quad O = 9; \quad S = 1$$

ist (Beispiel S. 73)

$$H = 6690.$$

Für diesen Wert und für $\lambda = 2{,}1$ erhalten wir aus N 28

$$Q = 15{,}5 \text{ m}^3.$$

Heizwert.

Heizwert ist die Wärmemenge (in kcal), die bei vollständiger Verbrennung von 1 kg Brennstoff (oder von 1 m³ bei gasförmigen Brennstoffen) erzeugt wird.

Enthält der Brennstoff Feuchtigkeit, so bleibt dieselbe nach der Verbrennung in den Verbrennungsprodukten bestehen als Wasserdampf. Werden die Verbrennungsgase auf die anfängliche Ausgangstemperatur abgekühlt, so gibt der in ihnen vorhandene Wasserdampf die Kondensationswärme (d. h. Verdampfungs- und Flüssigkeitswärme) ab. Der so erhaltene Heizwert heißt oberer Heizwert und wird mit H_0 bezeichnet. In der Technik wird meistens jedoch nicht mit H_o, sondern mit dem unteren Heizwert H_u gerechnet, der entsteht, wenn man die Kondensationswärme R des Wasserdampfes (der sowieso durch den Schornstein entweicht) nicht einbezieht. Dieselbe beträgt pro 1 kg Wasser ungefähr 600 kcal $= i'' - t$ (siehe Zahlentafel 11 und S. 34, Beispiel 2), so daß wir nach Gl. (46) setzen können

$$R = 6\,(9\,\mathrm{H} + W') \tag{58}$$

und

$$H_u = H_o - 6\,(9\,\mathrm{H} + W'). \tag{59}$$

Dabei bedeutet W' die im Brennstoff enthaltene Feuchtigkeit in % (Gewichts-%). Es gilt die Verbandsformel

$$H_o' = 81\,\mathrm{C} + 25\,\mathrm{S} + 290\left(\mathrm{H} - \frac{\mathrm{O}}{8}\right)$$

$$= 81\,(\mathrm{C} + 0{,}31\,\mathrm{S}) + 290\left(\mathrm{H} - \frac{\mathrm{O}}{8}\right), \tag{60}$$

eine Gleichung, die durch N 29 dargestellt ist. 0,31 S als eine meist sehr geringe Größe wird oft vernachlässigt. Um den unteren Heizwert zu erhalten, muß man von der Verbandsformel 6 W' abziehen:

$$\boldsymbol{H_u = 81\,(\mathrm{C} + 0{,}31\,\mathrm{S}) + 290\left(\mathrm{H} - \frac{\mathrm{O}}{8}\right) - 6\,W'}. \tag{61}$$

Hier bedeutet W' wiederum den perzentuellen Wassergehalt des Brennstoffes. Die Genauigkeit der Verbandsformel beträgt

für Anthrazite und magere Kohlen . . .	$^1/_2$ %,
„ Steinkohle.	1 bis 1,5 %,
„ Braunkohle und Torf.	3 „ 4 %.

Für Holz, pflanzliche Stoffe und alle flüssigen Brennstoffe ist sie unbrauchbar.

Bedeuten W' und H' den Feuchtigkeitsgehalt und Heizwert des Brennstoffes in angeliefertem Zustande, W'' und H'' die entsprechenden Werte nach vorangegangener Trocknung (etwa Lufttrocknung), so ist angenähert

$$\frac{H'}{H''} = \frac{100 - W'}{100 - W''}. \tag{62}$$

Beispiel. Für die oberschlesische Steinkohle mit

$$C = 72\%; \quad H = 4\%; \quad O = 9\%; \quad S = 1\%$$

ist

$$C + 0{,}31\,S = 72{,}31\,,$$

$$H - \frac{O}{8} = 2{,}875\,.$$

Aus N 29 finden wir

$$H_o' = 6690\,.$$

Wird der Schwefelgehalt vernachlässigt, so erhalten wir für

$$C = 72; \quad H - \frac{O}{8} = 2{,}875$$

aus N 29

$$H_o' = 6670\,.$$

Bei diesem Beispiel wird vorausgesetzt, daß die Steinkohle von vorneherein trocken war. Falls sie jedoch den Feuchtigkeitsgehalt von etwa 4% aufweist und sich die angegebene Zusammensetzung auf 1 kg getrockneter Kohle bezieht, so ist

$$H_u = 0{,}96\,H - 6 \cdot 4$$
$$= 6380\,.$$

Zahlentafel 28. Mittlere Zusammensetzung der Brennstoffe, Luftbedarf und Gasmengen[1].

1	2	3	4	5	6	7	8	9	10	11	12
		Gewichtshundertteile						Charakteristische Zahlen		unt. Heizwert	Luftbedarf L m³ von 0° u. 760 mm
Nr.	Brennstoff	C %	H_2 %	O_2+N_2 * %	S %	W′ Wasser %	Asche %	τ	K_m %	kcal	
1	Oberbayerische Kohlen (Peißenberg, Hausham)	53	4	12	5	9	17	0,048	18,3	5200	5,55
2	Sächsische Steinkohlen	70	4	9	1	9	7	0,043	19,0	6500	7,0
3	Oberschlesische Steinkohlen, niederschlesische Steinkohlen, Saarkohlen	73	4,5	10	1	3,8	7,7	0,032	19,4	6900	7,15
4	Westfälische Kohlen	79	4,5	7	1	2,5	6	0,041	19,1	7500	7,9
5	Englische und schottische Steinkohlen	85	4,5	8	1	5,5	6	0,042	18,9	7100	8,5
6	Anthrazit	86	3,5	3,5	1	2	4	0,037	19,2	7800	9,0
7	Koks, lufttrocken	84	1	3	1	3	8	0,0089	20,5	7000	7,7
8	„ naß	68	0,4	2,6	1	21	7	0,0032	20,7	5450	6,1
9	Zechenkoks, lufttrocken	88,4	0,5	1,6	0,6	0,7	8,2	0,0048	20,7	7250	8,0
10	Gaskoks, lufttrocken	86,9	0,6	1,8	0,6	1	9,1	0,0057	20,6	7170	7,9
11	Koksaschenbrikette mit Teerpech als Bindemittel	71,6	1,6	3,4	0,8	9,4	13,2	0,018	20,0	6100	6,7
12	Steinkohlenbrikette	79,4	4,3	6,0	1,1	1,3	7,9	0,046	18,8	7630	8,1
13	Holz, lufttrocken	40	4,5	37	—	16	1,5	0,00	20,9	3500	3,6
14	Torf, gepreßt	43	4	24	0,5	23	5,5	0,026	19,7	3800	4,2
15	„ lufttrocken	37,8	3,8	19,6	0,4	26,4	12	0,042	19,0	3450	3,9
16	Lohe, gepreßt	19	2,2	15	—	62	1,8	0,024	19,8	1300	1,8
17	Junge deutsche Braunkohlen	23,4	2,2	9,1	—	61,6	3,7	0,051	18,6	1850	2,4
18	Ältere deutsche Braunkohlen	31	3	10	1	48	7	0,060	18,3	2600	3,25
19	Deutsche Braunkohlen, Revier West, Halle	31	2,8	9,6	1,3	49	6,3	0,055	18,5	2800	3,8
20	Deutsche Braunkohlen, Revier Zeitz	29	2,7	7,5	1,3	53	6,5	0,064	18,2	2500	3,1
21	Bitterfelder Braunkohlen	30	2,3	9,5	1	50,9	6,3	0,041	19,1	2470	3,0
22	Lausitzer Braunkohlen	25,5	2,4	11,5	1,3	49,1	10,2	0,042	19,0	2230	2,55
23	Kölner Braunkohlen	24,6	1,9	10,7	1	59	2,8	0,028	19,6	1950	2,4
24	Unterfränkische Braunkohlen	23,3	2,1	8,8	1	62	2,8	0,047	18,8	1820	2,4
25	Oberpfälzische Braunkohlen	21,8	1,8	9,6	1	53,8	12	0,030	19,5	1660	2,1
26	Böhmische Braunkohlen	52	4,2	13,0	1	24	6	0,051	18,6	4800	5,3
27	„ nässere Braunkohlen	47,2	4,1	9,1	—	32,1	7,5	0,065	18,1	4430	5,0
28	„ Klarkohlen	37,3	2,9	10,1	1	41,4	7,3	0,024	19,8	3380	3,6
29	Sächsische Braunkohlenbrikette	53	4,5	18	1	15	8,5	0,043	18,9	4800	5,4
30	Rheinische Braunkohlenbrikette	55	4,1	21,4	0,4	13,5	5,6	0,028	19,6	4890	5,3
31	Lausitzer Braunkohlenbrikette	55,1	4,4	23,1	0,4	11,6	5,4	0,030	19,5	4860	5,3

[1] Spalten 1 bis 8 entnommen aus Herberg: Feuerungstechnik. * Dabei ist N = 1% gesetzt.

Wärmeverluste und Wirkungsgrad des Dampfkessels.

Bezeichnungen.

η Wirkungsgrad des Kessels in %.
B stündlich verfeuerte Brennstoffmenge in kg.
D stündlich erzeugte Dampfmenge in kg.
λ Erzeugungswärme für 1 kg Dampf $= i - i_w$.
i Wärmeinhalt in kcal.
i_w Wärmeinhalt des Speisewassers in kcal.
x Verdampfungsziffer.
x_n Verdampfungsziffer, bezogen auf Normaldampf.
H Unterer Heizwert des Brennstoffes in kcal.
T Temperatur der vom Kessel abziehenden Verbrennungsgase in ^{0}C.
t Temperatur des Kesselhauses in ^{0}C.
K Kohlensäuregehalt der Verbrennungsgase in % (Raum).
k Kohlenoxydgehalt der Verbrennungsgase in % (Raum).
V_f Verlust durch fühlbare Wärme der Abgase in % des Heizwertes.
V_k Verlust durch unverbrannte Gase in % des Heizwertes.
V_R Verlust durch brennbare Aschenrückstände in % des Heizwertes.
V_r Verlust durch Ruß in den Verbrennungsgasen in % des Heizwertes.
R Aschenrückstände in % der Brennstoffmenge.
r Menge der verbrennlichen Teile in den Aschenrückständen in % der letzteren.
Q Verbrennungsgasmenge von 1 kg Brennstoff in m^3
λ Luftüberschußfaktor.
τ Charakteristische Brennstoffzahl.
μ, f Koeffizienten.

Die bei der Verbrennung des Brennstoffes entstehende Wärmemenge wird im Kessel nur teilweise nutzbar verwertet; das Verhältnis der nutzbaren, d. h. an das Wasser übergegangenen Wärmemenge zu der bei der Verbrennung freiwerdenden Wärmemenge ist der Wirkungsgrad η des Kessels. Wird in 1 Stunde B kg Brennstoff vom Heizwert H verfeuert und wird dabei D kg Dampf von der Erzeugungswärme λ erzeugt, so ist

$$\eta = \frac{D\lambda}{BH} \cdot 100. \qquad (63)$$

Die von 1 kg Brennstoff erzeugte Anzahl kg Dampf wird als Verdampfungsziffer x bezeichnet.

$$x = \frac{D}{B}. \qquad (64)$$

Es gilt nun

$$\eta = 100 \frac{x\lambda}{H}. \qquad (65)$$

Meistens wird im praktischen Betriebe x durch einen Versuch (Wägung der Wasser- und Brennstoffmengen) festgestellt, λ wird aus den Angaben der Manometer und Thermometer (Berechnung von i siehe N 9, Werte von i_w siehe Zahlentafel 11) bestimmt, und H ist anderweitig bekannt (aus der Elementaranalyse oder etwa aus der Verbrennung in der kalorimetrischen Bombe).

Da der durch die Gl. (64) definierte Wert x von der Beschaffenheit des erzeugten Dampfes, also von seiner Spannung, und bei überhitztem Dampf von seiner Temperatur, abhängig ist, bietet er keine gute Grundlage zum Vergleich von Messungen bei verschiedenen Betriebszuständen oder bei verschiedenen Dampfkesseln. Deshalb bezieht man meistens die Verdampfungsziffer auf den Normaldampf, d. h. auf Dampf von 100^0 C, der aus Wasser von 0^0 erzeugt ist. Die Erzeugungswärme für 1 kg Normaldampf ist 639,4 kcal. Es ist somit

$$x_n = \frac{x\lambda}{639{,}4} \qquad (66)$$

und

$$\eta = 63\,940 \frac{x_n}{H}. \qquad (67)$$

N 30 stellt die Beziehungen (65), (66) und (67) dar. Bei der Auswertung der Gl. (65) werden sämtliche Skalen I bis V benützt, wobei die Skala III als Zapfenlinie dient. Die zueinandergehörigen Skalen sind dabei H und η (aufrechtstehende Ziffern), λ und x (Kursivziffern).

Bei der Ausrechnung der Gl. (67) kommen die Skalen II, III und V zur Anwendung; hier erscheint die Linie III nicht mehr als Zapfenlinie, sondern als Träger der Skala für x_n.

Bei der Auswertung der Gl. (66) bedienen wir uns schließlich der Skalen I, III und IV, wobei III wieder als Skalenträger für x_n erscheint.

Beispiele. 1. Es wird in einem Kessel pro Stunde 900 kg Torf mit dem Heizwert $H = 3700$ verfeuert und 3070 kg gesättigten Dampfes von 6 at Überdruck erzeugt; wie groß sind die auf Normaldampf bezogene Verdampfungsziffer und der Wirkungsgrad des Kessels, wenn das dem Kessel zugeführte Wasser eine Temperatur von 22° C besitzt?

Die Brutto-Verdampfungsziffer ist

$$x = \frac{3070}{900} = 3{,}41\,.$$

Die Erzeugungswärme des gesättigten Dampfes von 6 at Überdruck aus dem Wasser von 22° ist (siehe N 9)

$$\lambda = 661 - 22 = 639\,.$$

Nachdem zufällig die Erzeugungswärme des in Frage kommenden Dampfes gleich der des Normaldampfes ist, ist auch $x_n = 3{,}41$.

Verbinden wir den Punkt $x_n = 3{,}41$ auf der Skala III mit dem Punkt $H = 3700$ der Skala II (III dient dabei als Zapfenlinie), so erhalten wir auf der Geraden V

$$\eta = 59\,\%\,.$$

2. Bei einer 9 Stunden dauernden Messung an einem Wasserrohrkessel hat man 10500 kg Steinkohle mit $H = 6500$ verbrannt; dabei sind 56800 kg überhitzten Dampfes von (im Mittel) 11,5 at Überdruck und 310° Temperatur erzeugt worden. Die Speisewassertemperatur beträgt vor dem Ekonomiser 35° C. Es ist η und x_n für den Kessel samt dem Ekonomiser zu bestimmen.

Die Brutto-Verdampfungsziffer ist

$$x = \frac{56800}{10500} = 541\,;$$

aus N 9 erhalten wir für $p = 12{,}5$ at abs und $T = 310^0$

$$\lambda = 733{,}4 - 35 = 698{,}4\,;$$

N 30 liefert uns dann

für $\lambda = 698$ und $x = 5{,}41$: $\quad x_n = 5{,}91$,

für $H = 6500$ und $x_n = 5{,}91$: $\quad \eta = 58{,}1\,\%$.

3. Für einen Marine-Wasserrohrkessel einen von 300 m² wird garantiert $\eta = 85\,\%$. Welche Normaldampf-Verdampfungsziffer und welche Brutto-Verdampfungsziffer kann man erwarten bei $\lambda = 698{,}4$, $H = 6500$?

Aus $\eta = 85$ und $H = 6500$ folgt

$$x_n = 8{,}64$$

Aus $x_n = 8{,}64$ und $\lambda = 698{,}4$ folgt:

$$x = 7{,}94\,.$$

Zahlentafel 29. Mittlere Rostbeanspruchung $\frac{B}{R}$* für verschiedene Brennstoffe[1].

	Brennstoff	Ungef. Heizwert kcal	$\frac{B}{R}$ † kg/m²/st	Schütthöhe mm	$\frac{R}{H}$	$\frac{F}{R}$ ††
1	Anthrazit	7800	60—70	70—80		1/2—1/3
2	Koks	7000—7200	70—90—(120)	130—300		1/2—1/3
3	Steinkohlen, gasarm	6800	70—110	90—130	1/30—1/50	1/2—1/3
4	„ gasreich	7500—7600	90—120—(150)	80—100		1/2—1/3
5	Steinkohlengruß, Koksgruß	5800—6500	140—300 [2]	150—250 [2]	1/22—1/24	1/3—1/6
6	Braunkohlenbriketts	4800	120—180—(200)	150—250	1/28—1/35	1/4—1/5
7	Böhmische Braunkohlen	4800	120—180—(200)	150—200		1/4—1/5
8	Deutsche „	2400	170—300—(400)	200—300	1/18—1/28	1/4—1/5
9	Torf	3000—3800	120—250	100—300	1/18—1/22	1/4—1/6
10	Holz	2500	120—200	200—400	1/15—1/20	
11	Lohe	1300	160—250	120—180	1/10—1/18	1/4—1/6
			Größere Zahlen gelten für größere Zugstärke und flotten Betrieb			

* B = stündlich verbrannte Brennstoffmenge in kg, R = Rostfläche in m², H = Heizfläche in m².

[1] In Anlehnung an Herberg: Feuerungstechnik. Berlin: Julius Springer.

[2] Mit Unterwind.

† Die eingeklammerten Zahlen sind Höchstwerte im angestrengten Betrieb.

†† F = die freie Rostfläche, d. h. die von den Rostspalten eingenommene Fläche.

Anstrengungsgrad $\frac{B}{H}$ des Kessels[1].

	Art der Verbrennung mäßig	normal	flott
Steinkohlen	2	3	5
Braunkohlen (gute)	5,5	8,75	12,8

Zahlentafel 30. Mittlere Kesselbeanspruchung $\frac{D}{H}$* der verschiedenen Kesselarten[2].

	Kesselart	Art der Beanspruchung mäßig	normal	flott	gesteigert
1	Batteriekessel	12—13	16—17	22[3]	
2	Ein-, Zwei-, Dreiflammrohrkessel	15, 16, 18	20, 22, 25	25, 30, 33	
3	Doppelkessel (unten 2 Flammrohre, oben Heizröhren) . .	12	16	20[3]	
4	Heizrohrkessel	10	14	20[3]	
5	Wasserrohrkessel ohne Kammern	9[3]	12[3]	15[3]	
6	Liegende Kammerwasserrohrkessel	14[3]	18[3]	25[3]	35[3]
7	Hochleistungswasserrohrkessel		20[3]	26[3]	35[3]
8	Steilrohrkessel (Hochleistungskessel)	18[3]	24[3]	30[3]	40[4]
9	Schiffswasserrohrkessel		22	36	50[3]
10	Stehende Kessel	10	14	20[3]	

Die hauptsächlichsten Wärmeverluste im Kesselbetriebe sind

1. Verlust durch die fühlbare Wärme der Verbrennungsprodukte:
a) der Verbrennungsgase,
b) der Aschenrückstände.

2. Verlust durch Unvollkommenheit des Verbrennungsvorganges:
a) durch unverbrauchte Gase,
b) durch unverbrauchte Aschenrückstände,
c) durch ausgeschiedenen Ruß und mitgerissene Flugteile.

3. Verlust durch Wärmeleitung und -strahlung.

4. Verlust durch Unstetigkeit des Verbrennungsvorganges (Anwärmungs- und Abkühlungsverlust).

Nur einige von diesen Verlusten lassen sich rechnerisch erfassen: es sind dies die beträchtlichsten 1 a und 2 a; außerdem lassen sich die Verluste 2 b und 2 c schätzen. Die anderen kann man, falls der Kesselwirkungsgrad bekannt ist, als Restverlust ermitteln.

Für den Verlust durch die fühlbare Wärme der Abgase gilt (wenn man von dem geringen Methangehalt der Verbrennungsgase absieht) für Steinkohle und für Braunkohle unter 10% Wassergehalt die Formel

$$V_t = 0{,}65 \frac{T - t}{K + k + 0{,}33}, \tag{68}$$

wobei V_t in % des Heizwertes ausgedrückt wird.

Diese Gleichung ist durch N 31 dargestellt. Auf 3 Skalen dieses Nomogrammes sind die Werte $T - t$ $K + k$ und V_t aufgetragen.

Für Braunkohle mit Wassergehalt über 10% ist der Verlust V_t in starkem Maße vom Feuchtigkeitsgehalt des Brennstoffes abhängig. Man kann schreiben

$$V_t = \mu (T - t) \quad \text{in \% des Heizwertes,} \tag{69}$$

wobei μ vom Feuchtigkeitsgehalt und von $K + k$ abhängig ist. Diese Abhängigkeit drücken die Kurven der K 10 aus.

Der günstigste CO_2-Wert für feste Brennstoffe ist

für gasreiche Brennstoffe ca. 10%,
„ gasarme „ „ 14%.

[1] B = stündlich verbrannte Brennstoffmenge in kg, H = Heizfläche in m².
* D = die im Kessel stündlich erzeugte Dampfmenge in kg, H = Kesselheizfläche in m².
[2] In Anlehnung an Dubbel: Taschenbuch f. d. Maschinenbau. Berlin: Julius Springer.
[3] Mit Überhitzer. [4] Mit Überhitzer und Rauchgasvorwärmer.

Den Verlust durch unverbrannte Gase finden wir aus der Brausschen Näherungsformel

$$V_k = \frac{70\,k}{K + k}. \tag{70}$$

Im N 32 finden wir für gegebene K und k den Wert von V_k. Die Formel gibt meistens etwa zu kleine Werte für V_k.

Für die Verluste durch brennbare Aschenrückstände V_R läßt sich leicht der Ausdruck ableiten:

$$V_R = 81\frac{r\,R}{H}, \tag{71}$$

wobei R die von 100 kg Brennstoff verbliebene Menge der Aschenrückstände in kg und r die in 100 kg Rückständen enthaltene Menge des Verbrennlichen in kg bedeutet. (Reiner Kohlenstoff hat den Heizwert 8100.)

Den Wärmeverlust V_f, der durch Vorhandensein von Ruß in den Verbrennungsgasen entstanden ist, kann man nach der Farbe der aus dem Schornstein entweichenden Rauchgase schätzen. Wenn wir die Anzahl von Gramm Ruß in 1 m³ der Verbrennungsgase mit f bezeichnen, so ist ungefähr:

für tiefschwarzen Rauch	$f = 4$
,, sehr dunklen Rauch	$f = 3$
,, dunklen Rauch	$f = 2$
,, mittelhellen Rauch	$f = 1.$

Der entsprechende Wärmeverlust ist dann

$$V_f = \frac{Q\,f\,8100 \cdot 100}{H \cdot 100} \quad \text{in } \%; \tag{72}$$

setzt man in diese Gleichung den angenäherten Wert von Q aus Gl. (56) (S. 77), so erhält man

$$V_f = 0{,}89\,\lambda f. \tag{73}$$

Die Gleichung ist im N 33 dargestellt.

Beispiel 1. Die Gastemperatur hinter dem Ekonomiser beträgt 275° C, die Temperatur im Kesselhaus ist 25° C. Wie groß ist der Verlust durch die fühlbare Wärme der Rauchgase und durch die unverbrannten Gase, wenn

1.	$K = 12;$	$k = 0{,}5;$
2.	$K = 14;$	$k = 2;$
3.	$K = 15;$	$k = 3$

ist? Verfeuert wird Steinkohle mit $\tau = 0{,}0366$ ($K_m = 19{,}23\,\%$). Aus N 31 und N 32 finden wir

1.	$V_t = 12{,}7\,\%$,	$V_k = 2{,}8\,\%$,
2.	$V_t = 9{,}9\,\%$,	$V_k = 8{,}8\,\%$,
3.	$V_t = 8{,}8\,\%$,	$V_k = 11{,}7\,\%$.

Die Summe der beiden Verluste beträgt

für den Fall 1: 15,5%,
,, ,, ,, 2: 18,7%,
,, ,, ,, 3: 20,5%.

Die Schädlichkeit des Vorhandenseins von Kohlenoxyd liegt auf der Hand. Für $K = 12\,\%$, $k = 0{,}5$ und $K_m = 19{,}23$ ist (N 25) $\lambda = 1{,}52$. Um ganz sicher zu sein, daß sich bei der Verbrennung kein Kohlenloxyd bildet, erhöhen wir die Luftzuschußmenge um 50%, d. h. wir arbeiten mit $\lambda = 2{,}28 = 1{,}52 \cdot 1{,}5$. Wie groß wird dann der Wärmeverlust sein?

Da nunmehr die vollkommene Verbrennung gewährleistet ist, finden wir aus N 25 für $\lambda = 2{,}28$ und $K_m = 19{,}23$:

$$K = 8{,}34\,\%.$$

Für $K = 8{,}34$ und $T - t = 250$ ergibt N 31

$$V_t = 18{,}76\,\%.$$

Wir ersehen daraus, daß kleine Mengen Kohlenoxyd sich immerhin ökonomischer erweisen als hohe Luftüberschüsse.

Beispiel 2. Wie groß sind für Braunkohle mit 30% Wassergehalt die Verluste V_t, wenn

1. $K = 12$, $k = 0{,}5$,
2. $K = 14$, $k = 2$,
3. $K = 9{,}7$, $k = 0$ und $T - t = 250^0$ C ist?

Wir finden aus K 10:

1. $\mu = 0{,}059$,
2. $= 0{,}048$,
3. $= 0{,}074$,

und daraus (Gl. 69):

1. $V_t = 14{,}7\%$,
2. $= 12\%$,
3. $= 18{,}5\%$.

Also in allen Fällen größer als bei Steinkohle.

Beispiel 3. Der aus dem Schornstein entweichende Rauch habe für den Betriebsfall 1 des Beispieles 1 eine dunkle Beschaffenheit, so daß man $f = 2{,}5$ setzen kann. Bei erhöhtem Luftzuschuß sei $f = 1{,}5$. Wie ändert sich dabei der Verlust V_f?

. Für $\lambda = 1{,}52$ und $f = 2{,}5$ erhalten wir aus dem N 33 $V_f = 3{,}4\%$,

,, $\lambda = 2{,}28$,, $f = 1{,}5$,, ,, ,, ,, ,, $V_f = 3{,}05\%$,

so daß der kleine Unterschied, der

$$0{,}35\%$$

beträgt, die im Beispiel 1 gezogenen Schlüsse nicht beeinträchtigt.

Schornstein.

Bezeichnungen.

t_e Temperatur der in den Schornstein eintretenden Gase in °C.
t_a Temperatur der aus dem Schornstein ausströmenden Gase in °C.
t_l Lufttemperatur in °C.
t_m mittlere Temperatur im Schornstein in °C.
b Barometerstand in mm Q.S.
H Schornsteinhöhe in m.
O innere Schornsteinfläche in m².
D_o oberer Schornsteindurchmesser in m.
D_u unterer Schornsteindurchmessr in m.
D_m mittlerer Schornsteindurchmesser in m.
B stündlich verfeuerte Brennstoffmenge in kg.
H unterer Heizwert des Brennstoffes in kcal.
Q Verbrennungsgasmenge von 1 kg Brennstoff bei der Temperatur 0° in m³.
Q_a Verbrennungsgasmenge von 1 kg Brennstoff bei der Temperatur t_a in m³.
Q_m Verbrennungsgasmenge von 1 kg Brennstoff bei der Temperatur t_m in m³.
Q'_g stündlich erzeugte Verbrennungsgasmenge von 1 kg Brennstoff in kg.
Q', Q'_m stündlich erzeugte Verbrennungsgasmengen bei den Temperaturen 0° und t_m in m³.
g' spezifisches Gewicht der Luft von 0° und 750 mm Q.S. in kg/m³.
g_l spezifisches Gewicht der Luft von der Temperatur t_l und 750 mm Q.S. in kg/m³.
γ spezifisches Gewicht der Verbrennungsgase von 0° und 750 mm Q.S. in kg/m³.
γ_m spezifisches Gewicht der Verbrennungsgase von der Temperatur t_m und 750 mm Q.S. in kg/cm³.
c_p spezifische Wärme der Verbrennungsgase.
v_o Gasgeschwindigkeit im Durchmesser D_o des Schornsteines in m/sek.
v_u Gasgeschwindigkeit im Durchmesser D_u des Schornsteines in m/sek.
v_m Gasgeschwindigkeit im Durchmesser D_m des Schornsteines in m/sek.
Z statische Zugstärke des Schornsteines in mm W.S.
Z_V Verlust der Zugstärke durch Erzeugung der Geschwindigkeit in mm W.S.
Z_R Verlust der Zugstärke durch Reibung in den Schornsteinwänden in mm W.S.
φ Koeffizient.
x, β, C, K Korrekturfaktoren.

Um die Wirkung eines Schornsteines zu bestimmen, ist es das wichtigste, das Temperaturgefälle der durch denselben hindurchziehenden Gase zu kennen. Die Gase, die am Schornsteinfuß mit der Temperatur t_e eintreten, geben der Wandung des Schornsteines Wärme ab, so daß die Temperatur t_a oben an der Schornsteinmündung stets kleiner als t_e ist. Allerdings kommt den Gasen teilweise die durch die Reibung an den Wänden erzeugte Wärme zugute, man kann sie aber wegen ihres zu geringen Betrages vernachlässigen. Weiter wollen wir annehmen, daß

1. die Kurve des Temperaturgefälles längs der Schornsteinhöhe eine von t_e ausgehende und in t_a mündende Gerade ist, und daß

2. die spezifische Wärme c_p der Verbrennungsgase im Temperaturgebiet zwischen t_e und t_a und im Druckgebiet zwischen b mm Q.S. und $b - Z$ mm Q.S. konstant ist.

Unter diesen Voraussetzungen können wir folgern, daß die von den Gasen im Schornstein verlorene Wärmemenge

$$R = Q'_{\text{kg}}\, c_p\, (t_e - t_a) \tag{74}$$

ist.

Nimmt man noch dazu an, daß der Wärmedurchgangskoeffizient k (d. h. die Wärmemenge, die in 1 Stunde durch 1 m² der inneren Schornsteinfläche hindurchgeht) längs der Schornsteinhöhe konstant ist, so ist angenähert

$$\begin{aligned} R &= k\,O\,(t_m - t_l) \\ &= k\,O\left(\frac{t_e + t_a}{2} - t_l\right). \end{aligned} \tag{75}$$

Aus (74) und (75) erhalten wir

$$k\,O\,(t_e + t_a - 2\,t_l) = 2\,Q'_{\text{kg}}\, c_p\, (t_e - t_a). \tag{76}$$

Ist Q'_m und γ_m die Verbrennungsgasmenge in m³, bzw. das spezifische Gewicht der Verbrennungsgase bei der Temperatur t_m und bedeutet Q' und γ die Verbrennungsgasmenge in m³, bzw. das spezifische Gewicht der Verbrennungsgase bei der Temperatur 0°, so ist, wenn wir von der Korrektion der Gasvolumina für die geringen Druckunterschiede absehen, für den Barometerstand 750 mm Q.S.:

$$Q'_{\text{kg}} = Q'_m\, \gamma_m = Q'\,\gamma, \tag{77}$$

wobei

$$\gamma = 1{,}33$$

ist. Weiter ist

$$Q' = Q\,B. \tag{78}$$

Da der Verjüngungswinkel des Schornsteines (s. u.) klein ist, können wir näherungsweise setzen

$$O = \frac{\pi}{2}\, H(D_o + D_u), \tag{79}$$

wobei D_o den inneren Durchmesser oben und D_u den inneren Durchmesser unten bedeutet.

Die Werte (77) bis (79), in (76) eingesetzt, ergeben

$$\frac{(t_e - t_l) + (t_a - t_l)}{(t_e - t_l) - (t_a - t_l)} = \frac{4\,B\,Q\,\gamma\,c_p}{\pi\,k\,H\,(D_o + D_u)}. \tag{80}$$

Wir setzen darin (als Mittelwerte für die im Schornstein anzutreffenden Bedingungen)

$$\left.\begin{aligned} \gamma &= 1{,}33 \quad \text{(für 9\,\% } CO_2 \text{ in den Verbrennungsgasen)}, \\ k &= 1{,}5 \quad \text{(für Ziegelsteine, Mauerstärke i. M. 30 cm)}, \\ c_p &= 0{,}245 \quad \text{(für Verbrennungsprodukte der Steinkohle zwischen } 0^0 \text{ und } 300^0) \end{aligned}\right\} \tag{81}$$

und schreiben die Gl. (80) in der Form

$$\frac{t_e - t_l}{t_a - t_l} = \frac{0{,}274\,\varphi - 1}{0{,}274\,\varphi + 1}, \tag{82}$$

wobei

$$\varphi = \frac{Q\,B}{H(D_o + D_u)} \qquad [Q \text{ in m}^3,\ B \text{ in kg},\ H,\ D_o \text{ und } D_u \text{ in m}]. \tag{83}$$

ist. Aus diesen Gleichungen, von denen die Gl. (82) durch das Nomogramm N 34 dargestellt ist, läßt sich bei bekannten Daten des Schornsteines und des Verbrennungszustandes der Temperaturunterschied $t_a - t_o$ und somit bei bekannter Lufttemperatur auch t_a ermitteln.

Die Größe φ stellt ein gewisses Maß für die Belastung des Schornsteins dar: bei schwach belasteten Schornsteinen ist φ klein, bei starker Schornsteinbelastung kann φ bis zu bedeutenden Werten (500 und darüber) anwachsen. Die sich für die großen Werte von φ immer mehr zusammenziehende φ-Skala des N 34 ist ein Ausdruck dafür, daß der rechts in der Gl. (82) befindliche Bruch dem Werte 1 nahe kommt.

Zunächst ist φ (mit dem Rechenschieber) zu berechnen. In der Nomogrammskala, die die Werte von $\varphi = 5{,}6$ bis 3000 umfaßt, werden die meist in der Praxis vorkommenden Werte stets Platz finden. Die Temperatur t_e kann im Betrieb leicht gemessen werden. Ist die Temperatur der vom Kessel (bzw. Rauchgasvorwärmer) abziehenden Gase bekannt, so erhält man daraus t_e, wenn man die ungefähre Abkühlung der Gase in den horizontalen Rauchgaskanälen (bis zum Schornsteinfuß) schätzt und in Abzug bringt. Je nach der Isolation derselben kann man mit einer Abkühlung von 0,5° bis 1° C pro laufendem Meter rechnen.

Ist t_a bestimmt, so ist damit eine der wichtigsten Größen für die Beurteilung des Schornsteines gewonnen.

Die mittlere Gastemperatur im Schornstein setzen wir

$$t_m = \frac{t_a + t_e}{2}. \tag{84}$$

Beispiel 1. Es sei für einen Schornstein

$$H = 70 \text{ m}; \quad D_o = 2{,}5 \text{ m}; \quad D_u = 3{,}8 \text{ m};$$

es wird in 3 Babcock-Wilcox-Dampfkesseln stündlich $B = 5000$ kg Kohle mit Heizwert $H = 6500$ verbrannt. Der Luftüberschußfaktor beträgt $\lambda = 1{,}6$. Die Temperatur der Verbrennungsgase im Schornstein unten betrage 250° C. Wie ändert sich die Austrittstemperatur der Verbrennungsgase, wenn die Luftaußentemperatur sich von 0° C auf 30° C ändert?

Aus N 28 finden wir für $H = 6500$, $\lambda = 1{,}6$ angenähert:

$$Q = 11{,}44 \text{ m}^3 \text{ von } 0^0 \text{ und } 760 \text{ mm}.$$

Es ist dann

$$\varphi = \frac{11{,}44 \cdot 5000}{70\,(3{,}8 + 2{,}5)} = 130.$$

Aus N 34 finden wir für $\varphi = 130$, $t_e - t_l = 250 - 0 = 250^0$:

$$t_a - t_l = 236 \quad \text{und} \quad t_a = 236^0 \text{ C}.$$

Für $t_l = 30^0$ C ist $t_e - t_l = 220$; aus demselben Nomogramm erhalten wir

$$t_a - t_l = 208^0 \text{ C},$$

d. h.

$$t_a = 238^0 \text{ C}.$$

Die Austrittstemperatur ändert sich somit bei 30° C betragendem Unterschied der Lufttemperatur nur um 2° C, also unbedeutend.

Noch kleinerer Änderung unterliegt die mittlere Temperatur im Schornstein; sie beträgt in beiden Fällen

$$t_m = 243^0 \text{ C}, \quad t_m = 244^0 \text{ C}.$$

Beispiel 2. Eine Anlage, bestehend aus 1 Cornwallkessel: $B = 400$; $H = 6300$; λ stark schwankend, Mittelwert $= 1{,}8$; Schornstein: $H = 24$, $D_o = 1$ m, $D_u = 1{,}5$ m. Verbrennungsgase $t_e = 340^0$. Lufttemperatur $t_l = 20$.

N 28 ergibt für $H = 6300$, $\lambda = 1{,}8$: $Q = 12{,}5$;

$$\varphi = \frac{12{,}5 \cdot 400}{24 \cdot 2{,}5} = 83{,}3.$$

N 34 ergibt für $\varphi = 83{,}3$, $t_e - t_l = 320$:

$$t_a - t_l = 293$$

und somit

$$t_a = 313; \quad t_m = 326{,}5.$$

Die im Betriebe anzutreffende Zugstärke ist stets kleiner als die Zugstärke, die sich beim Schließen des unten befindlichen Schiebers einstellt, wobei also die Geschwindigkeit der

Gase = 0 wird. Letztere, die sog. **statische Zugstärke**, ergibt sich aus der Gleichung

$$Z = H(g_l - \gamma_m), \tag{85}$$

wobei g_l das spezifische Gewicht der Luft bei der Temperatur t_l bedeutet. Bezeichnen wir mit g' das spezifische Gewicht der Luft bei der Temperatur 0^0, so ist

$$g_l = \frac{273\,g'}{273 + t_l}; \tag{86}$$

außerdem ist

$$\gamma_m = \frac{273\,\gamma}{273 + t_m}, \tag{87}$$

so daß wir

$$\frac{Z}{H} = 273\,g'\left(\frac{1}{273 + t_l} - \frac{\frac{\gamma}{g}}{273 + t_m}\right) \tag{88}$$

erhalten.

Bei mittleren normalen Verhältnissen (Luftdruck 750 mm, Luftfeuchtigkeit 70%) ist

$$g' = 1{,}276. \tag{89}$$

Dies und den Wert von $\gamma = 1{,}33$ in die Gl. (88) eingesetzt, ergibt

$$\frac{Z}{H} = 348{,}35\left(\frac{1}{273 + t_l} - \frac{1{,}04}{273 + t_m}\right) \quad [Z \text{ in mm W.S., } H \text{ in m, } t_l \text{ und } t_m \text{ in } {}^0\text{C}]. \tag{90}$$

Diese Gleichung ist durch das Nomogramm N 35 dargestellt; dasselbe ermöglicht, aus bekannten t_l und t_m den Wert von $\frac{Z}{H}$ zu ermitteln.

Beispiel 1. Für die Daten von Beispiel 1 (S. 85) erhalten wir aus Nomogramm N 35 für die Lufttemperatur 0^0 und $t_m = 243$:

$$\frac{Z}{H} = 0{,}574$$

und

$$Z = 40{,}2 \text{ mm};$$

für die Lufttemperatur 30^0 und $t_m = 244$:

$$\frac{Z}{H} = 0{,}448$$

und

$$Z = 31{,}4 \text{ mm}.$$

Der Unterschied zwischen der Zugstärke des Schornsteins bei den Lufttemperaturen 0^0 und 30^0 beträgt 8,8 mm.

Beispiel 2. (Siehe S. 85, Beispiel 2.) Für $t_m = 327$ und $t_l = 20$ ergibt N 35:

$$\frac{Z}{H} = 0{,}585,$$

also, da $H = 24$:

$$Z = 14,$$

ein ziemlich kleiner Wert, der jedoch noch für die betreffende Anlage, wo kein Ekonomiser vorhanden ist, ausreicht.

Wird der Zugschieber im Kessel geöffnet, so stellt sich ein Wert der Zugstärke Z_b ein, der kleiner als die statische Zugstärke Z ist. Nachdem die Abkühlung der Gase im Schornstein schon in der Berechnung von Z berücksichtigt worden ist, wird der Unterschied $Z - Z_b$ verursacht

1. durch den Verlust Z_v, hervorgerufen durch die Erzeugung der Geschwindigkeit der Verbrennungsgase im Schornstein, und
2. durch den Verlust Z_R, hervorgerufen durch die Reibung der Gase an den Schornsteinwänden.

Der Verlust der Zugstärke durch die Erzeugung der Geschwindigkeit ist nach einer bekannten Formel angenähert gleich

$$Z_v = \gamma_m \frac{v_m^2}{2 \cdot 9{,}81} \quad [Z_v \text{ in mm W.S.}, \quad v_m \text{ in m/sek}, \quad \gamma \text{ in kg/m}^3], \tag{91}$$

wobei also anstatt eines Integrals der Mittelwert v_m der Geschwindigkeit und γ_m des spezifischen Gewichtes eingesetzt ist. Wir können die Gl. (91) auch in der Form

$$B\,Q_m = \frac{\pi}{4} D_m^2 \sqrt{2 \cdot 9{,}81 \frac{Z_v}{\gamma_m}} \cdot 3600 \tag{92}$$

schreiben und damit die Berechnung von Z_v auf das N 4 zurückführen. Das Volumen der Verbrennungsgase Q_m bei der Temperatur t_m wird nach der Gleichung

$$\frac{Q_m}{Q} = \frac{273 + t_m}{273} \tag{93}$$

oder mittels N 11 vorgenommen (siehe diesbezügliche Erläuterung S. 37). Wird aus dem N 4 aus gegebenem $B Q_m$ und D_m der Wert von h ermittelt, so setzen wir

$$Z_v = \gamma_m h \cdot 0{,}001 \qquad [Z_v \text{ in mm W.S.}, \quad h \text{ in mm}, \quad \gamma_m \text{ in kg/m}^3]; \tag{94}$$

γ_m wird am leichtesten auf die Weise ermittelt, daß man aus N 11 das spezifische Gewicht der Luft g' für die Temperatur t_m und den betreffenden Barometerstand berechnet und dann setzt

$$\gamma_m = 1{,}04\,g'. \tag{95}$$

Beispiel 1 (s. Beispiel 1, S. 85). Es sei für

$$t = 0^0,$$
$$Q = 11{,}44;$$

wir finden aus N 11 für

$$t_m = 242.$$

$Q_m = 21{,}8$ m³ für 1 kg Brennstoff

Beträgt die stündlich verbrannte Kohlenmenge $B = 5000$ kg, so wird stündlich die Gasmenge

$$B\,Q_m = 109\,000 \text{ m}^3$$

erzeugt. Diese Gasmenge, durchströmend den Mittelquerschnitt des Schornsteins $D_m = 3{,}15$ m ergibt (N 4) die Geschwindigkeitshöhe

$$h = 770.$$

Aus N 11 folgt für $t = 242^0$ und $b = 760$

$$\gamma_m = 1{,}04\,g' = 1{,}04 \cdot 0{,}685 = 0{,}715.$$

Es ist somit

$$Z_v = 0{,}77 \cdot 0{,}715 = 0{,}55 \text{ mm W.S.}$$

Beispiel 2 (s. Beispiel 2, S. 85). $Q = 12{,}5$; $t_m = 327$; $B = 400$; $D_m = 1{,}25$. Wir finden ebenso wie im Beispiel 1:

$$B Q_m = 11\,000 \text{ m}^3/\text{st},$$

aus N 11

$$Q_m = 27{,}5 \text{ m}^3 \text{ von } 327^0 \text{ und } 760 \text{ mm}, \quad \gamma_m = 0{,}588,$$

aus N 4

$$h = 316.$$

Es folgt

$$Z_v = 0{,}316 \cdot 1{,}04 \cdot 0{,}588 = 0{,}19 \text{ mm W.S.}$$

Der Zugverlust Z_v übersteigt selten den Wert von 1 mm.

Der Verlust der Zugstärke durch die Reibung kann aus der Gleichung von Fritsche[1] für Druckverlust bei Strömung von Gasen und Dämpfen (die allerdings nur für glatte

[1] Mitt. Forsch.-Arb. V. d. I. H. 60.

Rohre genau zutrifft) für Rohrleitungen gefunden werden:

$$\Delta p = \beta \cdot 10^{-4} \gamma \frac{v^2}{D} l \qquad [\Delta p \text{ in at}, \ v \text{ in m/sek}, \ \gamma \text{ in kg/m}^2, \ D \text{ in mm}, \ l \text{ in m}], \tag{96}$$

wobei

$$\beta = 6{,}02\, D^{-0{,}269} \gamma^{-0{,}148} v^{-0{,}148} \tag{97}$$

ist (s. auch S. 34).

Aus (96) und (97) erhalten wir durch Einsetzen der für den Schornstein gültigen Werte:

$$\frac{Z_R}{H} = 6{,}02 \frac{\gamma_m^{0{,}852} v_m^{1{,}852}}{D_m^{1{,}269}}.$$

In diese Gleichung setzen wir noch den Wert von γ_m aus Gl. (87) ein und erhalten für den Barometerstand 750 mm Q.S.

$$\frac{Z_R}{H} = 0{,}1416 \frac{v_m^{1{,}852}}{D_m^{1{,}269} (t_m + 273)^{0{,}852}} \qquad [Z_R \text{ in mm W.S.}, \ H \text{ und } D_m \text{ in m}], \tag{98}$$

eine Gleichung, die durch das Nomogramm N 36 dargestellt ist (Vierskalensystem mit Zapfenlinie). Durch Ziehen zweier Strahlen, die sich auf der Zapfenlinie schneiden, erhalten wir aus den bekannten v_m, D_m und t_m den Wert von $\frac{Z_R}{H}$.

Beispiel 1. Für

$$D_m = 3{,}15 \text{ m}, \quad H = 70, \quad v_m = 3{,}86, \quad t_m = 242$$

erhalten wir aus N 36

$$\frac{Z_R}{H} = 0{,}00198 \quad \text{und} \quad Z_R = 0{,}14 \text{ mm}.$$

Beispiel 2. Für

$$D_m = 1{,}25, \quad H = 24, \quad v_m = 2{,}48, \quad t_m = 327$$

erhalten wir

$$\frac{Z_R}{H} = 0{,}0025 \quad \text{und} \quad Z_R = 0{,}06 \text{ mm}.$$

Der Zugsverlust Z_R übersteigt selten den Wert von 1 mm.

Die Berechnung der Schornsteinweite

wird meistens nach Festsetzung einer bestimmten Gasgeschwindigkeit an der Schornsteinmündung (oben) vorgenommen. Diese Ausströmungsgeschwindigkeit v_0, die normalerweise 3 bis 10 m/sek beträgt, wird erfahrungsgemäß von der Zahl der den Schornstein speisenden Kessel in Abhängigkeit gesetzt. Es wird als zweckmäßig erachtet,

für	1	bis	3	Kessel	$v_o = 3$	bis	5 m/sek,
,,	4	,,	7	,,	5	,,	6 ,,
,,	8	,,	12	,,	6	,,	7 ,,
über	12			,,	7 m/sek		

zu wählen. Unter Berücksichtigung der Außenlufttemperatur t_a und des Barometerstandes wird die Verbrennungsgasmenge Q_a in m³ an der Schornsteinmündung bestimmt (siehe Nomogramm N 11, auch S. 37). Es besteht die Beziehung

$$v_o = \frac{4\, Q_a B}{\pi D_o^2}, \tag{99}$$

die durch das Nomogramm N 4 dargestellt ist. Ist v_o gewählt und Q_a bekannt, so läßt sich daraus D_o bestimmen.

Beispiel 1. Aus N 11 erhalten wir aus $Q = 11{,}44$ und $t_a = 236^0$

$$Q_a = 21{,}5$$

und also

$$BQ_a = 107\,500.$$

Aus N 4 finden wir dafür und für $D_o = 2{,}5$

$$v_o = 6{,}09 \text{ m/sek},$$

also ein für die geschilderten Umstände durchaus normaler Wert der Ausflußgeschwindigkeit.

Beispiel 2. Ebenso wie im Beispiel 1 erhalten wir für

$$Q_a = 26{,}8, \qquad BQ = 10700, \qquad v_o = 3{,}8.$$

Bei der Nachrechnung der Wirkungsweise eines vorhandenen Schornsteins empfiehlt es sich, in folgender Reihe vorzugehen. Gegeben:

$$t_e,\ t_l,\ Q,\ B,\ H,\ D_u,\ D_o$$

(falls Q nicht gegeben, kann man es aus Nomogramm N 28 bzw. nach S. 74ff. berechnen).

I.	Berechnung von	φ	aus Q, B, H, D_u, D_o	mittels Rechenschieber.
II.	,, ,,	t_a	,, t_e, t_l, φ	Nom. N 34, Gl. (82) und (83).
III.	,, ,,	t_m	,, t_a, t_e	Gl. (84).
IV.	,, ,,	Q_m	,, Q, t_m	Gl. (93), Nom. N 11.
V.	,, ,,	Q_a	,, Q, t_a	Gl. (93), Nom. N 11.
VI.	,, ,,	D_m	,, D_u, D_o.	
VII.	,, ,,	v_m	,, Q_m, D_m	Gl. (99), Nom. N 4.
VIII.	,, ,,	v_o	,, Q_a, D_o	Gl. (99), Nom. N 4.

Vergleichen von v_o mit den Angaben auf S. 88:

IX.	Berechnung von	$\frac{Z}{H}$	aus t_m, t_l	Gl. (90), Nom. N 35.
X.	,, ,,	Z_v	,, t_m, v_m	Gl. (94), Nom. N 4.
XI.	,, ,,	Z_R	,, t_m, v_m, D_m	Gl. (98), Nom. N 36.
XII.	,, ,,	Z_b	,, $Z - Z_v - Z_R$	

Ist ein neuer Schornstein zu berechnen, so ist zunächst nach Ansatz VIII die obere lichte Weite zu bestimmen, indem man v_o wie auf S. 88 angegeben wählt. Da der Verjüngungswinkel von gemauerten Schornsteinen meistens $\cong$ ½% gewählt wird, bestimmt man D_u aus der Gleichung

$$D_u = D_o + (0{,}016 \text{ bis } 0{,}02)\, H. \tag{100}$$

Je nach den Verhältnissen schätzt und wählt man H und bestimmt aus der Messung der Temperatur der aus dem Kessel heraustretenden Gase und der Entfernung des Schornsteines die Temperatur t_e. Dann verfährt man systematisch wie oben angegeben.

Gewöhnlich verbraucht der Überhitzer 1 bis 2 mm, der Rauchgasvorwärmer 2 bis 4 mm, der Luftvorwärmer 1 bis 4 mm, die Kesselzüge 3 bis 6 mm der Zugstärke.

In den Formeln (82), (90), (95) und (98) wurde ein mittleres spezifisches Gewicht der Verbrennungsgase bei 0° und 750 mm

$$\gamma = 1{,}33$$

zugrunde gelegt, was dem normalen vorkommenden Fall [s. S. 84, Gl. (81)] entspricht. Ist im gegebenen Falle das spezifische Gewicht (Berechnung siehe S. 76) verschieden und gleich γ_x, so kann man dieselben Nomogramme benützen und nachträglich Korrekturen an den Resultaten vornehmen. Nachdem 0,274 φ [s. Gl. (82)] dem spezifischen Gewicht proportional ist, ist der richtige Wert

$$\varphi_x = \frac{\varphi\, \gamma_x}{1{,}33}. \tag{101}$$

Außerdem finden wir, wenn wir mit Zeichen x den richtigen Wert im Gegensatz zu dem für $\gamma = 1{,}33$ berechneten bezeichnen:

$$\left(\frac{Z}{H}\right)_x = \frac{Z}{H} + K, \qquad K = \frac{1{,}33 - \gamma_x}{1 + \frac{t_m}{273}}, \tag{102}$$

$$(Z_v)_x = \frac{Z_v \gamma_x}{1{,}33}, \tag{103}$$

$$\left(\frac{Z_R}{H}\right)_x = C\,\frac{Z_R}{H}, \qquad C = \left(\frac{\gamma_x}{1{,}33}\right)^{0{,}852}. \tag{104}$$

Den Wert von C Gl. (104) entnehmen wir der folgenden Tabelle:

γ_x	1,25	1,26	1,27	1,28	1,29	1,30	1,31	1,32	1,33	1,34	1,35	1,36	1,37	1,38	1,39	1,40
C	0,948	0,955	0,961	0,968	0,974	0,981	0,987	0,993	1	1,006	1,012	1,019	1,026	1,032	1,038	1,045

V. Beleuchtungstechnik.

Photometrische Grundgrößen.

Photometrische Grundgrößen nach dem Entwurf der Deutschen Beleuchtungstechnischen Gesellschaft.

Größe: Name	Zeichen	Einheit: Name	Zeichen
Lichtmenge	Q	Lumenstunde	Lmh
Lichtstrom	$\Phi = \frac{Q}{T}$,	Lumen	Lm
Lichtstärke	$J = \frac{\Phi}{\omega}$,	Hefnerkerze	HK
Beleuchtungsstärke	$E = \frac{\Phi}{F}$,	Lux	Lx
Leuchtdichte	$e = \frac{J_\varepsilon}{f \cos \varepsilon}$,	Hefnerkerze für den Quadratzentimeter	HK/cm².
Spezifische Lichtausstrahlung	$\varphi = \frac{\Phi}{F}$,	Lumen für den Quadratzentimeter	Lm/cm².

Hierin bedeuten:

T die Zeit in st,
ω den Raumwinkel als das Verhältnis eines Stückes der Kugeloberfläche zum Quadrate ihres Halbmessers.
F und f eine Fläche in m².
r eine Länge (Entfernung) in m.
ε den Ausstrahlungswinkel.

Es ist somit

$$1\ \text{HK}_0 = \frac{1}{4\pi}\ \text{Lm (sphärisch)} \tag{1}$$

und

$$1\ \text{Lx} = \frac{1\ \text{Lm}}{(1\ \text{m})^2}, \tag{2}$$

d. h. ein Leuchtkörper mit Lichtstrom gleich 1 Lm erzeugt auf einem 1 m weit von ihm entfernten und zur Strahlrichtung senkrecht gelegenen unendlich kleinen Flächenelement die Beleuchtungsstärke 1 Lx.

In England, Frankreich und den Vereinigten Staaten von Amerika ist eine Standardkerze im Gebrauch (auch internationale Kerze genannt), wobei

1 Standardkerze 1 = 11 HK.

Das folgende gilt für die in Deutschland allein übliche Hefnerkerze.

Die Berechnung von Beleuchtungsstärken

kann vorgenommen werden:

A. an Hand der Lichtverteilungskurve des Leuchtkörpers, oder
B. mittels der Wirkungsgradmethode.

A.

Diese Methode gestattet die genaue Ermittlung der Beleuchtungsstärke in einem bestimmten Punkt. Es muß dazu die Lichtausstrahlungskurve der Leuchte gegeben sein (wobei die Stellung der Lampe zum Reflektor berücksichtigt wird), d. h. die Polarkurve

$$J_\alpha = f(\alpha) \quad [J_\alpha \text{ ist die Lichtstärke in der Richtung } \alpha]. \tag{3}$$

Es gilt für eine bestimmte Richtung α (Abb. 21)

$$E = \frac{J_\alpha \cos^3 \alpha}{h^2}, \tag{4}$$

wobei E die Horizontalbeleuchtung im Punkte P bedeutet. Dabei ist

$$\cos \alpha = \frac{h}{\sqrt{h^2 + a^2}}. \tag{5}$$

Wenn man diesen Wert in die Gl. (4) einsetzt, erhält man

$$E = J_\alpha \frac{h}{(h^2 + a^2)^{\frac{3}{2}}}.$$

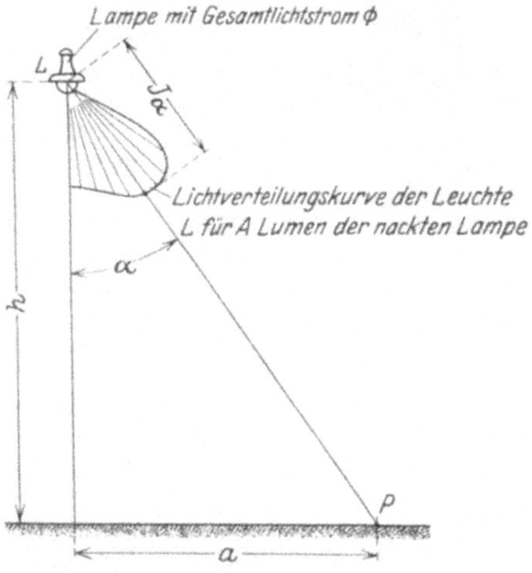

Abb. 21.

Bei der Lichtausstrahlungskurve muß immer angegeben werden, für welchen Gesamtlichtstrom sie gilt. Dies wird klar, wenn man bedenkt, daß die Lichtstärkevektoren J_α x mal größer werden, wenn man an Stelle der gegebenen eine Lampe von $x$fachem Lichtstrom anbringt. Ist der Lichtstrom, auf den die Lichtausstrahlungskurve bezogen ist, gleich A, bedeutet aber Φ den Lichtstrom der wirklich verwendeten Lampe, so ist

$$E = J_\alpha \frac{\Phi}{A} \frac{h}{(h^2 + a^2)^{\frac{3}{2}}}. \tag{6}$$

Wir setzen

$$\psi = \Phi \frac{h}{(h^2 + a^2)^{\frac{3}{2}}}; \tag{7}$$

dann ist

$$E = \frac{J_\alpha}{A} \psi. \tag{8}$$

Die Gl. (7) wird durch das

Nomogramm N 37

dargestellt. Dasselbe besteht aus einem Vierskalensystem mit Zapfenlinie. Die zueinandergehörigen Skalen, die durch die Art der Beschriftung kenntlich gemacht erscheinen, sind:

Skala I und IV,
Skala II und III.

Die Skalen II und IV sind als Doppelskalen ausgebildet; in der Skala II finden wir für jeden Wert des Verhältnisses $\frac{a}{h}$ den entsprechenden Wert des Winkels α (s. Abb. 21). Die Skala IV gibt die Beziehung zwischen dem Lichtstrom Φ und der Leistung der betreffenden elektrischen Osramlampe für 100 bis 139 V an.

Die Skala V darf zur Schnittbildung nicht verwendet werden. Sie dient nur als Doppelskala in Zusammenhang mit der Lichtstromskala Φ der Skalenleiter IV und gibt für jeden Wert von Φ den betreffenden Wert der Leistung einer elektrischen Osramlampe für 170 bis 260 V an.

Wird ψ aus dem Nomogramm bestimmt, und ermittelt man aus der gegebenen Lichtausstrahlungskurve der gewählten Leuchte die Werte J_α und A, so kann man dann nach (8) die Horizontalbeleuchtung E mittels Rechenschieber errechnen.

Die Abb. 22 bis 33 stellen charakteristische Beispiele der Lichtverteilungskurven für verschiedene Leuchten dar (Fabrikate der Siemens-Schuckert-Werke). Die gestrichelten Kurven stellen die Lichtausstrahlungskurve der nackten Lampe dar. Die Lichtausstrahlungskurven beziehen sich auf den Lichtstrom $A = 1000$ Lm der nackten Lampe.

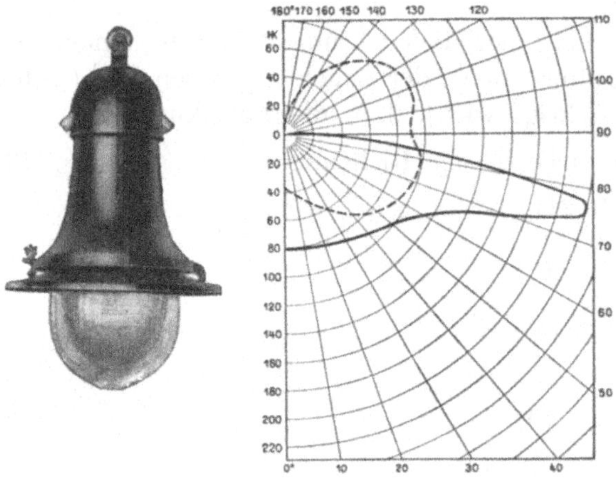

Abb. 22 u. 23. Flachstrahler.

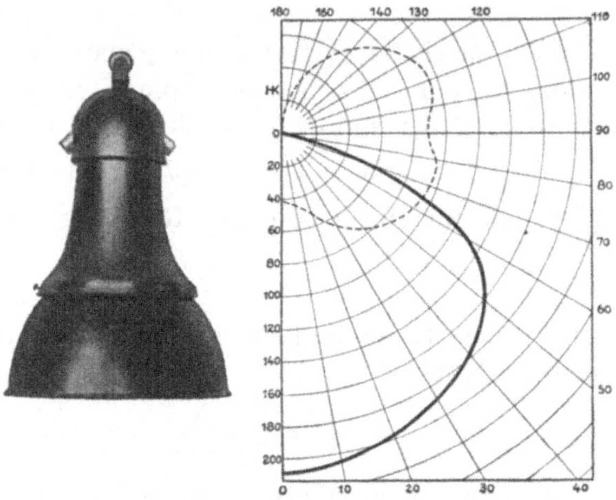

Abb. 24 u. 25. Steilstrahler.

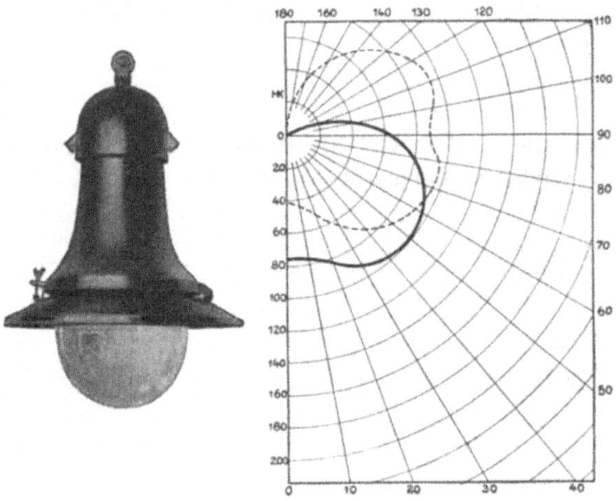

Abb. 26 u. 27. Schrägstrahler.

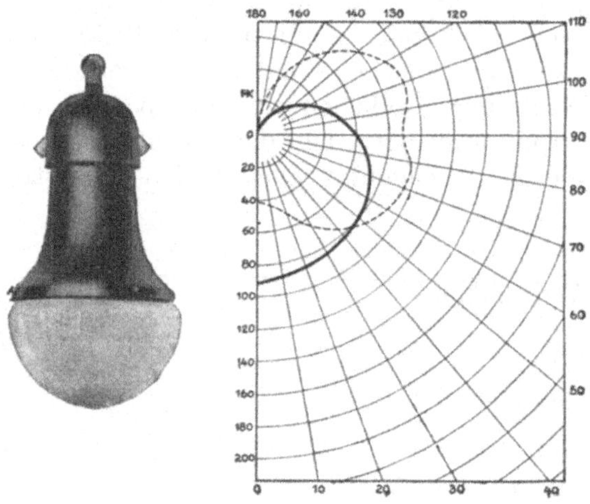

Abb. 28 u. 29. Freistrahler.

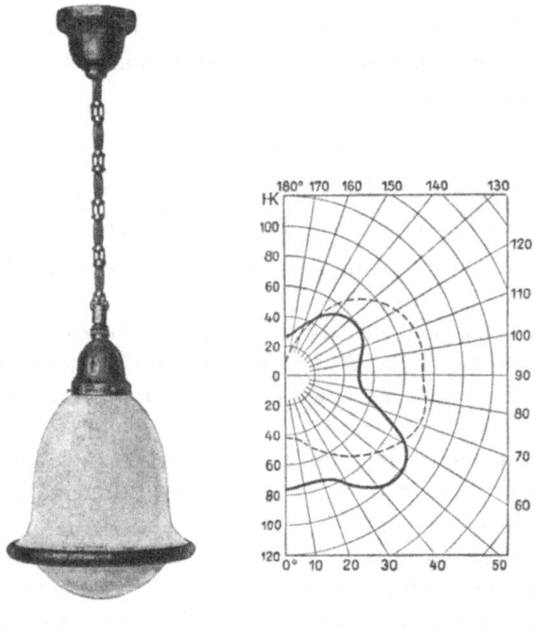

Abb. 30 u. 31. Innenraum-Luzette für halbindirekte Beleuchtung (Kaufhaus-Luzette).

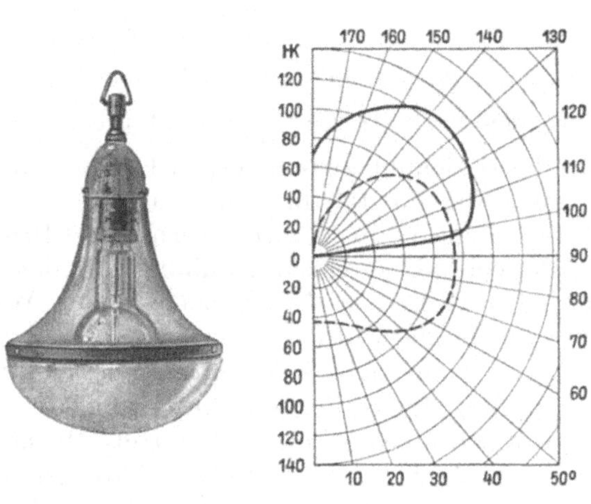

Abb. 32 u. 33. Innenraum-Luzette für ganz indirekte Beleuchtung.

Fall a. Es ist die Horizontalbeleuchtung zu ermitteln, die eine bestimmte Leuchte L in einem bestimmten Punkte P hervorruft.

Aus den gegebenen Größen a und h wird der Quotient $\frac{a}{h}$ berechnet. Der Gesamtlichtstrom der Leuchte L sei Φ (gegeben). Aus $\frac{a}{h}$, h und Φ wird aus dem Nomogramm der Faktor ψ ermittelt, außerdem lesen wir auf der Skala II zu gegebenem a den Wert von α.

Für den so bestimmten Winkel α finden wir aus der Lichtausstrahlungskurve die betreffende Lichtstärke J_α, und dann aus A und ψ nach Gl. (8) die gesuchte Horizontalbeleuchtung.

Beispiel 1. Ein Siemens-Flachstrahler mit einer elektrischen Lampe 300 W 120 V ist in einem Hof in 5 m Höhe über dem Erdboden aufgehängt. Wie groß ist die Beleuchtungsstärke in 20 m Entfernung vom Fußpunkt der Lampe?

Es ist

$$a = 20, \qquad h = 5,$$

$$\frac{a}{h} = 4.$$

Aus N 37 folgt

$$\alpha = 76^0, \qquad \psi = 2{,}99.$$

Aus der Lichtverteilungskurve Abb. 23 finden wir für $A = 1000$ Lm und $\alpha = 76$

$$J = 220 \text{ HK}.$$

Folglich ist die gesuchte Beleuchtungsstärke

$$E = \frac{220}{1000} \cdot 2{,}99 = 0{,}66 \text{ Lx}.$$

Beispiel 2. Ein hoher Hallenbau wird durch eine Reihe von Steilstrahlern beleuchtet, die in der Höhe $h = 3{,}6$ m und in der Entfernung 5,4 m voneinander angebracht sind. Die Glühlampen in den Leuchten sind 200 W, 220 V. Es ist die Beleuchtungsstärke unter den Lampen und in der Mitte zwischen je 2 Lampen zu bestimmen.

Unter einer Lampe ist

$$\frac{a}{h} = 0, \qquad h = 3{,}6, \qquad \text{somit} \quad \psi = 218.$$

Abb. 25 ergibt für $\alpha = 0$: $J_\alpha = 215$ HK für $A = 1000$ Lm, somit

$$E = \frac{215}{1000} 218 = 46{,}8 \text{ Lx}.$$

Der Anteil der Beleuchtungsstärke von den seitlichen Lampen wird wie folgt berechnet:

$$\frac{a}{h} = \frac{5{,}4}{3{,}6} = 1{,}5; \quad h = 3{,}6; \quad \psi = 37{,}2;$$

$$\alpha = 56{,}3; \quad J_\alpha = 150 \text{ HK}; \quad A = 1000 \text{ Lm};$$

$$E = \frac{150}{1000} \cdot 37{,}2 \sim 5{,}6.$$

Die Gesamtbeleuchtungsstärke am Lampenfußpunkt ist somit

$$E = 46{,}8 + 2 \cdot 5{,}6 = 58 \text{ Lx}.$$

Im Mittelpunkt zwischen zwei Lampen ist

$$\frac{a}{h} = 0{,}75; \qquad \psi = 112;$$

$$\alpha = 37; \quad J_\alpha = 185; \quad A = 1000 \text{ Lm};$$

$$E = \frac{185}{1000} \cdot 112 = 20{,}7 \text{ Lx}.$$

Die Gesamtbeleuchtungsstärke in diesem Punkte ist also

$$E = 2 \cdot 20{,}7 = 41{,}4 \text{ Lx}.$$

Die Ungleichmäßigkeit der Beleuchtung beträgt $\frac{58}{41{,}4} = 1{,}4$.

Fall b. Es wird die Lichtstärke (bzw. der Lichtstrom) der Lampe gesucht, die in eine bestimmte Armatur eingesetzt in einem gegebenen Punkt P eine bestimmte Beleuchtungsstärke hervorruft.

Aus $\frac{a}{h}$ bestimmen wir mit Hilfe der Skala II des Nomogrammes den Winkel α, wonach wir aus der Lichtausstrahlungskurve der betreffenden Leuchte den Wert von J_α abmessen. Aus J_α, A und E wird nach Gl. (8) ψ gerechnet und dann aus ψ, $\frac{a}{h}$ und h aus dem Nomogramm der gesuchte Lichtstrom Φ ermittelt.

Beispiel 3. Wie hoch muß die Leistung der Glühlampe gewählt werden, damit die Beleuchtungsstärke im Falle des Beisp. 1 1 Lux betragen soll?

Für $\frac{a}{h} = 4$, $\alpha = 76$, $J_\alpha = 220$ HK, $A = 1000$ Lm und $E = 1$ Lx erhalten wir [Gl. (8)]

$$\psi = \frac{1 \cdot 1000}{220} = 4{,}55\,.$$

Aus N 37 finden wir für diese Werte und für $h = 5$ den gesuchten Lichtstrom 7970 Lm, d. h. bei der Spannung 120 V ist eine Lampe von 500 W zu wählen.

Beispiel 4. Wie groß ist die Beleuchtungsstärke im Punkte P (s. Abb. 21) mit $a = 3$ m, $h = 4$ m, wenn L eine Leuchte ist, die in allen Richtungen die Lichtstärke von 1 Hefnerkerze erzeugt?

Hier ist

$$\Phi = 4\pi \text{ Lm}\,.$$

Für

$$\frac{a}{h} = 0{,}75\,, \qquad h = 4$$

und

$$\Phi = 1257\,, \qquad (\Phi) = 0{,}01$$

finden wir aus N 37

$$\psi = 40{,}4 \cdot (\psi) = 40{,}4 \cdot 0{,}01 = 0{,}404$$

und erhalten, nachdem A ebenfalls gleich 4π Lm ist,

$$E = \frac{0{,}404}{12{,}57} \cdot 1 = 0{,}032 \text{ Lx}\,.$$

E heißt in diesem Fall: Beleuchtungsstärke „bezogen auf 1 Hefnerkerze" und wird mit E_1 bezeichnet.

Bei dieser Berechnung erscheint in der Gl. (6) der Faktor 4π einmal im Zähler, einmal im Nenner; wir können somit das Resultat direkt aus N 37 ablesen, wenn wir $\Phi = 1$ setzen. Das gesuchte E_1 ist dann gleich dem erhaltenen ψ.

Die Gl. (7) und (8) können wir auch schreiben

$$\psi = \Phi E_1\,,\ * \tag{9}$$

$$E = \frac{J_\alpha}{A} \Phi E_1\,. \tag{10}$$

B. Die Wirkungsgradmethode

beruht darauf, daß von dem von der Lampe ausgestrahlten Lichtstrom Φ nur ein Teil, und zwar

$$\eta\,\Phi\,,$$

wobei der Wirkungsgrad

$$\eta < 1$$

ist, für die Horizontalbeleuchtung nutzbar gemacht wird, der Rest aber durch Absorption verloren geht. Ist die zu beleuchtende horizontale Fläche gleich F, so ergibt sich die auf derselben resultierende mittlere Beleuchtungsstärke E_m aus der Gleichung

$$\eta\,\Phi = F E_m \tag{11}$$

* Hier hat Φ in Lumen ausgedrückt die Bedeutung einer Zahl.

oder, wenn anstatt einer Lampe mehrere Lampen verwendet werden und somit der Gesamtlichtstrom $z\Phi$ beträgt:

$$z\eta\Phi = F E_m. \tag{12}$$

Der Wirkungsgrad η ist bei Beleuchtung der Innenräume von der Beschaffenheit der Wände und der Decke abhängig, bei Straßenbeleuchtung von der Art der Lichtverteilung und von dem Verhältnis der Straßenbreite zur Aufhängehöhe der Lampe. Einen Anhalt zur Bestimmung des Wirkungsgrades gibt Bloch[1], und die von ihm angegebenen Werte werden im Nomogramm N 38 graphisch verwertet.

Nomogramm N 38

gibt die Auswertung der Gleichung (12). Wie aus der Beschriftungsart hervorgeht, sind einander einerseits die Skalen für η und $z\Phi$, andererseits die Skalen für F und E_m zugeordnet. Zur Wahl bzw. Beurteilung von η sind an beiden Seiten der betreffenden Skala Diagramme angebracht, die die 3 am häufigsten auftretenden Beleuchtungsfälle berücksichtigen:

1. die direkte und halbindirekte Beleuchtung von Innenräumen,
2. die indirekte Beleuchtung von Innenräumen und
3. die Straßenbeleuchtung.

Bei der Beleuchtung von Innenräumen wird der Zustand der Decke und der Wände (hell, mittel, dunkel) durch entsprechende Schraffuren ausgedrückt. Alle möglichen Kombinationen des Zustandes der Decke und der Wände werden durch zwei verschieden gedruckte Fahnen dargestellt, die sich über den Bereich des der betreffenden Kombination entsprechenden Wirkungsgrades erstrecken, und zwar wird:

Wand,	dunkel	durch	vollschwarzes Feld,
,,	mittel	,,	nach links fallende Schraffur,
,,	hell	,,	weißes Feld,
Decke,	dunkel	,,	gekreuzte Schraffuren,
,,	mittel	,,	nach rechts fallende Schraffur,
,,	hell	,,	weißes Feld

dargestellt. Daraus ersehen wir also z. B., daß der Wirkungsgrad der Beleuchtung bei hellen Wänden und mitteldunkler Decke bei der direkten Beleuchtung 40 bis 50%, bei der indirekten Beleuchtung 20 bis 30% beträgt.

Das Diagramm für direkte und halbindirekte Beleuchtung gilt gleichzeitig auch für die Straßenbeleuchtung, wobei jedoch die besonders gekennzeichneten Felder der Fahnen die Art der Beleuchtung und das Verhältnis $\frac{\text{Straßenbreite}}{\text{Aufhängehöhe}}$ kennzeichnen.

Jede Fahne ist in der Mitte an einer Stelle unterbrochen, und der betreffende Wert des Wirkungsgrades ist der Mittelwert, welcher der der Fahne zugeordneten Kombination entspricht.

Die Bedeutung der dritten Nomogrammskala, der Zapfenlinie, ist bekannt (siehe Einführung S. 3). Die vierte Skala enthält die Werte der mittleren Beleuchtungsstärke E_m in Lux. Daneben (links) sind die nach den Leitsätzen der Deutschen Beleuchtungstechnischen Gesellschaft (DBG) erforderlichen mittleren Beleuchtungsstärken eingetragen. Sie gliedern sich in drei Hauptabteilungen: Arbeitsplatz-, Allgemein- und Verkehrsbeleuchtung, und in zwölf durch römische Ziffern gekennzeichneten Beleuchtungsgruppen. Die für jede Beleuchtungsgruppe von der DBG empfohlene kleinste Beleuchtungsstärke ist rechts neben der E_m-Leiter eingetragen (römische Zahlen). Somit ist also ohne weiteres ersichtlich, daß z. B. für eine Großmaschinen-Montagehalle (Gruppe IV) eine mittlere Beleuchtungsstärke von 15 bis 30 Lux als empfehlenswert erscheint, daß jedoch die daselbst auftretende Mindestbeleuchtung nicht unter 10 Lux herabgehen sollte.

Die letzte Leiter enthält die Werte des Gesamtlichtstromes $z\Phi$, wobei also (beim Entwurf) dem Projektbearbeitenden überlassen wird, die einzelnen Faktoren z (Lampenanzahl) und Φ zu bestimmen, also viele kleine oder wenige große Glühlampen zu wählen (bekanntlich erscheint die letzte Lösung meistens empfehlenswerter und ökonomischer). Um dafür gleich

[1] Bloch: Lichttechnik. München-Berlin: R. Oldenburg.

einen Anhaltspunkt zu geben, sind (rechts von der Skala für $z\Phi$) gleich die betreffenden Glühlampen (und zwar Nitralampen) für 110 und 220 Volt angemerkt, was besonders zustatten kommt, wenn von vornherein $z = 1$ gegeben ist. Die ausführlicheren Werte des Lichtstromes usw. sind aus der Zahlentafel 31 zu entnehmen.

Zahlentafel 31. Leistung, Lichtstrom und Lichtstärke von Osramlampen.

Leistung der Lampe in Watt	Lichtstrom Lumen			Spezifische Lichtausbeute Lm/W			Spezifischer Leistungsverbrauch W/Lm			Sphärische Lichtstärke HK_0			
	Spannungsbereiche der Lampen in Volt												
	100–139	*140–169*	*170–260*	*100–139*	*140–169*	*170–260*	*100–139*	*140–169*	*170–260*	*100–139*	*140–169*	*170–260*	*Volt*
15	145	135	120	9,7	9,0	8,0	0,103	0,111	0,125	11,5	10,7	9,5	Neue Osram-Lampen
25	245	240	230	9,8	9,6	9,2	0,102	0,104	0,109	19,5	19,1	18,3	
40	400	390	385	10,0	9,7	9,6	0,100	0,103	0,104	31,8	31,0	30,5	
	100–130	*131–165*	*200–260*	*100–130*	*131–165*	*200–260*	*100–130*	*131–165*	*200–260*	*100–130*	*131–165*	*200–260*	*Volt*
60	740	680	590	12,3	11,3	9,8	0,081	0,088	0,102	58,8	54,1	46,9	Osram-Nitra-Lampen
75	980	920	800	13,1	12,3	12,0	0,076	0,081	0,094	78	73,2	63,7	
100	1400	1310	1160	14,0	13,1	11,6	0,071	0,076	0,086	111	104,2	92,4	
150	2300	2190	1960	15,3	14,6	13,0	0,065	0,068	0,076	183	174	156	
200	3270	3100	2830	16,3	15,5	14,1	0,061	0,064	0,071	260	246	226	
300	5240	5030	4600	17,4	16,8	15,3	0,057	0,060	0,065	417	400	366	
500	8720	8400	7900	17,5	16,8	15,8	0,057	0,059	0,063	693	668	628	
750	13700	13300	12600	18,3	17,7	16,8	0,055	0,056	0,059	1090	1058	1004	
1000	19000	18200	17500	19,0	18,2	17,5	0,053	0,055	0,057	1510	1448	1392	
1500	29000	28600	27300	19,3	19,1	18,2	0,052	0,053	0,055	2308	2275	2172	
2000	39900	38700	37500	19,9	19,3	18,7	0,050	0,052	0,053	3175	3080	2985	

Beispiel 1. Ein Zeichensaal mit 72 m² Flächeninhalt soll mit einer mittleren Beleuchtungsstärke 100 Lux beleuchtet werden. Die Decke des Saales ist weiß, die Wände mittel. Wie groß ist der aufzuwendende Lichtstrom?

Nachdem die Decke zur Lichtreflexion herangezogen werden kann (was im vorliegenden Falle besonders günstig sein wird wegen der Vermeidung von störenden Schlagschatten), wird halbindirekte Beleuchtung gewählt. Wir finden aus N 38 den Mittelwert $\eta = 45\%$ und mit

$$\overline{F} = 7{,}2; \quad (F) = 10; \quad (\eta) = 1; \quad (E_m) = 1; \quad \overline{\Phi} = 1600;$$

ferner aus der Tabelle für Proportionalitätsfaktoren

$$(\Phi) = 10 \quad (\text{Punkt } a)$$

und somit

$$\Phi = \overline{\Phi}\,(\Phi) = 16000 \text{ Lm}.$$

Es würde sich empfehlen, in diesem Falle 2 Lampen, je 500 Watt, in entsprechenden, halbindirekte Beleuchtung liefernden Leuchten zu wählen.

Beispiel 2. Eine Nebenstraße von 15 m Breite soll mit 6 m über dem Erdboden angebrachten Freistrahlern beleuchtet werden. Die Entfernung zweier Lampen voneinander beträgt 30 m. Wie hoch soll die Leistung der Lampen gewählt werden, damit die mittlere Beleuchtungsstärke $E_m = 1{,}2$ Lux ist.

Es ist

$$\frac{\text{Straßenbreite}}{\text{Aufhängehöhe}} = 2{,}5$$

und folglich

$$(\text{Mittel})\ \eta = 25\%.$$

Weiter ist

$$F = 15 \cdot 30 = 450 \text{ m}.$$

Wir erhalten aus N 38 für

$$(F) = 4{,}5 \text{ m}^2, \quad \overline{E}_m = 1{,}2 \text{ Lx} \quad \text{und} \quad \overline{\eta} = 2{,}5$$

$$(\Phi) = 216.$$

Nachdem

$$(F) = 100, \quad (E_m) = 1, \quad (\eta) = 10$$

ist, ist (Punkt b)

$$(\Phi) = 10$$

und

$$\Phi = \Phi\,(\Phi) = 2160.$$

Es ist somit eine Lampe von 150 W zu wählen.

Die Berechnung der Gleichmäßigkeit der Beleuchtung siehe Beispiel 2 (S. 93).

Lichtverluste. Nutzbrenndauer.

Benutzt man anstatt der gewöhnlichen (Klarglas-)Lampen mattierte oder Milchglaslampen, so muß man mit einem verminderten Lichtstrom rechnen. Der Verlust, bezogen auf den Gesamtlichtstrom, beträgt:

bei halber Mattierung .	2 bis 3%,
,, ganzer ,, .	5 ,, 6%,
,, Milchglaslampen . .	20 ,, 40%.

Werden außerdem noch Überfangglocken verwendet, so verursachen auch sie Verluste, und zwar:

Klarglasglocken	3 bis 8%,
Mattglasglocken . . .	5 ,, 15%,
Opalglasglocken, mittel	15 ,, 20%,
,, dicht .	30 ,, 40%,
Milchglasglocken . . .	30 ,, 50%.

Der Wirkungsgrad der Reflektoren beträgt:

bei ganz reinen weißen Flächen. . . .	bis 100%,
,, gewöhnlichen weißen Reflektoren .	60 ,, 70%,
,, Metallspiegeln	60 ,, 80%,
,, Glasspiegeln	75 ,, 90%.

Blendung (die Beleuchtung darf keine Blendung hervorrufen). Als blendend gelten:

Bei Platzbeleuchtung: Lichtquellen, die mit einer Flächenhelle von über 0,75 HK/cm^2 direkt das Auge bestrahlen können.

Bei Allgemeinbeleuchtung: Lichtquellen, die mit einer Flächenhelle von über 5 HK/cm^2 das Auge bestrahlen können. Die Flächenhelle darf aber $>$ 5 HK/cm^2 sein, wenn der Winkel zwischen der Blickrichtung und der Wagerechten 30^0 übersteigt.

Flächenhelle des Glühfadens:

einer Kohlenfadenlampe	45 bis 80 HK/cm^2,
,, Wolframlampe	150 ,, 2210 HK/cm^2,
,, Osram Intra	bis 800 HK/cm^2 und darüber,
eines Gasstrumpfes	5 HK/cm^2,
einer Stearinkerze	1 HK/cm^2,
,, mattierten Halbwattlampe.	15 HK/cm^2.

Die Lebensdauer L der Lampen (d. h. die Zeit bis zum Durchbrennen des Fadens) und die Nutzbrenndauer N (d. h. die Zeit, innerhalb welcher sich die Lichtstärke um 20% verringert) ist

bei der Kohlenfadenlampe: $L = 500$ bis 1000 st, $N = 400$ bis 800 st,

,, ,, Wolframdrahtlampe: $N \sim L = 1000$ st,

,, ,, Gasfüllungslampe: $L = 1000$ bis 1100 st, $N = 800$ bis 1000 st.

Das Verhalten der (Osramdraht-)Lampen bei geänderten Betriebsbedingungen ist aus Zahlentafel 32 zu ersehen.

Zahlentafel 32.

Abhängigkeit der Strom- und Wattaufnahme, der Lichtstärke, des Effektverbrauches pro 1 HK_h und der Lebensdauer der Osramdrahtlampen von der Spannungsänderung.

Änderung der Spannung in % der Normalspannung	Änderung der Stromaufnahme in % des Normalstromes	Änderung der Wattaufnahme in % des normalen Effektverbrauches	Änderung des Effektverbrauches für 1 HK_h in % des normalen Effektverbrauches für 1 HK_h	Änderung der Lichtstärke in % der normalen Lichtstärke	Lebensdauer, bezogen auf 1000 Stunden
− 10	− 5,7	− 15,2	27	− 33	5330
− 9	− 5,2	− 13,8	24	− 30	4510
− 8	− 4,6	− 12,3	21	− 27	3800
− 7	− 4,0	− 10,8	17	− 23	3000
− 6	− 3,4	− 9,3	14	− 20	2500
− 5	− 2,8	− 7,8	11	− 17	2075
− 4	− 2,2	− 6,2	8	− 13	1710
− 3	− 1,6	− 4,6	6	− 10	1500
− 2	− 1,1	− 3,1	4	− 7	1315
− 1	− 0,5	− 1,5	2	− 4	1150
0	0	0	0	0	1000
1	0,6	1,6	− 2	4	870
2	1,2	3,2	− 4	7	750
3	1,7	4,8	− 6	11	650
4	2,3	6,4	− 7,5	15	580
5	2,8	8,0	− 9	18	515
6	3,4	9,7	− 10,5	22	460
7	3,9	11,3	− 12	26	410
8	4,5	12,9	− 13,5	30	360
9	5,1	14,5	− 15	34	320
10	5,7	16,1	− 16	38	295

VI. Elektrotechnik.

Bezeichnungen.

l einfache Leitungslänge in m.

J Stromstärke (bei Wechsel- und Drehstrom, effektive Stromstärke) in der Übertragungsleitung in Amp.

J_w Wirkstrom in Amp.

J_b Blindstrom in Amp.

J_s Scheinstrom in Amp. (s. Bemerkung S. 120).

E Spannung, Klemmenspannung, Erzeugungs- bzw. Sammelschienenspannung in Volt.

ε Spannungsabfall am Leitungsende in Volt.

$q = \frac{100\,\varepsilon}{E}$ relativer Spannungsabfall in %, bezogen auf die Spannung E.

F Leitungsquerschnitt in mm².

R Ohmscher Widerstand in Ω.

R_t Ohmscher Widerstand in Ω bei der Temperatur t^0 C.

R_{t1} Ohmscher Widerstand in Ω bei der Temperatur $t_1{}^0$ C.

σ spezifischer Widerstand in $\frac{\Omega\,\text{mm}^2}{\text{m}}$.

$\varkappa$ elektrische Leitfähigkeit in $\frac{\text{m}}{\Omega\,\text{mm}^2}$ $\left(\varkappa = \frac{1}{\sigma}\right)$.

N Leistung in PS, kW, W.

N_w Wirkleistung in kW.

N_b Blindleistung in kVA.

N_s Scheinleistung in kVA.

v Leistungsverlust in kW, W.

$p = \frac{100\,v}{N}$ relativer Leistungsverlust in %, bezogen auf die Leistung N.

η Wirkungsgrad $= \frac{\text{abgegebene Leistung}}{\text{aufgenommene Leistung}}$.

φ Phasenverschiebungswinkel.

V_φ Leistungsverlust in kW, W für den Leistungsfaktor $\cos\varphi$.

V_1 Leistungsverlust in kW, W, wenn $\cos\varphi = 1$.

p_φ relativer Leistungsverlust in % für den Leistungsfaktor $\cos\varphi$.

p_1 relativer Leistungsverlust in %, wenn $\cos\varphi = 1$.

ϱ Verhältniszahl.

Elektrischer Widerstand.

Der elektrische Leitungswiderstand wird nach der Gleichung

$$R = \sigma\frac{l}{F} = \frac{l}{\varkappa F} \qquad (1)$$

berechnet. Ist die Länge der Leitung 100 m, so ist ihr elektrischer Widerstand

$$R = \frac{100\,\sigma}{F}. \qquad (2)$$

Diese Gleichung wird durch N 39 dargestellt. Dieses Nomogramm besteht aus 2 Dreiskalensystemen, die 2 gemeinsame Skalenleiter besitzen; dasjenige System, das der Formel (2) entspricht, besteht aus den Skalen I, III und IV/V, die die Werte von σ (bzw. $\varkappa$), R und F (bzw. d) enthalten, und dient, wie erwähnt, zur Berechnung des Widerstandes von 100 m Leitung aus beliebigem Material und von beliebigem Querschnitt.

Auf der Skala für den spezifischen Widerstand sind die betreffenden Werte für verschiedene Leiter angemerkt.

Das zweite Dreiskalensystem des N 39 besteht aus den Skalen II, III und IV/V, die Werte von l, R und F (d) enthalten, und dient zur Berechnung des Widerstandes von Kupferleitern beliebiger Länge und beliebigen Querschnittes. Ihm liegt zugrunde die Gleichung

$$R = 0{,}01785 \frac{l}{F}, \tag{3}$$

die man erhält, wenn man in die allgemeine Gleichung (1) den Wert des spezifischen Widerstandes für Kupfer (für 20° C)

$$\sigma = 0{,}01785 \tag{4}$$

einsetzt.

Die erste Skalenleiter links kann als Doppelskala benützt werden. Es gilt für sie die Gleichung

$$100\,\sigma = 0{,}01785\,l, \tag{5}$$

und sie gibt an, wieviel Meter Kupferleitung den gleichen elektrischen Widerstand wie 100 m der Leitung aus dem betreffenden Material besitzen. In anderer Darstellung gibt die l-Skala in % an, um wieviel besser die elektrische Leitfähigkeit von Kupfer als diejenige des betreffenden Materials ist.

Die Werte des elektrischen Widerstandes für 1000 m lange Kupferleitungen mit normalen gangbaren Querschnitten sind in der Zahlentafel 33 enthalten.

Zahlentafel 33. Spezifischer Widerstand σ, Leitfähigkeit $\varkappa$ und Temperaturkoeffizient α bei 15° C*.

	σ in $\frac{\Omega\,mm^2}{m}$	$\varkappa$ in $\frac{m}{\Omega\,mm^2}$	α
Aluminium	0,03	33,33	+ 0,0037
„ Bronze	0,13—0,29	7,69—3,45	+ 0,001
Blei	0,21	4,76	+ 0,0041
Eisen	0,10—0,14	10—7,14	+ 0,0045
Konstantan	0,49—0,51	2,04—1,96	— 0,00005
Kupfer	0,017—0,0175	58,8—57,1	+ 0,004
Manganin	0,42	2,38	+ 0,00001
Messing	0,07—0,08	14,29—12,5	+ 0,0015
Neusilber	0,35—0,41	2,86—2,44	+ 0,00007
Nickel	0,10—0,12	10—8,33	+ 0,0041
Nickelin	0,40—0,44	2,5—2,27	+ 0,00022
Platin	0,094—0,11	10,64—9,09	+ 0,0024
Quecksilber	0,95	10,53	+ 0,0009
Silber	0,016—0,0175	62,5—57,1	+ 0,0036
Stahl	0,10—0,25	10—4	+ 0,0045 bis 0,005
Tantal	0,15	6,67	+ 0,003
Wismut	1,2	0,83	+ 0,0037
Zink	0,06	16,67	+ 0,0039
Zinn	0,12	8,33	+ 0,0045
Gaskohle Harte Kohlenbürsten	100—600	0,01—0,00167	— 0,0003 bis — 0,0008
Bogenlampenkohle Weiche Kohlenbürsten	40—100	0,025—0,01	—

* Teilweise nach Hütte.

Die Werte von σ, $\varkappa$ und α finden wir in Zahlentafel 33. Es ist

$$R_t = R_{15}\,[1 + \alpha\,(t - 15)] \text{ (s. auch S. 101).} \tag{6}$$

Beispiele. 1. Wie verhält sich die elektrische Leitfähigkeit von Kupfer zu derjenigen von Aluminium, Zink und Eisen?

Aus der l-σ-Doppelskala erhalten wir unmittelbar

für Aluminium . 1,68,
„ Zink 3,37,
„ Eisen . . . 6,73.

2. Es ist der Widerstand von 360 m Einfachlänge Kupferleitung mit Querschnitt 6 mm² zu bestimmen.

N 39 ergibt für $l = 360$ m und $q = 6$:

$$R = 1{,}07\ \Omega.$$

3. Wie hoch ist der Widerstand von 250 m Konstantandraht von 0,2 mm Durchmesser? Für $d = 2$ und $l = 100$ erhalten wir für Konstantan

$$\bar{R} = 15{,}9.$$

Die Proportionalitätsfaktoren sind

$$(d) = 0{,}1; \quad (\sigma) = 1;$$

aus der Tabelle für Proportionalitätsfaktoren erhalten wir

$$(R) = 100,$$

so daß der gesuchte Widerstand

$$R = 2{,}5 \cdot 100 \cdot 15{,}9 = 3980\ \Omega$$

beträgt.

Elektrische Kreise mit dem Ohmschen Widerstand.

Es bestehen für diese Kreise die Gleichungen

$$N = E\,J, \tag{7}$$

$$E = J\,R, \tag{8}$$

$$N = J^2 R, \tag{9}$$

$$N R = E^2. \tag{10}$$

Diese Gleichungen werden durch N 40 dargestellt, welches die Eigentümlichkeit aufweist, daß eine Schnittgerade nicht wie gewöhnlich 3, sondern stets **4** zusammenhängende Größen verbindet.

Für Drehstrom mit symmetrischer Belastungsverteilung in Sternschaltung bedeutet E die Sternspannung (Spannung zwischen Phase und Nullpunkt); die verkettete Spannung (Spannung zwischen 2 Phasen) $E\sqrt{3}$ ist im N 40 neben E auf derselben Skalenleiter aufgetragen.

In diesem Falle bedeutet

N die Leistung in einer Phase (⅓ der Gesamtleistung),
J den Linienstrom,
R den Widerstand zwischen Leitung und Nullpunkt.

Beispiel 1. Wie groß ist der Widerstand einer Glühlampe 40 W, 120 V, und welche Stromstärke entnimmt sie dem Netz?

Im N 40 finden wir für

$$N = 40\ \text{W}, \qquad E = 120\ \text{V}:$$

$$J = 0{,}333\ \text{A}, \quad R = 360\,.$$

Beispiel 2. Es soll eine Steigeleitung für elektrische Beleuchtung projektiert werden. Die Belastung beträgt 1,5 kW, die Spannung 220 V. Wie groß ist die Stromstärke im Falle einer Drehstrom- und einer Einphasenstromleitung?

Für Drehstrom erhalten wir aus N 40

$$N = 500\ \text{W}; \quad E\sqrt{3} = 220\ \text{V} \quad \text{ergibt} \quad J = 3{,}94\ \text{A}.$$

Für Einphasenstrom:

$$N = 1500\ \mathrm{W}; \qquad E = 220\ \mathrm{V} \quad \text{ergibt} \quad J = 6{,}82\ \mathrm{A}.$$

Beispiel 3. Die Spannung in einer Hausinstallation für Licht beträgt 110 V. Wie groß soll der Widerstand eines einzuschaltenden Heizkörpers sein, damit die Stromstärke 6 Amp. nicht übersteigt, und wie groß wird der Heizeffekt sein?

Die Gerade durch $E = 110$ und $J = 6$ gezogen, ergibt keinen Schnittpunkt mit R. Aus $E = 110$ und $J = 0{,}6$ erhalten wir

$$\overline{N} = 66, \qquad \overline{R} = 183$$

und aus der Tabelle für Proportionalitätsfaktoren für

$$(E) = 1 \quad \text{und} \quad (J) = 10$$

erhalten wir

$$(N) = 10, \qquad (R) = 0{,}1,$$

so daß

$$N = \overline{N}(N) = 660\ \mathrm{W}, \qquad R = \overline{R}(R) = 18{,}3\ \Omega.$$

Erwärmung von Kupferwicklungen.

Die vom Verband deutscher Elektrotechniker herausgegebenen Regeln für Bewertung und Prüfung von elektrischen Maschinen und Transformatoren (REM 1923, RET 1923) schreiben in gewissen Fällen als Meßverfahren zur Bestimmung der Temperaturzunahme die Messung der Widerstandszunahme. Es gilt allgemein

$$R_t = R_{t_1}[1 + \alpha(t - t_1)]. \tag{11}$$

Für Kupfer kann man setzen

$$\alpha = \frac{1}{235 + t_1}. \tag{12}$$

Wir erhalten dann für die Widerstandszunahme der Kupferwicklungen durch Erwärmung die Formel

$$R_t - R_{t_1} = R_{t_1}\frac{t - t_1}{235 + t_1} \tag{13}$$

oder in anderer Schreibweise

$$\varrho = \frac{R_t}{R_{t_1}} = \frac{t + 235}{t_1 + 235}. \tag{14}$$

Diese Gleichung ist dem N 41 zugrunde gelegt, das den Zusammenhang zwischen den Größen $\varrho = \frac{R_t}{R_{t_1}}$, t und t_1 liefert.

Beispiel 1. Der Widerstand der Statorwicklung eines 25-PS-Drehstromasynchronmotors (zwischen 2 Zuleitungsklemmen gemessen) beträgt 0,46 Ω in kaltem Zustande, bei einer Umgebungstemperatur von 25° C und 0,525 Ω nach 9stündiger Betriebszeit. Wie groß ist die Temperaturzunahme der Wicklung?

Aus

$$\varrho = \frac{0{,}525}{0{,}46} = 1{,}141$$

und

$$t_1 = 25^0$$

ergibt sich aus N 41

$$t = 61{,}4^0.$$

Die Temperaturzunahme beträgt somit 36,4° und bleibt ebenso wie die Temperatur t_1 innerhalb der durch REM 1923 gestellten Grenzen (Zahlentafel 65).

Beispiel 2. Der Spannungsverlust am Endpunkte einer belasteten Gleichstromleitung aus Kupfer betrage 2% bei der Temperatur 20°, die der Rechnung zugrunde gelegt war. Wie hoch wird der Spannungsverlust bei derselben Stromlast und der Temperatur 55° der erwärmten Leitung sein?

Aus N 41 erhalten wir für

$$t_1 = 55 \quad \text{und} \quad t = 20:$$

$$\varrho = 1{,}137$$

und nachdem der Spannungsverlust bei induktionsfreier Belastung der Widerstandszunahme proportional ist, wird er zu

$$2 \cdot 1{,}137 = 2{,}275.$$

Die Zunahme des Spannungsverlustes beträgt 13,7%.

Bestimmung des Querschnittes von Zuleitungen der elektrischen Motoren.

Allgemein. Um den Querschnitt der Zuleitungen zu errechnen, muß man nach vier Gesichtspunkten vorgehen, und zwar

I. nach der Erwärmung der Leitung,
II. nach der mechanischen Festigkeit der Leitung,
III. nach dem am Ende der Leitung auftretenden Spannungsabfall. Es bleibt dann noch
IV. die Leitung entsprechend der erforderlichen Isolierfähigkeit zu wählen.

Zahlentafel 34. Anlaufstrom[1].

Höchstwert des Anlaufstromes als Vielfaches des Nennstromes bei Nennspannung beträgt:

	Anlauf mit halbem Drehmoment	Anlauf mit vollem Drehmoment	Anlauf mit doppeltem Drehmoment
Für Drehstrom-Kurzschlußmotoren:			
ohne Anlasser bis 0,5 kW	4,5—7	—	—
mit Stern-Dreieck-Schalter bis 3 kW	2	—	—
„ „ „ 10 „	1,7	—	—
Für Drehstrom-Schleifringmotoren mit Anlasser .	1—1,2	1,4—1,5	2,5
Für Gleichstrom-Nebenschlußmotoren mit Anlasser	1	1,45—1,5	2,5
Für Gleichstrom-Hauptstrommotoren:			
ohne Anlasser	2	2,5	3
mit „	1	1,5	2

Zahlentafel 35. Stromverbrauch von Gleichstrommotoren.

Bearbeitet unter Zugrundelegung von DIN VDE.

Ampere.

1	2	3	4	5	6	7	8	9	10	11	12	13	14	15	16
Abgegebene Leistung		Stromstärke bei 110 V				Stromstärke bei 220 V				Stromstärke bei 440 V				Die größeren Werte d. Kolonnen 3, 7, 11 gelten für Drehzahlen: Umdr./min	Die kleineren Werte d. Kolonnen 3, 7, 11 gelten für Drehzahlen: Umdr./min
kW	PS etwa		Mittelwert	für 1 kW	für 1 PS		Mittelwert	für 1 kW	für 1 PS		Mittelwert	für 1 kW	für 1 PS		
0,2	0,3	2,7—2,9	2,8			1,3—1,45	1,4			—				3000	1000
0,5	0,7	6,4—6,7	6,5			3,2—3,35	3,2			—				2000, 1500	1000
1	1,5	12—12,6	12,3			6—6,3	6,1			3—3,1	3,1			2000, 1500	1000
1,5	2	17,7—18,3	18			8,8—9,2	9,0			4,4—4.6	4.5			2000, 1500	1000
2	3	23—24	23,5	11,8	8,7	11,6—12	11,8	5,9	4,3	5,8—6,0	5.9	2,95	2,17	2000, 1500	1000
3	4	34—35	34,5			16,9—17,5	17,2			8,4—8,8	8,6			2000, 1500	1000
4	5,5	45—46	45,5			22,3—23	22,6			11,1—11,5	11,3			2000, 1500	1000
5	7	56—60	57,5	11,3	8,3	27,7—29,7	28,7	5,6	4,1	13,8—14,8	14,3	2,8	2,06	2000, 1500	600, 500
7,5	10	82—87	84			40,8—43,4	42			20,4—21,7	21,0			2000, 1500	600, 500
10	14	109—114	112			54—56,5	55			27—28,2	27,6			2000, 1500	600, 500
15	20	162—168	165	11,0	8,1	80—83	82	5,45	4,0	40—42	41	2.72	2,0	1500, 1000	600, 500
20	27	216—222	219			106—109	107,5			53—55	54			1500, 1000	600, 500
30	40	317—325	321	10,75	7,9	157—160	159	5,26	3,86	78—80	79	2,63	1,93	1500, 1000	600, 500
40	55	418—427	422			206—211	209			103—106	104,5			1500, 1000	600, 500
50	68	—				255—261	258			127—130	129			1500, 1000	600, 500
75	102	—				379—387	384	5,1	3,75	189—194	192	2,55	1,87	1500, 1000	600, 500
100	136	—				—		↓	↓	251—255	253	↓	↓	1500, 1000	600, 500

Bemerkung zu den Zahlentafeln 35 u. 36. Beim Gebrauch dieser Tafeln empfiehlt es sich, das beigegebene Zelluloid-Lineal zu benützen.

[1] Teilweise nach Angaben der SSW.

Zahlentafel 36. Stromverbrauch von Drehstrommotoren.

Abgegebene Leistung		125 Volt				220 Volt				380 Volt				500 Volt				3000 Volt			
		Stromstärke in einer Leitung bei		Der ungefähre Stromverbrauch (in einer Leitung) für		Stromstärke in einer Leitung bei		Der ungefähre Stromverbrauch (in einer Leitung) für		Stromstärke in einer Leitung bei		Der ungefähre Stromverbrauch (in einer Leitung) für		Stromstärke in einer Leitung bei		Der ungefähre Stromverbrauch (in einer Leitung) für		Stromstärke in einer Leitung bei		Der ungefähre Stromverbrauch (in einer Leitung) für	
kW	PS etwa	schnell | langsam laufenden Motoren Amp.	im Mittel Amp.	1 kW Amp.	1 PS Amp.	schnell | langsam laufenden Motoren Amp.	im Mittel Amp.	1 kW Amp.	1 PS Amp.	schnell | langsam laufenden Motoren Amp.	im Mittel Amp.	1 kW Amp.	1 PS Amp.	schnell | langsam laufenden Motoren Amp.	im Mittel Amp.	1 kW Amp.	1 PS Amp.	schnell | langsam laufenden Motoren Amp.	im Mittel Amp.	1 kW Amp.	1 PS Amp.
0,2	¼	1,4—2,1	1,8			0,8—1,2	1			0,45—7,0	0,6			—							
0,5	0,7	3,5—4,6	4,1			2—2,6	2,3			1,15—1,5	1,3			—							
1	1,4	7,1—8,5	7,8			4—4,8	4,4			2,3—2,8	2,6			1,75—2,1	1,9						
2	2,7	12,4—15,9	14,2			7—9	8			4—5,2	4,6			3,1—4	3,5						
3	4	18,6—23	21			10,5—13	12			6—7,5	6,7			4,6—5,8	5,2						
4	5,4	24,8—31	28			14—17,5	16			8,1—10,1	9			6,1—7,7	7						
5	7	31—39	35			17,5—22	20			10,1—12,7	11,5			7,7—9,7	8,5						
6	8	36—46	41			20,5—26	23,5			11,8—15	13			9—11,5	10						
7	9,5	42,5—53	48	6,8	5,0	24—30	27	3,8	2,8	13,9—17,5	16	2,22	1,65	10,5—13,5	12	1,70	1,25				
8	11	47,5—60	54			27—34	30			15,6—20	18			12—15	13,5						
9	12	54—67,5	61			30,5—38	34			17,5—22	20			13,5—17	15						
10	14	59—75,5	67			33,5—42,5	38			19,5—24,5	22			14,5—19	16,5						
12	16	70,5—87	79			40—49	45			23—28,5	26			17,5—21,5	19,5						
14	19	81,5—99	90	6,5	4,7	46—56	52	3,7	2,7	26,5—32,5	29,5	2,12	1,56	20—25	22,5	1,61	1,19				
16	22	97,5—111,5	104			55—63	59			32—36,5	34			24—28	26						
18	24,5	104,5—124	114			59—70	65			34—40,5	38			26—31	38,5						
20	27	115—138	126			65—78	72			37,5—45	41			28,5—34,5	31,5			4,8—5,7	5,2		
25	34	145—170	157	6,3	4,6	82—96	88	3,6	2,6	47,5—55,5	51	2,05	1,51	36—42,5	39	1,56	1,15	6—7	6,5	0,260	0,191
30	41	173—200	186			98—113	105			57—65,5	61			43—50	46			7,1—8,3	7,7		
35	48	202—232	217	6,1	4,5	114—131	122	3,5	2,55	66—76	71	2,01	1,48	50—58	54	1,53	1,12	8,4—9,6	9,0	0,254	0,187
40	54	229—262	245			129—148	137			74,5—86	80			57—65,5	61			9,5—10,8	10,1		
50	68	283—322	302			160—182	169			92—105	98			70,5—80	75			11,7—13,2	12,4		
60	82	338—380	359	6,0	4,4	191—215	200	3,4	2,5	110—124	117			84—95	89			14—15,4	14,7		
70	95	392—435	413			221—246	230			127—142	135	1,91	1,41	97,5—108	102	1,46	1,07	16,3—17,8	17,0	0,242	0,178
80	109					250—277	259	3,3	2,4	144—160	152			110—122	116			18,3—20,1	19,2		
90	122					280—308	288			161—178	170			123—136	129			20,5—22,4	21,4		
100	136									180—195	187			137—149	143			22,4—24,8	23,6		
125	170							↓	↓	223—242	232	1,86	1,37	170—185	177			28,3—30,8	29,5		
150	204									266—287	276			203—219	211			33,8—36,5	35,1	0,235	0,173
175	238											1,82	1,34	236—252	244	1,41	1,04				
200	272											↓	↓	270—285	277						
																1,40 ↓	1,03 ↓			0,23 ↓	0,17 ↓

Anmerkung: Leerlaufstrom beträgt ungefähr 0,2 bis 0,4 des Stromes bei Vollast.

Zahlentafel 37. Bemessung von Kupferleitungen nach VDE.

Querschnitt in mm²	Dauerbetrieb: Höchste dauernd zulässige Stromstärke in Amp.	Dauerbetrieb: Nennstromstärke für entsprechende Abschmelzsicherung in Amp.	Aussetzender Betrieb: Höchste zulässige Vollast-Stromstärke in Amp.[1]
0,5	7,5	6	7,5
0,75	9	6	9
1	11	6	11
1,5	14	10	14
2,5	20	15	20
4	25	20	25
6	31	25	31
10	43	35	60
16	75	60	105
25	100	80	140
35	125	100	175
50	160	125	225
70	200	160	280
95	240	200	335
120	280	225	400
150	325	260	460
185	380	300	530
240	450	350	630
300	525	430	730
400	640	500	900
500	760	600	
625	880	700	
800	1050	850	
1000	1250	1000	

I. Erwärmung. Um die Motorzuleitung auf Erwärmung zu berechnen, muß man

1. den größten Strom bestimmen, den der Motor betriebsmäßig aufnehmen kann,

2. die Größe der Sicherung in der Zuleitung so wählen, daß sie durch den Strom (1) nicht abschmilzt und

3. den Leitungsquerschnitt nach der Sicherung (2) so zu bestimmen, daß der in der Leitung auftretende Strom keine schädlichen Erwärmungswirkungen zustande bringt.

Zu 1. Der größte betriebsmäßig in der Motorzuleitung auftretende Strom ist der Anlaufstrom. Seine Höhe ist von der Art des Anlaßgerätes wie auch von dem Anlaßvorgang abhängig. Zahlentafel 34 gibt den Anlaufstrom für verschiedene in der Praxis vorkommende Bedingungen in Abhängigkeit von der Normalstromstärke

Zahlentafel 38. Elektrische
Aufbau, Gewicht, Widerstand, Höchststrom, Nennstrom der Sicherung, übertragbare

	Nenn-Querschnitt mm²	Ist-Querschnitt mm²	Anzahl der Drähte	Durchmesser der Drähte mm	Durchmesser des Seiles mm	Gewicht für 1000 m bei 20° C kg	Widerstand für 1000 m Ω	Dauerbetrieb: Höchststrom Amp.	Dauerbetrieb: Nennstrom der Sicherung Amp.	110 V kW(kVA)	110 V %	125 V kW(kVA)	125 V %	220 V kW(kVA)	220 V %	380 V kW(kVA)	380 V %
										Übertragbare Höchstleistung in kW bzw. kVA und *(in % der Erzeugungs-* für Gleichstrom und Einphasen-Wechselstrom							
1	0,5		1	0,80		4,45	35,6	7,5	6	0,66	*38,7*	0,75	*34,1*	1,32	*19,4*	2,28	*11,2*
2	0,75		1	0,98		6,7	23,8	9	6	0,66	*25,9*	0,75	*22,8*	1,32	*13,0*	2,28	*7,2*
3	1		1	1,13		8,9	17,8	11	6	0,66	*19,4*	0,75	*17,1*	1,32	*9,7*	2,28	*5,62*
4	1,5		1	1,38		13,4	11,87	14	10	1,1	*21,6*	1,25	*19,0*	2,2	*10,8*	3,8	*6,25*
5	2,5		1	1,79		22,3	7,12	20	15	1,65	*19,4*	1,87	*17,1*	3,3	*9,7*	5,7	*5,62*
6	4		1	2,26		35,6	4,45	25	20	2,2	*16,2*	2,5	*14,2*	4,4	*8,1*	7,6	*4,69*
7	6	5,9	1	2,75		52,6	3,02	31	25	2,75	*13,7*	3,12	*12,1*	5,5	*6,8*	9,5	*3,96*
8	10	9,9	1	3,55		88,1	1,80	43	35	3,85	*11,4*	4,37	*10,0*	7,7	*5,7*	13,3	*3,29*
9		10,0	7	1,35	4,1	89,0	1,78										
10	16	15,9	1	4,51	—	141,5	1,12	75	60	6,6	*12,2*	7.5	*10,7*	13,2	*6,1*	22.8	*3,54*
11		15,9	7	1,7	5,1	141,5	1,12										
12	25	24,2	7	2,1	6,3	215	0,735	100	80	8,8	*10,7*	10,0	*9,4*	17,6	*5,35*	30,4	*3,10*
13	35	34	7	2,5	7,5	303	0,524	125	100	11,0	*9,5*	12.5	*8,4*	22,0	*4,75*	38,0	*2,76*
14	50	49	7	3,0	9	437	0,364	160	125	13,75	*8,3*	15,6	*7,3*	27,5	*4,15*	47,5	*2,41*
15		48	19	1,8	9	427	0,371										
16	70	66	19	2,1	10,5	587	0,270	200	160	17,6	*7,85*	20,0	*6,91*	35,2	*3,93*	60,8	*2,28*
17	95	93	19	2,5	12,5	827	0,191	240	200	22,0	*6,95*	25,0	*6,12*	44,0	*3,47*	76,0	*2,01*
18	120	117	19	2,8	14	1042	0,152	280	225	24,75	*6,22*	28,1	*5,47*	49,5	*3,11*	85,5	*1,80*
19	150	147	37	2,25	15,8	1309	0,121	325	260	28,6	*5,72*	32,5	*5,03*	57,2	*2,88*	98,8	*1,66*
20	185	182	37	2,5	17,5	1620	0,098	380	300	33,0	*5,35*	37,5	*4,71*	66,0	*2,68*	114,0	*1,55*
21	240	228	37	2,8	19,6	2030	0,078	450	350	38,5	*4,80*	43,7	*4,23*	77,0	*2,40*	133,0	*1,39*
22		243	61	2,25	20,3	2160	0,073										
23	300	299	61	2,5	22,5	2660	0,059	525	430								
24	400					3560		640	500								
25	500					4450		760	600								
26	625					5565		880	700								
27	800					7120		1050	850								
28	1000					8900		1250	1000								

[1] Die hier angegebenen Werte sind nur zulässig, wenn die relative Einschaltdauer 40% und die Spieldauer 10 min nicht überschreiten.

des Motors. Die letztere ist für Gleichstrommotoren aus der Zahlentafel 35, für Drehstrommotoren aus der Zahlentafel 36 zu entnehmen.

Zu 2. Die zu jeder Stromstärke gehörige Sicherung ist in den Zahlentafeln 37 und 38 angegeben. Auch soll die Zahlentafel 39 vor den Augen gehalten werden, aus der man die Abschmelzzeiten der Sicherungen entnehmen kann; je nach der Zeitdauer des Auftretens einer betreffenden Stromstärke kann man daraus die zugehörige Sicherung wählen.

Zu 3. Der jeder Sicherung entsprechende Leitungsquerschnitt ist für Kupferleitungen in den Zahlentafeln 37 und 38, für Aluminiumleitungen in der Zahlentafel 41 angegeben. Für in Erdboden gelegte Kupferkabel gilt Zahlentafel 40.

II. Mechanische Festigkeit. Die kleinsten zulässigen Querschnitte sind in der Zahlentafel 42 enthalten.

III. Spannungsabfall siehe S. 112, N 43.

Für kurze Leitungsstrecken und bei kleinen Leistungen, wobei das Produkt $l \cdot N$ nicht mehr als etwa 1000 m kW beträgt, erübrigt sich meistens die Berechnung des Spannungsabfalles, da derselbe sehr klein ausfällt.

IV. Aufbau der Leitung siehe Zahlentafel 43.

Beispiel 1. Es sind die Zuleitungen zu bestimmen für einen kurzgeschlossenen Drehstrommotor 125 V, 14 kW, 720 Umdr./min, der sich in der Nähe der Verteilungs-Schalttafel befindet. Der Anlauf erfolgt mittels eines Stern-Dreieck-Umschalters unter halber Last.

Aus Zahlentafel 36 bestimmen wir die Normalstromstärke des Motors. Sie beträgt (der Motor ist für seine Größe als langsamlaufend zu bezeichnen) etwa 95 Amp. Aus Zahlentafel 34 entnehmen wir, daß der Anlaufstrom unter den gegebenen Verhältnisesn etwa dem 1,7fachen Normalstrom gleich ist; er beträgt somit 161 Amp. Zu dieser während der kurzen Zeit des Anlaufs des Motors auftretenden Stromstärke finden wir (Zahlentafel 39) die Sicherung mit Nennstromstärke 100 Amp. und aus der Zahlentafel 37 den Kupferquerschnitt 35 mm^2; daß derselbe auch den mechanischen Anforderungen entspricht, liegt auf der Hand.

Kupferleitungen.

Höchstleistung, perzentueller Spannungsabfall, absoluter Spannungsabfall.

	durch dieselbe auf einer 100 m langen Strecke hervorgerufener perzentueller Spannungsabfall spannung)														*Absol. Spannungsabfall für*	
	mit cos φ = 1				für Dreileiter-Drehstrom (Dreieck) mit cos φ = 1										Gleichstrom u. Einphas.-Wechselstrom cos φ = 1	Dreileiter-Drehstrom (Dreieck) mit cos φ = 1
	440 V		*500 V*		*125 V*		*220 V*		*380 V*		*500 V*		*3000 V*			
	kW(kVA)	%	kW(kVA)	%	kW(kVA)	%	kW(kVA)	%	kW(kVA)	%	kW(kVA)	%	kW(kVA)	%	*Volt*	*Volt*
1	2,64	*9,7*	3,0	*8,4*	1,3	*29,6*	2,29	*16,8*	3,95	*9,75*	5,2	*7,4*	31,2	*1,23*	*42,7*	*37,0*
2	2,64	*6,5*	3,0	*5,71*	1,3	*19,7*	2,29	*11,2*	3,95	*6,5*	5,2	*4,9*	31,2	*0,82*	*28,6*	*24,8*
3	2,64	*4,9*	3,0	*4,27*	1.3	*14,8*	2,29	*8,4*	3,95	*4,9*	5.2	*3,7*	31,2	*0,62*	*21,4*	*18,55*
4	4,4	*5,4*	5,0	*4,75*	2,16	*16,5*	3.81	*9,33*	6,6	*5,4*	8,65	*4,1*	51,9	*0,69*	*23,74*	*20,6*
5	6,6	*4,9*	7,5	*4,27*	3,25	*14,8*	5,7	*8,4*	9,85	*4,9*	13,0	*3,7*	78,0	*0,62*	*21,36*	*18,5*
6	8,8	*4,05*	10,0	*3,56*	4,32	*12,3*	7,6	*7,0*	13.2	*4,05*	17,3	*3,08*	103,8	*0,51*	*17,80*	*15,4*
7	11,0	*3,42*	12,5	*3,02*	5,4	*10,5*	9,5	*5,9*	16,4	*3,42*	21,6	*2,62*	129,8	*0,435*	*15,10*	*13,1*
8 9	15,4	*2,84*	17,5	*2,51*	7,6	*8,7*	13,3	*4,93*	23,1	*2,85*	30,4	*2,17*	181,9	*0,361*	*12,53*	*10,85*
10 11	26,4	*3,05*	30	*2,69*	13,0	*9,3*	22,9	*5,28*	39,5	*3,06*	52,0	*2,32*	312	*0,388*	*13,44*	*11,65*
12	35,2	*2,68*	40	*2,36*	17,4	*8,15*	30,4	*4,63*	52,5	*2,68*	69,3	*2,04*	416	*0,340*	*11,78*	*10,20*
13	44,0	*2,38*	50	*2,10*	21,5	*7,28*	38,1	*4,12*	65,7	*2,38*	86,5	*1,82*	520	*0,303*	*10,48*	*9,07*
14 15	55	*2,08*	62,5	*1,83*	27,0	*6,33*	47,5	*3,60*	82,0	*2,09*	108,2	*1,58*	649	*0,265*	*9,17*	*7,95*
16	70,4	*1,96*	80	*1,73*	34,7	*6,00*	61,0	*3,40*	105,2	*1,97*	138,7	*1,49*	831	*0,250*	*8,64*	*7,47*
17	88	*1,74*	100	*1,53*	43,3	*5,30*	76,3	*3,00*	131,6	*1,74*	173,3	*1,32*	1039	*0,220*	*7,64*	*6,62*
18	99	*1,56*	112,5	*1,37*	48.7	*4,74*	85,5	*2,68*	148,0	*1,56*	194,8	*1,18*	1168	*0,197*	*6,84*	*5,92*
19	114,4	*1,43*	130	*1,26*	56,3	*4,36*	98,8	*2,48*	171,6	*1,43*	225,4	*1,09*	1350	*0,182*	*6,29*	*5,45*
20	132	*1,34*	150	*1,18*	64,8	*4,08*	114,0	*2,32*	197,0	*1,34*	259,5	*1,02*	1557	*0,170*	*5,88*	*5,10*
21 22	154	*1,20*	175	*1,06*	75,8	*3,67*	133,4	*2,08*	230,5	*1,20*	303,4	*0,92*			*5,28*	*4,57*

Die geradestehenden Zahlen stellen die der Sicherung entsprechende übertragbare Höchstleistung dar, und zwar für Gleichstrom in kW. Für Wechselstrom und Drehstrom sind sie für induktionsfreie Belastung (cos φ = 1) berechnet; bei induktiver Belastung (cos φ < 1) stellen die Zahlen die Scheinleistung in kVA dar; um daraus die Wirkleistung in kW zu bestimmen, sind die Zahlen mit dem betreffenden Wert von cos φ zu multiplizieren.

Die schrägstehenden Zahlen stellen den durch den danebenstehenden Wert der übertragenen Leistung in kW (bei Wechsel- und Drehstromleitung mit induktiver Belastung: der übertragenen Scheinleistung in kVA) hervorgerufenen relativen Spannungsabfall in % der Erzeugungsspannung dar.

Beispiel 2. Eine Zentrifuge soll von einem Drehstrom-Schleifringmotor 8 kW, 500 V, 955 Umdr./min angetrieben werden. Der Anlauf erfolgt unter doppeltem Drehmoment. Wie sind die Sicherungen und die Zuleitungen des Motors zu bemessen, wenn sie 1. aus Kupfer, 2. aus Aluminium bestehen?

Normalstromstärke (Zahlentafel 36) 13 Amp.
Anlaufstromstärke (Zahlentafel 34) 2,5 · 13 = 32,5 Amp.
Nennstromstärke der Sicherungen (Zahlentafel 39) 20 Amp.
Querschnitt der Kupferleitung (Zahlentafel 37) 4 mm².
Querschnitt der Aluminiumleitung (Zahlentafel 41) 6 mm².

Die in den obigen Beispielen durchgerechneten Aufgaben stellen vereinzelte Fälle dar. Die meistens in der Praxis vorkommenden Fälle sind: Für Drehstrom-Schleifringmotoren und Gleichstrommotoren:

Zahlentafel 39.
Bemessung von Sicherungen nach VDE. Höchststrom, Prüfströme, Abschmelzzeiten.

Nennstrom in der Sicherung Amp.	Höchststrom im Dauerbetriebe Amp.	Minimaler Prüfstrom beträgt	Amp.	soll von der Sicherung, ohne sie zum Abschmelzen zu bringen, ausgehalten werden während Stunden	Maximaler Prüfstrom beträgt	Amp.	soll die Sicherung zum Abschmelzen bringen in Stunden
6	9	1,5 J_n	9	1	2,1 J_n	12,6	1
10	14	„	15	1	„	21	1
15	20	1,4 J_n	21	1	1,75 J_n	26,25	1
20	25	„	28	1	„	35	1
25	31	„	35	1	„	43,75	1
35	43	1,3 J_n	45,5	1	1,6 J_n	56	1
60	75	„	78	1	„	96	1
80	100	„	104	2	„	128	2
100	125	„	130	2	„	160	2
125	160	„	162,5	2	„	200	2
160	200	„	208	2	„	256	2
200	240	„	260	2	„	320	2

Zahlentafel 40. Belastungstafel für Kupferkabel nach VDE.

Querschnitt mm²	Höchste dauernd zulässige Stromstärke in A bei Verlegung im Erdboden: Einleiterkabel bis 1000 V	Verseilte Zweileiterkabel bis 1000 V	Verseilte Dreileiterkabel bis 1000 V	3000 V	6000 V	10000 V	15000 V	20000 V	Verseilte Vierleiterkabel bis 1000 V
1,5	31	25	22	—	—	—	—	—	20
2,5	41	34	30	29	—	—	—	—	26
4	55	44	38	37	—	—	—	—	35
6	70	55	49	47	—	—	—	—	45
10	95	75	67	65	62	60	—	—	60
16	130	100	90	85	82	80	—	—	80
25	170	130	113	110	107	105	100	98	105
35	210	155	138	135	132	125	120	118	125
50	260	195	170	165	162	155	145	140	155
70	320	235	206	200	196	190	180	175	190
95	385	280	246	240	235	225	215	210	225
120	450	320	285	280	270	260	250	245	255
150	510	365	325	315	308	300	285	280	295
185	575	410	370	360	350	340	325	315	335
240	670	475	430	420	410	400	385	370	390
300	760	535	485	475	465	455	440	—	435
400	910	640	580	570	—	—	—	—	—
500	1035	—	—	—	—	—	—	—	—
625	1190	—	—	—	—	—	—	—	—
800	1380	—	—	—	—	—	—	—	—
1000	1585	—	—	—	—	—	—	—	—

Für Mehrleiter-Aluminiumkabel beträgt die höchste dauernd zulässige Belastung 75% dieser Werte. Belastung von Einleiter-Aluminiumkabel siehe S. 107.

1. Anlauf unter Vollast,
2. Anlauf unter halber Last.

Für Drehstrom-Kurzschlußmotoren: Anlauf unter halber Last mittels
1. direkter Einschaltung (nur kleine Motoren bis 1 kW)
2. Stern-Dreieckschalter.

Für diese Fälle braucht man die oben geschilderte, ein wenig umständliche Bestimmung des Leitungsquerschnittes nicht zu befolgen und kann statt dessen das Nomogramm N 42 bzw. Zahlentafel 44, benutzen.

N 42

ist für Drehstrom-Schleifringmotoren und für Gleichstrommotoren (mit Anlasser) zusammengestellt, und zwar für Anlauf unter Voll- und unter halber Last. Er besteht aus zwei Dreiskalen-

Zahlentafel 41. Belastungstafel für Aluminiumleitungen nach VDE.

Isolierte Leitungen: Querschnitt mm²	Isolierte Leitungen: Höchste dauernd zulässige Stromstärke in A	Isolierte Leitungen: Nennstromstärke der Sicherung A	Im Erdboden verlegte Einleiterkabel für Gleichstrom bis 750 V: Querschnitt mm²	Im Erdboden verlegte Einleiterkabel für Gleichstrom bis 750 V: Höchste dauernd zulässige Stromstärke in A
1	8	6	4	42
1,5	11	6	6	55
2,5	16	10	10	75
4	20	15	16	100
6	24	20	25	130
10	34	25	35	160
16	60	35	50	200
25	80	60	70	245
35	100	80	95	295
50	125	100	120	345
70	155	125	150	390
95	190	160	185	440
120	220	200	240	515
150	255	225	300	580
			400	695
			500	795
			625	910
			800	1055
			1000	1250

Zahlentafel 42. Bemessung des Leitungsquerschnittes auf mechanische Festigkeit (nach den Errichtungsvorschriften des VDE).

Der geringste zulässige Querschnitt beträgt:	Kupfer: Alte Fassung[1] mm²	Kupfer: Neue Fassung[2] mm²	Aluminium mm²
1. Für Leitungen an und in Beleuchtungskörpern	0,5	0,75	1
2. Für Pendelschnüre, runde Zimmerschnüre und leichte Gummischlauchleitungen	0,75	0,75	1
3. Für andere ortsveränderliche Leitungen	1	1	1
4. Für festverlegte isolierte Leitungen und für festverlegte umhüllte Leitungen sowie für Rohrdrähte und Bleikabel. . . .	1	1,5	1
5. Für isolierte Leitungen auf Isolierkörpern in Abständen bis 1 m	1	1,5	4
6. Für isolierte Leitungen auf Isolierkörpern in Abständen von 1 bis 20 m	4	4	6
7. Für blanke Leitungen in Gebäuden und im Freien	4	4	6
8. Für blanke Leitungen bei Verlegung im Rohr	1,5	1,5	2,5
9. Für blanke Leitungen im Freien an Gebäuden, in Höfen, Gärten u. dgl., wenn der Abstand zwischen den Stützpunkten 20 m nicht überschreitet	4	4	6
10. Für Freileitungen für Niederspannung auf Isolierkörpern in Abständen von 20 bis 35 m	6	wie links	16
11. Für Freileitungen für Niederspannung auf Isolierkörpern in Abständen über 35 m	10	,,	25
12. Für Freileitungen für Hochspannung	10	,,	25
13. Für Erdungsleitungen in elektrischen Betriebsräumen . . .	16	,,	
14. Für Erdungsleitungen in anderen Räumen	4	,,	

[1] Gültig vom 1. 7. 1924 an. [2] Gültig vom 1. 1. 1930 an.

Zahlentafel 43. Kupferleitungen (nach den Normen des VDE).

	Benennung	Bezeichnung	Kurze Bauartbeschreibung	Verwendung	Prüfung
				Für feste Verlegung:	
1.	Gummiaderleitung	NGA	Kupferseele umgeben mit einer vulkanisierten Gummihülle von 0,8 mm Stärke und mehr	Für Spannungen bis 750 V	Nach 24stündigem Liegen unter Wasser von nicht mehr als 25° C während ½ Stunde mit Gleichstrom 2800 V oder Wechselstrom 2000 V
2.	Spezialgummiaderleitung	NSGA	Gummihülle wie oben bei 1., jedoch aus mehreren Lagen Gummi bestehend (Mindeststärke 1,5 mm)	Bis 2000 V „ 3000 „ „ 6000 „ „ 10000 „	Wie oben bei 1., jedoch Prüfung mit Wechselstrom von nachstehender Spannung: 4000 V 6000 „ 10000 „ 15000 „
3.	Rohrdraht	NRA	Gummiaderleitung mit enganliegendem Metallmantel (nicht Bleimantel)	Für Niederspannung zur erkennbaren Verlegung	2000 V Wechselstrom im trockenen Zustand zwischen den Leitern u. zwischen Leiter u. Metallmantel während ½ st
4.	Panzerader	NPA	Spezialgummiader für 2000 V mit einer Hülle von Metalldrähten	Für Spannungen bis 1000 V	4000 V Wechselstrom im trockenen Zustand zwischen Leiter u. Schutzpanzer
				Zum Anschluß ortsveränderlicher Stromverbraucher:	
5.	Gummiaderschnüre	NSA	Kupferseele besteht aus mehreren Drähten. Gummihülle wie oben bei 1	Für Niederspannung und geringe mechanische Beanspruchung in trockenen Wohnräumen	Wie oben bei 1.
6.	Leichte Anschlußleitungen	NHH		in Werkstätten	
7.	Werkstattschnüre	NWK		Für Niederspannung und mittlere mechanische Beanspruchung	
	Gummischlauchleitung				
8.	Leichte Ausführung	NLH	Gummiadern wie oben bei 5. bis 7., jedoch mehrere (2. bis 4.) Adern verseilt und mit Gummi umpreßt	Für Niederspannung bis 1000 W	Wie oben bei 1.
9.	Verstärkte „	NMH		„ 2000 „	
10.	Starke „	NSH		Für besonders hohe Beanspruchung	Wie oben bei 1., jedoch Prüfung mit Wechselstrom 3000 V
11.	Spezialschnüre	NSGK	Wie oben bei 5. bis 7., mit gummierten Baumwollband umwickelt und mit Gummi umpreßt	Für rauhe Betriebe in Niederspannungsanlagen	Wie oben bei 1.
12.	Hochspannungsschnüre	NHSGK	Wie oben bei 11., jedoch Gummihülle aus mehreren Lagen Gummi bestehend	Bis 1000 V	Wie oben bei 1., jedoch Prüfung mit Wechselstrom 4000 V
				Für Beleuchtungskörper:	
13.	Fassungsader	NFA	Wie oben bei 1., jedoch Stärke der Gummihülle 0,6 mm	In Niederspannungsanlagen; in und an Beleuchtungskörpern	Im trockenen Zustande Prüfung mit Wechselstrom 1000 V
14.	Pendelschnüre	NPL	Kupferseele besteht aus mehreren Drähten; vulkanisierte Gummihülle von 0,6 mm Stärke	In Niederspannungsanlagen für Schnurzugpendel	
				Im Erdboden.	
15.	Gummibleikabel	NGK	Je nach Spannung wie 1. oder 2. mit Bleimantel und Bewehrung		Doppelte Betriebsspannung (jedoch mindestens 2000 V Wechselstrom) während ½ st
16.	Papierkabel	NK...	Isolation besteht aus gut imprägniertem Papier		Doppelte Betriebsspannung + 1000 V während insges. 30 (bei Vierleiter 40) min

systemen, die durch die Schriftart kenntlich gemacht sind (Drehstrommotoren aufrechtstehende, Gleichstrommotoren Kursiv-Ziffern). Eine Skalenleiter, und zwar diejenige für den Leitungsquerschnitt F, ist beiden Systemen gemeinsam. Das Nomogramm ermöglicht aus bekannter Leistung (Leistungsabgabe) N in kW bzw. PS und Spannung (Klemmenspannung, für Drehstrommotoren verkettete Spannung) E in Volt auf der dritten Doppelskala direkt den entsprechenden Kupferleitungsquerschnitt F in mm² zu finden, und zwar links (unter I) für Anlauf unter Vollast, rechts (unter II) für Anlauf unter halber Last.

Zahlentafel 44. Kupferquerschnitt der Zuleitungen von Drehstrommotoren mit Kurzschlußanker[1].

Leistungsabgabe		Betriebsspannung			
		125 V	220 V	380 V	500 V
kW	PS etwa	mm²	mm²	mm²	mm²
Direkte Einschaltung. Anlauf mit halber Last.					
0,2	¼	1	1	—	—
0,5	0,7	2,5	1,5	1	—
1,0	1,4	4	2,5	1,5	—
Einschaltung mit Stern-Dreieckschalter. Anlauf mit halber Last.					
0,2	¼	1	1	—	—
0,5	0,7	1,5	1	1	—
1,0	1,4	2,5	1	1	1
2	2,7	4	1,5	1	1
3	4	6	2,5	1,5	1
4	5,4	10	4	1,5	1,5
5	7	16	6	2,5	1,5
6	8	16	6	2,5	2,5
7	9,5	16	10	4	2,5
8	11	16	10	4	4
9	12	25	16	6	4
10	14	25	16	10	6

Das Nomogramm N 42 ist konstruiert für das Verhältnis $\frac{\text{Anlaßspitzenstrom}}{\text{Nennstrom}}$ gleich

1,45 bei Anlauf unter Vollast,

1,2 bei Anlauf unter halber Last;

nachdem dieses Verhältnis für Gleichstrommotoren bei Anlauf unter halber Last nur 1 beträgt, sind die für diesen Fall aus dem Nomogramm ermittelten Leistungsquerschnitte ein wenig zu reichlich und können nach unten abgerundet werden. In allen anderen Fällen werden die gefundenen Querschnitte nach oben bis zum nachstehenden Normalquerschnitt (der durch eine größer angeschriebene Zahl kenntlich gemacht ist), abgerundet[2].

Aus der unten im Nomogramm befindlichen Zahlentafel findet man für den ermittelten Kupferquerschnitt die Nennstromstärke der entsprechenden Sicherung.

Nachdem das Nomogramm nur die Erwärmung der Leitungen berücksichtigt, ist der ermittelte Leitungsquerschnitt noch besonders auf mechanische Festigkeit und auf den Spannungsabfall zu prüfen.

Das Nomogramm soll nicht zur Ermittlung von kW aus PS und umgekehrt benutzt werden, da es dann zu ungenau ist.

Beispiel 1. Drehstrommotor 8 kW, 500 V Anlauf unter Vollast. N 42 ergibt $F = 2{,}5$ mm², Sicherung 15 Amp.

Zahlentafel 45. Anlaßzeit und Anlaßhäufigkeit bei elektrischen Motoren für Gleichstrom 110, 220 und 440 V und Drehstrom 220, 380 und 500 V. (Nach REA 1928.)[3]

Nennleistung des Motors	Anlaßzeit	Anlaßhäufigkeit in der st		Nennleistung des Motors	Anlaßzeit	Anlaßhäufigkeit in der st	
kW	sek	Luftkühlung	Ölkühlung	kW	sek	Luftkühlung	Ölkühlung
1,5	6	10	—	17,5	12	5	—
2,2	7	9	—	25	14	5	2
3,1	7	8	4	35	16	4	—
4,4	8	7	—	50	18	4	1,5
6,2	9	7	3	70	21	3	—
8,8	10	6	—	100	24	3	0,6
12,5	11	6	3				

[1] Bei nicht nennenswertem Spannungsabfall.

[2] Für kleine Motoren (bis etwa 2 PS) empfiehlt sich den zweiten nächsthöheren Normalquerschnitt zu wählen.

[3] Regeln für Anlasser und Steuergeräte, aufgestellt vom VDE.

Zahlentafel 46. Mindestabstände von Leitungen. (Nach den Errichtungsvorschriften des VDE.)

Art der Leitung		Mindestabstand voneinander cm	Mindestabstand von Wänden und Gebäudeteilen und von Schutzverkleidungen cm	Mindestabstand vom Erdboden usw. im Freien m
Blanke ungeerdete Niederspannungsleitungen	bei Spannweite unter 2 m	5	5	2,5 m wo kein Wagenverkehr, sonst 5 m; über Wegen 6 m; von Bäumen und Gebäuden 1,25 m; über Dächern: nicht begehbaren 1,25 m, begehbaren 2,5 m
	„ „ von 2 bis 4 m	10	5	
	„ „ „ 4 „ 6 „	15	5	
	„ „ über 6 m	20	5	
Offen verlegte isolierte Niederspannungsleitungen	in Gebäuden	—	1	
	„ feuchten Räumen	5	5	
	im Freien	—	2	
Blanke Hochspannungsleitungen	bei Spannungen bis 750 V	4	4	6 m, über Wegen 7 m, von Bäumen 2,5 m, von Gebäuden und Dächern 5 m
	„ „ von 750 bis 6000 V	10	10	
	„ „ „ 6000 „ 10000 „	12,5	12,5	
	„ „ „ 10000 „ 25000 „	18	18	
	„ „ „ 25000 „ 35000 „	26	26	
	„ „ „ 35000 „ 50000 „	36	36	
	„ „ „ 50000 „ 60000 „	47	47	
	bei Führung an der Außenseite eines Gebäudes	wie vor	wie vor, jedoch mindest. 10 cm	
Offen verlegte Hochspannungsleitungen	bei Spannungen unter 1000 V	—	2	
	„ „ über 1000 V	wie für blanke Leitungen		

Ungeschützte, gegen Erde spannungsführende Teile elektrischer Schalttafeln von der gegenüberliegenden Wand:

bei Niederspannung . . . 1 m,
„ Hochspannung . . . . 1,5 „ .

Beispiel 2. Gleichstrom-Nebenschlußmotor 30 PS, 440 V, Anlauf unter halber Last. N 42 ergibt $F = 16$ mm², Sicherung 60 Amp.

Zahlentafel 44 vermittelt uns den Kupferquerschnitt der Zuleitungen von Drehstrom-Kurzschlußmotoren für die oft im praktischen Betriebe auftretenden Fälle.

Befinden sich in einem Raume mehrere Motoren, die gemeinsame Zuleitung besitzen, so wird der Querschnitt derselben bestimmt für einen Strom, der gleich ist dem Anlaufstrom des größten Motors + Summe der Normalströme sämtlicher anderer Motoren.

Dabei wird angenommen, daß die Motoren nacheinander angelassen werden.

Zahlentafel 47. Lichte Weite von Isolierrohren für gegebene Leitungsquerschnitte.

		Querschnitt der Leitung in mm² 1	1,5	2,5	4	6	10	16	25	35	50	70	
1 NGA	⊙	9	9	9	11	13,5[1]	13,5	16[1]	16	21	23[1]	23	Auf Putz
2 NGA	(••)	13,5[1]	13,5	16[1]	16	21	23[1]	23	29	36	43	43	
3 NGA	(∴)	13,5[1]	16[1]	16	21[1]	21	23	29	36	36	43	43	
4 NGA	(⁘)	13,5	16[1]	21	21	21	29[1]	29	36	43	43	—	
1 NGA	⊙	13,5	13,5	13,5	13,5	13,5	16	21[1]	21	23	23	29	Unter Putz
2 NGA	(••)	13,5	16[1]	16	21	21	29[1]	29	36	36	43	—	
3 NGA	(∴)	13,5	16	21[1]	21	23	29[1]	29	36	36	43	—	
4 NGA	(⁘)	16	16	21	21	29	29	36	—	—	—	—	

[1] Für kürzere Leitungsstrecken (z. B. Schalterherunterführung) kann Rohr mit nächst kleinerem Durchmesser verwendet werden.

Die Leitungen zwischen dem Drehstrommotor und dem Anlasser können für die mittlere Anlaßstromstärke i_m im Läufer bestimmt werden, die aus der Formel

$$i_m = \frac{606\,N}{e} \qquad (15)$$

errechnet werden kann. Darin bedeuten

N die Nennleistung des Motors in kW,
e die Läuferspannung in V (gemessen bei offenem Läuferkreis).

Gl. (15) gilt für Vollastanlauf. Für schwereren Anlauf ist i_m entsprechend zu vergrößern.

Normale Betriebsspannungen in Volt.

(Nach VDE.)

Gleichstrom: 24, 42, 110, 220, 440, 550, 750, 1100, 1500, 2200, 3000 (die Spannungen von 550 bis 3000 V beziehen sich auf Bahnanlagen mit einpoliger Erdung).

Drehstrom von 50 Per./sek: 24, 42, (125), 220, 380, (500), (1000), (3000), (5000), 6000, (10000), 15000, (20000), 30000, (45000), 60000, (80000), 100000, (150000), 200000, (300000) V. Die nichteingeklammerten Zahlen bedeuten Vorzugspannungen, die in erster Linie empfohlen werden. Sie gelten auch für Einphasenstrom von $16^2/_3$ bei Bahnanlagen mit einpoliger Erdung.

Bei Abweichungen von

$\pm$ 10% auf der Erzeuger- und
$\pm$ 5% auf der Verbraucherseite

kann normales Material ohne weiteres verwendet werden.

Isolierfestigkeit von elektrischen Maschinen, Transformatoren und Durchführungsisolatoren. Wicklungsprobe[1].

(Nach REM 1923 und RET 1923.)

Die Prüfspannung soll angelegt werden zwischen der zu prüfenden Wicklung und der Gesamtheit der untereinander und mit dem Körper verbundenen Wicklungen.

Zahlentafel 48[2].

Spalte	I	II	III	IV
Reihe	Prüfobjekt	Bereich	Prüfspannung in Volt der größere der Werte	
1	Maschinen	N bis ½ kW	3 E	2 E + 500
2		N über ½ kW, E bis 5000 V	3 E	2 E + 1000
3		E über 5000 V	2 E + 5000	
4	Transformatoren[3]	E bis 10000 V	3,25 E	2500
5		E über 10000 V	1,75 E + 15000	
6	Durchführungsisolatoren	Betriebsspannung E bis 3000	8 E + 2000	
7		über 3000	2 E + 20000	

Für Erregerwicklung von Einankerumformern und Synchronmotoren bestehen besondere Vorschriften.

E bedeutet die Nennspannung bzw. die höchste gegen Körper bei Erdschluß eines Poles auftretende Spannung, N die Nennleistung.

[1] Außer der Wicklungsprobe soll die Isolation 2 anderen Proben (Windungsprobe, Sprungwellenprobe) unterworfen werden.

[2] Siehe Anmerkung zur Zahlentafel 65.

[3] Bei Prüfung von Trockentransformatoren in kaltem Zustande sind diese Werte um 15% zu erhöhen.

Zahlentafel 49. Spannungsabfall

		1.	2.	3.	4.
		Berechnung des Spannungsabfalles			
Übertragungs-System	Schema	Abs. Spannungsabfall ε Volt		Relativer Spannungsabfall q %	
		bei bekanntem J_{Amp}	bei bekanntem N_{Watt}	bei bekanntem J_{Amp}	bei bekanntem N_{Watt}
Gleichstrom-Zweileiter	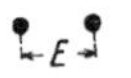	$\frac{2\,l\,J}{\varkappa\,F}$	$\frac{2\,l\,N}{\varkappa\,F\,E}$	$\frac{200\,l\,J}{\varkappa\,F\,E}$	$\frac{200\,l\,N}{\varkappa\,F\,E^2}$
Gleichstrom-Dreileiter		$\frac{l\,J}{\varkappa\,F}$	$\frac{l\,N}{2\,\varkappa\,F\,E}$	$\frac{100\,l\,J}{\varkappa\,F\,E}$	$\frac{50\,l\,N}{\varkappa\,F\,E^2}$
Einphasen-Wechselstrom		$\frac{2\,l\,J\cos\varphi}{\varkappa\,F}$	$\frac{2\,l\,N}{\varkappa\,F\,E}$	$\frac{200\,l\,J\cos\varphi}{\varkappa\,F\,E}$	$\frac{200\,l\,N}{\varkappa\,F\,E^2}$
Drehstrom-Dreileiter.........		$\frac{l\,J\cos\varphi\sqrt{3}}{\varkappa\,F}$	$\frac{l\,N}{\varkappa\,F\,E}$	$\frac{100\,l\,J\cos\varphi\sqrt{3}}{\varkappa\,F\,E}$	$\frac{100\,l\,N}{\varkappa\,F\,E^2}$
Drehstrom-Vierleiter.........		$\frac{l\,J\cos\varphi}{\varkappa\,F}$	$\frac{l\,N}{3\,\varkappa\,F\,E}$	$\frac{100\,l\,J\cos\varphi}{\varkappa\,F\,E}$	$\frac{100\,l\,N}{3\,\varkappa\,F\,E^2}$

Spannungsabfall in elektrischen Leitungen.

Der Spannungsabfall in elektrischen Leitungen wird berechnet nach der Zahlentafel 49, die für die meisten in der Praxis vorkommenden Werte zusammengestellt ist.

Sämtliche Formeln dieser Zahlentafel werden aus der grundlegenden Beziehung

$$\varepsilon = J\,R \tag{16}$$

abgeleitet, wobei R den Ohmschen Widerstand der Übertragungsleitung selbst bedeutet.

Die Zahlentafel enthält Formeln für die Berechnung des relativen und absoluten Spannungsabfalles, wenn bekannt ist: einfache Länge der Leitung l (m), Querschnitt derselben F (mm²), Leitfähigkeit $\varkappa$ und Stromstärke in der Leitung J (Amp.) oder übertragene Leistung N (kW). Außerdem gibt sie Formeln an für die Berechnung des Leitungsquerschnittes nach dem angenommenen Spannungsabfall (wobei noch l, $\varkappa$ und J oder N bekannt sind).

Das Nomogramm N 43 ermöglicht die Berechnung des relativen Spannungsabfalles aus bekannten Übertragungsgrößen bzw. des Leitungsquerschnittes oder der zu übertragenden Energie bei gegebenem Spannungsabfall. Das Nomogramm ist nach der Formel

$$q = 100\,\frac{C\cdot l\,N}{\varkappa\,E^2\,F} \tag{17}$$

berechnet für $C = 1$, d. h. (siehe Zahlentafel 49), die in den Skalen 1 bis 4 angegebenen Werte beziehen sich direkt auf Drehstrom-Dreileiter.

Das Nomogramm besteht aus mehreren (sechs) Dreiskalensystemen, die voneinander durch die Art der Beschriftung (aufrechtstehende oder Kursivziffern) bzw. durch Aufschrift zu unterscheiden sind. Alle diese Skalen besitzen eine gemeinsame Skalenleiter; es ist dies die Mitteldoppelskala für lN. Es gehören somit zusammen

für E	110 V:	Skala	I,	Doppelskala	V/VI	und	Skala	IX,
	125 V:	,,	I,	,,	V/VI	,,	,,	X,
	220 V:	,,	II,	,,	V/VI	,,	,,	X,
	380 V:	,,	III,	,,	V/VI	,,	,,	VII,
	500 V:	,,	IV,	,,	V/VI	,,	,,	VII,
	3000 V:	,,	IV,	,,	V/VI	,,	,,	VIII.

Von der mittleren Doppelskala V/VI für lN wird die linke oder die rechte verwendet, je nachdem, ob die Leitung aus Kupfer oder aus Aluminium besteht.

in elektrischen Leitungen.

5.	6.	7.	8.	9.
Berechnung des Leitungsquerschnittes aus dem Spannungsabfall				Bemerkung
Leitungsquerschnitt F bei bekanntem ε (Volt) mm²		Leitungsquerschnitt F bei bekanntem q (%) mm²		
bei bekanntem J Amp	bei bekanntem N Watt	bei bekanntem J Amp	bei bekanntem N Watt	
$\frac{2lJ}{\varkappa\varepsilon}$	$\frac{2lN}{\varkappa\varepsilon E}$	$\frac{200lJ}{\varkappa qE}$	$\frac{200lN}{\varkappa qE^2}$	
$\frac{lJ}{\varkappa\varepsilon}$	$\frac{lN}{2\varkappa\varepsilon E}$	$\frac{100lJ}{\varkappa qE}$	$\frac{50lN}{\varkappa qE^2}$	
$\frac{2lJ\cos\varphi}{\varkappa\varepsilon}$	$\frac{2lN}{\varkappa\varepsilon E}$	$\frac{200lJ\cos\varphi}{\varkappa qE}$	$\frac{200lN}{\varkappa qE^2}$	N ist die Wirkleistung J ist der Scheinstrom
$\frac{lJ\cos\varphi\sqrt{3}}{\varkappa\varepsilon}$	$\frac{lN}{\varkappa\varepsilon E}$	$\frac{100lJ\cos\varphi\sqrt{3}}{\varkappa qE}$	$\frac{100lN}{\varkappa qE^2}$	Die Ausdrücke stellen für $\varphi > 0$ den angenäherten Wert — Vorausgesetzt ist symmetrische Verteilung der Belastung N auf alle 3 Phasen
$\frac{lJ\cos\varphi}{\varkappa\varepsilon}$	$\frac{lN}{3\varkappa\varepsilon E^2}$	$\frac{100lJ\cos\varphi}{\varkappa qE}$	$\frac{100lN}{3\varkappa qE}$	Der induktive Widerstand der Leitung ist nicht berücksichtigt

Wie schon erwähnt, bezieht sich das Nomogramm auf die Übertragung mittels Drehstrom-Dreileiter.

Für andere Übertragungssysteme müssen die von dem Nomogramm für den Spannungsabfall abgelesenen Werte sinngemäß mit entsprechendem Koeffizienten C [siehe Formel (17) und Zahlentafel 49] multipliziert werden, und zwar:

für Gleichstromzweileiter und Einphasenwechselstrom . mit 2,
,, Gleichstromdreileiter . . . . ,, ½,
,, Drehstromvierleiter . . . . ,, ⅓.

Falls nicht der Spannungsabfall gesucht, sondern F aus gegebenem q und lN bestimmt wird, bleiben die Multiplikationsfaktoren dieselben wie oben.

Wird dagegen lN mittels des Nomogrammes bestimmt, so ist der erhaltene Wert durch den oben angegebenen Wert von C zu dividieren.

Das Nomogramm ist für die meist vorkommenden Spannungen: 110 V, 125 V, 220 V, 380 V, 500 V und 3000 V berechnet.

Für andere Spannungen muß q mit dem entsprechenden Proportionalitätsfaktor multipliziert werden, wobei zu beachten ist, daß q und E^2 wie auch F und E^2 umgekehrt proportional, dagegen lN und E^2 direkt proportional sind. Um also z. B. den Spannungsabfall für 6000 V zu bestimmen, muß man das aus dem Nomogramm für 3000 V abgelesene q mit ¼ multiplizieren; hat man F aus bekanntem q und lN für 2000 V zu bestimmen, so liest man es für 500 V ab und multipliziert mit $^1/_{16}$.

Was unter Spannung E im jeweiligen Übertragungssystem zu verstehen ist, ist aus dem Schema der Zahlentafel 49 ersichtlich.

Das Nomogramm ist sowohl für Kupfer- als auch für Aluminiumleitungen entworfen. Hat man Zink- oder Eisenleitung, so muß man sie wie die Kupferleitung berechnen und dann berücksichtigen, daß

bei Zinkleitung der Spannungsabfall 3,37 mal so groß ist wie bei Kupferleitung,
,, Eisenleitung ,, ,, 6,73 ,, ,, ,, ,, ,, ,, ,, .

Bei Wechselstromübertragung ist $\cos\varphi = 1$ vorausgesetzt. Ist $\cos\varphi \neq 1$, so ist der Spannungsabfall noch mit $\cos\varphi$ zu multiplizieren. Das erhaltene Resultat ist dann nur angenähert richtig.

Zahlentafel 50. Leistungsverlust

Übertragungs-System	Schema	1. Berechnung des Leistungsverlustes: Abs. Leistungsverlust v Watt, bei bekanntem J Amp	2. Abs. Leistungsverlust v Watt, bei bekanntem N Watt	3. Relativer Leistungsverlust p %, bei bekanntem J Amp	4. Relativer Leistungsverlust p %, bei bekanntem N Watt
Gleichstrom-Zweileiter		$\frac{2\,l\,J^2}{\varkappa F}$	$\frac{2\,l\,N^2}{\varkappa F E^2}$	$\frac{200\,l\,J}{\varkappa F E}$	$\frac{200\,l\,N}{\varkappa F E^2}$
Gleichstrom-Dreileiter		$\frac{2\,l\,J^2}{\varkappa F}$	$\frac{l\,N^2}{2\,\varkappa F E^2}$	$\frac{100\,l\,J}{\varkappa F E}$	$\frac{50\,l\,N}{\varkappa F E^2}$
Einphasen-Wechselstrom	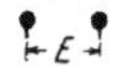	$\frac{2\,l\,J^2}{\varkappa F}$	$\frac{2\,l\,N^2}{\varkappa F E^2 \cos^2\varphi}$	$\frac{200\,l\,J}{\varkappa F E \cos\varphi}$	$\frac{200\,l\,N}{\varkappa F E^2 \cos^2\varphi}$
Drehstrom-Dreileiter	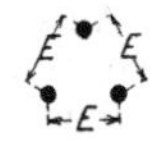	$\frac{3\,l\,J^2}{\varkappa F}$	$\frac{l\,N^2}{\varkappa F E^2 \cos^2\varphi}$	$\frac{100\,l\,J\sqrt{3}}{\varkappa F E \cos\varphi}$	$\frac{100\,l\,N}{\varkappa F E^2 \cos^2\varphi}$
Drehstrom-Vierleiter		$\frac{3\,l\,J^2}{\varkappa F}$	$\frac{l\,N^2}{3\,\varkappa F E^2 \cos^2\varphi}$	$\frac{100\,l\,J}{\varkappa F E \cos\varphi}$	$\frac{100\,l\,N}{3\,\varkappa F E^2 \cos^2\varphi}$

Für die Ermittlung der Werte des relativen Spannungsabfalles dient ebenfalls Zahlentafel 49, wo dieselben für Gleich- und Wechselstrom für verschiedene Spannungen (für vollbelastete Kupferleitungen) enthalten sind.

Beispiel 1. 25 kW Gleichstrom 110 V werden übertragen durch eine Kupferleitung von 25 mm² über eine 100 m lange Strecke. Das Produkt lN ist in diesem Falle 2500.

Durch Verbinden der entsprechenden Punkte der Skalen I und V liest man auf der Skala IX: 14,7. Da der Faktor für die Gleichstromübertragung $C = 2$ beträgt, so ist der Spannungsabfall $q = 2 \cdot 14{,}7 = 29{,}4\,\%$.

Beispiel 2. 1 kW soll über dieselbe Leitungsstrecke übertragen werden. Das Produkt lN beträgt jetzt 100. Nachdem die Verbindungslinie des Punktes $F = 25$ der Skala I und $lN = 200$ der Skala V keinen erreichbaren Schnittpunkt mit der Skala IX ergibt, benützen wir die Proportionalitätseigenschaft des Nomogrammes. Anstatt also die Gerade mit

$$lN = 100 \text{ und } F = 25$$

zu ziehen, suchen wir den Schnittpunkt der Geraden

$$l\overline{N} = 1000 \quad \text{und} \quad F = 25$$

mit der Skala IX und erhalten $q = 5{,}88$. Es sind dabei die Proportionalitätsfaktoren

$$(lN) = 0{,}1 \quad (F) = 1,$$

und also aus der Tabelle für Proportionalitätsfaktoren folgt

$$(q) = 0{,}1.$$

Es ist also der relative Spannungsabfall

$$q = C\overline{q}\,(q) = 2 \cdot 5{,}9 \cdot 0{,}1 = 1{,}18\,\%\,.$$

Beispiel 3. 240 kW werden auf einer 250 m langen Kupferleitung von 70 mm mittels Drehstrom-Dreileiter 1000 V übertragen. Nachdem für 500 V

$$lN = 60\,000 \text{ (Skala V) und } F = 70 \text{ (Skala IV)}$$

nicht günstig ist, nehmen wir

$$l\overline{N} = 600 \quad \text{und} \quad F = \overline{7} \quad \text{und also} \quad (lN) = 100, \quad (F) = 10$$

in elektrischen Leitungen.

5.	6.	7.	8.	9.
Berechnung des Leitungsquerschnittes aus dem Leistungsverlust				
Leitungsquerschnitt F bei bekanntem ν (Watt) mm^2		Leitungsquerschnitt F bei bekanntem q (%) mm^2		Bemerkung
bei bekanntem J Amp	bei bekanntem N Watt	bei bekanntem J Amp	bei bekanntem N Watt	
$\frac{2\,l\,J^2}{\varkappa\,\nu}$	$\frac{2\,l\,N^2}{\varkappa\,\nu\,E^2}$	$\frac{200\,l\,J}{\varkappa\,p\,E}$	$\frac{200\,l\,N}{\varkappa\,p\,E^2}$	
$\frac{2\,l\,J^2}{\varkappa\,\nu}$	$\frac{l\,N^2}{2\,\varkappa\,\nu E^2}$	$\frac{100\,l\,J}{\varkappa\,p\,E}$	$\frac{50\,l\,N}{\varkappa\,p\,E^2}$	
$\frac{2\,l\,J^2}{\varkappa\,\nu}$	$\frac{2\,l\,N^2}{\varkappa\,\nu\,E^2\cos^2\varphi}$	$\frac{200\,l\,J}{\varkappa\,p\,E\cos\varphi}$	$\frac{200\,l\,N}{\varkappa\,p\,E^2\cos^2\varphi}$	N ist die Wirkleistung J ist der Scheinstrom
$\frac{3\,l\,J^2}{\varkappa\,\nu}$	$\frac{l\,N^2}{\varkappa\,\nu\,E^2\cos^2\varphi}$	$\frac{100\,l\,J\sqrt{3}}{\varkappa\,p\,E\cos\varphi}$	$\frac{100\,l\,N}{\varkappa\,p\,E^2\cos^2\varphi}$	Vorausgesetzt ist symmetrische Verteilung der Belastung N auf alle 3 Phasen
$\frac{3\,l\,J^2}{\varkappa\,\nu}$	$\frac{l\,N^2}{3\,\varkappa\,\nu\,E^2\cos^2\varphi}$	$\frac{100\,l\,J}{\varkappa\,p\,E\cos\varphi}$	$\frac{100\,l\,N}{3\,\varkappa\,p\,E^2\cos^2\varphi}$	

an, weshalb das Resultat mit $(q) = 10$ zu multiplizieren ist. Da wir anstatt mit der gegebenen Spannung 1000 V mit 500 V gerechnet haben, ist der erhaltene Spannungsabfall 0,61 noch mit ¼ zu multiplizieren, wodurch wir erhalten:

$$q = 0{,}61 \cdot 10 \cdot \frac{1}{4} = 1{,}52\,\%,$$

Leistungsverlust in elektrischen Leitungen.

Der Leistungsverlust in elektrischen Leitungen wird berechnet mittels Formeln der Zahlentafel 50, die aus der grundlegenden Beziehung

$$\nu = J^2 R \tag{18}$$

abgeleitet ist; darin bedeutet R den elektrischen Widerstand der Übertragungsleitung selbst.

Die Zahlentafel enthält Formeln für die Berechnung der relativen und absoluten Leitungsverluste, wenn bekannt sind: (einfache) Länge der Leitung 1 (m), Querschnitt derselben F (mm^2), Leitfähigkeit $\varkappa$ und Stromstärke in der Leitung J (Amp.) oder übertragene Leistung N (kW); außerdem gibt sie Formeln an für die Berechnung des Leitungsquerschnittes nach dem angenommenen Leistungsverlust (wobei noch l, $\varkappa$ und J oder N bekannt ist). Nachdem die Spalte 4 dieser Zahlentafel für $\cos\varphi = 1$ vollkommen mit der Spalte 4 der Zahlentafel 49 übereinstimmt, läßt sich auch

N 43

für die Berechnung des relativen Leistungsverlustes verwenden. Es gilt hierfür auch alles über die Multiplikatoren, Abhängigkeit von der Spannung usw. in der Erläuterung des N 43 für die Berechnung des Spannungsabfalles Gesagte (siehe S. 112) mit Ausnahme der Abhängigkeit vom relativen Leistungsfaktor $\cos\varphi$. Ist bei Wechselstromübertragung $\cos\varphi \neq 1$, so ist der errechnete relative Leistungsverlust durch $\cos^2\varphi$ zu dividieren. Der erhaltene Wert ist dann nicht angenähert, sondern streng richtig.

Leerlaufstrom

bei Drehstrommotoren beträgt ungefähr 0,2 bis 0,4 des Stromes bei voller Belastung.

Abgegebene und aufgenommene Leistung.

Gleichstrommotoren.

$$\text{Aufgenommene Leistung} \quad N_{el} = J E. \tag{19}$$

$$\text{Abgegebene Leistung} \quad N_{mech} = \eta N_{el} = \eta J E. \tag{20}$$

Zahlentafel 51. Wirkungsgrad in % von normalen offenen Gleichstrommotoren für Spannungen 110, 220 und 440 Volt. Bearbeitet nach DIN VDE.

Nennleistung		Drehzahl in Umdr./min						
kW	PS etwa	2800/2850	2000	1400/1460	910/975	700/725	550/575	460/475
0,2	0,3	68	67	66	62			
0,5	0,7	70,5	71	71	68			
1,0	1,5	75	75,5	74,5	72			
1,5	2	77	77	77	74,5			
2	3	78	78,5	77,5	76			
3	4	80	80,5	80	77,5			
4	5,5	81	81,5	81	79			
5	7	82	82	81,5	80	79	78	76,5
7,5	10		83,5	83	82	81	80	78,5
10	14		84	84	83	82,5	81,5	80,5
15	20			85	84,5	84	83	82
20	27			86	85,5	85	84,5	83
30	40			87	87	86,5	86	85
40	55			88	88	87,5	87	86
50	68			88	89	88,5	88	87
75	102			88,5	90	89,5	89	88
100	136			89	90,5	90	89,5	89

Bemerkung: Toleranz s. Zahlentafel 53.

Zahlentafel 52. Wirkungsgrad in % von normalen offenen Drehstrommotoren mit Kurzschlußläufer für Spannungen von 220 bis 500 V. (Nach DIN VDE.)

Nennleistung		Drehzahl in Umdr./min			
kW	PS etwa	3000	1500	1000	750
0,125	0,17	66,5	69,5	66,5	
0,2	0,27	70	72,5	69,5	64,5
0,33	0,45	73,5	74,5	72,5	68,5
0,5	0,7	76	76,5	75	71,5
0,8	1,1	78,5	79,5	77,5	75
1,1	1,5	80	81,5	79,5	77
1,5	2	81,5	82,5	81	78,5
2,2	3	83	83,5	82,5	80,5
3	4	84	84,5	83,5	81,5
4	5,5	84,5	85,5	84,5	82,5
5,5	7,5	85,5	86,5	85,5	83,5
7,5	10	86	87	86	84
11	15	86,5	87,5	86,5	85
15	20	86,5	87,5	86,5	86

Bemerkung: Toleranz s. Zahlentafel 53.

Die Werte des Wirkungsgrades η für normale Gleichstrommotoren finden wir in der Zahlentafel 51.

Zahlentafel 53. Wirkungsgrad in % von normalen offenen Drehstrommotoren mit Schleifringanker für Spannungen 250 bis 500 V. (Nach DIN VDE.)

Nennleistung		Drehzahl in Umdr./min					
kW	PS etwa	3000	1500	1000	750	600	500
1,1	1,5			75,5	73,5		
1,5	2		79,5	77,5	75,5		
2,2	3	80,5	80,5	79,5	77,5		
3	4	81,5	81,5	81	79		
4	5,5	82	83,5	82	80		
5,5	7,5	82	84,5	83	81		
7,5	10	83	85	84	83,5	83,5	
11	15	84	85,5	86	84,5	84,5	83,5
15	20	85	87,5	86,5	85	85,5	85
22	30	87,5	88	87,5	87	86,5	86
30	40	88,5	89	88,5	88	87,5	87
40	55	89	89,5	89	89	88,5	88
50	68	89,5	90	90	89,5	89	88,5
64	87	90	90,5	90,5	90	89,5	89
80	110	90	90,5	90,5	90,5	90	90
100	136	90,5	91	91	91	90,5	90,5
125	170	91	91,5	91,5	91	91	91
160	217	91,5	92	92	91,5	91,5	91,5
200	271	92	92,5	92,5	92	92	92
250	339	92,5	93	93	92,5	92,5	92,5

Bemerkung: Ventiliert geschützte und mantelgekühlte Motoren haben annähernd den gleichen Wirkungsgrad wie offene (Unterschied 0,5 bis 1%).

Toleranz, das heißt höchstzulässige Abweichung des festgestellten Wertes nach REM § 87/5 beträgt $\frac{1-\eta}{10}$, mindestens aber 0,01.

Wechselstrommotoren (Einphasen-Kollektormotoren).

$$\text{Aufgenommene Leistung} \quad N_{el} = J E \cos \varphi. \tag{21}$$

$$\text{Abgegebene Leistung} \quad N_{mech} = \eta N_{el} = \eta J E \cos \varphi. \tag{22}$$

Drehstrommotoren.

Aufgenommene Leistung $N_{el} = \sqrt{3}\, J E \cos\varphi$. (23)

Abgegebene Leistung $N_{mech} = \eta\, N_{el} = \eta \sqrt{3}\, J E \cos\varphi$. (24)

(Hier bedeutet E die verkettete Spannung, J den Linienstrom.)

Die Werte des Wirkungsgrades η für normale Drehstrommotoren bei Vollast enthalten Zahlentafeln 52 und 53; Zahlentafel 54 gibt an, wie sich der Wirkungsgrad bei Teillast bzw. bei Überlastung ändert.

Die Werte des Leistungsfaktors $\cos\varphi$ für normale Drehstrommotoren bei Vollast enthalten Zahlentafeln 55 und 56; aus der Zahlentafel 57 können wir entnehmen, wie sich der Leistungsfaktor bei Teillast bzw. bei Überlastung ändert.

Zahlentafel 54.
Wirkungsgrad der Drehstrommotoren für Teillasten.

Bei 0,25 Belastung etwa %	Bei 0,5 Belastung %	Bei 0,75 Belastung %	Bei Vollbelastung %	Bei 1,25 Belastung %	Bei 1,5 Belastung %
88	92,5	93,5	94	93,5	92,5
87	91,5	92,5	93	92,5	91,5
86	91	92	92	91,5	90
85	90	91	91	90	88,5
83	89	90	90	89	87
82	88	89	89	88	86
80	87	88	88	87	85
79	86	87	87	85,5	83
77	84,5	86	86	84,5	82
76	83,5	85	85	83,5	81
74,5	82,5	84	84	82,5	80
73	81,5	83	83	81,5	79
71,5	80,5	82	82	80	77
70,5	79,5	81	81	79	76
69	78,5	80	80	78	75
67	77	79	79	77	74

Zahlentafel 55. Leistungsfaktor in % von normalen offenen Drehstrommotoren mit Kurzschlußläufer für Spannungen von 220 bis 500 V. (Nach DIN VDE.)

Nennleistung		Drehzahl in Umdr./min			
kW	PS etwa	3000	1500	1000	750
0,125	0,17	78	70	66	
0,2	0,27	80	73	69	60
0,33	0,45	82	76	71	64
0,5	0,7	84	79	73	67
0,8	1,1	86	80	75	70
1,1	1,5	87	82	77	72
1,5	2	88	83	78	74
2,2	3	89	85	80	76
3	4	89	86	81	78
4	5,5	89	87	82	80
5,5	7,5	89	87	84	82
7,5	10	89	87	85	83
11	15	89	87	85	84
15	20	89	87	85	84

Bemerkung: Toleranz s. Zahlentafel 56.

Zahlentafel 56. Leistungsfaktor in % von normalen offenen Drehstrommotoren mit Schleifringläufer für Spannungen von 220 bis 500 V. (Nach DIN VDE.)

Nennleistung		Drehzahl in Umdr./min					
kW	PS etwa	3000	1500	1000	750	600	500
1,1	1,5			71	66		
1,5	2		80	74	69		
2,2	3	86	82	76	72		
3	4	86	83	78	75		
4	5,5	86	84	80	77		
5,5	7,5	87	84	82	79		
7,5	10	87	85	83	81	79	
11	15	88	86	84	82	80	77
15	20	89	87	85	84	81	78
22	30	90	88	86	85	82	79
30	40	90	89	87	86	83	81
40	55	90	90	88	87	84	82
50	68	91	90	88	87	85	83
64	87	91	90	89	88	86	84
80	110	91	90	89	88	86	85
100	136	91	90	89	88	86	85
125	170	92	91	90	89	87	86
160	217	92	91	90	89	87	86
200	271	92	91	90	89	88	86
250	339	92	91	90	89	88	87

Bemerkung: Die Leistungsfaktoren für die mantelgekühlten Motoren sind um 5 bis 15% kleiner als die oben angegebenen Werte. Für Hochspannungsmotoren ist $\cos\varphi$ etwas kleiner.

Die Toleranz (das heißt höchstzulässige Abweichung des festgestellten Wertes) vom gewährleisteten Werte beträgt nach REM § 87/6 $\frac{1-\cos\varphi}{6}$, mindestens aber 0,02.

Überlastung von elektrischen Maschinen (nach REM 1923).

Maschinen für Dauerbetrieb müssen in betriebswarmem Zustande während 2 Minuten den 1½fachen Nennstrom ohne Beschädigung oder bleibende Formänderung aushalten. Diese Probe ist bei einer Spannung, die der Nennspannung so nahe als möglich ist, durchzuführen.

Transformatoren.

$$\text{Wirkungsgrad } \eta = \frac{\text{abgegebene Leistung}}{\text{aufgenommene Leistung}}.$$

Aufgenommene Leistung = Abgegebene Leistung + Eisenverlust + Wicklungsverlust.

Die Werte für Eisen- und Wicklungsverluste für Einheitstransformatoren nach DIN entnehmen wir den Zahlentafeln 58 und 59.

Beispiel. Wirkungsgrad eines 40-kVA-Transformators 5000/220 V der Schaltgruppe A_2 (Zahlentafel 60).

a) Transformator Type HET 20 (Zahlentafel 58):

Für $\cos\varphi = 1$:

Abgegebene Leistung 40000 W.

Eisenverlust $240 + (350 - 240)\,0{,}5 = 295$ W.

Wicklungsverlust $\frac{2{,}45 \cdot 40}{100} = 980$ W.

Aufgenommene Leistung $40000 + 295 + 980 = 41275$ W.

Wirkungsgrad $\eta = \frac{40000}{41275} = 96{,}9\,\%$.

Für $\cos\varphi = 0{,}8$:

Abgegebene Leistung 32000 W.

Aufgenommene Leistung 33275 W.

Wirkungsgrad $\eta = \frac{32000}{33275} = 96{,}2\,\%$.

Zahlentafel 57. Leistungsfaktoren von Drehstrommotoren bei Teillasten.

Bei 0,25 Belastung etwa %	Bei 0,5 Belastung %	Bei 0,75 Belastung %	Bei Vollbelastung %	Bei 1,25 Belastung %	Bei 1,5 Belastung %
74	87	90	91	91	90
72	85	89	90	90	89
67	82	87	89	89	88
63	80	86	88	88	87
60	78	85	87	87	86
58	77	84	86	87	86
56	74	82	85	86	86
54	72	81	84	85	85
50	70	80	83	84	84
49	69	78	82	83	83
48	68	77	81	82	82
47	67	76	80	81	81
46	65	75	79	80	80
44	63	73	78	80	80
42	62	72	77	79	79
40	60	70	76	78	78

b) Transformator Type SET 20 Zahlentafel 59):

Für $\cos\varphi = 1$: Abgegebene Leistung 40000 W.

Eisenverlust $295 + (370 - 295)\,\frac{1}{5} = 310$ W.

Wicklungsverlust $\frac{1{,}78 \cdot 40000}{100} = 712$ W.

Aufgenommene Leistung 41022 W.

Wirkungsgrad $\eta = \frac{40000}{41022} = 97{,}5\,\%$.

Für $\cos\varphi = 0{,}8$: Abgegebene Leistung 32000 W.

Aufgenommene Leistung 33022 W.

Wirkungsgrad $\eta = \frac{32000}{33022} = 96{,}9\,\%$.

Der Leerlaufsverlust eines Transformators ist praktisch gleich dem Eisenverluste (in Wirklichkeit etwas größer).

Zahlentafel 58. Einheitstransformatoren. Hauptreihe (HET 23). (Nach DIN.)

kVA[1]	Eisenverluste W				Wicklungsverluste %		Kurzschlußspannung %				
	5000 V und 6000 V	10000 V	15000 V	20000 V	5000 bis 20000 V		5000 V, 6000 V, 10000 V		15000 V	20000 V	Nennoberspannung[1]
					A_2 (B_2)	C_3 (D_3)	A_2 (B_2)	C_3 (D_3)	A_2 (B_2)	C_3 (D_3)	Schaltgruppe (s. S. 119)[1]
5	60	70	85	100	3,3	3,6	4,2	4,5	4,6	4,9	
10	100	115	130	150	3,0	3,3	4,0	4,3	4,5	4,7	
20	175	190	210	225	2,8	3,1	3,9	4,1	4,4	4,6	
30	240	260	280	300	2,6	2,9	3,8	4,0	4,3	4,5	
50	350	375	400	425	2,5	2,7	3,6	3,8	4,1	4,3	
75	475	510	540	575	2,3	2,5	3,5	3.7	3,9	4,1	
100	600	630	660	700	2,1	2,3	3,5	3,7	3,8	4,0	
Toleranz:	+ 10%				+ 10%		+ 10% oder − 20%				Zuläss. Abweichung von d. ob. angeg. Werten

[1] Die Einheitstransformatoren werden nur für die hier angeführten Leistungen, Spannungen und Schaltgruppen hergestellt.
Die Nennunterspannung im Leerlauf beträgt bei A_2 (B_2) 231 V, „ C_3 (D_3) 400 V

Überlastbarkeit: Nach 10stünd. Betrieb mit halber Nennleistung: 30% während 1 Stunde oder 10% während 3 Stunden.

Zahlentafel 59. Einheitstransformatoren. Sonderreihe (SET 23). (Nach DIN.)

kVA[1]	Eisenverluste W				Wicklungsverluste %		Kurzschlußspannung %				
	5000 V und 6000 V	10000 V	15000 V	20000 V	5000 bis 20000 V		5000 V, 6000 V, 10000 V		15000 V	20000 V	Nennoberspannung[1]
					$A_2(B_2)$	$C_3(D_3)$	$A_2(B_2)$	$C_3(D_3)$	$A_2(B_2)$	$C_3(D_3)$	Schaltgruppe (s. unten)[1]
5	60	70	85	100	2,5	2,8	3,5	3,7	3,7	3,9	[1] Die Einheitstransformatoren werden nur für die hier angeführten Leistungen, Spannungen und Schaltgruppen hergestellt. Die Nennunterspannung im Leerlauf beträgt bei $A_2(B_2)$ 231 V „ $C_3(D_3)$ 400 V
10	100	110	120	130	2,3	2,5	3,4	3,6	3,6	3,8	
15	140	155	165	180	2,1	2,3	3,3	3,5	3,5	3,7	
25	210	225	235	250	1,9	2,1	3,2	3,4	3,4	3,6	
37,5	295	315	335	355	1,8	2,0	3,0	3,2	3,2	3,4	
50	370	390	410	430	1,7	1,9	2,9	3,0	3,1	3,2	
Toleranz:	+ 10%				+ 10%		+ 10% oder − 20%				Zuläss. Abweichung von d. ob. angegeb. Werten

Überlastbarkeit: Nach Dauerbetrieb überlastbar um 60% dauernd
oder 110% während 1 Stunde
„ 75% während 3 Stunden
„ 100% während 12 Stunden, jedoch nur 500 Stunden im Jahr (dabei Erwärmungsgrenze um 10° C höher als in den VDE-Vorschriften, siehe S. 123).

Zahlentafel 60. Normale Schaltgruppen von Transformatoren nach RET 1923.

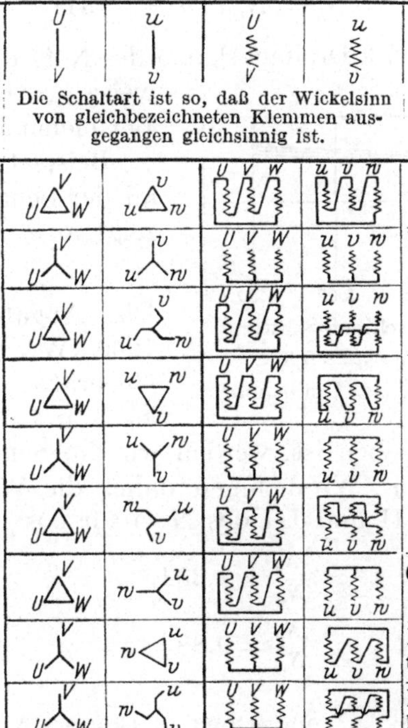

	Vektorbild Oberspannung	Vektorbild Unterspannung	Schaltbild Oberspannung	Schaltbild Unterspannung	Vorwiegende Verwendung
I. Einphasentransformator Schaltgruppe A	Die Schaltart ist so, daß der Wickelsinn von gleichbezeichneten Klemmen ausgegangen gleichsinnig ist.				
II. Dreiphasentransformator					
Schaltgruppe A — A_1					
Schaltgruppe A — A_2					Kleine Verteilungs-Tr. mit sek. wenig belastbarem Nullpunkt
Schaltgruppe A — A_3					
Schaltgruppe B — B_1					
Schaltgruppe B — B_2					
Schaltgruppe B — B_3					
Schaltgruppe C — C_1					Große Verteilungs-Tr. mit sek. voll belastbarem Nullpunkt
Schaltgruppe C — C_2					Haupttr. großer Kraftwerke u. Unterstationen (nicht zur Verteilung)
Schaltgruppe C — C_3					Kleine Verteilungs-Tr. mit sekundär voll belastbarem Nullpunkt
Schaltgruppe D — D_1					
Schaltgruppe D — D_2					
Schaltgruppe D — D_3					

Gleichstromgeneratoren.

$$N_{el} = JE, \tag{25}$$

$$N_{mech} = \frac{1}{\eta} N_{el} = \frac{1}{\eta} JE. \tag{26}$$

Es können für η die Werte für Gleichstrommotoren (Zahlentafel 51) genommen werden.

Wechselstrom- und Drehstromgeneratoren.

$$N_{el} = JE\cos\varphi \quad \text{bzw.} \quad \sqrt{3}\,JE\cos\varphi\,, \tag{27}$$

$$N_{mech} = \frac{N_{el}}{\eta} = \frac{1}{\eta}\,JE\cos\varphi \quad \text{bzw.} \quad \frac{1}{\eta}\sqrt{3}\,JE\cos\varphi\,. \tag{28}$$

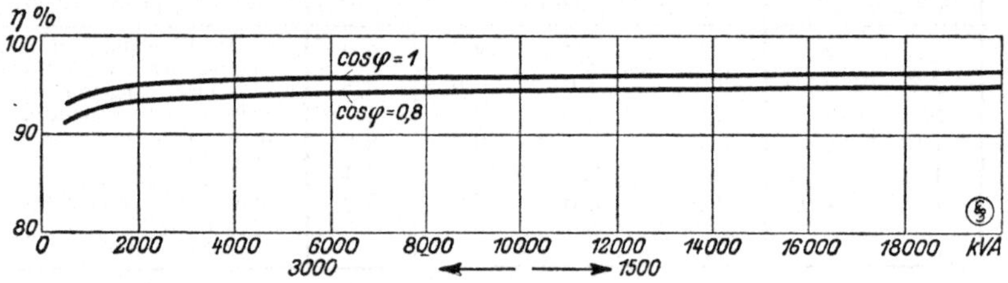

Abb. 34. Wirkungsgrade normaler Drehstrom-Turbogeneratoren der SSW 50 Per, $\cos\varphi = 0{,}8$ und $\cos\varphi = 1$ bei Vollast nach REM 1923.

Siehe Abb. 34 für Drehstrom-Turbogeneratoren der SSW und Abb. 35 für Kolbenmaschinen-Schwungrad-Generatoren (entnommen aus der Siemens Z. 1927, S. 251).

Einfluß der Phasenverschiebung auf die gegenseitigen Verhältnisse von Wirkstrom, Blindstrom und Scheinstrom[1] bzw. -Leistung.

Der Einfluß der Phasenverschiebung wird gekennzeichnet durch die Gleichungen

$$J_w = J_s\cos\varphi\,, \tag{29}$$
$$J_b = J_s\sin\varphi\,, \tag{30}$$
$$J_b = J_w\,\mathrm{tg}\,\varphi\,, \tag{31}$$
$$N_w = N_s\cos\varphi\,, \tag{32}$$
$$N_b = N_s\sin\varphi\,, \tag{33}$$
$$N_b = N_w\,\mathrm{tg}\,\varphi\,, \tag{34}$$
$$V_1 = V_\varphi\cos^2\varphi\,, \tag{35}$$
$$p_1 = p_\varphi\cos\varphi\,. \tag{36}$$

Diese Gleichungen werden durch 3 Dreifachskalen des N 44 dargestellt, deren Anwendungsweise am besten aus den nachfolgenden Beispielen hervorgeht.

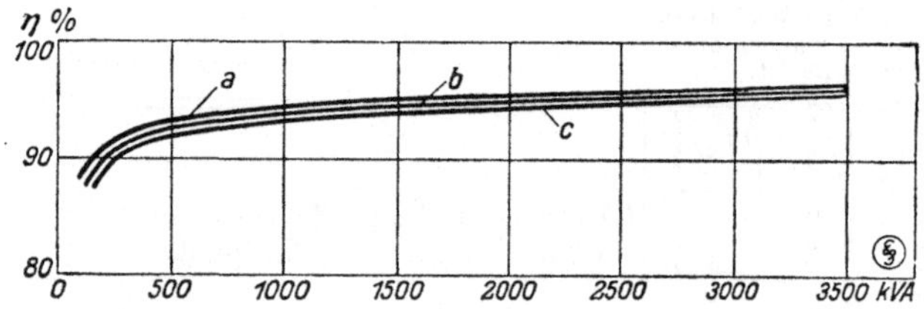

Abb. 35. Wirkungsgrade von Kolbenmaschinen-Schwungradgeneratoren bei Vollast und $\cos\varphi = 0{,}8$
$a = 250$ Umdr./min, $b = 188$ Umdr./min, $c =$ Umdr./min.

Beispiel 1. Der Leistungsfaktormesser an der Schalttafel einer Drehstromanlage zeigt an

$$\cos\varphi = 0{,}75.$$

Die Angabe des Leistungsmessers ist 1200 kW. Wie hoch stellt sich die vom Generator abgegebene Scheinleistung in kVA und die Blindleistung?

Nachdem die Wirkleistung gegeben ist, werden wir die Schein- und die Blindleistung im Verhältnis zur ersteren bestimmen. Wir nehmen daher die Wirkleistung als gleichbleibend an und finden aus den Skalen I, II und III des N 44 für $\cos\varphi = 0{,}75$:

$$\frac{N_s}{N_w} = 1{,}334.$$

$$\frac{N_b}{N_w} = 0{,}88$$

und somit

$$N_s = 1200\cdot 1{,}334 = 1600\ \text{kVA},$$

$$N_b = 1200\cdot 0{,}88 \ = 1058\ \text{kVA}.$$

Beispiel 2. Wie groß ist der Voreilwinkel φ für $\cos\varphi = 0{,}75$?
Aus den Skalen V und VI des N 44 finden wir

$$\varphi = 41^{0}{,}4.$$

Beispiel 3. Die Angaben des Leistungsfaktor- und des Leistungsmessers seien die gleichen wie im Beispiel 1:

$$\cos\varphi = 0{,}75, \qquad N_w = 1200\ \text{kW}.$$

[1] In Wirklichkeit ist der „Scheinstrom" keine scheinbare Größe, sondern der tatsächlich vorhandene Gesamtstrom. Die Bezeichnung „Scheinstrom" ist hier nur wegen der Parallelität mit der Leistung gewählt worden, nachdem sie zu Irrtümern kaum Anlaß geben kann.

Um wieviel größer stellt sich der dabei auftretende Leistungsverlust im Vergleich zum minimalen Leistungsverlust, der durch die Übertragung derselben Leistung bedingt ist [also bei $\cos\varphi = 1$]?

Wir finden (für gleichbleibende Wirkleistung) aus den Skalen IV und V des N 44 für $\cos\varphi = 0{,}75$:

$$\frac{V_\varphi}{V} = 1{,}78 .$$

Beispiel 4. Die Angabe des Strommessers einer Drehstromanlage sei 720 Amp., diejenige des Leistungsfaktormessers $\cos\varphi = 0{,}8$. Um wieviel größer ist der dabei auftretende Leistungsverlust im Vergleich zu dem Leistungsverlust, der sich bei Fortleitung desselben Stromes bei $\cos\varphi = 1$ ergeben würde?

Nachdem durch den Strommesser der Scheinstrom gemessen wird und derselbe als konstant anzunehmen ist, gelten jetzt die Skalen VII bis IX des N 44. Der Vergleich der Skalen VIII und IX ergibt das gesuchte Verhältnis der perzentuellen Leistungsverluste für beide in Betracht kommende Fälle ($\cos\varphi = 0{,}8$ und $\cos\varphi = 1$):

$$\frac{p_\varphi}{p} = 1{,}25 .$$

Beispiel 5. Die Generatorleistung sei 1250 kVA. Wie groß ist die Blindleistung bei $\cos\varphi = 0{,}7$?

Aus den Skalen VII und VIII ergibt sich für $\cos\varphi = 0{,}7$:

$$N_b = 1250 \cdot 0{,}714 = 892 \text{ kVA}.$$

Beispiel 6. Um einen um 15% überlasteten Generator zu entlasten, hat man in einer Anlage einen Phasenschieber an das Netz angeschlossen, wodurch der Leistungsfaktor von 0,76 auf 0,81 gestiegen ist. Wie groß ist die sich einstellende Überlastung des Generators, wenn die gleiche Wirkleistung abgegeben ist?

Aus den Skalen II und III finden wir

$$\text{für } \cos\varphi = 0{,}76: \quad \frac{N_{s_1}}{N_w} = 1{,}316,$$

$$\text{„} \quad \cos\varphi = 0{,}81: \quad \frac{N_{s_2}}{N_w} = 1{,}235.$$

Nachdem

$$\frac{N_{s_1}}{N_s} = 1{,}15$$

ist, ergibt sich

$$\frac{N_{s_2}}{N_s} = \frac{N_{s_2}}{N_w} \cdot \frac{N_w}{N_{s_1}} \cdot \frac{N_{s_1}}{N_s} = \frac{1{,}235}{1{,}316} \cdot 1{,}15 = 1{,}08 .$$

Die Überlastung beträgt nunmehr 8%.

Gewichte elektrischer Maschinen.

Für den Transport und die Aufstellung elektrischer Motoren ist es oft von Wichtigkeit, deren Gewicht zu kennen. Zahlentafel 61 enthält die Gewichte von normalen Drehstrom-Schleifringmotoren pro 1 kW abgegebene Leistung; Zahlentafel 62 enthält die Gewichte von Drehstrom-Kurzschlußmotoren.

Wegen der Verschiedenheit der Konstruktionen und Ausführungen verschiedener Motorenfabriken ist es nicht möglich, genaue Angaben zu bringen. Die genannten Zahlentafeln sollen demgemäß nur als Anhaltspunkt für die Gewichtsbestimmung dienen. Sie sind aus den Katalogen verschiedener Fabriken zusammengestellt.

Die Gewichte von Gleichstrommotoren und -generatoren können aus K 11 entnommen werden, wo dieselben in Abhängigkeit vom Verhältnis $\frac{N}{n}$ dargestellt sind. Die dieser Zahlentafel zugrunde liegende Formel lautet

$$\text{Gewicht in kg} = C\left(\frac{1000\,N}{n}\right)^{\frac{3}{4}}, \qquad (37)$$

Zahlentafel 61.

Offene Drehstrommotoren mit Schleifringanker (norm. Ausführung mit Riemenscheibe). Gewicht pro 1 kW abgegebene Leistung[1].

Abgegebene Leistung kW	Drehzahl in Umdrehungen pro Minute: 3000 kg	3000 Mittelwert	1500 kg	1500 Mittelwert	1000 kg	1000 Mittelwert	750 kg	750 Mittelwert	600 kg	600 Mittelwert	500 kg	500 Mittelwert
1—5	18,5—37,5	*29*	(20—)25,5—65	*45*	(23,5—)25,5—64,5	*45*	(28—)36,5—68	*52*				
6—10	17,5—23	*20*	(16,5—)17—28	*22,5*	(20,5—)23—32,5	*28*	(26—)35,5—57	*46*	47,5—51	*49,5*		
11—20	13,5—21	*17*	(14,5—)15,5—22	*18,5*	(18—)22—29,5	*65*	(22—)27—42,5	*35*	38,5—49,5	*44*	40—62	*51*
21—50	9,5—17	*13*	(12—)15—18,5	*16,5*	(14—)16—25	*20,5*	(17—)23—32	*27,5*	27,5—39,5	*33,5*	31,5—55	*43*
51—100	8,5—16,5	*12*	(10—)12,5—18	*15*	(11,5—)12,8—21,5	*17*	(13,5—)17—22,5	*20*	24—32	*28*	26,5—37,5	*32*
100—200[2]	8—15	*11,5*	9,5—20	*14,5*	12—19,5	*16*	16,5—20	*18*	20,5—29	*24,5*	22—29	*25,5*

[1] Die eingeklammerten Werte gelten für die jüngst geschaffene Serie von sogenannten „neuen Drehstrommotoren“.
[2] Bei großen Motoren wird meistens eine Konstruktion mit 3 Lagern angewendet.

Bemerkung. Das Gewicht der geschützten Motoren über 10 kW ist um 2 bis 6,5% größer als dasjenige der offenen Motoren. Das Gewicht der größeren mantelgekühlten Motoren beträgt um 50 bis 100% mehr als dasjenige der offenen Motoren. Bei den kleinen Motoren ist der Gewichtsunterschied kleiner, er beträgt 20 bis 50%.

Zahlentafel 62. Drehstrommotoren mit Kurzschlußläufer (norm. Ausführung mit Riemenscheibe). Gewicht[1].

Abgegebene Leistung kW	PS etwa	Umdrehungen pro Minute: 3000 kg	3000 Mittelwert	1500 kg	1500 Mittelwert	1000 kg	1000 Mittelwert	750 kg	750 Mittelwert
0,5	0,7	(14—)17—19	*18*	(20)—22—27	*24*	(24—)31—45	*38*	32—48	*40*
1	1,4	(23—)26—41	*33*	(29—)38—44	*41*	(35—)47—60	*53*	50—72	*61*
2	2,7	(35—)41—55	*48*	(47—)61—72	*66*	(58—)71—90	*80*	80—114	*97*
3	4	55—77	*66*	(60—)80—96	*88*	(70—)92—118	*105*	107—150	*128*
4	5,5	70—97	*83*	(70—)97—116	*106*	(80—)112—144	*128*	138—183	*160*
5	7	83—113	*98*	(78—)109—132	*120*	(89—)128—168	*148*		
7,5	10	114—143	*128*	127—156	*141*				

[1] Die eingeklammerten Werte gelten für die jüngst geschaffene Serie von sogenannten „neuen Drehstrommotoren“.

Zahlentafel 63. Normale Drehzahlen in Umdr./min für Periodenzahl pro Sek.[1]

$np = 120 \sim$.

Polzahl p	Periodenzahl: 60	50	42	25	16⅔
2	3600	3000	2520	1500	1000
4	1800	1500	1260	750	500
6	1200	1000	840	500	333
8	900	750	630	375	250
10	720	600	504	300	200
12	600	500	420	250	167
16	450	375	315	187,5	125
20	360	300	252	150	100
24	300	250	210	125	83
(28)	257	(214)	180	107	71
32	225	188	157,5	94	62,5
(36)	200	(167)	140	83	56
40	180	150	126	75	50
48	150	125	105	62,5	42
(56)	129	(107)	90	54	36
64	112,5	94	79	47	31
(72)	100	(83)	70	42	28
80	90	75	63	37,5	25

[1] Die eingeklammerten Werte sind nach REM 1923 § 9 wenn möglich zu vermeiden.

Zahlentafel 64. Schleuderprobe bei elektrischen Maschinen. (Nach REM 1929.)

Die nachstehenden Schleuderdrehzahlen sollen während 2 min aufrecht erhalten werden; dabei sollen sich keine schädlichen Formänderungen zeigen, auch soll nachher die Spannungsprobe (S. 111) ausgehalten werden.

Reihe	Maschinengattung	Schleuderdrehzahl
1	Generatoren außer Reihe 2 und 3	1,2 × Nenndrehzahl
2	„ für Wasserturbinenantrieb	1,8 × „
3	„ „ Dampfturbinenantrieb	1,25 × „
4	Einanker- und Kaskadenumformer	1,2 × „
5	Motoren für gleichbleibende Drehzahl	1,2 × Leerlaufdrehzahl
6	„ mit Drehzahlstufen	1,2 × höchste Leerlaufdrehzahl
7	„ „ Drehzahlregelung	1,2 × „ „
8	„ „ Drehzahlabfall	1,5 × Nenndrehzahl, jedoch höchstens 1,2 × Leerlaufdrehzahl

Bemerkung. Bei Dampfturbinen ist ein Dampfschnellschlußventil anzuwenden, das bei + 10% Überschreitung der Nenndrehzahl anspricht.

Zahlentafel 65. Höchstzulässige Temperaturen für elektrische Maschinen. (Nach REM 1923[1].)

Reihe Nr.	Isolierung		Maschinenteile	Grenztemperatur °C	Grenzerwärmung °C	Meßverfahren
1	Faserstoff, d. i. ungebleichte Baumwolle, natürliche Seide, Papier	Ungetränkt	In Nuten gebettete Wechselstrom-Ständerwicklungen	75	40	Widerstandszunahme, Nachprüfung durch Thermometer
2			Alle anderen Wicklungen, ausschl. Reihe 9 und 10	85	50	
3		Mit einem erstarrenden oder trocknenden Isoliermittel getränkt	In Nuten gebettete Wechselstrom-Ständerwicklungen	85	50	
4			Alle anderen Wicklungen, ausschl. Reihe 9 und 10	95	60	
5		In Füllmasse, Hohlräume durch Isoliermasse gefüllt	Alle Wicklungen mit Ausnahme von Reihe 9 und 10	95	60	
6	Lackisolierung (Lackdraht, Emaildraht)			95	60	
7	Glimmer- und Asbestpräparate			115	80	
8	Rohglimmer, Porzellan und feuerfeste Stoffe			Nur beschränkt durch den Einfluß auf benachbarte Isolierteile		
9	Isolierung wie Reihe 1 bis 8		Einlagige blanke Feldwicklungen mit Papierzwischenlagen	100	65	
10			Dauernd kurzgeschlossene Wicklungen	5% mehr als Reihe 1 bis 7		
11	Unisoliert		Dauernd kurzgeschlossene Wicklungen	Nur beschränkt durch den Einfluß auf benachbarte Isolierteile		Thermometer
12	—		Eisenkern ohne eingebettete Wicklungen			
13	—		Eisenkern mit eingebetteten Wicklungen	Wie Reihe 1 bis 7		
14	—		Kommutator und Schleifringe	95	60	
15	—		Lager	80	45	
16	—		Alle anderen Teile	Wie Reihe 8		

[1] Regeln für die Bewertung und Prüfung von elektrischen Maschinen, aufgestellt vom VDE. Dabei wird vorausgesetzt, daß die Kühlmitteltemperatur 35° C nicht überschreitet.

Anmerkung zu den Zahlentafeln 48, 65 und 66. Für Maschinen und Transformatoren, deren Herstellung nach dem 1. 1. 1930 begonnen wird, gelten andere, in Einzelheiten ein wenig abweichende Bestimmungen.

Zahlentafel 66. Höchstzulässige Temperaturen für Transformatoren. (Nach RET 1923[1].)

Reihe	Transformatorenteile		Höchste Temperatur °C	Höchste Erwärmung üb. d. Raumtemperatur °C	Meß-verfahren
1	Wicklungen, isoliert durch Faserstoffe, z. B. Papiere, ungebleichte Baumwolle, natürliche Seide, Holz	Ungetränkt	85	50	Errechnet aus Widerstandszunahme
2		Ungetränkt, jedoch Spule getaucht	85	50	
3		Getränkt	95	60	
4		Imprägniert oder in Füllmasse	95	60	
5		In Öl	105	70	
6	Präparate aus Glimmer oder Asbest		115	80	
7	Rohglimmer, Porzellan oder andere feuerfeste Stoffe		5% mehr als Reihe 1—6		Thermometer
8	Einlagige blanke Wicklungen		5% mehr als Reihe 1—6		
9	Dauernd kurzgeschlossene Wicklungen		Wie andere Wicklungen bei Messung durch Widerstandszunahme		
10	Eisenkern	Bei Trockentransformatoren	95	60	
11		Bei Öltransformatoren	105	70	
12	Öl in der obersten Schicht		95	60	
13	Alle anderen Teile		Nur beschränkt durch benachbarte Isolierteile		

Zahlentafel 67. Anlasser. Höchstzulässige Temperaturen. (Nach REA 1928[2].)
Unter der Voraussetzung, daß die Lufttemperatur nicht höher als 35° C ist.

Widerstandsart	Ort der Temperaturmessung	Grenztemperatur °C	Grenzerwärmung °C	Meßverfahren
Mit Luftkühlung	An der Austrittsstelle der Luft	175		Thermometer
	An beliebiger Gehäusestelle		125	
Mit Ölkühlung	An der wärmsten Stelle zwischen den Widerstandselementen		80	
Mit Sandkühlung	Desgleichen		150	
Wasserwiderstand	Elektrolyt		60	
Stufenschalter:				
Geblätterte Bürsten.	Kontaktstücke		40	
Massive Bürsten	Desgleichen		60	
Magnetwicklung:				
Mit ungetränktem Faserstoff isoliert .		85	50	
Mit getränktem Fasersoff isoliert . .		95	60	
Lackdraht		90	55	
Blanker Draht		100	65	

[N in kW, n in Umdr./min], wobei

für Lagerschildmaschinen (0,5 bis 100 kW) . . . . C = 60 bis 65,
„ Maschinen mit 2 Stehlagern (100 bis 150 kW) . 68 „ 72,
„ „ „ 3 „ (150 bis 300 kW) . 80 „ 85 ist.

Die Angaben von K 10 und den Zahlentafeln 61 und 62 beziehen sich auf offene Motoren. Ventiliert gekapselte Motoren wiegen

größere um 5%,
kleinere „ 15%

mehr als offene Motoren. Geschlossene Motoren wiegen ungefähr das gleiche wie ventiliert geschützte.

[1] Regeln für die Bewertung und Prüfung von Transformatoren, aufgestellt vom VDE. Dabei wird vorausgesetzt, daß die Kühlmitteltemperatur bei Luftkühlung 35° C, bei Wasserkühlung 25° C nicht überschreitet. Siehe Anmerkung zur Zahlentafel 65.

[2] Regeln für Anlasser und Steuergeräte, aufgestellt vom VDE.

VII. Dampfverbrauch und Wirkungsgrad von Dampfmaschinen und Dampfturbinen.

Bezeichnungen.

D_e Dampfverbrauch in kg pro effektive Pferdestärke.
D_i „ „ „ „ indizierte „
D_x „ „ „ bei Teilleistung.
$\alpha, \beta, \gamma, \nu, a, b, \xi$ Hilfsgrößen.
p_0 Druck vor der Turbine in at abs (Nenndruck).
p_2 Kondensationsdruck in at abs.
t_0 Dampftemperatur von der Turbine (Nenntemperatur).
N Leistung.
N_i indizierte Leistung.
N_x Teilleistung.
i Wärmeinhalt des Dampfes.
i_w „ „ Speisewassers.

AJ Wärmegefälle in kcal.
W Wärmeverbrauch in kcal.
η_t Thermischer Wirkungsgrad.
η_{th} Thermodynamischer Wirkungsgrad
η_{el} Generatorwirkungsgrad.
η_m Mechanischer Wirkungsgrad.
η_k Kesselwirkungsgrad.
A Thermischer Arbeitskoeffizient.
L, L_i Arbeit.
c Kolbengeschwindigkeit in m/sek.
s Kolbenhub.
V Vakuum in %.

Ungefähre Angaben über Dampfverbrauch moderner Dampfmaschinen enthält Zahlentafel 68. Diese Zahlen sind mit 1,36 zu multiplizieren, wenn man Angaben für die indizierte Kilowattstunde haben will.

Zahlentafel 68. Dampfverbrauch von Dampfmaschinen.

Maschine			Einström-Spannung at	Dampfverbrauch kg/PS_i-st	Thermischer Wirkungsgrad η_t %
Einzylindermaschine	Auspuff	Gesättigter Dampf . . .	10—12	10—8,5	9,5—11
		300—350° Überhitzung . .		7,25—6	12—14
	Kondensation	Gesättigter Dampf. . . .	8—10	7,5—6,5	12,5—16
		300—350° Überhitzung . .	10—12	5,2—4,5	16,5—18,5
Zweizylindermaschine	Kondensation	Gesättigter Dampf. . . .	8—12	7,5—5,5	12,5—17,0
		270° Überhitzung		6—4,8	15,0—18
		300—350° Überhitzung . .		5—4,2	17,0—20
Dreizylindermaschine	Kondensation	Gesättigter Dampf. . . .	12—15	6—5,1	16,0—18,5
		270° Überhitzung		5—4,5	17,5—19,5
		300—350° Überhitzung . .		4,5—4	19,0—21,0

Für Dampfturbinen setzen wir unter Benutzung der Formel von Forner[1]

$$D_e = \alpha \beta \gamma, \tag{1}$$

darin ist

$$\alpha = 0,1 \left(0,526 + \frac{1}{p_0}\right)(145 - V), \tag{2}$$

$$\beta = 0,01\,(905 - t_0)\left(1 + \frac{100}{N}\right), \tag{3}$$

$$\gamma = 0,159\left(\frac{0,27}{\nu} + \sqrt{\nu}\right). \tag{4}$$

Die Auswertung dieser Formeln wird durch

Nomogramm N 45

erleichtert. Dasselbe enthält zwei voneinander völlig unabhängige Dreiskalensysteme, deren Skalen durch die Art der Beschriftung kenntlich gemacht sind. Diese beiden Teilnomogramme stellen die Formeln (2), (3) und (4) dar. Sie geben also die Werte von α, β und γ für die gegebenen Turbinengrößen p, v, N und t. (Wohlgemerkt gilt die Formel nicht für verschiedene Betriebszustände einer einzigen Turbine, sondern für diejenigen Größen verschiedener Tur-

[1] Z.V. d. I. 1926, Nr. 15, S. 502.

binen, für welche dieselben gebaut wurden.) Die Größe ν ist

$$\nu = \frac{1}{91,53} \frac{\sqrt{\Sigma (u)^2}}{\sqrt{H}}, \tag{5}$$

wobei

Σu^2 die Summe der Quadrate der mittleren Umfangsgeschwingkeiten der hintereinander geschalteten Laufkränze in m^2/sek^2

und

H das adiabatische Wärmegefälle der ganzen Turbine vom Nenndruck p_0 und Nenntemperatur t_0 auf p_2 in kcal/kg

bedeuten.

Die Größe ν wird also meistens unbekannt sein. Als Anhaltspunkt können die Angaben von Forner dienen, wonach der Wert von ν (der im Laufe der Zeit immer größer angenommen wird) bei den modernen Turbinenkonstruktionen 0,5 bis 0,6, bei den älteren 0,3 bis 0,45 beträgt. (Der Wert von ν, der einem Maximum von γ entspricht, ist $\nu = 0,662$.) Die Unsicherheit der Bestimmung von ν wird dadurch wettgemacht, daß die Funktion γ sehr flach verläuft, so daß der dadurch hervorgerufene Fehler in der Berechnung von D kaum 2% übersteigt.

Beispiel. Es ist der Dampfverbrauch pro PS-Stunde zu bestimmen für eine Turbine, die für folgende Verhältnisse gebaut ist:

$$p = 9,4 \text{ at abs.},$$
$$t = 227^0 \text{ C},$$
$$V = 95,2\,\%,$$
$$N = 4000 \text{ PS}.$$

Aus N 45 finden wir

$$\alpha = 3,145, \quad \beta = 6,95.$$

Wir nehmen schätzungsweise an

$$\nu = 0,35$$

und erhalten

$$D_e = 3,145 \cdot 6,95 \cdot 0,217 = 4,73 \text{ kg/PS-st}.$$

Bei Teilbelastungen erhöht sich der Dampfverbrauch; bezeichnen wir die Teillast und den dabei auftretenden Dampfverbrauch mit N_x und D_x und ist

$$b = \frac{N_x}{N}, \quad a = \frac{D_x}{D}, \tag{6}$$

Zahlentafel 69. Änderung des Dampfverbrauches von Dampfturbinen bei Teilbelastungen (s. S. 127).

$b = \frac{N_x}{N}$ %	$a - 1$ bei Düsenregulierung %	$a - 1$ bei Drosselregulierung %	$b = \frac{N_x}{N}$ %	$a - 1$ bei Düsenregulierung %	$a - 1$ bei Drosselregulierung %	$b = \frac{N_x}{N}$ %	$a - 1$ bei Düsenregulierung %	$a - 1$ bei Drosselregulierung %
20	16,0	40,0	48	1,3	7,8	75	– 5,0	1,5
22	13,5	34,7	50	1,0	7,0	76	– 5,1	1,4
24	11,4	30,4	52	0,7	6,3	78	– 5,1	1,2
25	10,5	28,7	54	0,5	5,6	80	– 5,0	1,00
26	9,7	26,8	56	0,3	5,0	82	– 4,8	0,83
28	8,2	23,6	58	0,1	4,5	84	– 4,6	0,68
30	7,0	21,0	60	0,0	4,0	86	– 4,2	0,55
32	5,9	18,7	62	– 0,1	3,6	88	– 3,8	0,44
34	5,0	16,7	64	– 2,2	3,2	90	– 3,3	0,33
36	4,3	14,9	66	– 3,1	2,8	92	– 2,8	0,24
38	3,6	13,4	68	– 3,8	2,4	94	– 2,2	0,17
40	3,0	12,0	70	– 4,3	2,1	96	– 1,5	0,10
42	2,5	10,8	72	– 4,7	1,9	98	– 0,7	0,05
44	2,0	9,7	74	– 4,9	1,6	100	0,0	0,0
46	1,6	8,7						

Die positiven Werte von a bedeuten die Vergrößerung, die negativen die Verkleinerung des Dampfverbrauches.

so ist nach Forner bei Drosselregulierung:

$$a = \frac{b + 0{,}1\,(1{,}1 - b)^2 - 0{,}001}{b}, \qquad (7)$$

und bei Düsenregulierung:

$$a = \frac{b + 0{,}1\,(0{,}8 - b)^2 - 0{,}004}{b}. \qquad (8)$$

Die Werte von a für verschiedene Teillasten (b) sind aus der Zahlentafel 69 zu entnehmen.

Der Wärmeverbrauch W einer Dampfmaschine ist

$$W = D_i\,(i - i_w)\ \mathrm{kcal/PS_i\text{-}st} \qquad \text{(s. S. 33, N 9)}. \qquad (9)$$

Hierin ist i der Wärmeinhalt des Arbeitsdampfes, i_w derjenige des Speisewassers (Zahlentafel 11).

Der thermische Wirkungsgrad η_t ist das Verhältnis der gewonnenen indizierten Arbeit zur aufgewendeten Wärmemenge. Nachdem

$$1\ \mathrm{PS\text{-}st} = 632\ \mathrm{kcal}$$

ist, ist

$$\eta_t = \frac{632}{W} = \frac{632}{D_i\,(i - i_w)}. \qquad (10)$$

Der thermische Wirkungsgrad des ganzen Aggregates (das aus einem Dampfmotor und einem Generator besteht) ist

$$\eta' = \eta_t\,\eta_m\,\eta_{el}, \qquad (11)$$

falls η_{el} den Generatorwirkungsgrad (abzüglich des Kraftbedarfes der Kondensation) (siehe S. 120) und η_m den mechanischen Wirkungsgrad (siehe S. 129) bedeutet. Der thermische Wirkungsgrad der Gesamtanlage ist

$$\eta = \eta' \cdot \eta_k, \qquad (12)$$

wobei η_k der Wirkungsgrad des Kessels ist (siehe S. 79 ff.).

Der thermodynamische Wirkungsgrad η_{th} (auch indizierter und Clausius-Rankine-Wirkungsgrad genannt) ist das Verhältnis der wirklich gewonnenen indizierten Arbeit zu der Arbeit einer verlustlosen Maschine. Wird die erste mit AL_i, die letztere AL (für 1 kg Dampf) bezeichnet, so ist

$$632 = D_i \cdot AL_i, \qquad (13)$$

$$632 = D \cdot AL \qquad (14)$$

und somit

$$\eta_{th} = \frac{AL_i}{AL} = \frac{D}{D_i}. \qquad (15)$$

Den Dampfverbrauch D einer verlustlosen Maschine erhält man, wenn man bedenkt, daß das ganze in der verlustlosen Maschine vorhandene Wärmegefühl $\varDelta J$ in Arbeit umgesetzt wird. Es ist also

$$D = \frac{632}{\varDelta J}\ \mathrm{kg/PS\text{-}st}, \qquad (16)$$

bzw.

$$D = \frac{860}{\varDelta J}\ \mathrm{kg/kW\text{-}st}. \qquad (17)$$

Die Werte von D sind am bequemsten aus dem JS-Diagramm für Wasserdampf zu entnehmen[1]; für Kondensationsdampfmaschinen und -turbinen sind sie in der Zahlentafel 70 enthalten. Die Werte von D für Dampfmaschinen mit Auspuff gibt Zahlentafel 71.

Die Gleichungen (9), (10), (13) und (15) beziehen sich ebenfalls auf Dampfturbinen; es ist dann in ihnen D_i durch D_e zu ersetzen.

Beispiel. Für die im Beispiel S. 126 besprochene Turbine ist der thermische und der thermodynamische Wirkungsgrad zu berechnen bei voller und bei halber Belastung.

---

[1] Siehe z. B. Schüle: Technische Thermodynamik Bd. 1.

Zahlentafel 70. Theoretischer Dampfverbrauch der verlustlosen Maschine in kg/PS-st.[1]

Dampf		Vakuum in %									
Druck at abs.	Temperatur °C	80	85	88	90	92	94	95	96	97	98
	200	4,43	4,18	4,02	3,87	3,72	3,56	3,46	3,36	3,21	3,07
	225	4,31	4,06	3,90	3,77	3,62	3,47	3,36	3,27	3,13	2,99
	250	4,18	3,94	3,78	3,66	3,52	3,37	3,27	3,17	3,04	2,91
8	275	4,06	3,82	3,68	3,56	3,42	3,28	3,19	3,10	2,97	2,84
	300	3,93	3,71	3,57	3,45	3,32	3,18	3,10	3,01	2,88	2,77
	325	3,80	3,59	3,45	3,34	3,22	3,09	3,01	2,92	2,80	2,69
	350	3,68	3,48	3,35	3,24	3,13	3,00	2,92	2,84	2,73	2,62
	375	3,55	3,36	3,24	3,14	3,03	2,91	2,83	2,76	2,65	2,54
	200	4,22	4,00	3,85	3,72	3,59	3,45	3,35	3,26	3,12	2,99
	225	4,10	3,88	3,74	3,61	3,48	3,35	3,25	3,16	3,03	2,91
	250	3,98	3,76	3,63	3,50	3,39	3,26	3,16	3,07	2,95	2,83
10	275	3,87	3,66	3,53	3,41	3,30	3,17	3,08	3,00	2,88	2,76
	300	3,75	3,56	3,43	3,32	3,21	3,08	3,00	2,92	2,80	2,69
	325	3,63	3,45	3,32	3,22	3,11	2,99	2,91	2,83	2,72	2,62
	350	3,51	3,34	3,22	3,12	3,02	2,91	2,83	2,75	2,65	2,55
	375	3,29	3,23	3,12	3,02	2,92	2,82	2,74	2,67	2,58	2,48
	200	4,08	3,87	3,72	3,61	3,48	3,35	3,25	3,17	3,04	2,92
	225	3,95	3,75	3,61	3,50	3,38	3,25	3,16	3,08	2,96	2,84
	250	3,83	3,64	3,50	3,41	3,28	3,16	3,07	3,00	2,88	2,77
12	275	3,73	3,54	3,41	3,32	3,20	3,08	2,99	2,93	2,81	2,70
	300	3,62	3,44	3,32	3,22	3,12	3,00	2,92	2,85	2,74	2,63
	325	3,51	3,34	3,23	3,12	3,02	2,92	2,84	2,77	2,66	2,55
	350	3,40	3,24	3,13	3,04	2,94	2,84	2,76	2,69	2,59	2,49
	375	3,30	3,14	3,04	2,94	2,86	2,75	2,68	2,62	2,52	2,43
	200	3,95	3,76	3,63	3,52	3,40	3,27	3,19	3,10	2,98	2,87
	225	3,85	3,66	3,53	3,42	3,31	3,18	3,10	3,02	2,90	2,79
	250	3,74	3,56	3,43	3,33	3,22	3,10	3,02	2,94	2,83	2,72
14	275	3,63	3,46	3,34	3,24	3,14	3,02	2,94	2,87	2,76	2,65
	300	3,52	3,35	3,24	3,15	3,05	2,94	2,86	2,79	2,69	2,59
	325	3,42	3,26	3,15	3,06	2,96	2,86	2,78	2,72	2,62	2,52
	350	3,31	3,16	3,05	2,96	2,87	2,77	2,70	2,64	2,55	2,45
	375	3,21	3,07	2,96	2,88	2,80	2,70	2,63	2,57	2,48	2,39
	200	3,86	3,68	3,56	3,46	3,35	3,22	3,14	3,06	2,95	2,84
	225	3,74	3,56	3,44	3,35	3,24	3,12	3,04	2,96	2,85	2,74
	250	3,63	3,46	3,34	3,25	3,14	3,03	2,95	2,88	2,78	2,67
16	275	3,53	3,37	3,27	3,16	3,07	2,96	2,88	2,81	2,71	2,60
	300	3,44	3,28	3,18	3,09	3,00	2,89	2,81	2,74	2,64	2,54
	325	3,34	3,19	3,09	3,00	2,91	2,81	2,74	2,67	2,58	2,48
	350	3,24	3,10	3,00	2,92	2,83	2,73	2,66	2,60	2,51	2,42
	375	3,14	3,00	2,91	2,83	2,75	2,65	2,59	2,53	2,44	2,36
	225	3,68	3,51	3,39	3,30	3,20	3,08	3,00	2,93	2,82	2,71
	250	3,57	3,41	3,29	3,20	3,10	2,99	2,92	2,85	2,74	2,64
	275	3,47	3,32	3,20	3,12	3,03	2,92	2,85	2,78	2,68	2,58
18	300	3,38	3,23	3,12	3,04	2,95	2,84	2,78	2,71	2,61	2,52
	325	3,29	3,15	3,04	2,96	2,87	2,77	2,70	2,64	2,55	2,46
	350	3,19	3,05	2,96	2,87	2,79	2,70	2,63	2,57	2,48	2,40
	375	3,09	2,96	2,87	2,78	2,71	2,62	2,56	2,50	2,41	2,33
	225	3,62	3,46	3,35	3,26	3,15	3,04	2,97	2,90	2,79	2,69
	250	3,50	3,34	3,24	3,15	3,05	2,95	2,88	2,81	2,71	2,61
	275	3,40	3,26	3,15	3,05	2,97	2,87	2,80	2,74	2,64	2,55
20	300	3,31	3,18	3,08	2,99	2,90	2,80	2,74	2,68	2,58	2,49
	325	3,23	3,10	3,00	2,92	2,83	2,73	2,67	2,61	2,52	2,43
	350	3,14	3,00	2,91	2,84	2,75	2,66	2,60	2,54	2,46	2,37
	375	3,04	2,91	2,82	2,75	2,67	2,58	2,53	2,47	2,39	2,30

Wir finden aus N 9 für $p = 9{,}4$ at und $t = 227$ (der Spannungs- und der Temperaturabfall zwischen Kessel und Turbine ist nicht berücksichtigt)

$$i = 692{,}3\,.$$

Vakuum 95,2% entspricht der Temperatur 32° C des Turbinenkondensates (N 8). Wird dasselbe direkt zur Kesselspeisung verwendet, so kann man etwa mit der Speisetemperatur

[1] Diese Tabelle ist errechnet mit Hilfe des *JS*-Diagrammes aus W. Schüle: Technische Thermodynamik. 4. Aufl. Berlin: Julius Springer 1923.

Zahlentafel 71. Werte des Dampfverbrauches D der verlustlosen Dampfmaschine in kg/PS-st. Für Auspuffmaschinen mit $p_0 = 1{,}10$ at abs.

Druck	Feucht		Trocken	Überhitzt						
p	$x = 0{,}90$	$x = 0{,}95$	gesättigt	200°	225°	250°	275°	300°	325°	350°
4	13,6	12,8	12,5	11,1	10,54	10,1				
5	11,45	10,8	10,3	9,60	9,16	8,85	8,38			
6	9,36	8,88	8,50	8,03	7,79	7,51	7,09	6,80	6,45	
9	8,24	7,79	7,40	7,15	6,94	6,66	6,42	6,15	5,91	5,63
10	7,73	7,29	7,01	6,83	6,63	6,39	6,17	5,93	5,61	5,44
11	7,46	7,10	6,74	6,60	6,41	6,19	5,96	5,72	5,50	5,29
12	7,19	6,86	6,51	6,41	6,20	6,00	5,79	5,57	5,36	5,15
13	6,92	6,61	6,30	6,24	6,04	6,85	5,62	5,43	5,21	5,05

$t_w = 25^0$ rechnen. Wir erhalten dann für die Vollast

$$\eta_t = \frac{632}{4{,}73\,(692{,}3 - 25)} = 0{,}2 = 20\,\%\,.$$

Für die Halblast ist (bei demselben Druck, Temperatur und Vakuum) aus Zahlentafel 69 (Drosselregulierung)

$$a = 1{,}07\,,$$

folglich

$$D_e = 4{,}73 \cdot 1{,}07 = 5{,}06$$

und

$$\eta_t = \frac{20}{1{,}07} = 18{,}7\,\%.$$

Den theoretischen Dampfverbrauch erhalten wir aus der Zahlentafel 70 mittels Interpolation zwischen den Werten $p = 8$ und $p = 10$

$$D = 3{,}25 + \frac{(3{,}36 - 3{,}23)\,0{,}6}{2}\,,$$
$$= 3{,}29\,.$$

Es ist somit für Vollast

$$\eta_{th} = \frac{3{,}29}{4{,}73} = 69{,}5\,\%$$

und für Halblast

$$\eta_{th} = \frac{3{,}29}{5{,}06} = 65{,}0\,\%\,.$$

Nachdem für Dampfmaschinen die bisher angegebenen Werte des Dampfverbrauches und des Wirkungsgrades sich auf indizierte Leistung und nicht auf effektive Leistung bezogen haben, ist es wichtig, das Verhältnis der beiden, d. h. den mechanischen Wirkungsgrad η_m zu erkennen.

Es ist nach Hrabak für Auspuffmaschinen

$$\eta_m = 0{,}88 + 0{,}33\sqrt{\frac{N_i}{c}}\,, \tag{18}$$

für Kondensationsmaschinen

$$\eta_m = 0{,}85 + 0{,}40\sqrt{\frac{N_i}{c}}\,. \tag{19}$$

Hierin bedeutet c die Kolbengeschwindigkeit:

$$c = \frac{n\,s}{30} \text{ m/sek} \tag{20}$$

(n Umdrehungen in der Minute, s Kolbenhub in m).

Diese Gl. (18), (19) und (20) wie auch die Gleichungen für den Leerlaufwiderstand ξ (in % der indizierten Normalleistung) bei Auspuffmaschinen

$$\xi = 10 - 0{,}3\sqrt{\frac{N_i}{c}}\,, \tag{21}$$

bei Kondensationsmaschinen

$$\xi = 13 - 0{,}33\sqrt{\frac{N_i}{c}} \tag{22}$$

werden durch das

Nomogramm N 46

dargestellt. Dasselbe besteht aus 2 Dreiskalensystemen mit einer gemeinsamen Skala I, wobei die Zugehörigkeit der übrigen Skalen zu dem einen oder zu dem anderen System durch die Art der Beschriftung kenntlich gemacht ist. Es gehören somit zueinander:

Teilnomogramm 1. Skalen I, IV und V.
,, 2. ,, I, II und III.

Die Skalen I, IV und V sind als Doppelskalen ausgebildet, wobei die Skala I die Beziehung zwischen ns und c nach der Gl. (20) darstellt, dagegen die Skalen IV und V die Werte von η_m bzw. ξ für Auspuffmaschinen und für Kondensationsmaschinen angeben.

Beispiel. Für eine Zweizylinderdampfmaschine mit Kondensation und folgenden Daten

$$p = 12 \text{ at abs.}, \quad n = 76 \text{ Umdr./min},$$
$$t = 300^0 \text{ C}, \quad s = 80 \text{ cm},$$
$$N = 775 \text{ PS}_i,$$

die einen Dampfverbrauch (bei Vakuum 90% gemessen) von 5,2 kg/PS_i-st aufweist, ist der thermische, thermodynamische und mechanische Wirkungsgrad, wie auch der Leerlaufwiderstand, zu berechnen.

Aus N 9 finden wir (s. S. 33)

$$i = 728$$

und, wenn wir die mittlere Speisetemperatur 12^0 C annehmen,

$$\eta_t = \frac{632}{(728-12)\,5{,}2} = 16{,}97\,\% .$$

Aus der Zahlentafel 70 entnehmen wir ferner

$$D = 3{,}22,$$

so daß

$$\eta_{th} = \frac{3{,}22}{5{,}2} = 62\,\%$$

ist. Schließlich erhalten wir aus N 46 für

$$ns = 0{,}8 \cdot 76 = 60{,}8 \text{ m/min und } N_i = 775 \text{ PS}_i,$$
$$\eta_m = 92{,}8\,\%$$

und

$$\xi_m = 6{,}55\,\% .$$

Der effektive thermische Wirkungsgrad beträgt

$$\eta_e = \eta_t \cdot \eta_m = 0{,}928 \cdot 0{,}17$$
$$= 15{,}8\,\% .$$

Einfluß geänderter Betriebsbedingungen auf den Dampfverbrauch von Dampfmaschinen und Dampfturbinen.

Überhitzungstemperatur und Vakuumschwankung.

Der Einfluß derselben läßt sich am besten aus dem JS-Diagramm bestimmen. Wenn man in erster Annäherung den thermodynamischen Wirkungsgrad während der Schwankung als konstant annimmt, drückt sich ihr Einfluß im Verhältnis der theoretischen Dampfverbrauchsmengen

$$\frac{D_i'}{D_i} \text{ bzw. } \frac{D_e'}{D_e} = \frac{D'}{D}$$

aus. Eine in der Praxis oft angewendete Faustregel ist: 5 bis 7^0 C. Änderung der Dampftemperatur hat 1% Änderung des Dampfverbrauches zur Folge (niedrigere Zahl gilt für kleinere Überhitzung).

Druckschwankung.

Ein oft bestätigter Wert ist: 10% Änderung des Frischdampfdruckes bei normaler Überhitzung und normalem Vakuum hat 1,2 bis 1,7% des Dampfverbrauches zur Folge (die kleinere Zahl entspricht den größeren Dampfdrücken).

VIII. Pumpen und Ventilatoren.

Bezeichnungen.

p_d, p'_d Druck auf der Druckseite der Pumpe bzw. des Ventilators.
p_s, p'_s Druck auf der Saugseite der Pumpe bzw. des Ventilators.
H Förderhöhe.
h_g, h'_g Geometrischer Höhenunterschied.
γ spezifisches Gewicht.
h_w, h'_w, w Bewegungswiderstand.
v_d Geschwindigkeit in Druckleitungen.
v_s „ „ Saugleitungen.
N Leistung.
n Drehzahl.
η energetischer Wirkungsgrad.
η_v volumetrischer Wirkungsgrad.
Q Durchflußvolumen, Liefermenge.
G Gewicht der Durchflußmenge.
u Umfangsgeschwindigkeit.
z Stufenzahl.
$w_\bigcirc$ Widerstandshöhe für Rohre mit kreisförmigem Querschnitt.
$w_\square$ Widerstandshöhe für Rohre mit quadratischem Querschnitt.
μ, x, y Koeffizienten.

Die Förderhöhe H einer Pumpe ist gleich

$$H = p_d - p_s + \gamma h_g + h_w, \tag{1}$$

wobei p_d und p_s die auf den Druck- bzw. auf den Saugwasserspiegel lastenden Drücke bedeuten; h_g ist der geometrische Höhenunterschied der beiden Wasserspiegel (der in die Gleichung auch negativ eingesetzt werden kann), h_w der Bewegungswiderstand der durch die Rohrleitung strömenden Flüssigkeit und γ deren spezifisches Gewicht. In der Gl. (1) sind alle Größen entweder in m W.S. bzw. Q.S. oder in at ausgedrückt. Die Umrechnung dieser Größen erfolgt mittels der Beziehungen

$$1 \text{ mm Q.S.} = 13{,}6 \text{ mm W.S.}; \quad 1 \text{ mm W.S.} = 1 \text{ kg/m}^2; \quad 1 \text{ at} = 10 \text{ m W.S.} = 735{,}5 \text{ mm Q.S.} \tag{2}$$

Ist H für eine etwa neu zu projektierende Pumpe zu bestimmen, so kennt man meistens alle Glieder auf der rechten Seite der Gl. (1) bis auf h_w; h_w läßt sich nach S. 18u. ff. berechnen, wobei die Daten der Rohrleitung wie auch die Fördermenge bekannt sein müssen.

Bei einer vorhandenen Pumpe kann H auch aus der Messung der Drücke p'_d und p'_s an der Druck- und an der Saugseite der Pumpe unmittelbar an derselben ermittelt werden. Es ist

$$H = p'_d - p'_s + \gamma h'_g + h'_w + \gamma \frac{v_d^2}{2g} - \gamma \frac{v_s^2}{2g}; \tag{3}$$

dabei bedeutet h'_g den geometrischen Höhenunterschied der beiden Meßstellen, h'_w den Bewegungswiderstand in der Pumpe selbst, der wegen seiner Kleinheit vernachlässigt werden kann, und v_s und v_d die Strömungsgeschwindigkeiten an den Meßstellen.

Für kaltes Wasser setzt man in die Gl. (1) und (3):

$$\gamma = 1.$$

Die üblichen Wassergeschwindigkeiten sind:

für Kolbenpumpen. .	$v_s = 0{,}75$ bis 1 m/sek	
	$v_d = 1{,}5$ „ 2 „	
für Zentrifugalpumpen	$v_s = 2$ „ 3 „	bis maximal 4 m/sek
	$v_d = 3$ „ 5 „	und höher.

Die Nutzleistung N der Pumpe beträgt

$$N = \frac{\gamma Q h_k}{75} \quad [\gamma \text{ in kg/m}^3;\ Q \text{ in m}^3\text{/sek},\ h_g \text{ in m W.S.},\ N \text{ in PS}], \tag{4}$$

der Leistungsbedarf N'

$$N' = \frac{N}{\eta} = \frac{\gamma\, Q\, h_g}{75\, \eta}, \tag{5}$$

in dieser Gleichung ist η der (energetische) Wirkungsgrad der Pumpe. Derselbe beträgt bei normalen Ausführungen:

bei Kolbenpumpen mit direktem Dampfantrieb	$\eta =$ 0,90	bis	0,95,
„ „ „ Kurbelantrieb	0,80	„	0,95,
„ kleinen Kreiselpumpen	0,40	„	0,65,
„ mittelgroßen „	0,60	„	0,75,
„ großen „	0,70	„	0,80,
Flügel- und Kapselpumpen	0,50	„	0,60.

Der volumetrische Wirkungsgrad η_v, d. h. das Verhältnis der wirklich geförderten Wassermenge zu der sich theoretisch aus den Kolben- bzw. Zahnradabmessungen ergebenden, beträgt im Mittel:

bei kleinen Kolbenpumpen	$\eta_v =$ 0,84	bis	0,95,
„ mittelgroßen „	0,94	„	0,97,
„ großen „	0,96	„	0,99,
Flügel- und Kapselpumpen	0,80	„	0,90.

Die größtmögliche Saughöhe ist von der Güte der Pumpe und der Saugleitung abhängig. Bei warmem Wasser ermäßigt sich die Saughöhe nach K 12.

Zentrifugalpumpen. Bei mehrstufigen Zentrifugalpumpen ist es von Wichtigkeit, die durch ein Laufrad zu überwältigende Förderhöhe zu übersehen; sie beträgt (bei den heute allein üblichen rückwärts gekrümmten Schaufeln)

bei Kreiselpumpen ohne Leitrad $\frac{u^2}{28}$ bis $\frac{u^2}{20}$,

„ „ mit „ $\frac{u^2}{21}$ „ $\frac{u^2}{18}$;

dabei ist u die Umfangsgeschwindigkeit in m/sek. Über die Umfangsgeschwindigkeit kann man sich ein Bild auch während des Betriebes der Pumpe machen: Wird der Schieber in der Druckleitung ganz zugeschlossen (so daß die Fördermenge $Q = 0$ ist), so ist der durch die Pumpe erzeugte und an einem Manometer ablesbare Druck angenähert gleich

$$\frac{\gamma\, u^2}{g}$$

und zwar für radiale, vorwärts oder rückwärts gebogene Schaufeln (für mehrstufige Kreiselpumpen sinngemäß $z\frac{\gamma\, u^2}{g}$; $z =$ Stufenanzahl).

Die Änderung der Wirkungsweise einer Kreiselpumpe ist am besten zu ersehen aus dem sogenannten Einheitsdiagramm der Pumpe. Die Kurventafel K 13 zeigt uns ein solches für eine bestimmte Pumpe der Pumpenfabrik E. Vogel, Stockerau bei Wien[1]. Für jeden Betriebszustand, der durch beliebige zwei von den Größen H, Q, n, N und η charakterisiert ist, können aus dem Diagramm die übrigen Werte abgelesen werden in ihrem Verhältnis zum normalen Betriebszustand; derselbe ist durch die Größe 1 gekennzeichnet. Wir ersehen daraus z. B., daß, wenn bei dieser Pumpe bei gleichbleibender Tourenzahl die Förderhöhe um 20% fällt, dies eine Vergrößerung der Fördermenge um 26% zur Folge hat. Für den neuen Betriebszustand fällt der Wirkungsgrad auf 0,88 η_{norm} und der Kraftbedarf erhöht sich um etwa 10%. Andererseits sehen wir z. B., daß, wenn man für eine bestimmte Pumpe die Förderhöhe um 20% erhöhen will, dies nur durch Vergrößerung der Tourenzahl um etwa 8% zu erreichen ist. Selbstverständlich gilt das gegebene Diagramm rechnerisch genau nur für eine bestimmte Pumpe, sein Charakter aber bleibt im großen und ganzen gewahrt für sämtliche Zentrifugalpumpen. Alle Drosselkurven $H = f(Q)$ für eine Zentrifugalpumpe sind einander kongruent, d. h. wird für eine bestimmte Zentrifugalpumpe nur eine Drosselkurve ermittelt, so lassen sich alle anderen aus ihr ableiten.

---

[1] und zwar für eine 5stufige Pumpe mit der Lichtweite des Druckstutzens 150 mm, $H = 150$ m, $n = 1450$ Umdr/Min, $Q = 3800$ L/Min.

Für den konstanten Wirkungsgrad und die veränderliche Umdrehungszahl n bestehen folgende Beziehungen:

$$\left.\begin{array}{lll} \text{Liefermenge} & Q \sim n; & \\ \text{Förderhöhe} & H \sim n^2; & [\sim \text{ bedeutet proportional}] \\ \text{Kraftbedarf} & N \sim n^3; & \end{array}\right\} \qquad (6)$$

nachdem aber für jeden Betriebszustand auch der Wirkungsgrad ein anderer ist, so kann man sagen, daß die Gl. (6) angenähert für das Gebiet des konstanten Wirkungsgrades (mittlere ellipsenförmige Kurven in K 13) gültig sind.

Ventilatoren.

Die Gl. (1) und (3) und das über sie Gesagte gelten sinngemäß auch für Ventilatoren. Nachdem jetzt γ das spezifische Gewicht der Luft (bzw. eines Gases) bedeutet, ist das Glied γh_g sehr klein und kann ebenso wie h_w' vernachlässigt werden. Wir erhalten für die Pressung (Förderhöhe) H des Ventilators:

$$H = p_d' - p_s' + \gamma \frac{v_d^2}{2g} - \gamma \frac{v_s^2}{2g} \qquad [H, p_d', p_s' \text{ in mm W.S.}; \ \gamma \text{ in kg/m}^3; \ v_s, v_d \text{ in m/sek}]. \qquad (7)$$

Der Druck p_d' auf der Druckseite des Ventilators wird auch der „statische Druck“ genannt, der Ausdruck $\gamma \frac{v_d^2}{2g}$ führt den Namen „dynamischer Druck“. Diese beiden Drücke, wie auch der Gesamtdruck

$$P_d' = p_d' + \gamma \frac{v_d^2}{2g} \qquad (8)$$

lassen sich experimentell bestimmen (z. B. durch das Staurohr von Prandtl). Aus diesen, wie auch aus der mittels Anemometer bestimmten Geschwindigkeit läßt sich dann der Beziehung $Q = vF$ zufolge die Liefermenge berechnen. Wenn man die Radabmessungen kennt, kann man die Pressung auch ermitteln, wenn man den statischen Druck h bei der Fördermenge $= 0$ (also bei verschlossener Druckleitung) und normaler Umdrehungszahl mißt. Man kann dann setzen

$$H = \mu \frac{u^2 \gamma}{2g},$$

wobei u die Umfangsgeschwindigkeit am äußersten Flügelrande und

$\mu = 1{,}56$ für vorwärts gekrümmte Schaufeln,
$= 1{,}32$ „ radial gekrümmte „ und
$= 1{,}08$ „ rückwärts gekrümmte „

ist.

Den Druck p_d' kann man auch berechnen als „Spannungsabfall bei Bewegung von Gasen und Dämpfen in Rohrleitungen“ nach S. 34 und N 10. Dabei muß man beachten, daß $G = \gamma Q$ ist (Berechnung von γ für Luft siehe S. 37 und N 11, für beliebige Gase siehe S. 38). Ist der Leitungsquerschnitt ein Rechteck mit der großen Seite a und dem Seitenverhältnis α ($\alpha < 1$), so ermittelt man die Widerstandshöhe für einen mit dem obigen Rechteck flächengleichen Kreis, dessen Durchmesser d ist. Wir setzen dabei $d = xa$ und nehmen x aus der unten folgenden Zusammenstellung für verschiedene Werte von α. Aus der auf diese Weise erhaltenen Widerstandshöhe $w_{\bigcirc}$ ermitteln wir die gesuchte Widerstandshöhe $w_{\square}$ angenähert, indem wir die erste mit einem ebenfalls von α abhängigen Koeffizienten y multiplizieren

$$w_{\square} = y \cdot w_{\bigcirc}.$$

$\alpha = 1{,}00$	0,95	0,90	0,85	0,80	0,75	0,70	0,65	0,60
$x = 1{,}13$	1,10	1,07	1,04	1,01	0,97	0,94	0,91	0,87
$y = 1{,}13$	1,13	1,13	1,14	1,14	1,15	1,15	1,16	1,16

Soll für eine bestimmte zu fördernde Luftmenge die Pressung des Ventilators ermittelt werden, so geht man am besten von den Geschwindigkeiten v_s und v_d in der Saug- bzw. in der Druckleitung aus. Man wählt:

bei Niederdruckventilatoren	$v_s = 10$ bis 12 m/sek	$v_d = 12$ bis 16 m/sek,
„ Mitteldruckventilatoren	12 „ 16 „	15 „ 20 „ ,
„ Hochdruckventilatoren	12 „ 18 „	20 „ 30 „ .

(Nach anderen Angaben wählt man die Geschwindigkeiten $v_s = 0{,}25$ bis $0{,}5 \sqrt{2g\frac{H}{\gamma}}$).

(Als Niederdruckventilatoren werden im allgemeinen solche mit Pressungen unter 100 mm W.S. bezeichnet. Die Firma Gebr. Sulzer in Winterthur gibt an: Niederdruckventilatoren $H < 0{,}005\, u^2$, Mitteldruckventilatoren $H < 0{,}02\, u^2$, wobei u die Umfangsgeschwindigkeit bedeutet.)

Ist v_s und v_d festgesetzt, so berechnet man den dynamischen Druck $\frac{v_d^2}{2g}\gamma$ (S. 15, N 4) und bestimmt die Abmessungen der Saug- und Druckleitung. Dann berechnet man den Reibungswiderstand w (für Saug- und Druckleitung) und bestimmt H aus

$$H = p_d - p_s + \frac{v_d^2}{2g}\gamma + w, \tag{9}$$

wobei also die Zuflußgeschwindigkeit wie auch der Bewegungswiderstand im Ventilator selbst vernachlässigt werden. p_d und p_s bedeuten die Drücke, die an den Mündungen der Druck- bzw. der Saugleitung herrschen.

Die Nutzleistung und den Kraftbedarf bestimmt man wie bei Kreiselpumpen aus den sinngemaä anwendbaren Gl. (4) und (5).

Die mittleren Werte der Wirkungsgrade von Ventilatoren sind:

Niederdruckventilatoren .	$\eta = 0{,}5$ bis 0,6,
Mitteldruckventilatoren. .	0,5 „ 0,7,
Hochdruckventilatoren . .	0,7 „ 0,8,
Schraubenventilatoren . .	0,4 „ 0,5.

Wird bei einem Ventilator die minutliche Umdrehungszahl geändert, so ändern sich auch alle übrigen Daten des Ventilators. Bei konstantem Wirkungsgrad ist

$$\left.\begin{aligned} &\text{Fördermenge} \sim n, \\ &\text{Gesamtdruck} \sim n^2, \\ &\text{Leistung} \sim n^3. \end{aligned}\right\} \tag{10}$$

Nachdem jedoch bei solchen Änderungen auch der Wirkungsgrad sich ändert, gelten diese Beziehungen nur angenähert. Dabei wie auch bei Änderung der Pressung (bei gleichbleibender Umdrehungszahl) verhalten sich die Ventilatoren ähnlich den Kreiselpumpen (siehe diese).

Alphabetisches Namen- und Sachverzeichnis.

Wenn die Nummer der Seite in halbfettem Druck angegeben ist, enthält dieselbe eine Zahlentafel.
N bedeutet Nomogramm, K = Kurventafel.

Reutlinger-Gerbel, Kraft- und Wärmewirtschaft in der Industrie.
In zwei Bänden.

Erster Band: **Allgemeine wirtschaftliche Gesichtspunkte.** Von Dr.-Ing. **Ernst Reutlinger**, Vorstand der Ingenieurgesellschaft für Wärmewirtschaft A.-G., Köln. Unter Mitwirkung von Oberbaurat Ing. **M. Gerbel**, beh. aut. Zivilingenieur für Maschinenbau und Elektrotechnik, Wien. Gleichzeitig dritte, vollständig erneuerte und erweiterte Auflage von Urbahn-Reutlinger, Ermittlung der billigsten Betriebskraft für Fabriken. Mit 109 Textabbildungen und 53 Zahlentafeln. V, 264 Seiten. 1927. Gebunden RM 16.50

Zweiter Band: **Spezielle Kraft- und Wärmewirtschaft in den einzelnen Industrien.** Von Oberbaurat Ing. **M. Gerbel**, beh. aut. Zivilingenieur für Maschinenbau und Elektrotechnik, Wien. Unter Mitwirkung von Dr.-Ing. **Ernst Reutlinger**, Vorstand der Ingenieurgesellschaft für Wärmewirtschaft A.-G., Köln. Dritte Auflage in Vorbereitung.

Handbuch der Feuerungstechnik und des Dampfkesselbetriebes
unter besonderer Berücksichtigung der Wärmewirtschaft. Von Dr.-Ing. **Georg Herberg**, Ingenieurbüro für Kraft- und Wärmewirtschaft, Stuttgart. Vierte, erweiterte Auflage. Mit 84 Textabbildungen, 118 Zahlentafeln sowie 54 Rechnungsbeispielen. XII, 447 Seiten. 1928. Gebunden RM 23.50

Brennstoff und Verbrennung.
Von Professor Dr. **D. Aufhäuser**, Inhaber der Thermochemischen Versuchsanstalt zu Hamburg.

I. Teil: **Brennstoff.** Mit 16 Abbildungen im Text und zahlreichen Tabellen. V, 116 Seiten. 1926. RM 4.20

II. Teil: **Verbrennung.** Mit 13 Abbildungen im Text. IV, 107 Seiten. 1928. RM 4.20

Teil I und II in einem Band gebunden RM 10.—

Kohlenstaubfeuerungen.
Bericht, dem Reichskohlenrat erstattet im Auftrage seines technisch-wirtschaftlichen Sachverständigen-Ausschusses für Brennstoffverwendung. Von Dipl.-Ing. **Hermann Bleibtreu.** Zweite, vollständig umgearbeitete und erweiterte Auflage. Mit 267 Textabbildungen. XI, 495 Seiten. 1930. Gebunden RM 39.—

Dampfkesselfeuerungen für Braunkohle.
Von Dipl.-Ing. **E. Lenhart**, Oberingenieur des Rheinischen Elektrizitätswerkes im Braunkohlenrevier A.-G. Köln, Kraftwerk Fortuna. Mit 65 Textabbildungen. IV, 117 Seiten. 1928. RM 12.—; gebunden RM 13.50

Werkstoff-Fragen des heutigen Dampfkesselbaues.
Von **Max Ulrich**, Leiter der Abteilung für Maschinenbau einschließlich Metallographie an der Materialprüfungsanstalt an der Technischen Hochschule Stuttgart. Mit etwa 150 Textabbildungen. Etwa 160 Seiten. Erscheint im Februar 1930.

Die Chemie der Bau- und Betriebsstoffe des Dampfkesselwesens.
Von Dipl.-Ing. **R. Stumper**, Vorsteher der chemisch-metallographischen Versuchsanstalt der Burbacher Hütte. Mit 101 Textabbildungen. XI, 309 Seiten. 1928. Gebunden RM 24.—

Die Gestaltung und Berechnung von Rauchgasvorwärmern (Economisern).
Von Dr.-Ing. **Lothar Possner.** Mit 117 Textabbildungen, 20 Zahlentafeln und zahlreichen Rechnungsbeispielen aus der Praxis. V, 152 Seiten. 1929. RM 14.50; gebunden RM 16.—

Koeffizient ν für Stauscheiben.

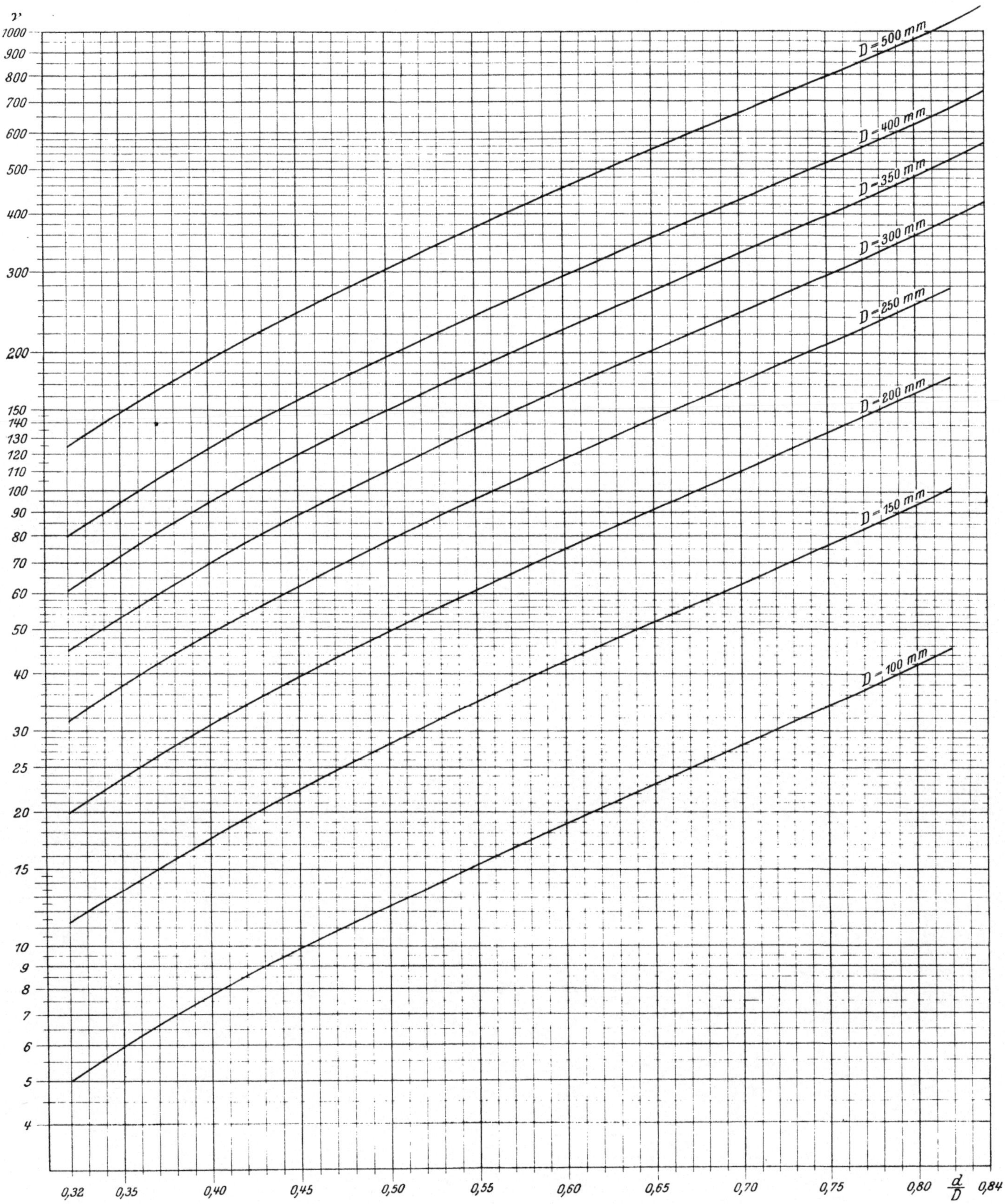

Verlag von Julius Springer in Berlin.

Spez. Gewicht γ (in kg/m³) des überhitzten Wasserdampfes bei Druck p (in at abs.) und Temperatur t (in °C).

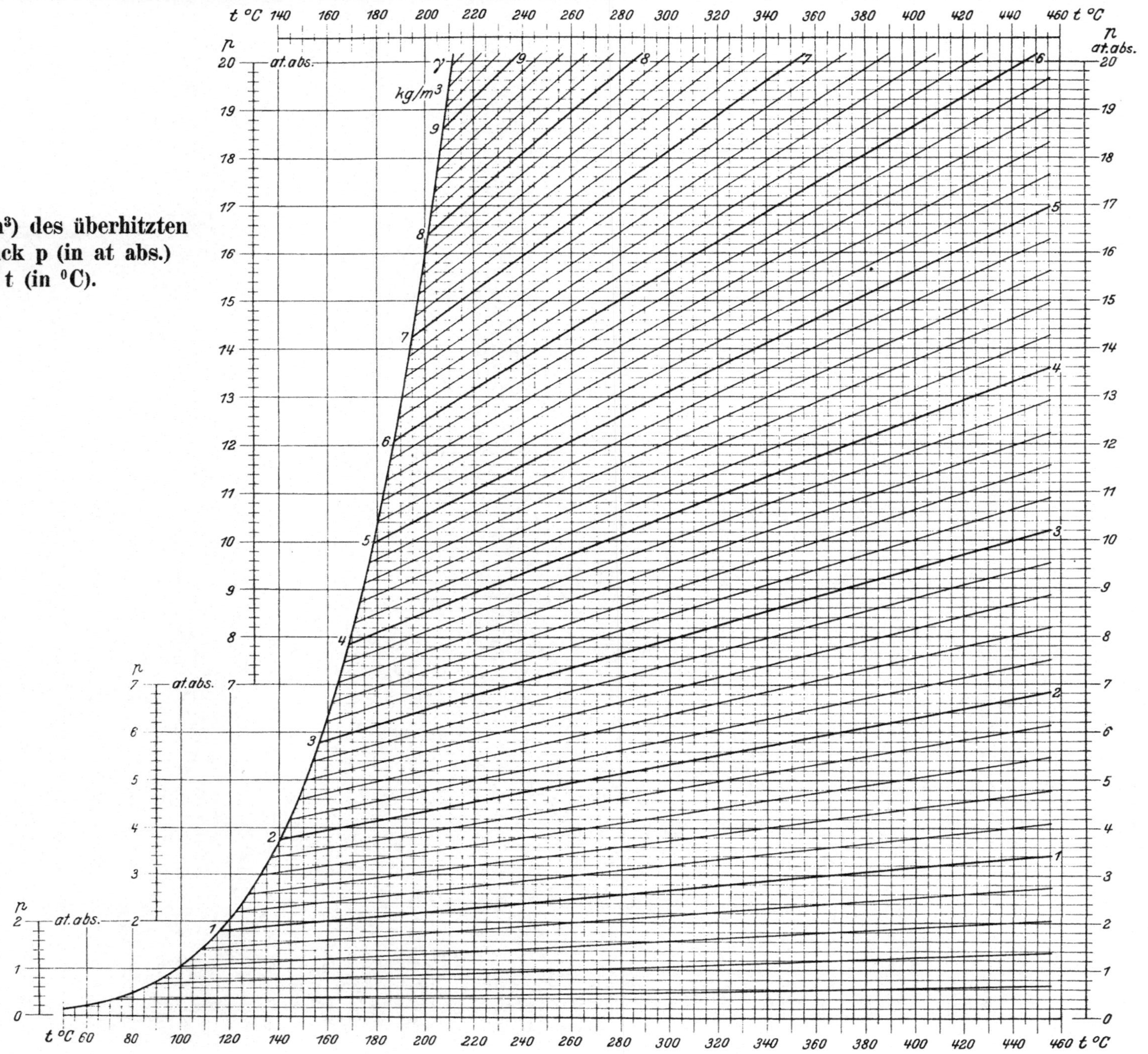

Verlag von Julius Springer in Berlin.

Berechnungstabelle für einfache Riemen von 5 bis 5,5 mm Stärke zur Feststellung der für die Übertragung von 1 PS notwendigen Riemenbreite b (in mm).

d = Durchmesser der kleineren Riemenscheibe in mm,
n = Umdrehungszahl der kleineren Riemenscheibe in Min.

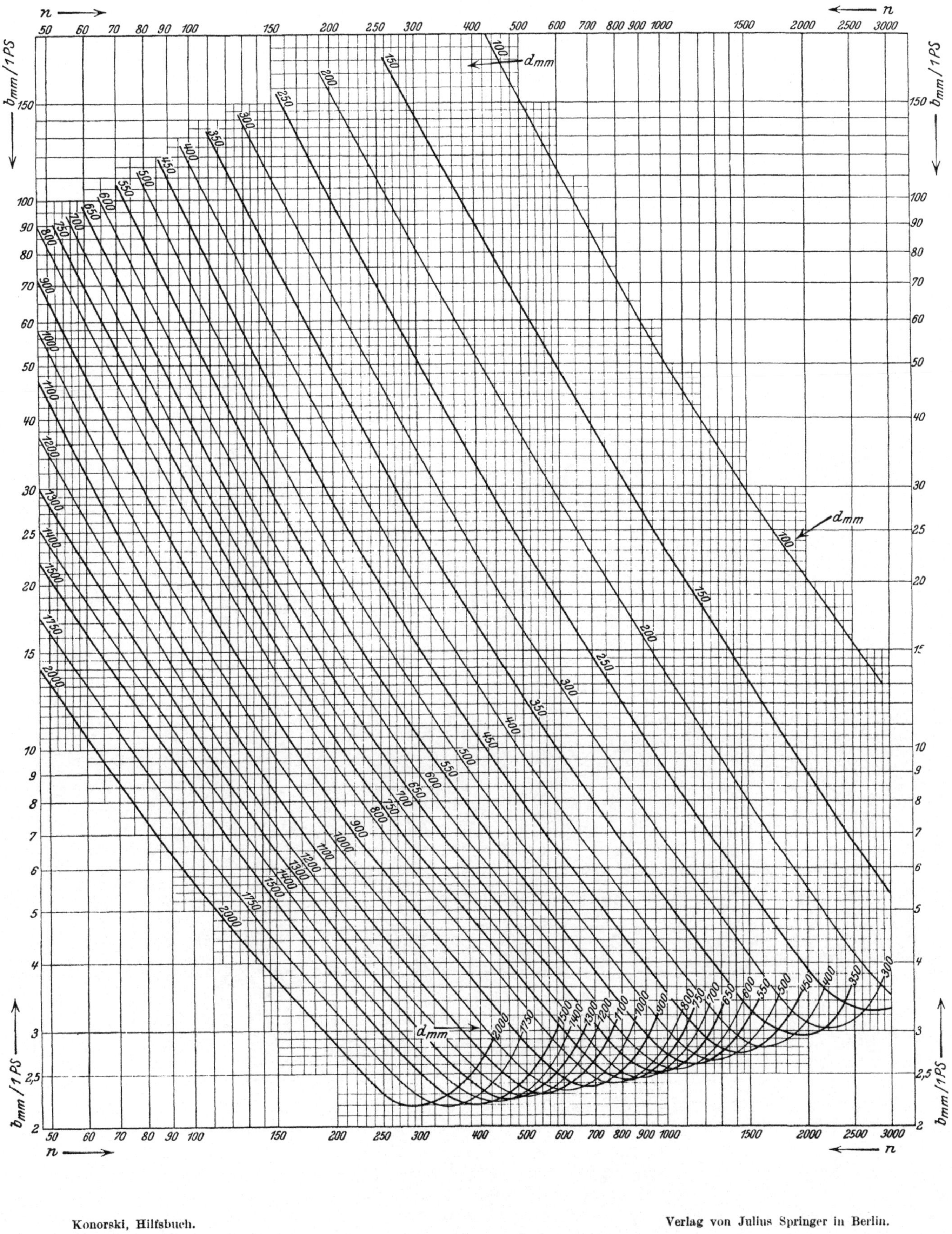

Verlag von Julius Springer in Berlin.

Berechnungstabelle für Doppelriemen von 9,5 bis 10,5 mm Stärke zur Feststellung der für die Übertragung von 1 PS notwendigen Riemenbreite b (in mm).

d = Durchmesser der kleineren Riemenscheibe in mm,
n = Umdrehungszahl der kleineren Riemenscheibe in Minuten.

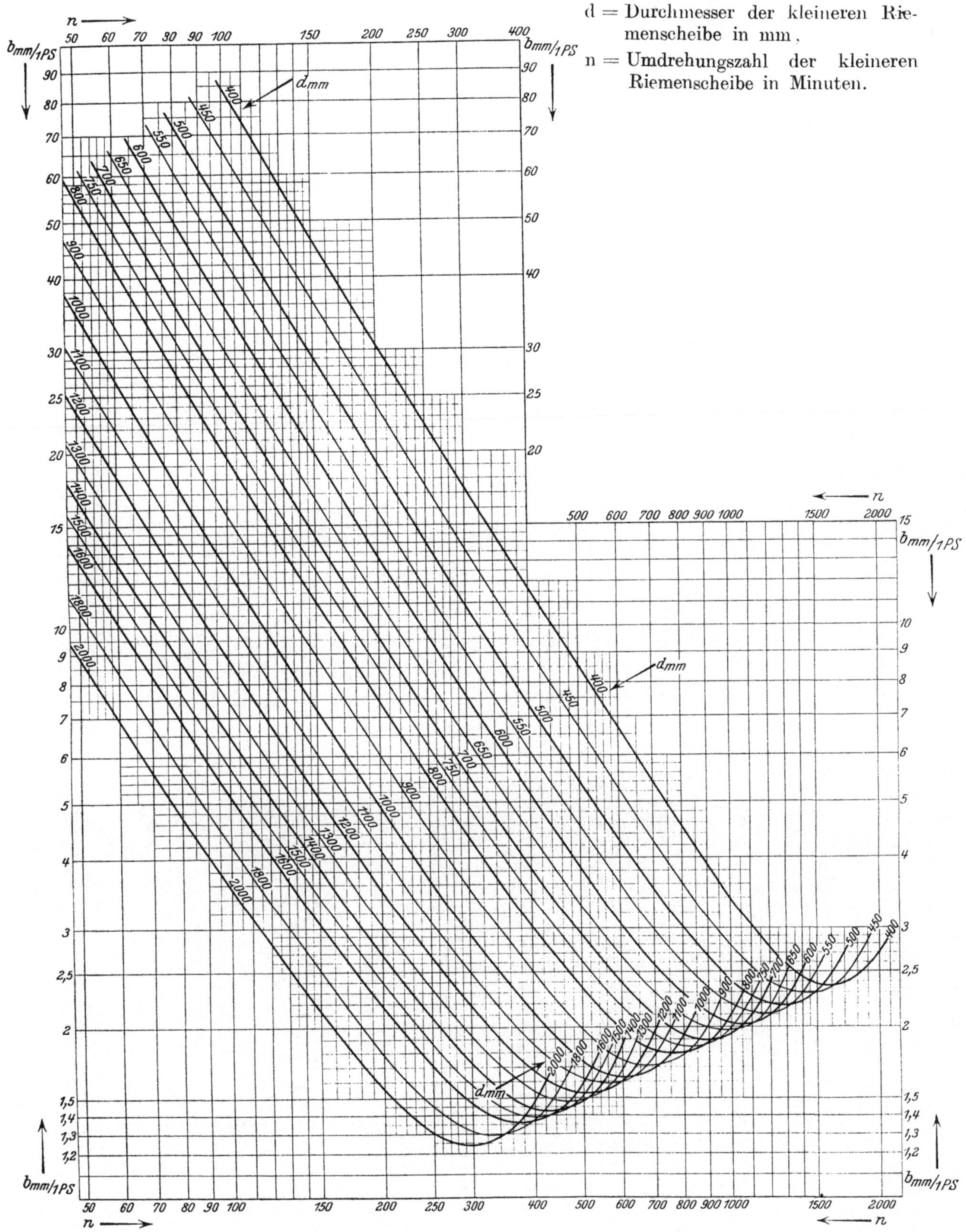

Verlag von Julius Springer in Berlin.

Einfluß der Riemenstärke auf die Leistungsfähigkeit eines einfachen Riemens.

δ = Riemenstärke in mm,
d = Durchmesser der kleineren Scheibe in mm,
φ = Leistungsfähigkeit des betreffenden Riemens im Verhältnis zu derjenigen eines Riemens von 5 bis 5,5 mm Stärke.

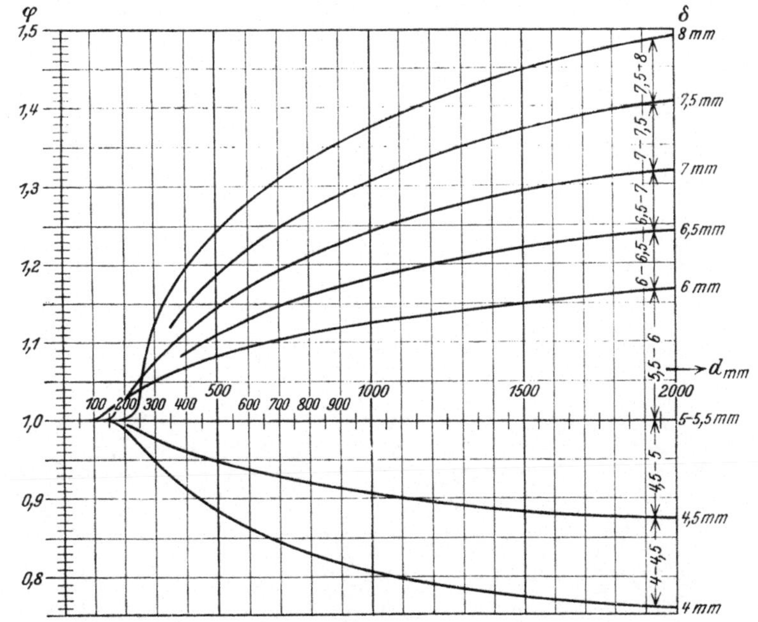

Einfluß der Riemenstärke auf die Leistungsfähigkeit eines Doppelriemens.

δ = Riemenstärke in mm,
d = Durchmesser der kleineren Scheibe in mm,

$$\varphi = \frac{\text{Leistungsfähigkeit des betreffenden Doppelriemens}}{\text{Leistungsfähigkeit des Doppelriemens von 9,5 bis 10 mm Stärke}}.$$

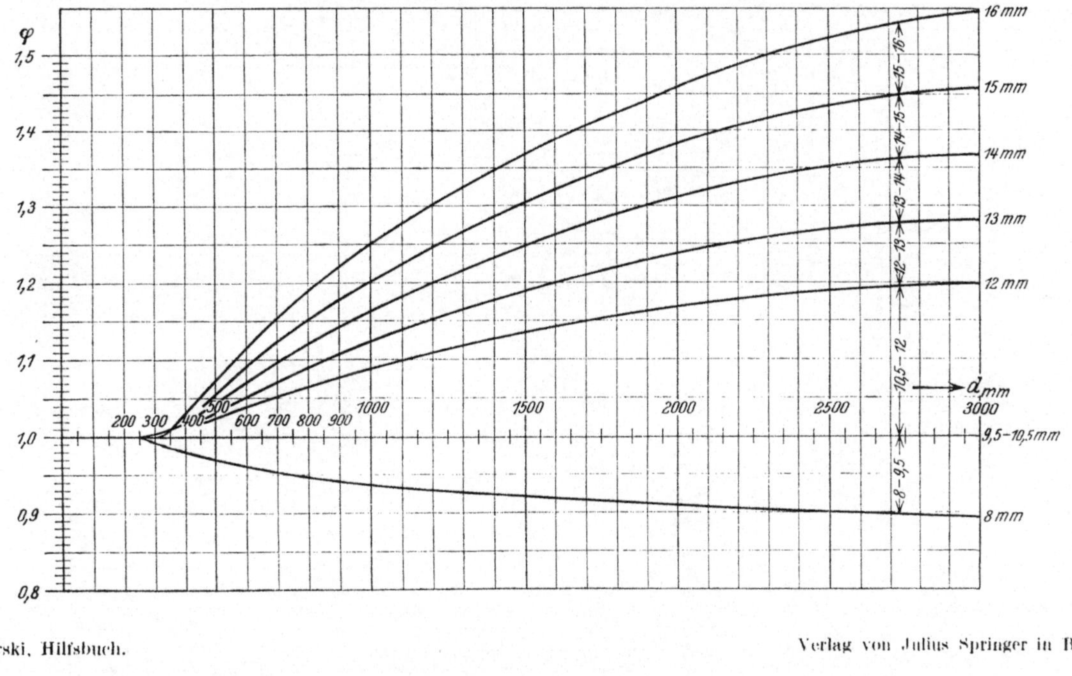

Verlag von Julius Springer in Berlin.

Kleinstzulässiger Durchmesser d_{min} (mm) der (treibenden) Riemenscheibe bei elektromotorischen Antrieben.

n = Umdrehungszahl des Motors in Minuten,
N = übertragene Leistung in kW.

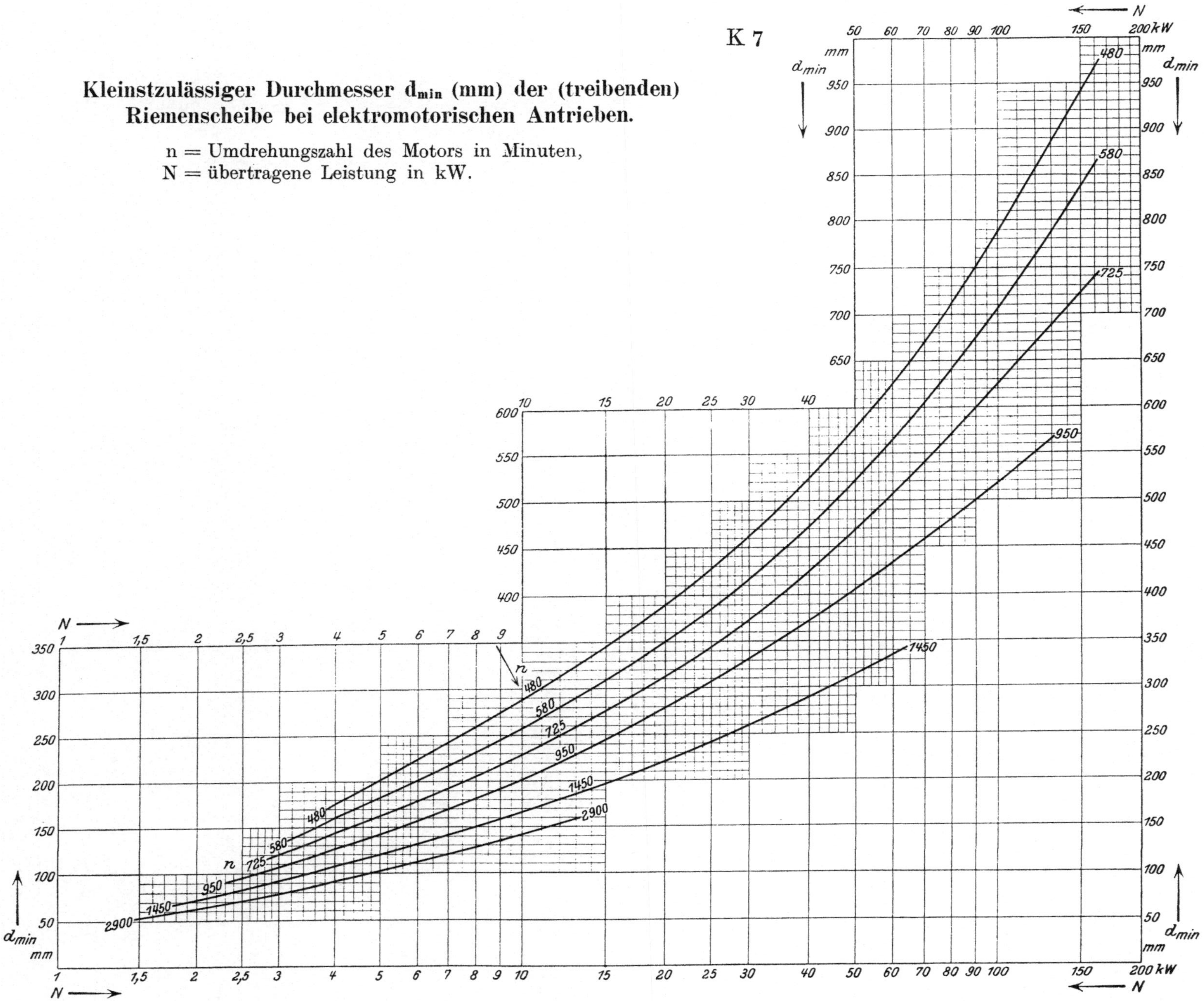

Verlag von Julius Springer in Berlin.

Beziehung zwischen dem Sauerstoffgehalt der Rauchgase in % O, der charakteristischen Kohlenzahl τ und dem Luftüberschußfaktor λ bei vollkommener Verbrennung.

$$\frac{O}{20{,}9 - O} \cdot \frac{1 + 2{,}373\,\tau}{1 + 3\,\tau} = \lambda - 1 .$$

$$79{,}1\,\frac{O}{20{,}9 - O} = (100 - K_m)\,(\lambda - 1) .$$

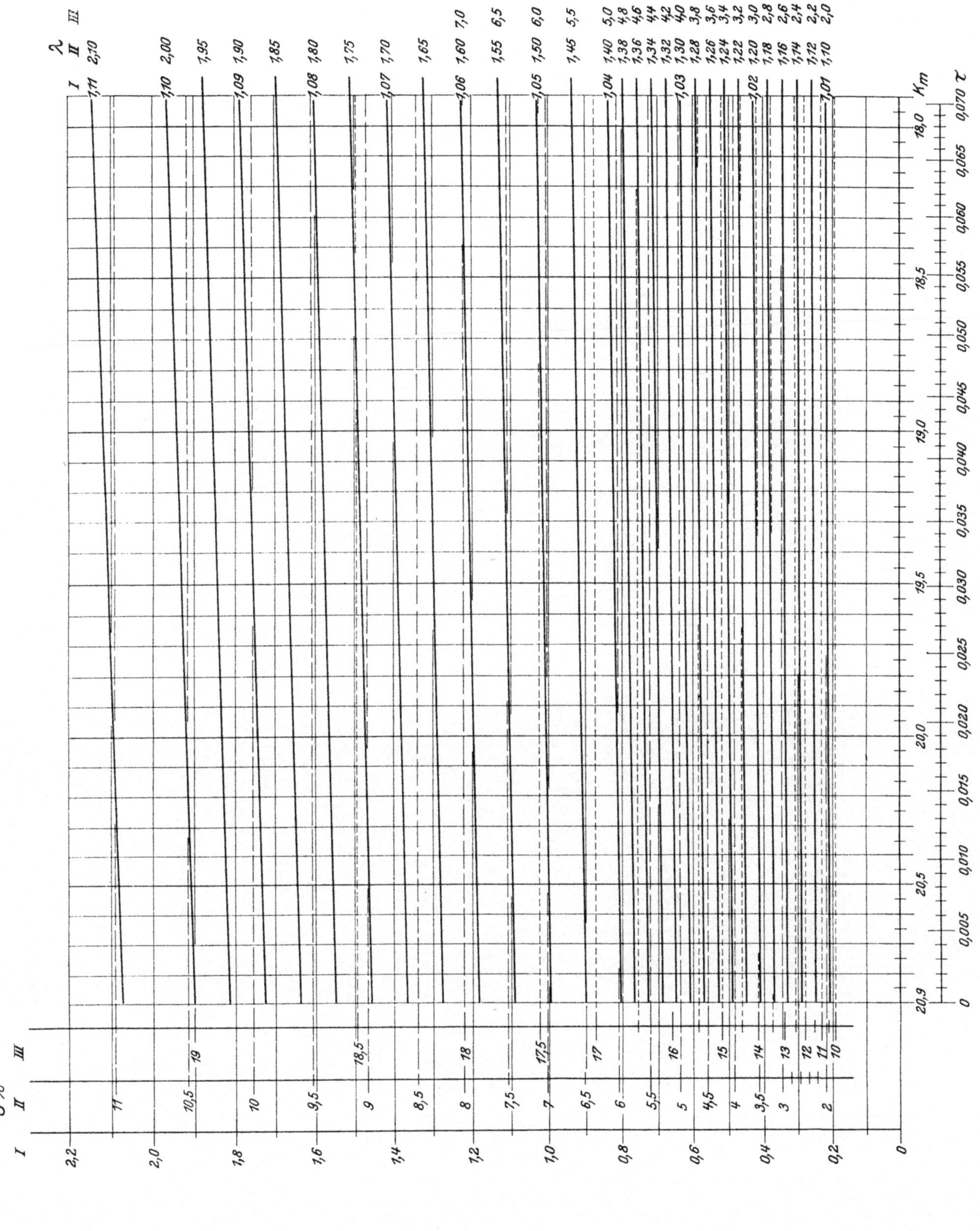

Beziehung zwischen dem Sauerstoffgehalt der Rauchgase in % O_2, der charakteristischen Kennzahl y und dem Luftüberschußfaktor λ bei vollkommener Verbrennung.

Bestimmung des Koeffizienten K für Zahnräder (Stirnräder).

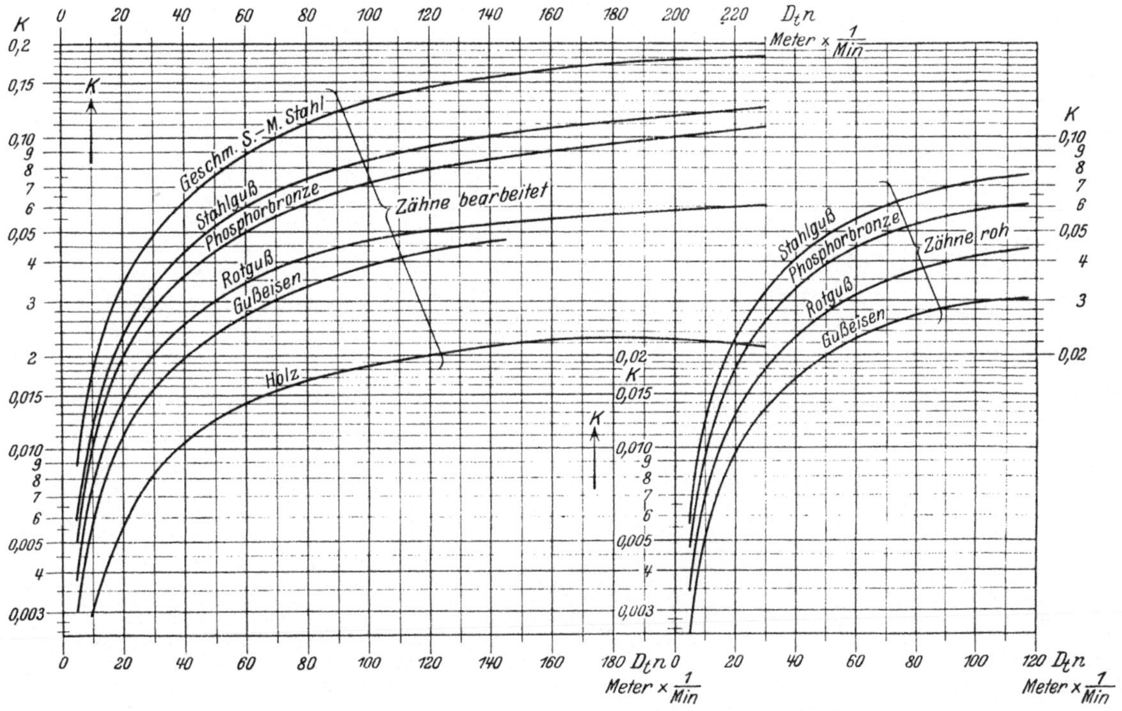

Wärmeverlust V_z (in % des Heizwertes) im Kessel durch fühlbare Wärme der Abgase.

Für Braunkohle.

$V_z = \mu (T - t)$

K = Kohlensäuregehalt der Rauchgase in % (Raum).
k = Kohlenoxydgehalt ,, ,, ,, % ,, .
T = Temperatur der Rauchgase in °C.
t = ,, ,, Außenluft ,, °C.

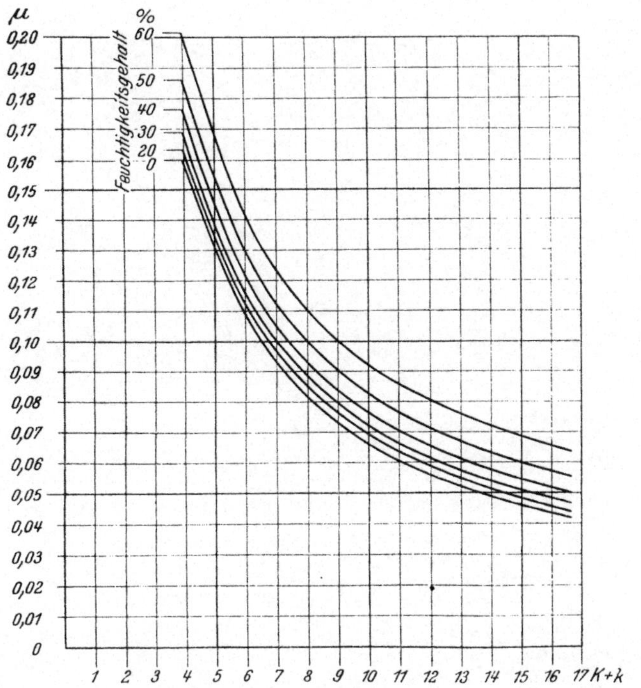

 Verlag von Julius Springer in Berlin.

K 11

Gewicht von offenen Gleichstrommaschinen.

G = Gewicht in kg, N = Leistung in kW, n = Umdrehungszahl pro Min.

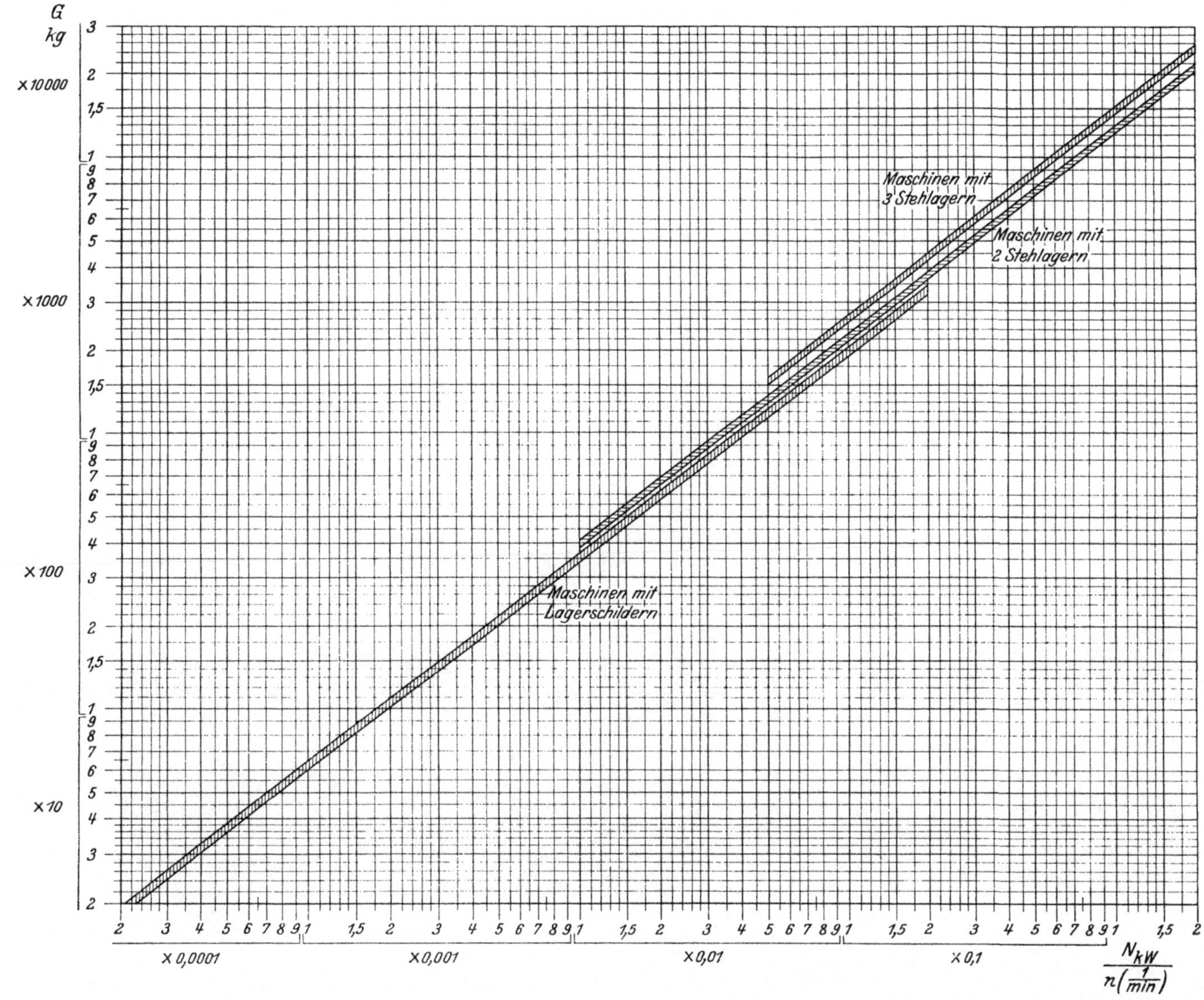

K 12

Zulässige Saughöhen für Kolben- und Kreiselpumpen bei warmem Wasser.

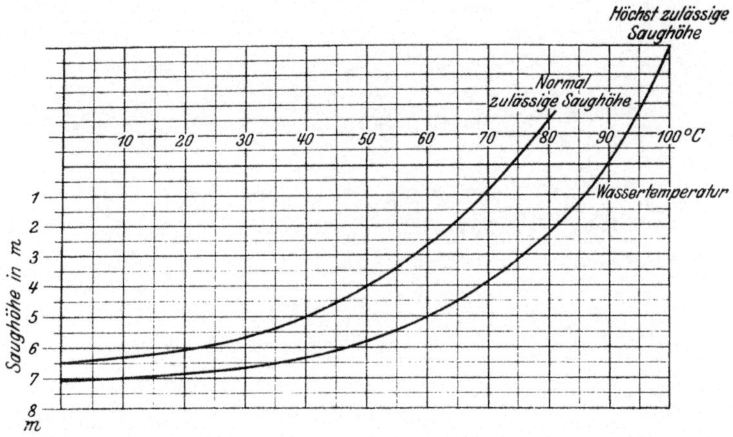

Einheitsdiagramm einer Zentrifugalpumpe.

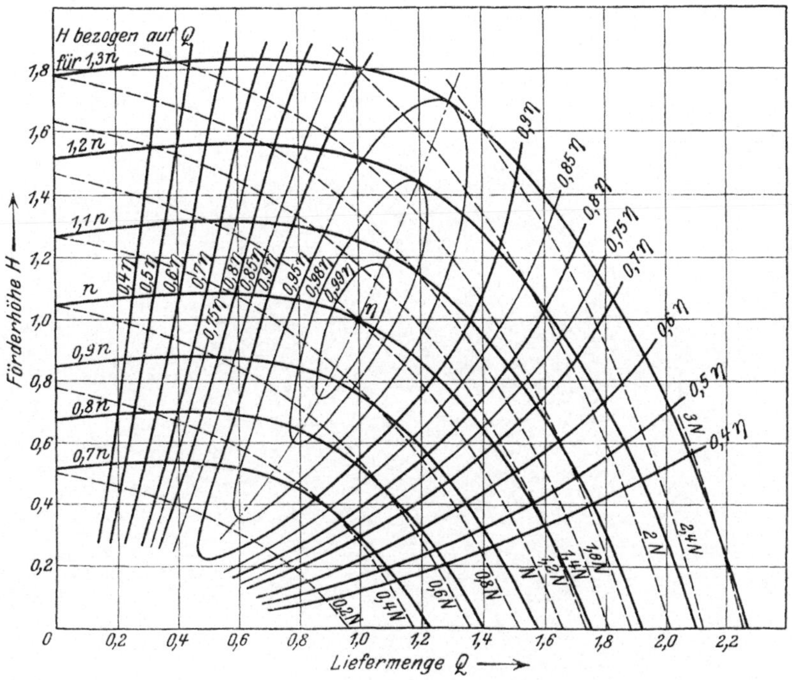

Verlag von Julius Springer in Berlin.

Geometrische Addition und Subtraktion.

$$S = A\,(+)\,B;\quad \sigma = \frac{S}{B};\quad \alpha = \frac{A}{B}$$

$$D = A\,(-)\,B;\quad \delta = \frac{D}{B};\quad \alpha = \frac{A}{B}$$

$$\omega = \sphericalangle\,(A, B)$$

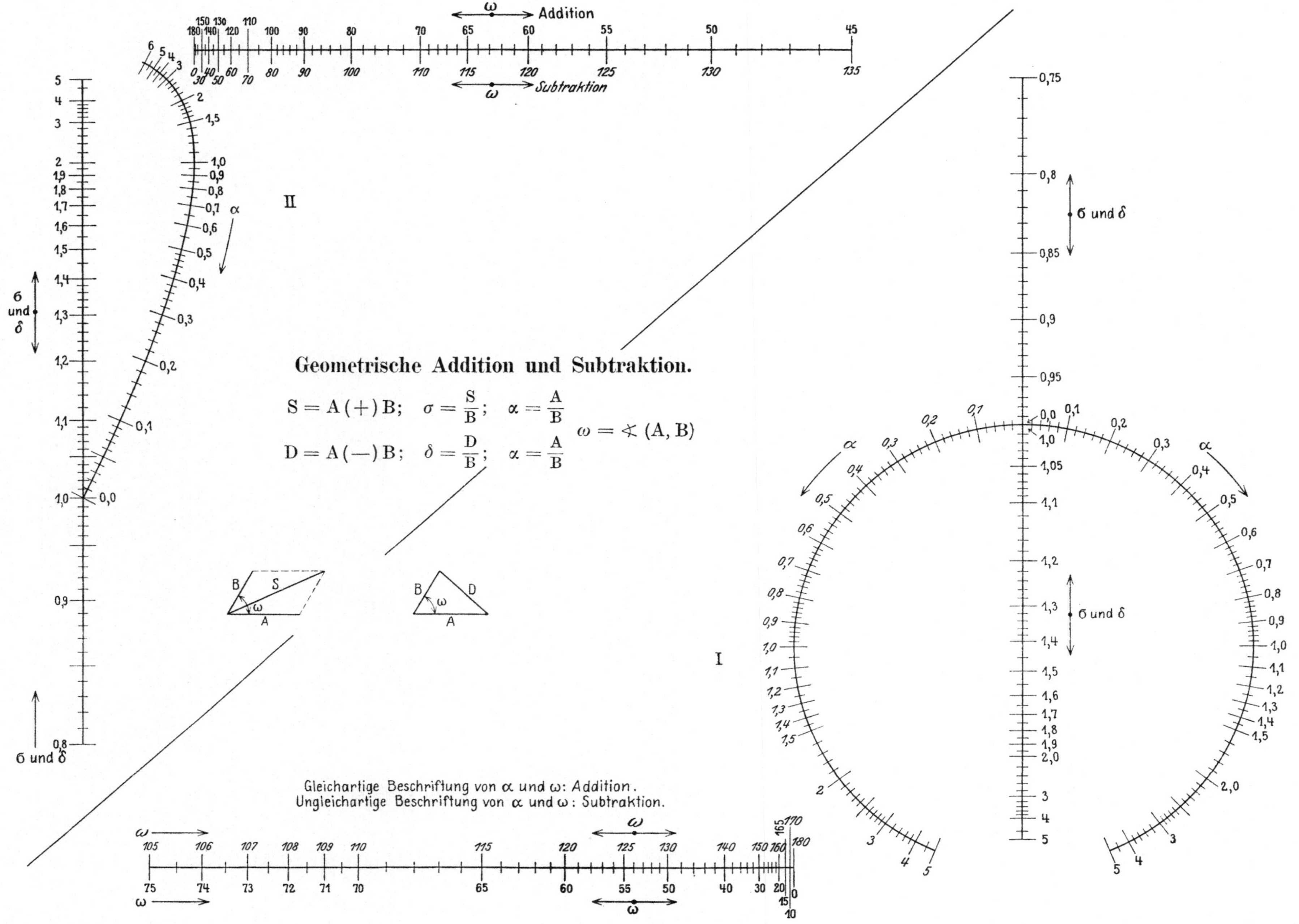

Verlag von Julius Springer in Berlin.

Gewicht von Drähten (bzw. Wellen) und Stäben aus Flußeisen und Kupfer.

G = Gewicht in kg, l = Länge in m *bzw. cm*, F = Querschnitt in mm² *bzw. cm²*.
d = Durchmesser in mm *bzw. cm*.
γ = spezifisches Gewicht in kg/cm² = 0,00785 für Flußeisen, = 0,00889 für Kupfer.

$$G = \gamma\, l\, F = \frac{\pi}{4}\gamma\, l\, d^2.$$

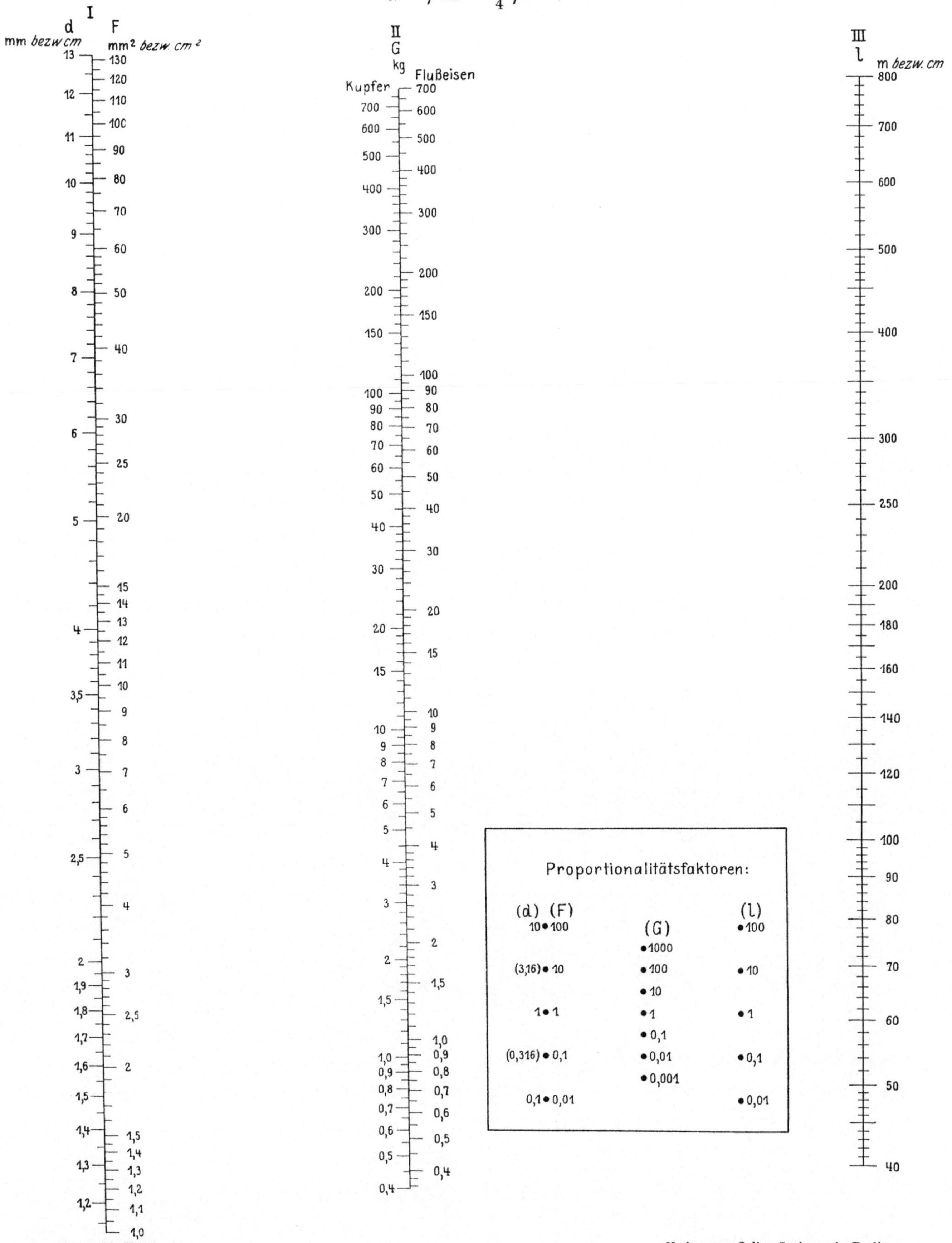

Berechnung der Umfangsgeschwindigkeit v (m/sek) und der Umfangskraft U (kg).

D = Scheibendurchmesser in mm,
n = Umdrehungszahl in min,
N = übertragene Leistung in kW und PS.

$$v = \frac{D \pi n}{60}$$

$$U = \frac{75 N_{PS}}{v}$$

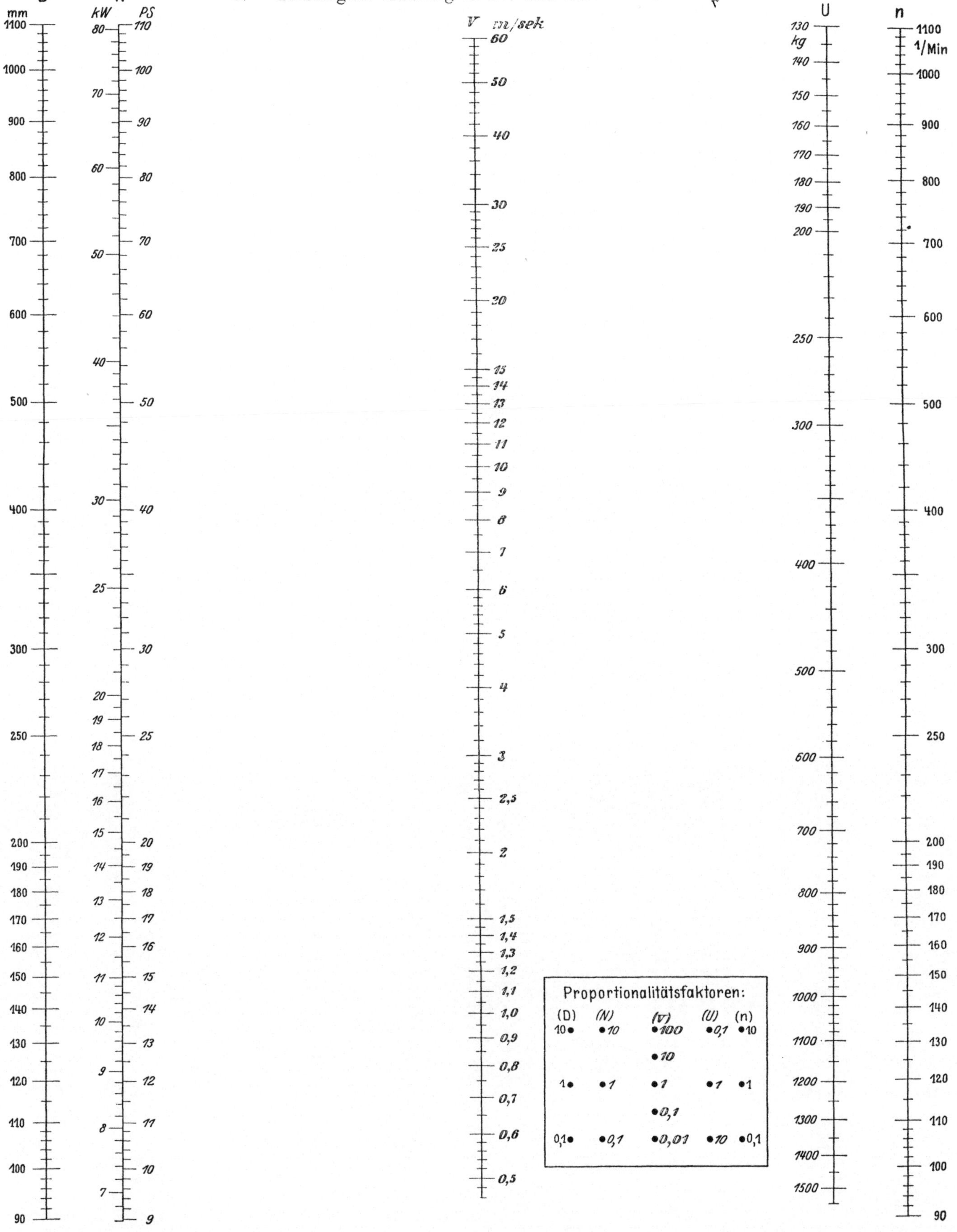

Proportionalitätsfaktoren:

(D)	(N)	(v)	(U)	(n)
10	10	100	0,1	10
		10		
1	1	1	1	1
		0,1		
0,1	0,1	0,01	10	0,1

Durchflußmenge Q und G, Durchflußgeschwindigkeit v, Druckhöhe (Geschwindigkeitshöhe) h bzw. $\frac{h}{\gamma}$ und $h\gamma$.

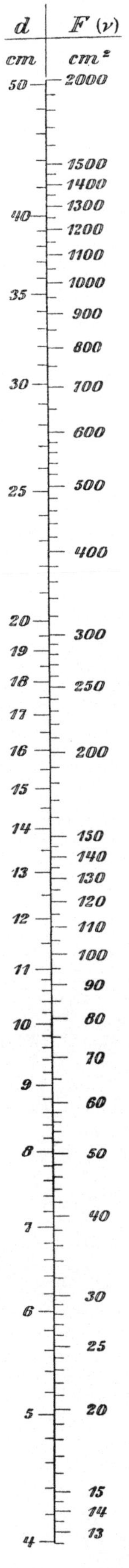

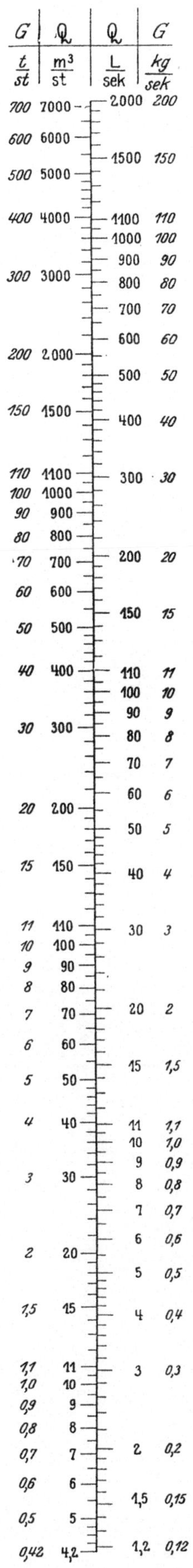

$Q = F v;\quad F = \pi \frac{d^2}{4};\quad v = \sqrt{2 g \frac{h_v}{\gamma}};$

$Q = F \sqrt{2 g \frac{h_v}{\gamma}};\quad G = F \sqrt{2 g h_v \gamma};$

F = Durchflußquerschnitt;

d = Rohrdurchmesser;

γ = spezif. Gewicht des durchfließenden Mediums;

$g = 9{,}81 \frac{m}{sek^2};\quad 1 \text{ mm WS} = 1 \frac{kg}{m^2}.$

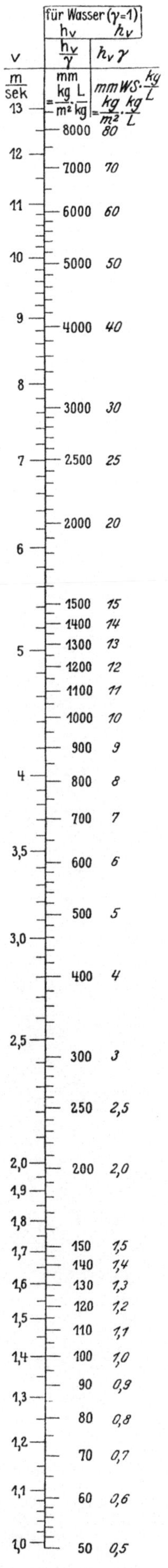

Proportionalitätsfaktoren:

(d) (F)	(Q), (G)	(v) $\left(\frac{h}{\gamma}\right)$, $(h\gamma)$
10 • 100	• 10000	100 • 10000
	• 1000	(31,62) • 1000
(3,16) • 10	• 100	10 • 100
	• 10	(3,16) • 10
1 • 1	• 1	1 • 1
	• 0,1	(0,316) • 0,1
(0,316) • 0,1	• 0,01	0,1 • 0,01
	• 0,001	(0,0316) • 0,001
0,1 • 0,01	• 0,0001	0,01 • 0,0001

Verlag von Julius Springer in Berlin.

Berechnung der Widerstandshöhe beim Durchfluß von Wasser durch Rohrleitungen (nach Flamant und Blasius).

Q = Wasserdurchflußmenge in m^3/st bzw. L/sek,
d = Rohrdurchmesser in cm,
w_1 = Widerstandshöhe für 100 m Rohrleitung in m.

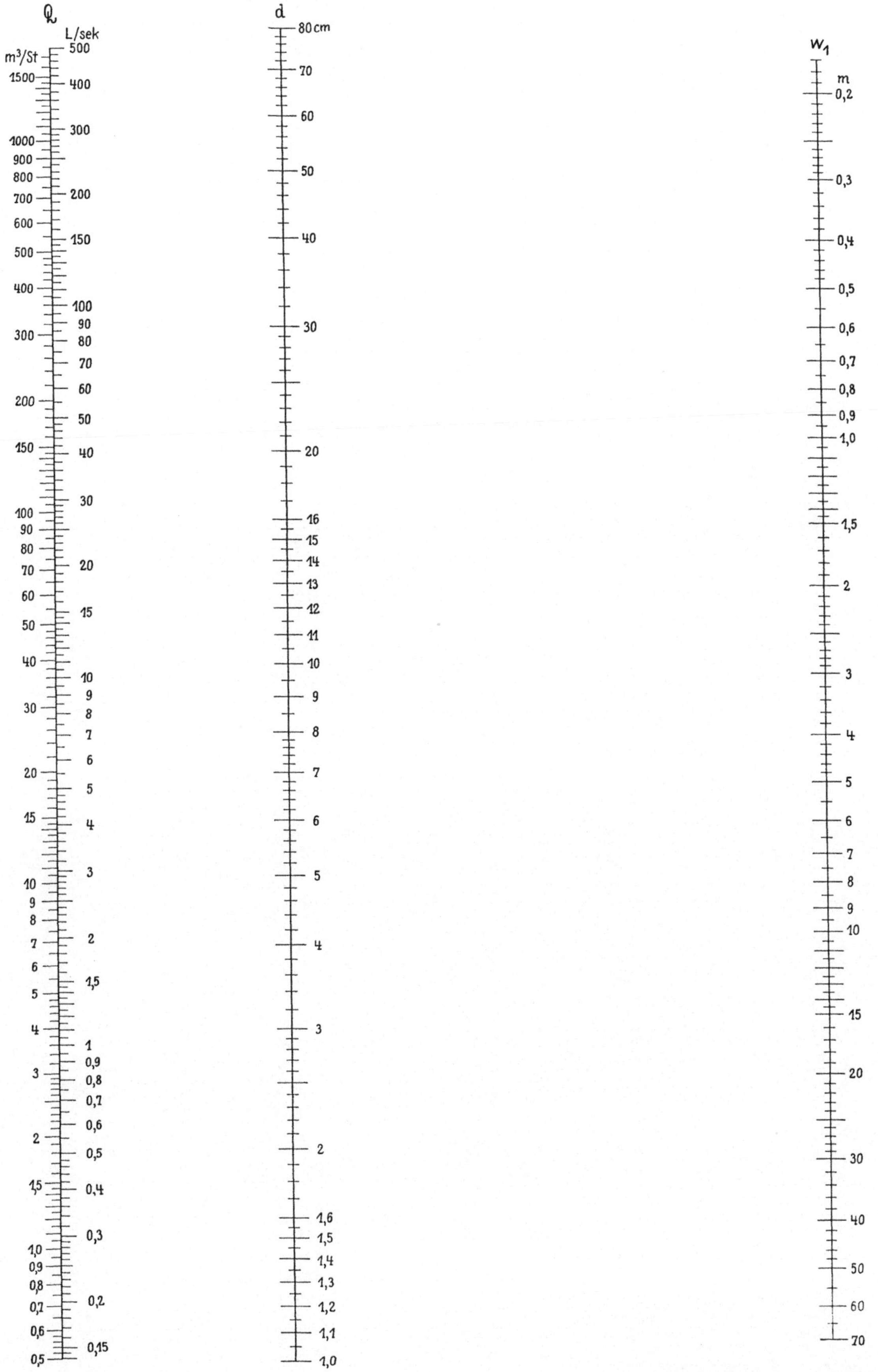

Verlag von Julius Springer in Berlin.

Berechnung der Widerstandshöhe beim Durchfluß von Wasser durch Rohrleitungen (nach H. Lang).

Q = Wasserdurchflußmenge in m^3/stde,
d = Rohrdurchmesser in cm,
w_1 = Widerstandshöhe für 100 m Rohrleitung in m.

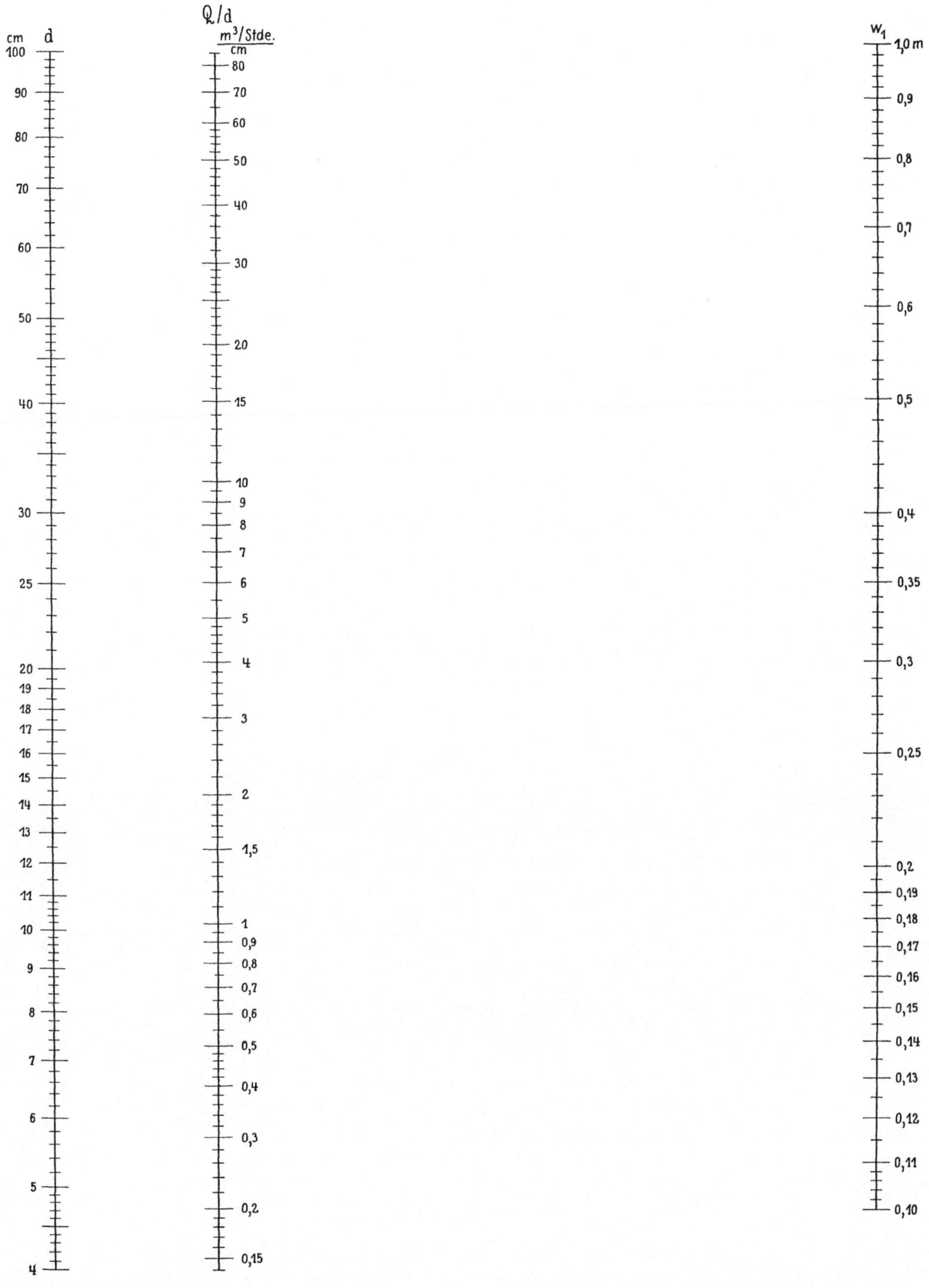

Verlag von Julius Springer in Berlin.

Bestimmung der Widerstandshöhe w_2 (m) aus der Wasserdurchflußmenge Q (m^3/st bzw. L/sek), Widerstandszahl ζ und Rohrdurchmesser d (cm) nach der Gleichung

$$\zeta Q^2_{m^3/st} = 1{,}5685\, w_2 d^4 .$$

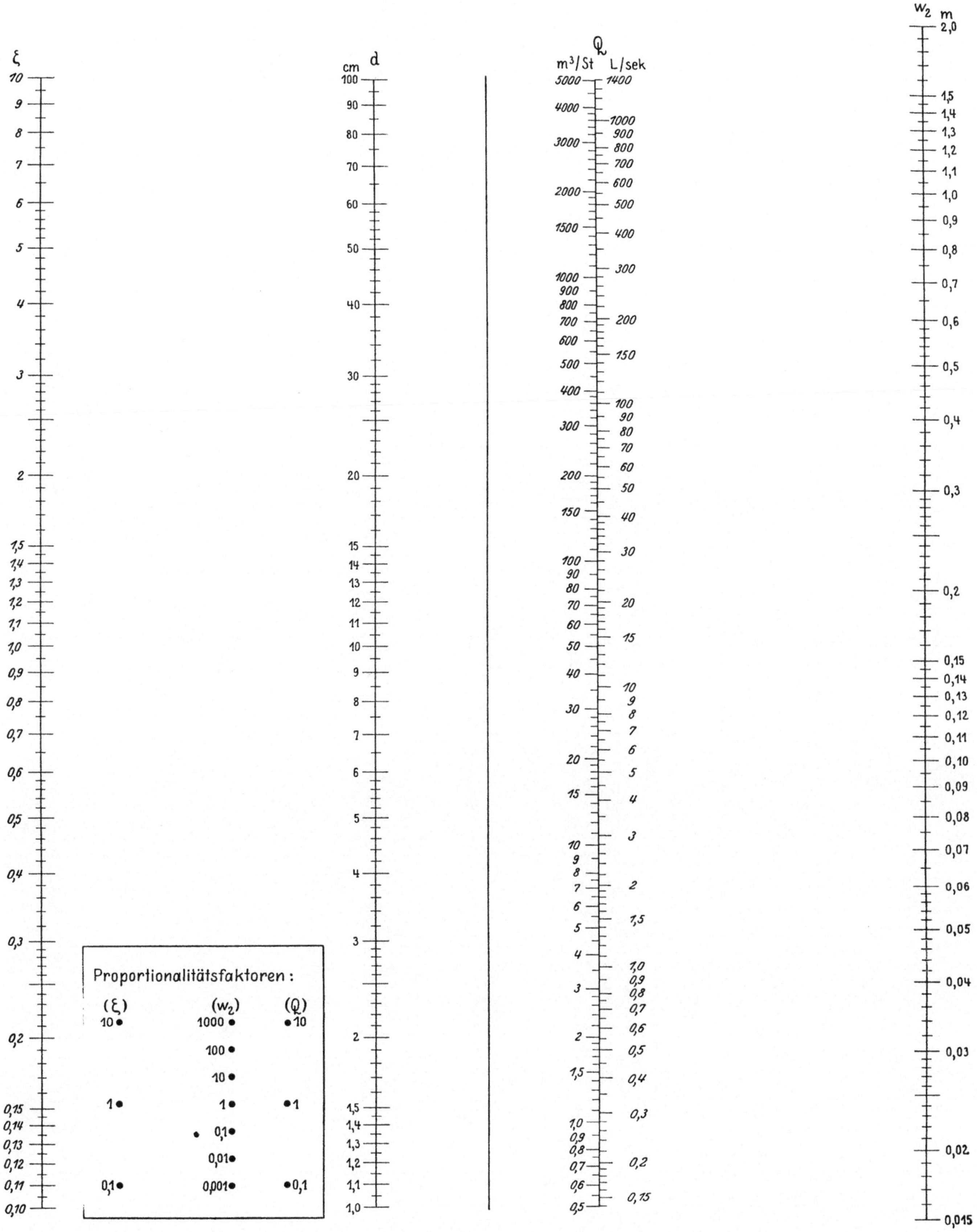

Verlag von Julius Springer in Berlin.

Absoluter Druck; Vakuum; Temperatur des gesättigten Wasserdampfes.

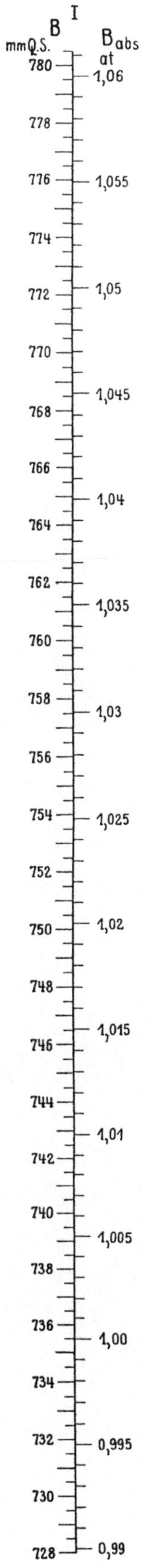

B = Barometerstand in mm QS.

B_{abs} = ,, ,, at.

V = Vakuum in mm QS.

V_{abs} = ,, ,, %.

p_{abs} = Druck in at abs.

t'' = Temp. des gesätt. Dampfes.

$$B_{abs} = \frac{B}{735{,}5}; \quad \frac{B - V}{735{,}5} = p_{abs} = 1 - \frac{V_{abs}}{100}.$$

Bemerkung: Das eigentliche Nomogramm bilden die Skalenleiter I, II und III.

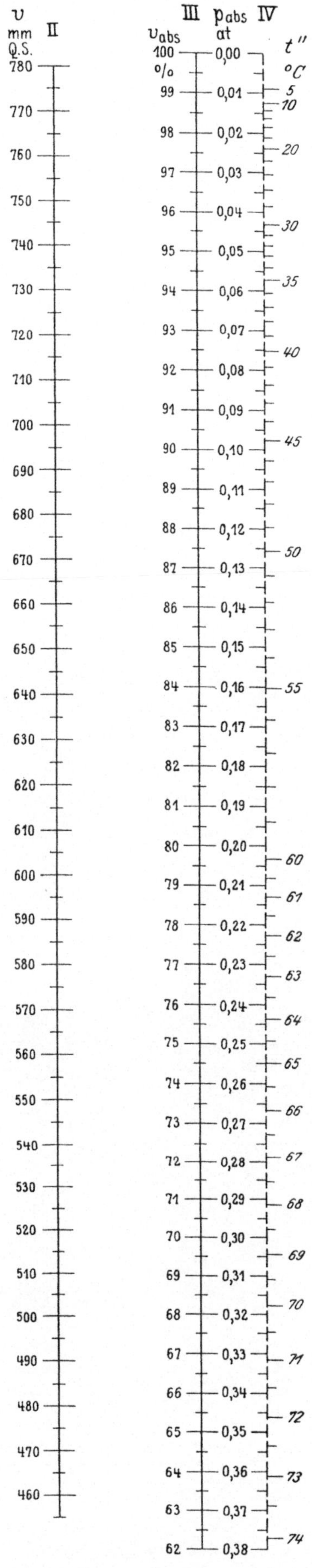

Verlag von Julius Springer in Berlin.

Bestimmung des Wärmeinhaltes i (kcal) des überhitzten Wasserdampfes aus Druck p (at abs.) und Temperatur t (° Cels.).

t'' = Temperatur des gesättigten Dampfes in °C,
k = Korrektion in kcal.

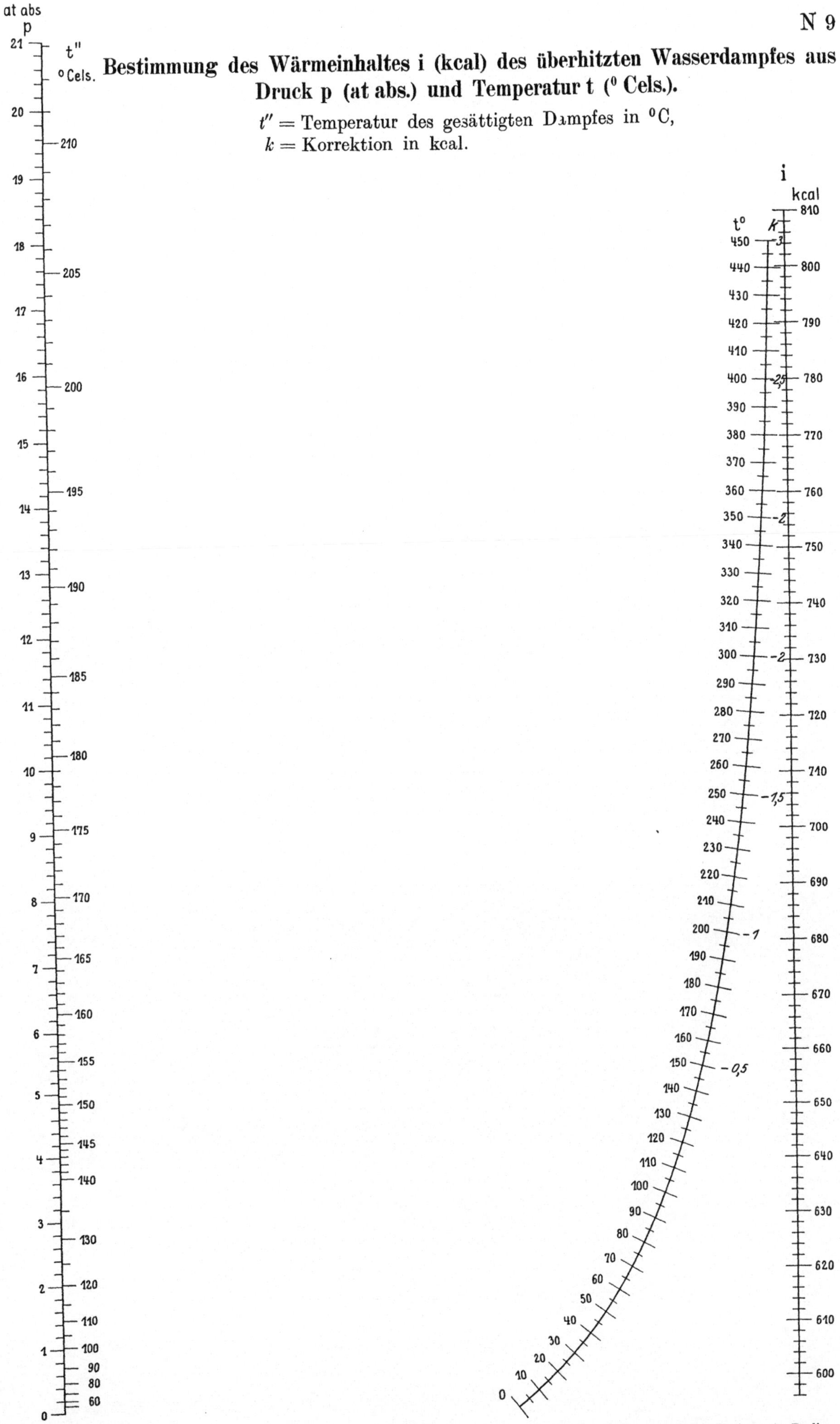

Verlag von Julius Springer in Berlin.

Spannungsabfall bei Bewegung von Gasen und Dämpfen in einer 100 m langen horizontalen Rohrleitungsstrecke.

G = stündlich hindurchfließende Menge von kg/st,
γ = spez. Gewicht des Gases (Dampfes) in kg/m³,
Δ p = Spannungsabfall, w. o., in at,
d = Rohrdurchmesser in mm.

$$\Delta p = 3159{,}5 \frac{G^{1,852}}{\gamma\, d^{4,973}}.$$

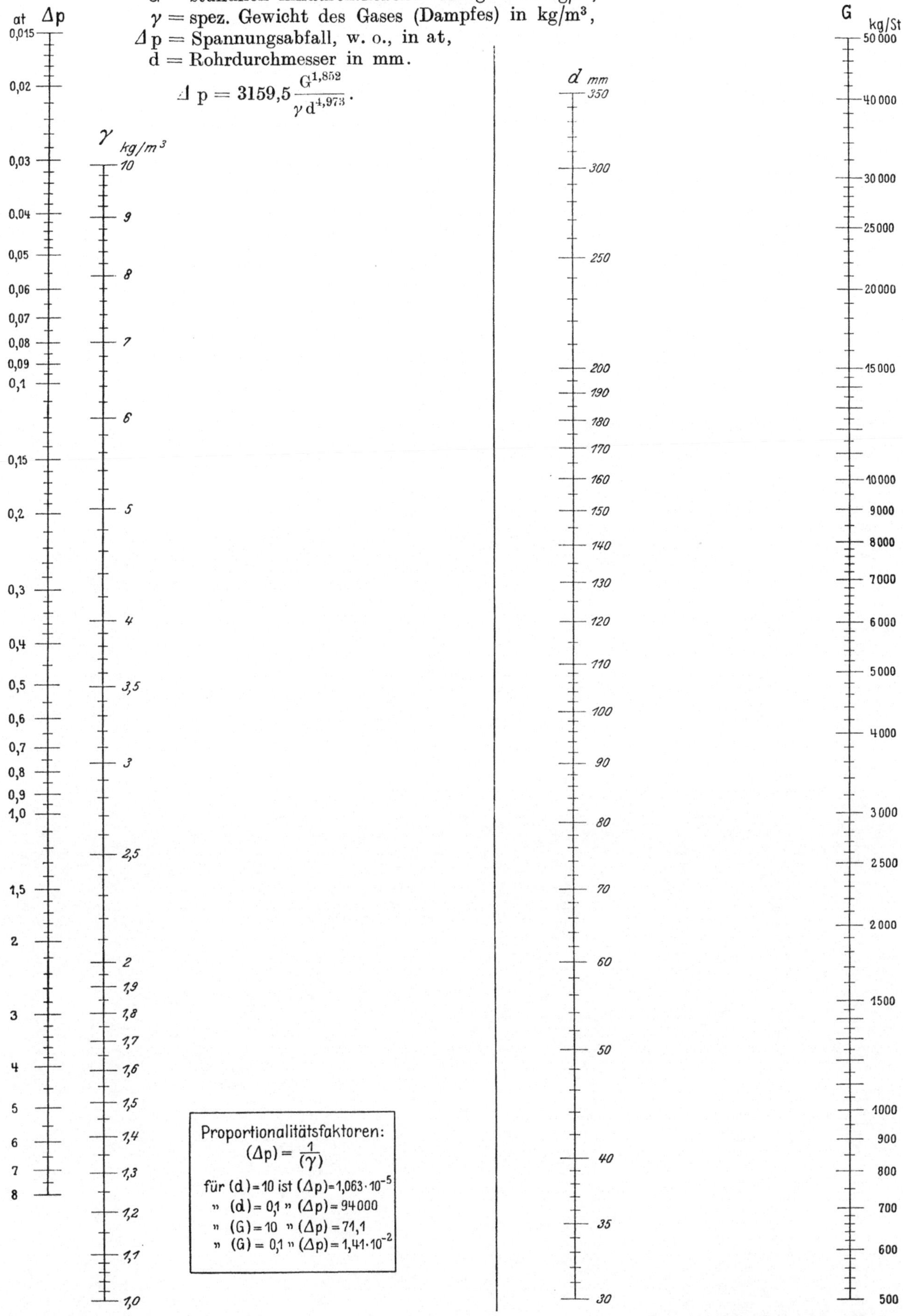

Proportionalitätsfaktoren:
$(\Delta p) = \frac{1}{(\gamma)}$
für (d) = 10 ist $(\Delta p) = 1{,}063 \cdot 10^{-5}$
„ (d) = 0,1 „ $(\Delta p) = 94000$
„ (G) = 10 „ $(\Delta p) = 71{,}1$
„ (G) = 0,1 „ $(\Delta p) = 1{,}41 \cdot 10^{-2}$

Verlag von Julius Springer in Berlin.

Zustandsgleichung für Luft, Reduktion der Gasvolumina und -gewichte auf verschiedene Drücke und Temperaturen.

p = absoluter Druck in at,
b = Barometerstand in mm QS.,
v = spez. Volumen in m³/kg,
γ = spez. Gewicht in kg/m³,
t = Temperatur in °C.

$$v\,p = 29{,}27 \cdot 10^{-4}\,(t + 273),$$
$$p = 29{,}27 \cdot 10^{-4}\,\gamma\,(t + 273).$$

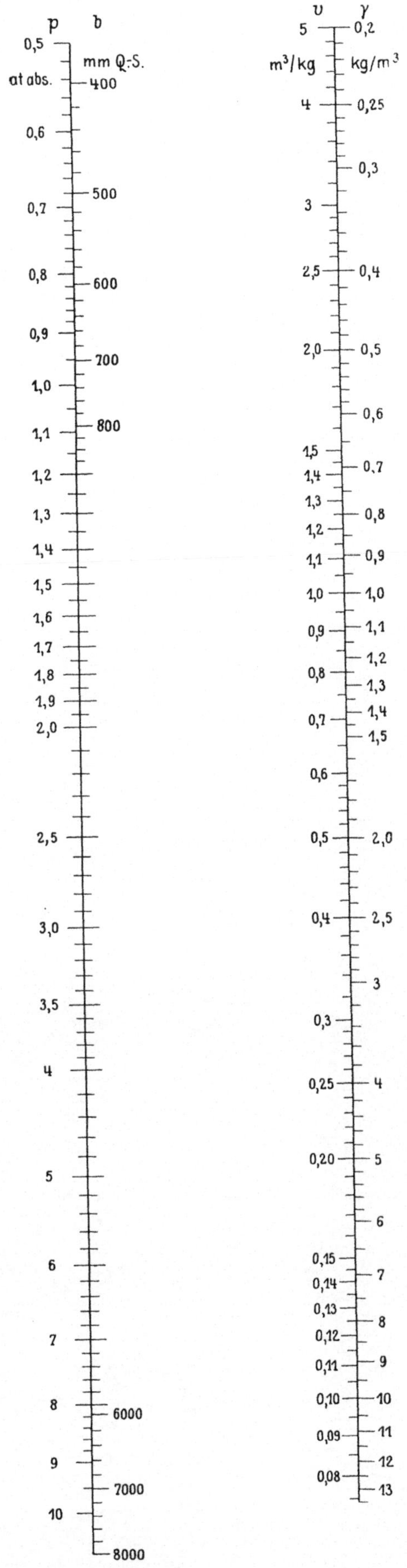

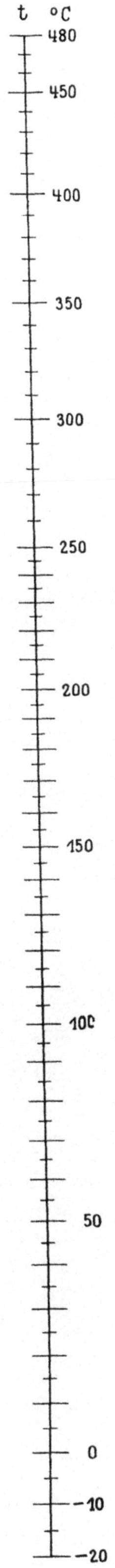

Proportionalitätsfaktoren
$(p) = (\gamma) = \frac{1}{(v)}$

Verlag von Julius Springer in Berlin.

Festigkeitsberechnungen. Knickung.

Bestimmung der zulässigen Druckspannung k_k (kg/cm²) für einen auf Knickung beanspruchten, an beiden Enden nicht eingespannten Holzträger von kreisförmigem und rechteckigem Querschnitt nach Dr.-Ing. H. Seitz.

a = Durchmesser bzw. kleinere Rechteckseite des Trägerquerschnittes (cm),

l = Trägerlänge (cm).

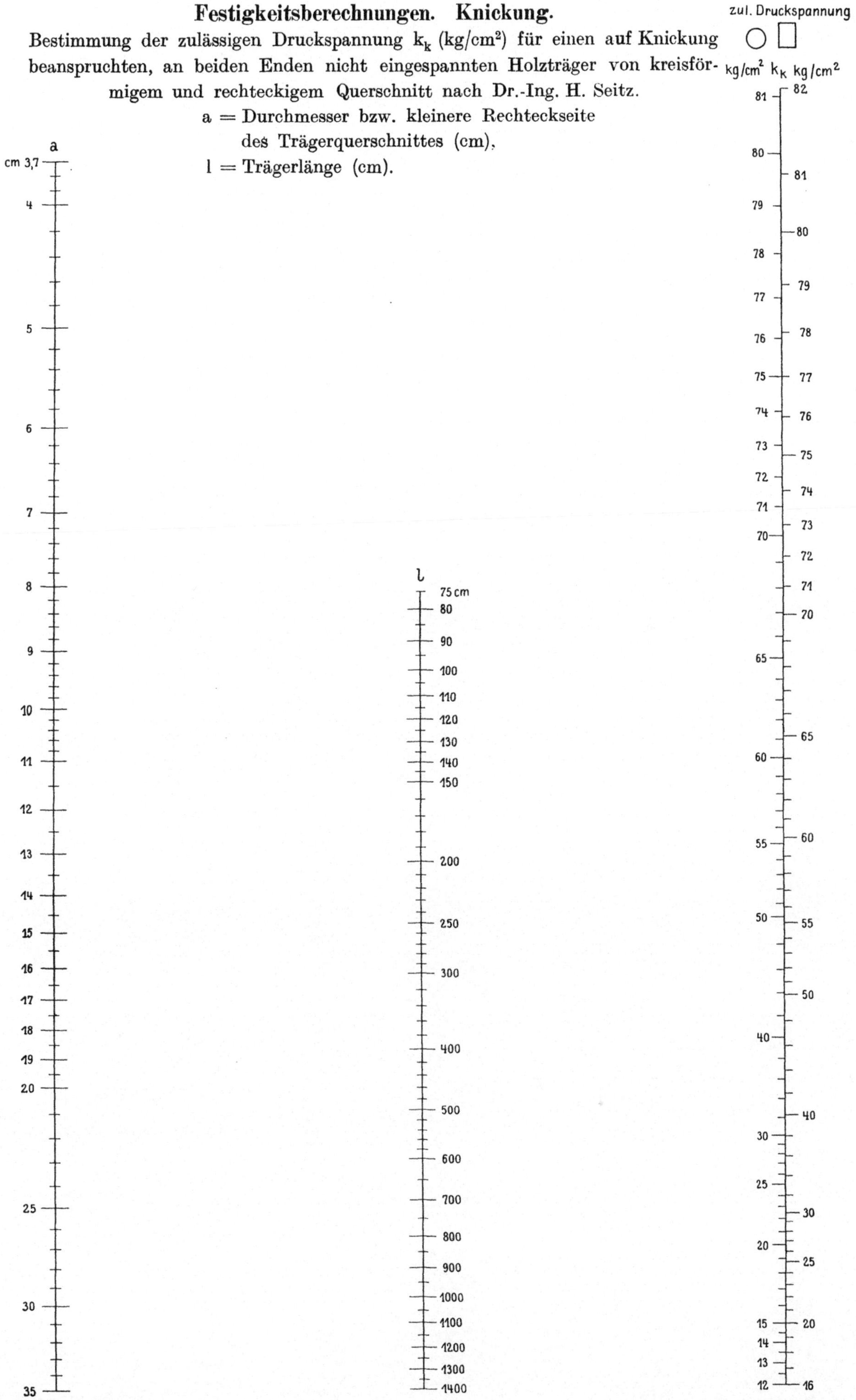

Verlag von Julius Springer in Berlin.

Festigkeitsberechnungen. Biegung.

P = Kraft in kg. k_b = zulässige Biegungsbeanspruchung in kg/cm². W = Widerstandsmoment in cm³. z = Trägerlänge in cm siehe Zahlentafel 21, Spalte 8.

$$Wk_b = Pz.$$

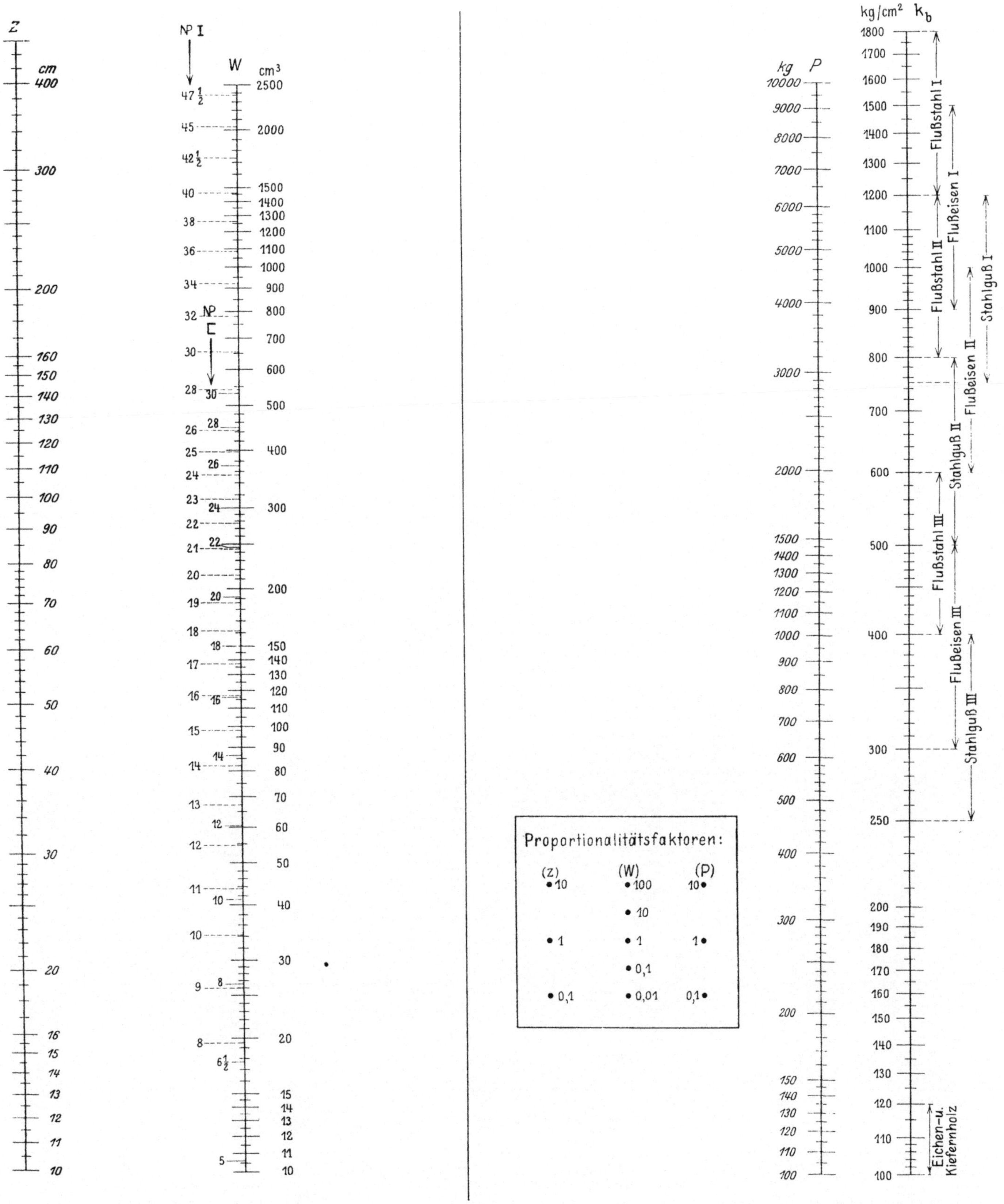

Festigkeitsberechnungen. Biegung.

Festigkeitsberechnungen. Biegung. Eisenträger mit $k_b = 750$ und $k_b = 1000$ kg/cm².
Holzträger mit $k_b = 100$ kg/cm².

P = Kraft in kg. W = Widerstandsmoment in cm³. Z = Trägerlänge in cm, siehe Zahlentafel 21 Spalte 8.

$$W = P\frac{Z}{k_b}.$$

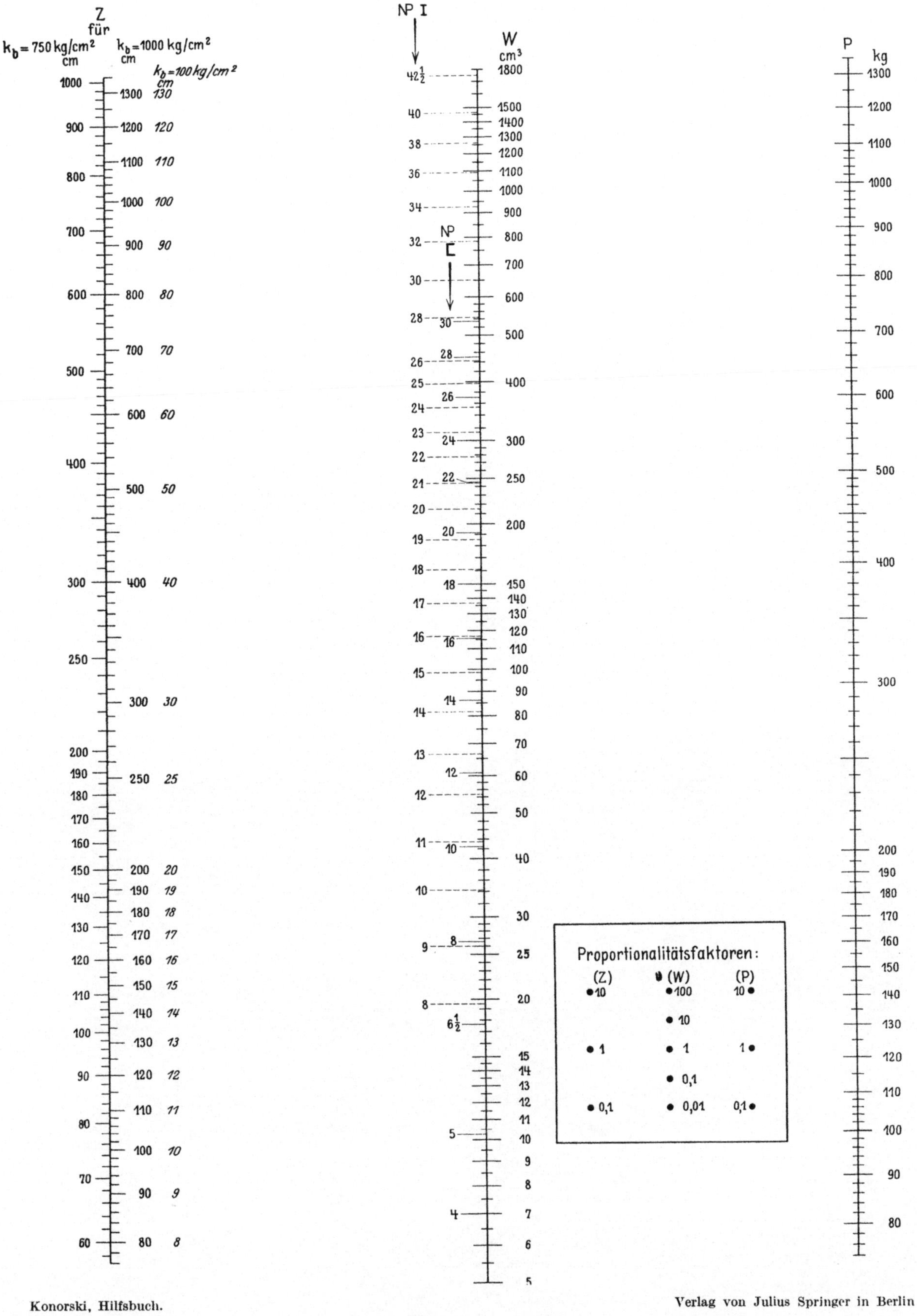

Widerstands- und Trägheitsmomente für rechteckigen Querschnitt.

h und b = Rechteckseiten in cm (h lotrecht, parallel zur Kraftrichtung; b wagerecht).

W = Widerstandsmoment in cm^3. J = Trägheitsmoment in cm^4.

$$W = \frac{b\,h^2}{6}; \quad J = \frac{b\,h^3}{12}.$$

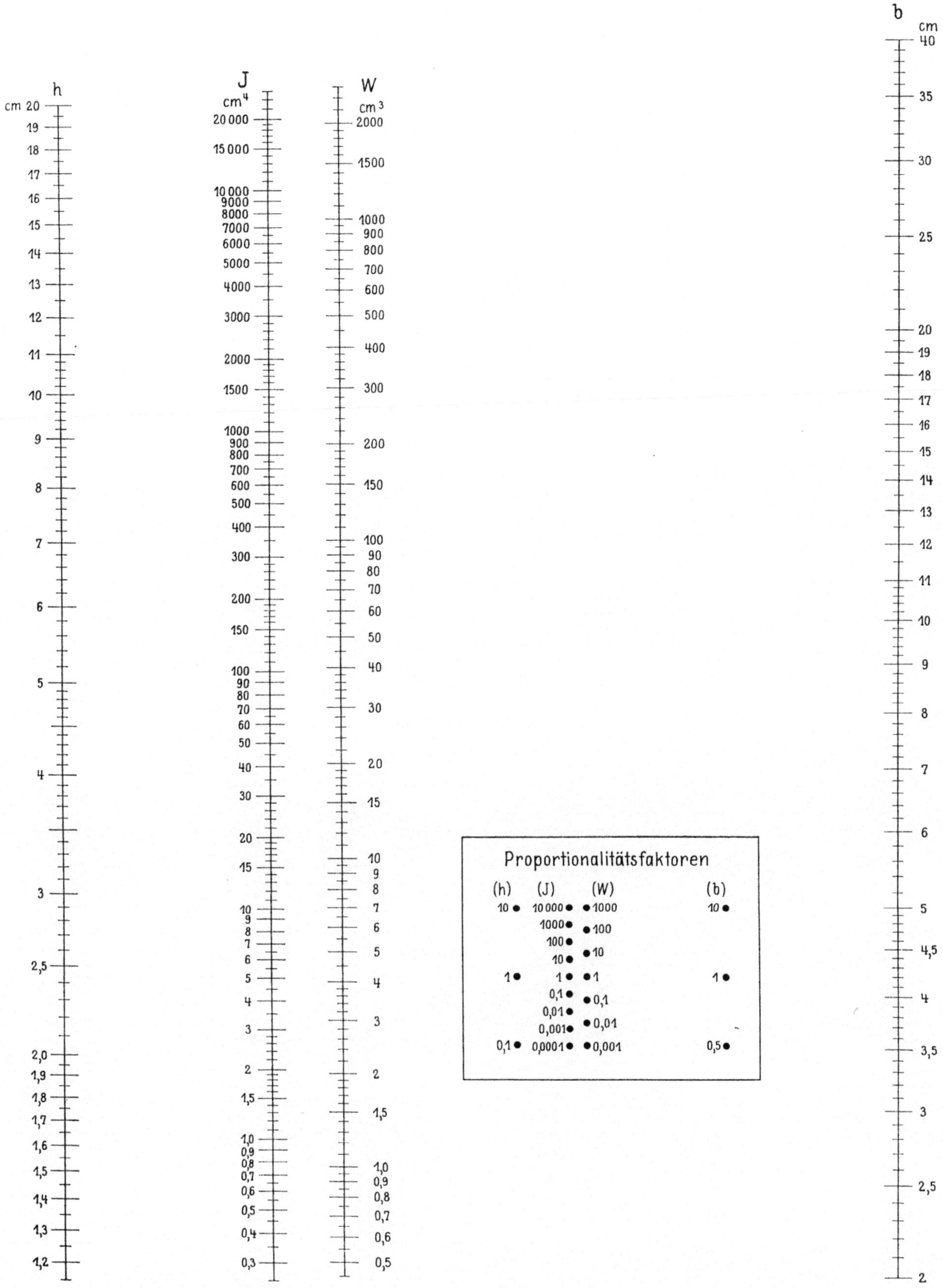

Berechnung der Durchbiegung von Flußeisenträgern.

J = Trägheitsmoment des Trägerquerschnittes in cm^4 bezogen auf dessen wagerechte Symmetrieachse,
P = Kraft in kg und l = Trägerlänge in cm, beide bezogen auf verschiedene Belastungsfälle I, IIIa, IV, Va, siehe Zahlentafel 21,
f = max. Durchbiegung in mm.

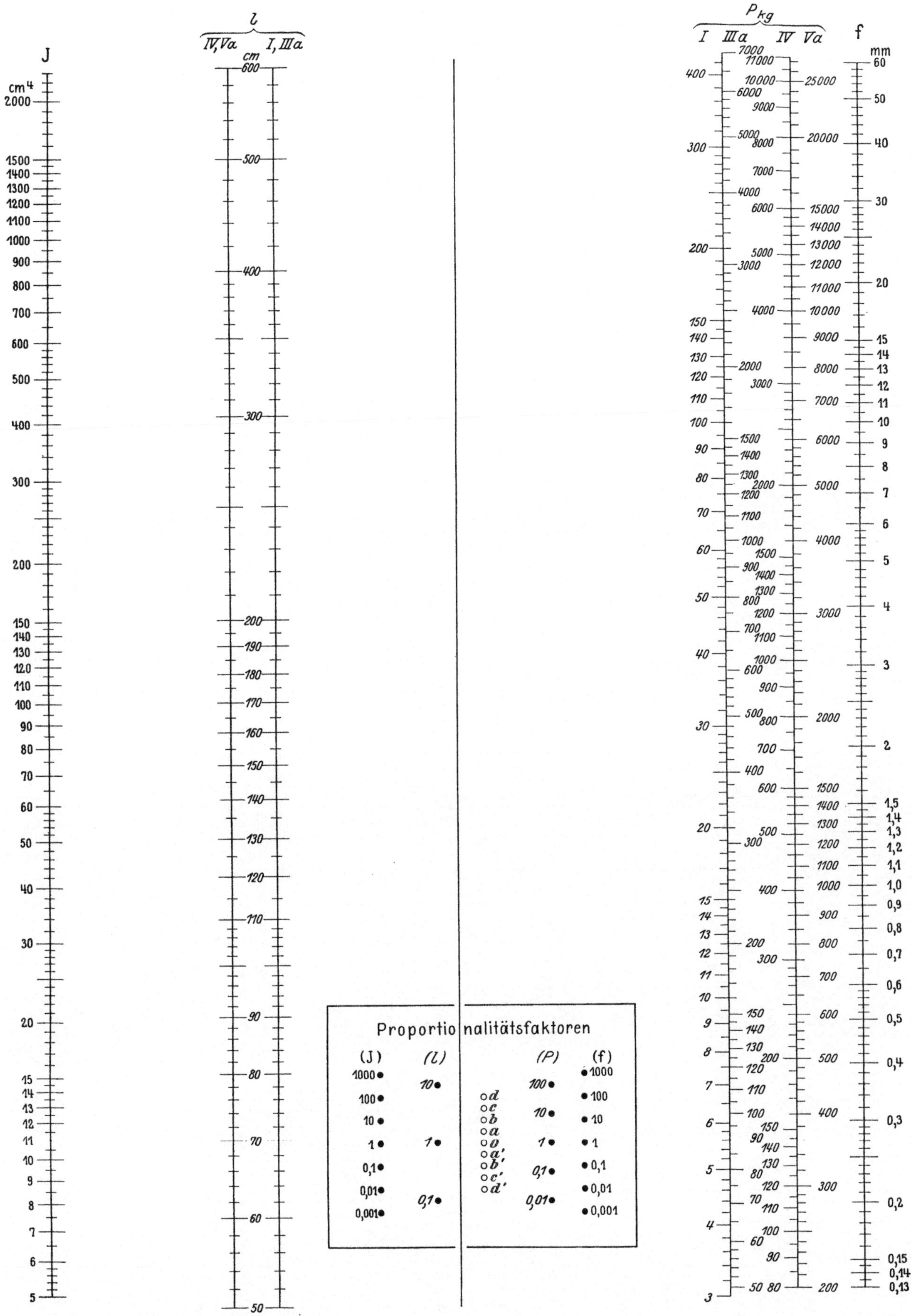

Verlag von Julius Springer in Berlin.

Berechnung des Drehmomentes und des dadurch verursachten Verdrehungswinkels nach der Formel $M_d = \frac{\pi^2 G}{5760} \psi_m d^4 = 71620 \frac{N}{n}$.

M_d = Drehmoment in kgm; ψ = Verdrehungswinkel in ^{0}; d = Wellendurchmesser in mm; N = übertragene Leistung in PS bzw. kW; G = Gleitmaß (für Flußeisen 830 000 kg/cm², für Flußstahl 850 000 kg/cm²); n = Tourenzahl pro Minute.

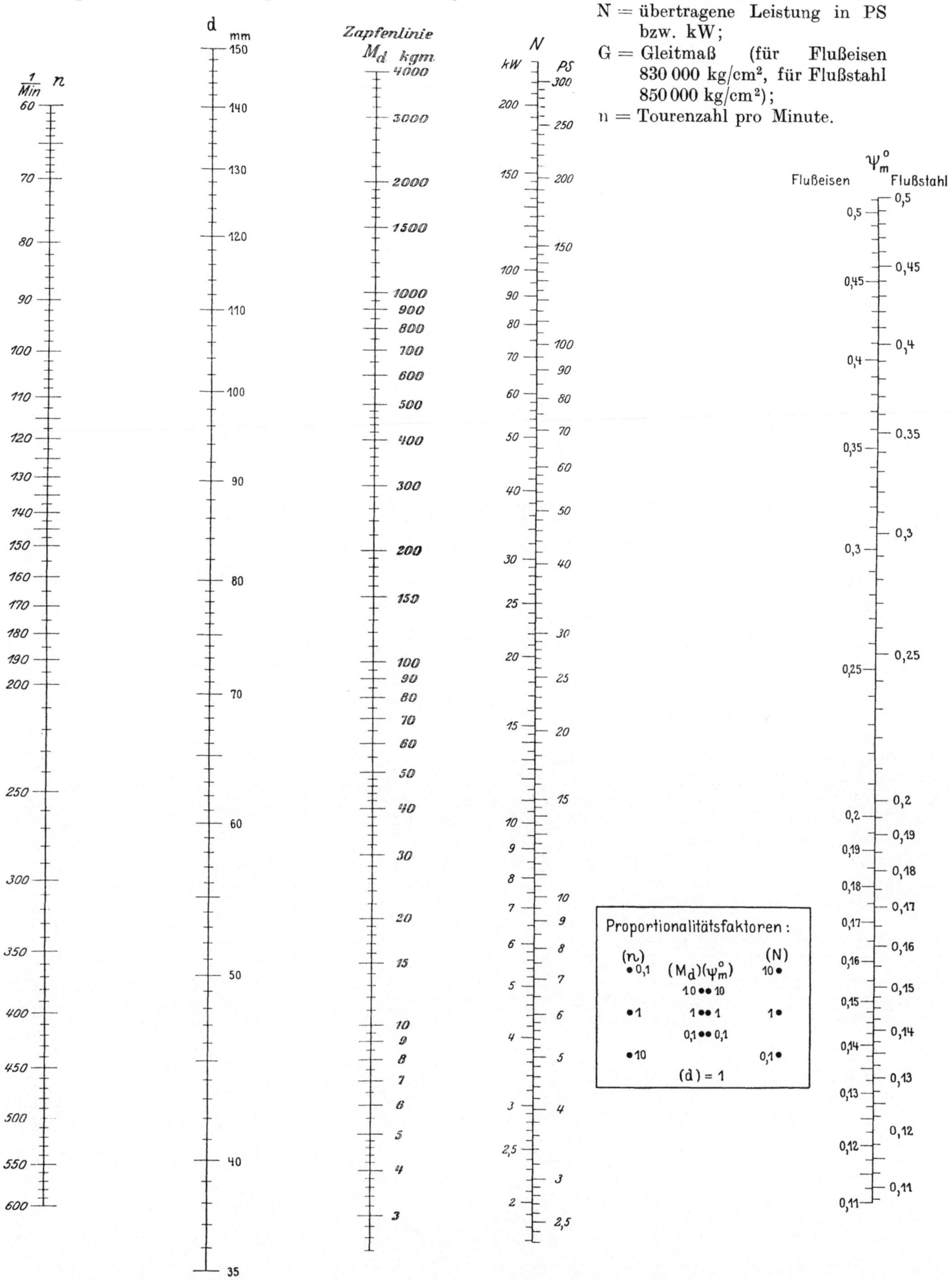

Verlag von Julius Springer in Berlin.

Berechnung von Triebwerkswellen aus gewöhnlichem Walzeisen mit $k_d = 120$ kg/cm^2 nach der Formel $d^3 = 3000 \frac{N_{PS}}{n}$.

N = zu übertragende Leistung in PS bzw. in kW,
k_d = Drehungsbeanspruchung,
n = Tourenzahl pro Min.
d = Wellendurchmesser in mm.

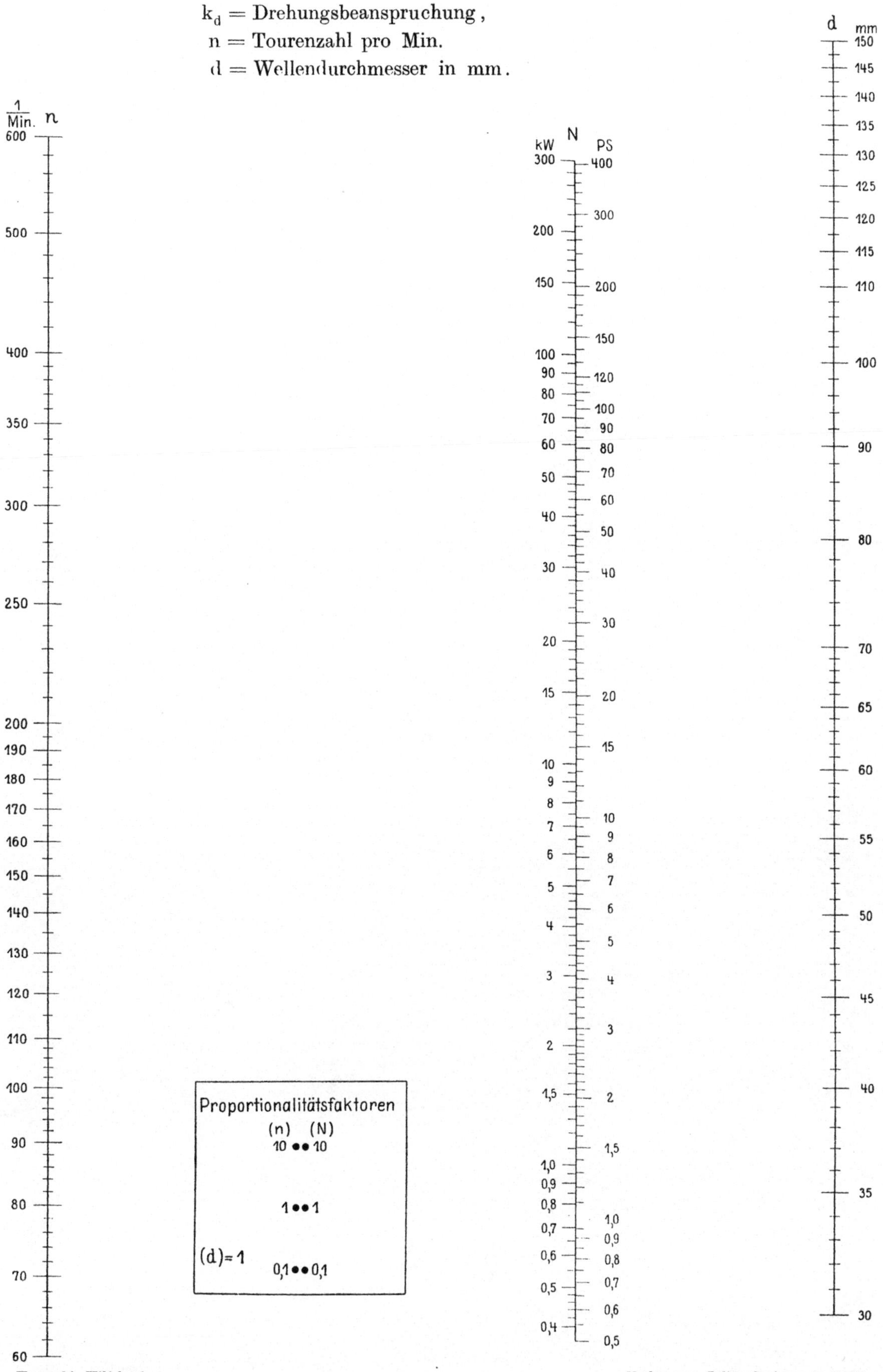

Verlag von Julius Springer in Berlin.

Berechnung von Wellen.

Bestimmung des Koeffizienten ω aus n (Tourenzahl pro Min.),
M_b (Biegungsmoment in kgm) und N (zu übertragende Leistung in PS)

$$\omega = \frac{\text{ideelles Drehmoment}}{\text{tatsächliches Drehmoment}} = \text{Vergrößerungsfaktor, bedingt durch Hinzutreten der Biegung.}$$

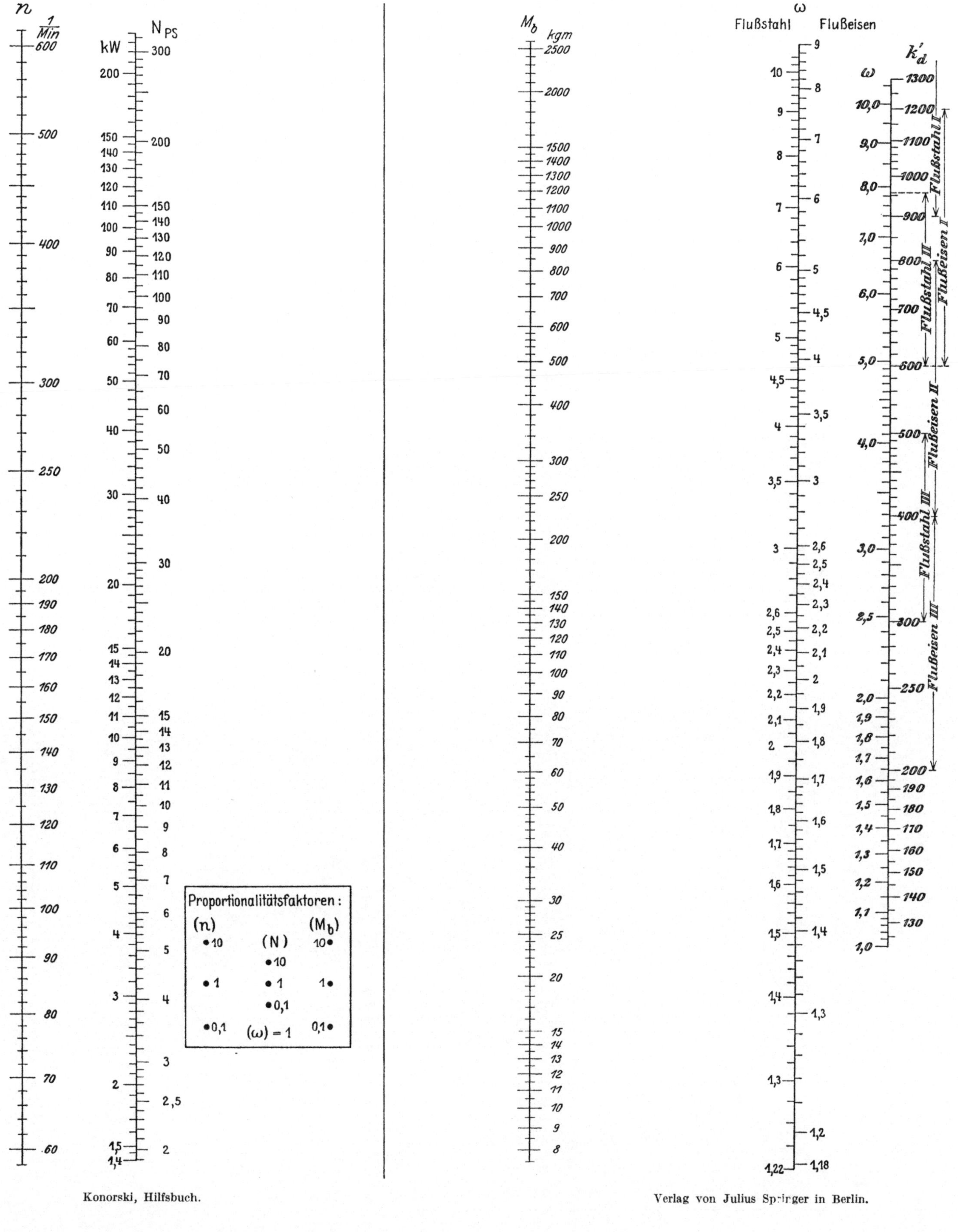

Verlag von Julius Springer in Berlin.

Berechnung von Wellen nach der Formel für Drehungsbeanspruchung

$$71{,}62 \cdot 10^6 \cdot \frac{\omega\, N \text{ bzw. } N}{n} = \frac{\pi}{16} d^3 k_d .$$

N = zu übertragende Leistung in PS, d = Wellendurchmesser in mm,
n = Tourenzahl pro Minute, k_d = zulässige Drehungsspannung in kg/cm².
ω = Vergrößerungsfaktor, bedingt durch zusätzliche Biegungsbeanspruchung.

$$\omega = \frac{\text{ideelles Drehmoment}}{\text{tatsächliches Drehmoment}} .$$

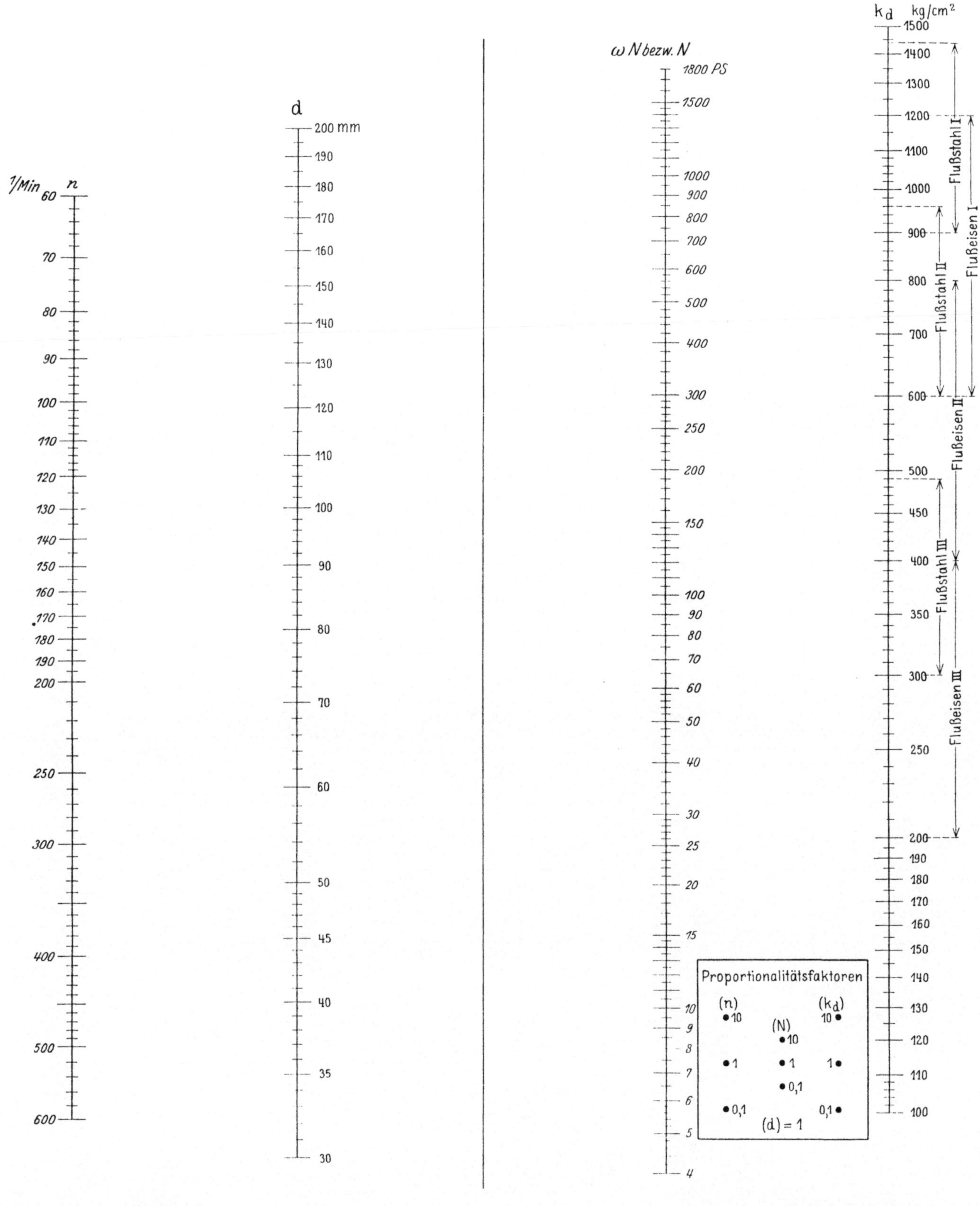

Einfluß des Achsenabstandes auf die Leistungsfähigkeit des Riemens.

D = Durchmesser der **größeren** Scheibe in mm,
e = Achsenabstand in cm,
ψ = Leistungsfähigkeit des Riemens in % im Verhältnis zu derjenigen bei normalem Achsenabstand.

Gültig nur für offene Triebe.

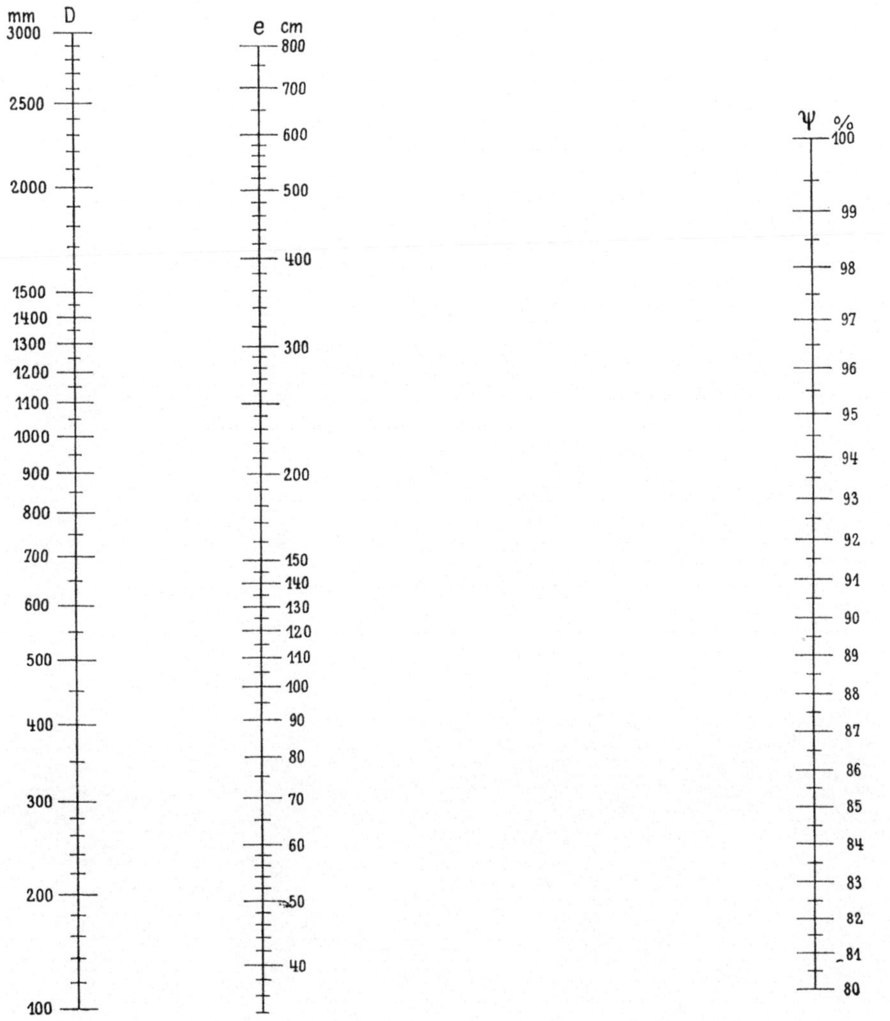

Leistung von runden Hanf- und Baumwoll-Transmissionsseilen bei der Seilbeanspruchung $K_z = 8$ kg/cm², Umschlingungswinkel $\alpha = 160^0$ und Verhältnis $\frac{D}{\delta}$ gleich 40 für Hanf-, 25 für Baumwollseile.

N = übertragbare Leistung in PS und kW, v = Seilgeschwindigkeit in m/sek,
δ = Seildurchmesser in mm, D = Durchmesser der **kleineren** Seilscheibe in mm.

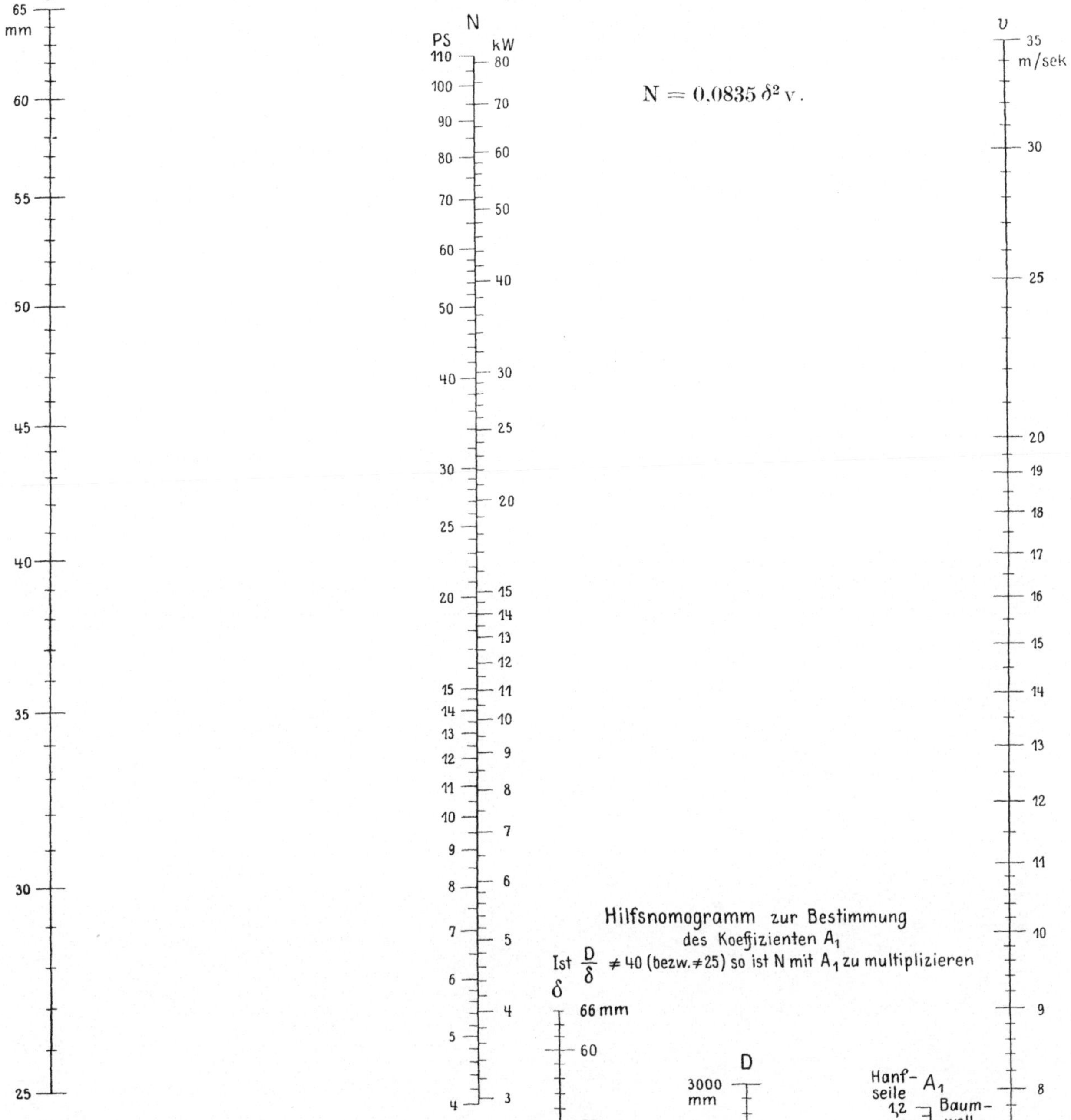

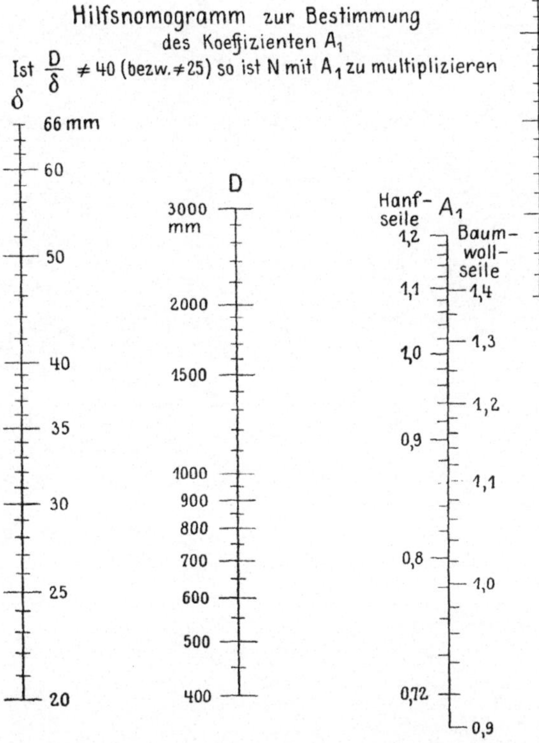

Ist $\alpha \neq 160^0$, so ist N mit A_2 zu multiplizieren:

$\alpha =$	140	145	150	155	160	165	170	175	180
$A_2 =$	0,86	0,89	0,93	0,96	1,00	1,04	1,07	1,11	1,15

Ist $K_z \neq 8$, so ist N mit $\frac{K_z}{8}$ zu multiplizieren.

 Verlag von Julius Springer in Berlin.

Bestimmung von K_m und τ aus bekannter Zusammensetzung des Brennstoffes.

$$\frac{H - O/8}{C + 0{,}37\,S} = \frac{20{,}9 - K_m}{2{,}373\,K_m} = \tau$$

H = Wasserstoffgehalt des Brennstoffes in % (Gewicht),
O = Sauerstoffgehalt ,, ,, ,, % ,,
C = Kohlenstoffgehalt ,, ,, ,, % ,,
S = Schwefelgehalt ,, ,, ,, % ,,
K_m = maximal möglicher Kohlensäuregehalt der Verbrennungsgase in % (Raum),
τ = charakteristische Brennstoffzahl.

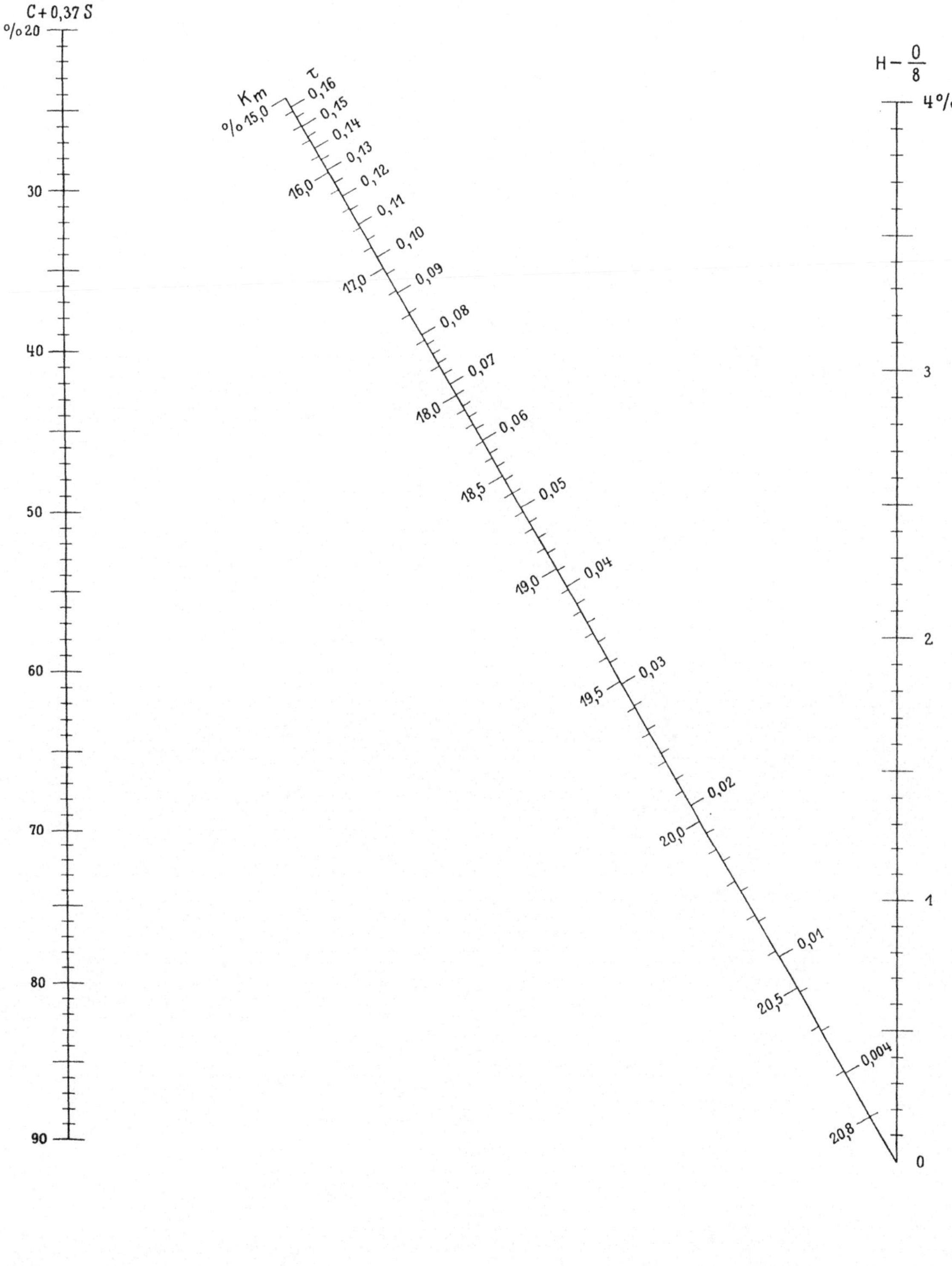

 Verlag von Julius Springer in Berlin.

Bestimmung der für die Verbrennung theoretisch nötigen Luftmenge aus der Zusammensetzung des Brennstoffes.

L = Luftmenge in m^3 von 0^0 und 760 mm für 1 kg Brennstoff,
C = Kohlenstoffgehalt des Brennstoffes in % (Gewicht),
τ = charakteristische Brennstoffzahl,
K_m = maximal möglicher Kohlensäuregehalt der Verbrennungsgase in % (Raum).

$$L = 0{,}089\,C\,(1 + 3\tau) = 0{,}02352\left(\frac{100}{K_m} - 1\right).$$

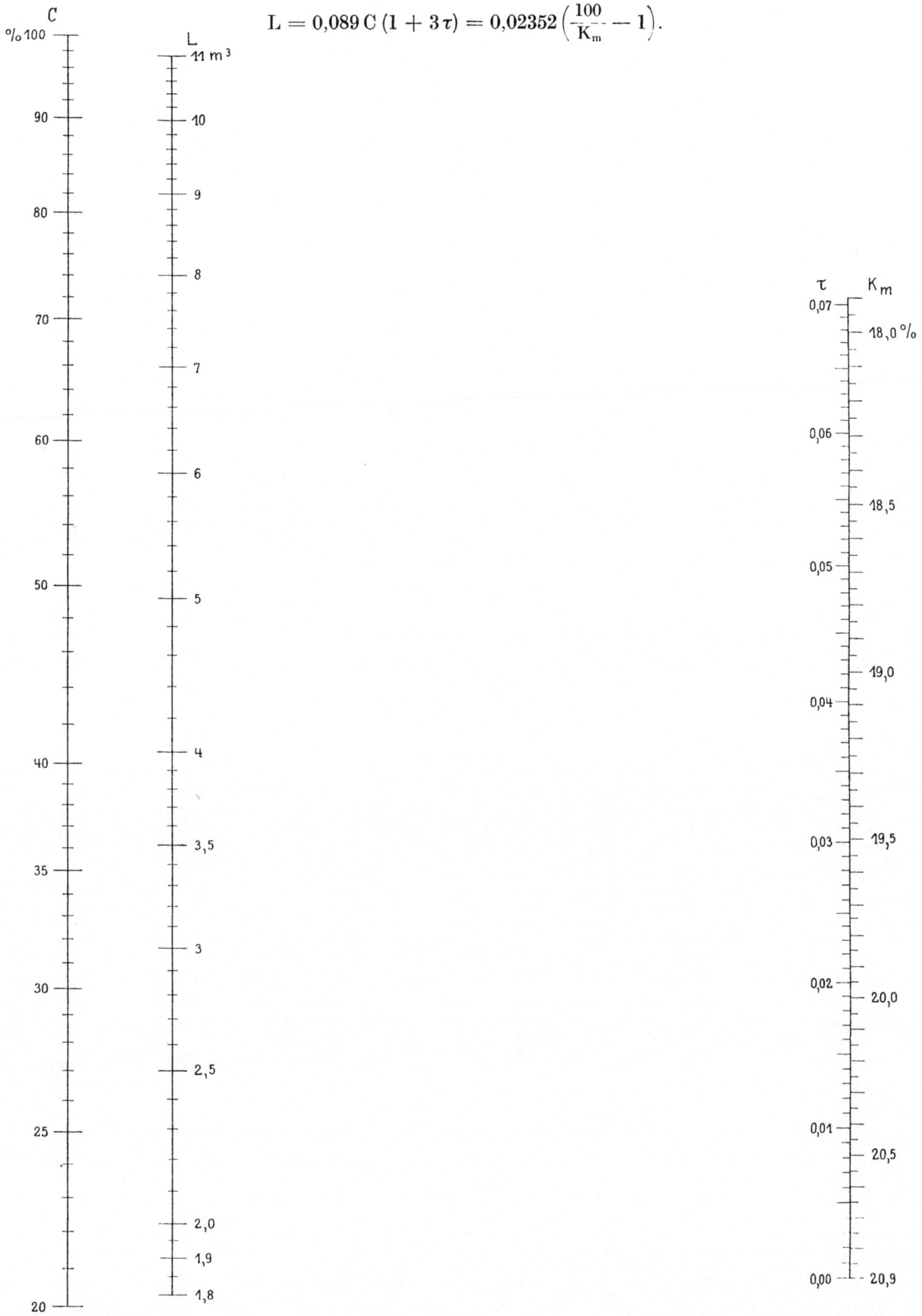

Verlag von Julius Springer in Berlin.

Beziehung zwischen dem Luftüberschußfaktor λ, dem Kohlensäuregehalt der Verbrennungsgase K in % (Raum) und dem höchsten Kohlensäuregehalt K_m in % bei vollkommener Verbrennung:

$$\lambda - 0{,}209 = 0{,}791 \frac{\frac{100}{K} - 1}{\frac{100}{K_m} - 1}.$$

Korrekturgröße λ'' bei unvollkommener Verbrennung

$$\lambda'' = 0{,}1045 \frac{k}{k + K}.$$

k = Kohlenoxydgehalt der Verbrennungsgase in % (Raum).

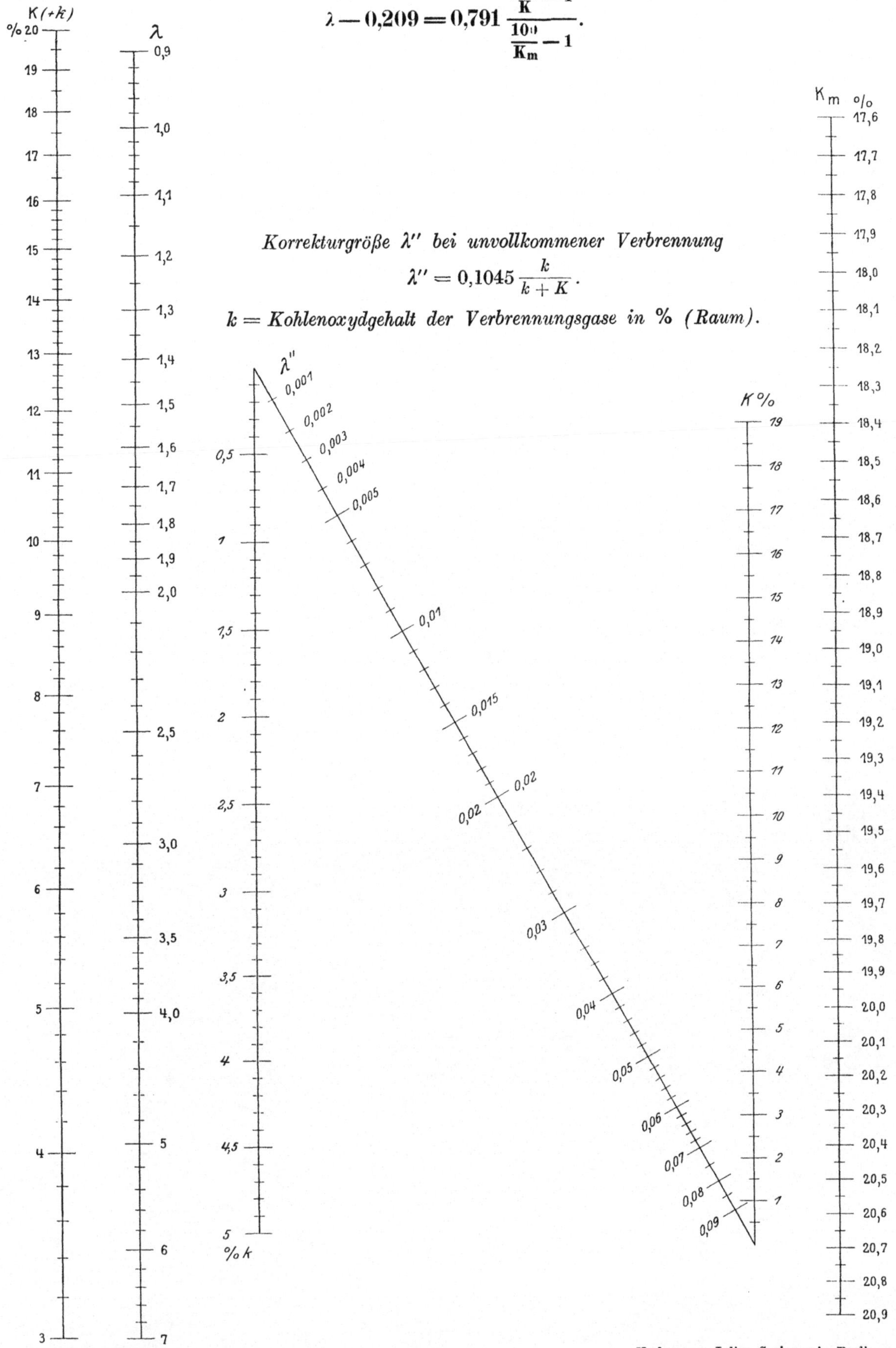

Verlag von Julius Springer in Berlin.

Beziehung zwischen der charakteristischen Brennstoffzahl τ bzw. dem maximal möglichen Kohlensäuregehalt der Rauchgase K_m in (Raum-) %, dem Kohlensäuregehalt der Rauchgase K in (Raum-) %, *dem Kohlenoxydgehalt der Rauchgase k in (Raum-)* % und dem Sauerstoffgehalt der Rauchgase O in (Raum-) %.

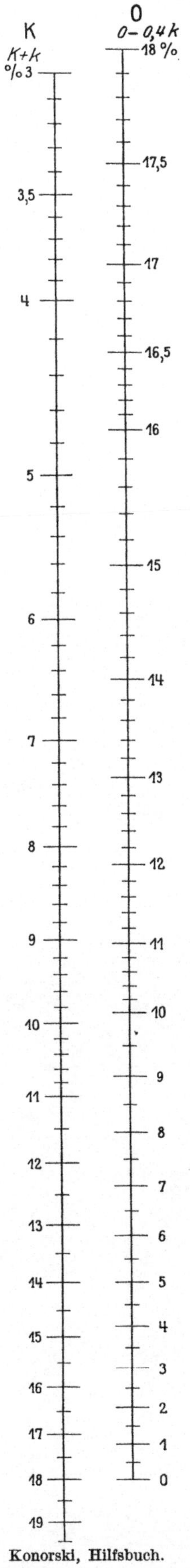

Bei vollkommener Verbrennung:

$$20{,}9 - O = K\,(1 + 2{,}373\,\tau) = 20{,}9\,\frac{K}{K_m}.$$

Bei unvollkommener Verbrennung:

$$20{,}9 - (O - 0{,}4\,k) = (K + k)\,(1 + 2{,}373\,\tau) = 20{,}9\,\frac{K + k}{K_m}.$$

$$\beta = \frac{1}{0{,}6 + 2{,}373\,\tau}.$$

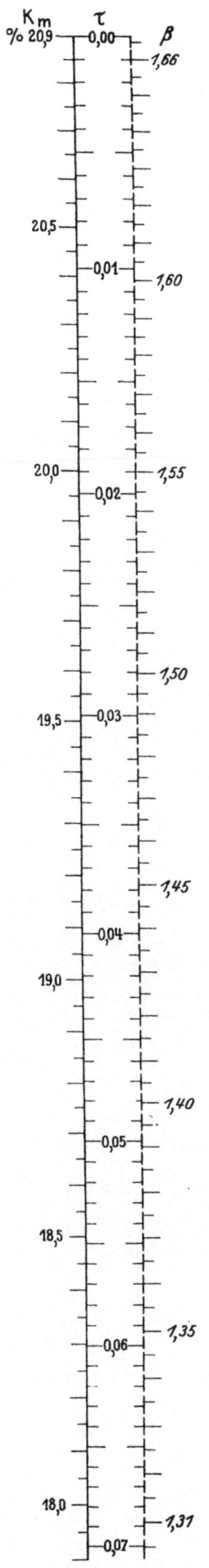

Verlag von Julius Springer in Berlin.

Beziehung zwischen dem Sauerstoffgehalt der Rauchgase O in %, dem Kohlensäuregehalt der Rauchgase K in % und dem Luftüberschußfaktor λ bei vollkommener Verbrennung:

$$O\,\frac{\lambda-0{,}209}{\lambda-1}=0{,}209\,(100-K).$$

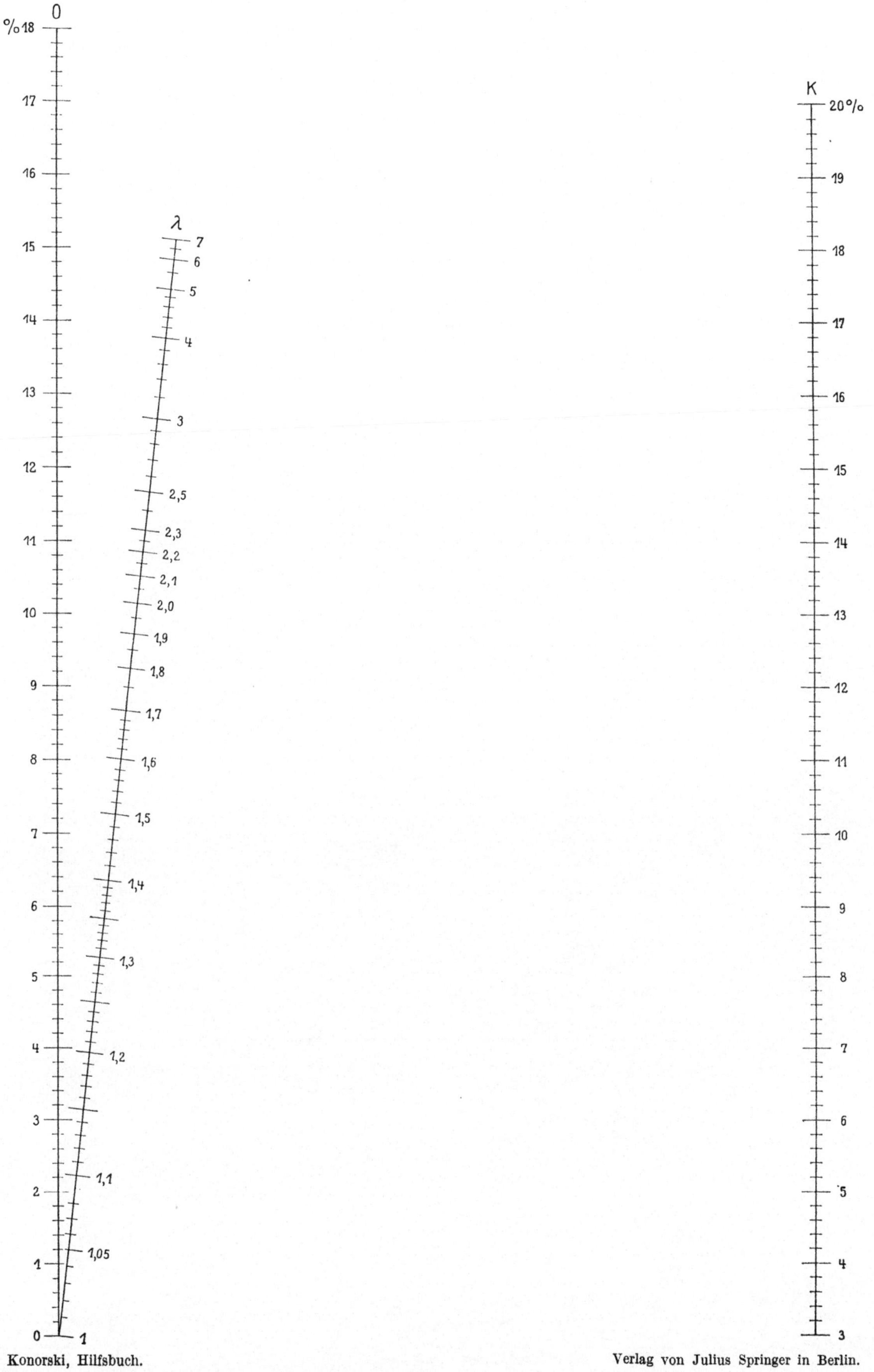

Angenäherte Bestimmung der trockenen Verbrennungsgasmenge Q in m³ von 0° und 760 mm für 1 kg Brennstoff.

$$Q = 1{,}865\,\frac{C}{K}; \quad Q = 0{,}0011\,H\lambda.$$

H = Heizwert (Kal.),
K = Kohlensäuregehalt der Rauchgase in % (Raum),
λ = Luftüberschußfaktor,
C = Kohlenstoffgehalt des Brennstoffes in % (Gewicht).

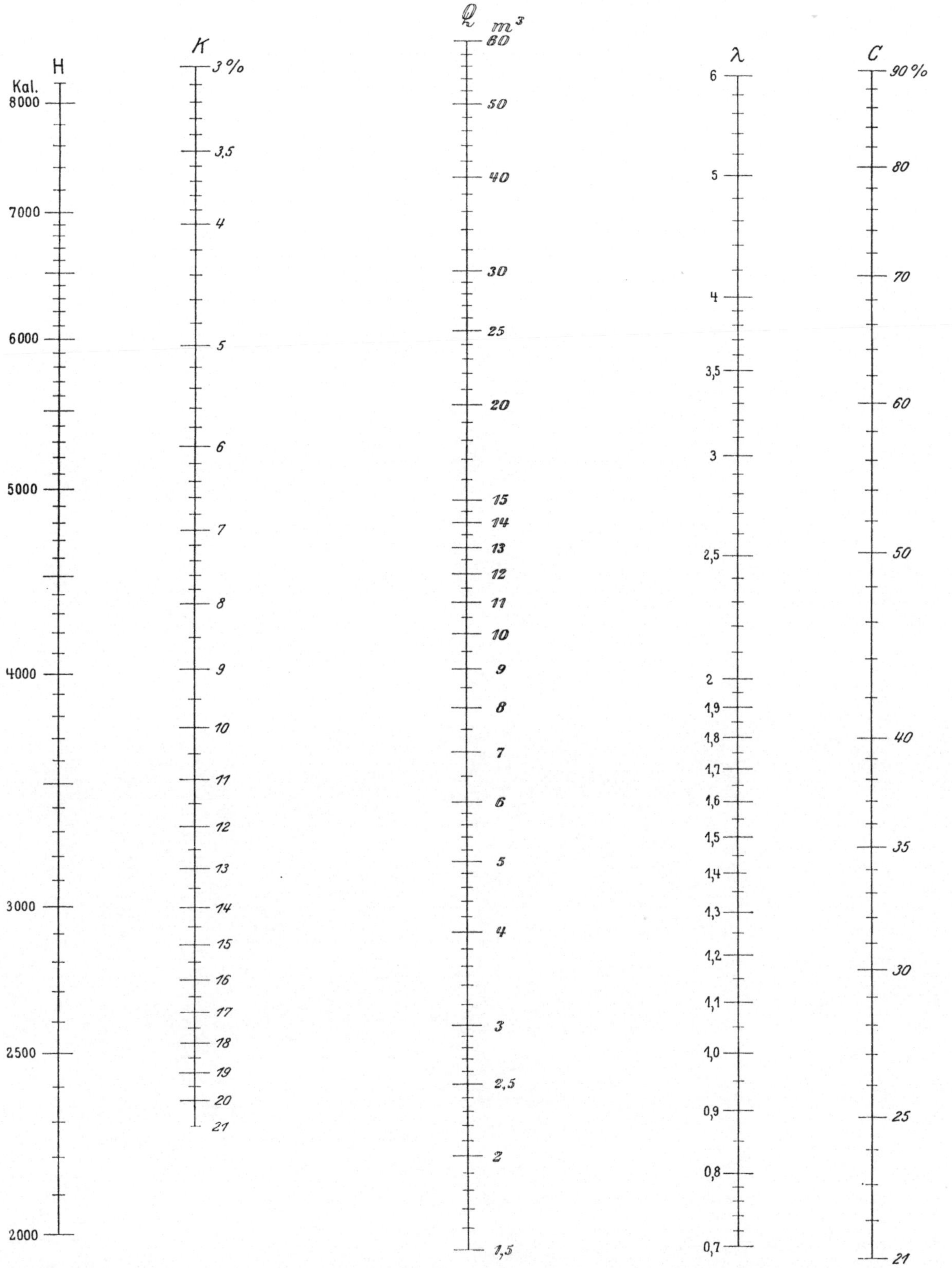

Verlag von Julius Springer in Berlin.

Bestimmung des oberen Heizwertes H_0' nach der Verbandsformel

$$H' = 81\,(C + 0{,}31\,S) + 290\left(H - \frac{O}{8}\right).$$

C = Kohlenstoffgehalt des Brennstoffes in % (Gewicht),
S = Schwefelstoffgehalt des Brennstoffes in % (Gewicht),
H = Wasserstoffgehalt des Brennstoffes in % (Gewicht),
O = Sauerstoffgehalt des Brennstoffes in % (Gewicht).

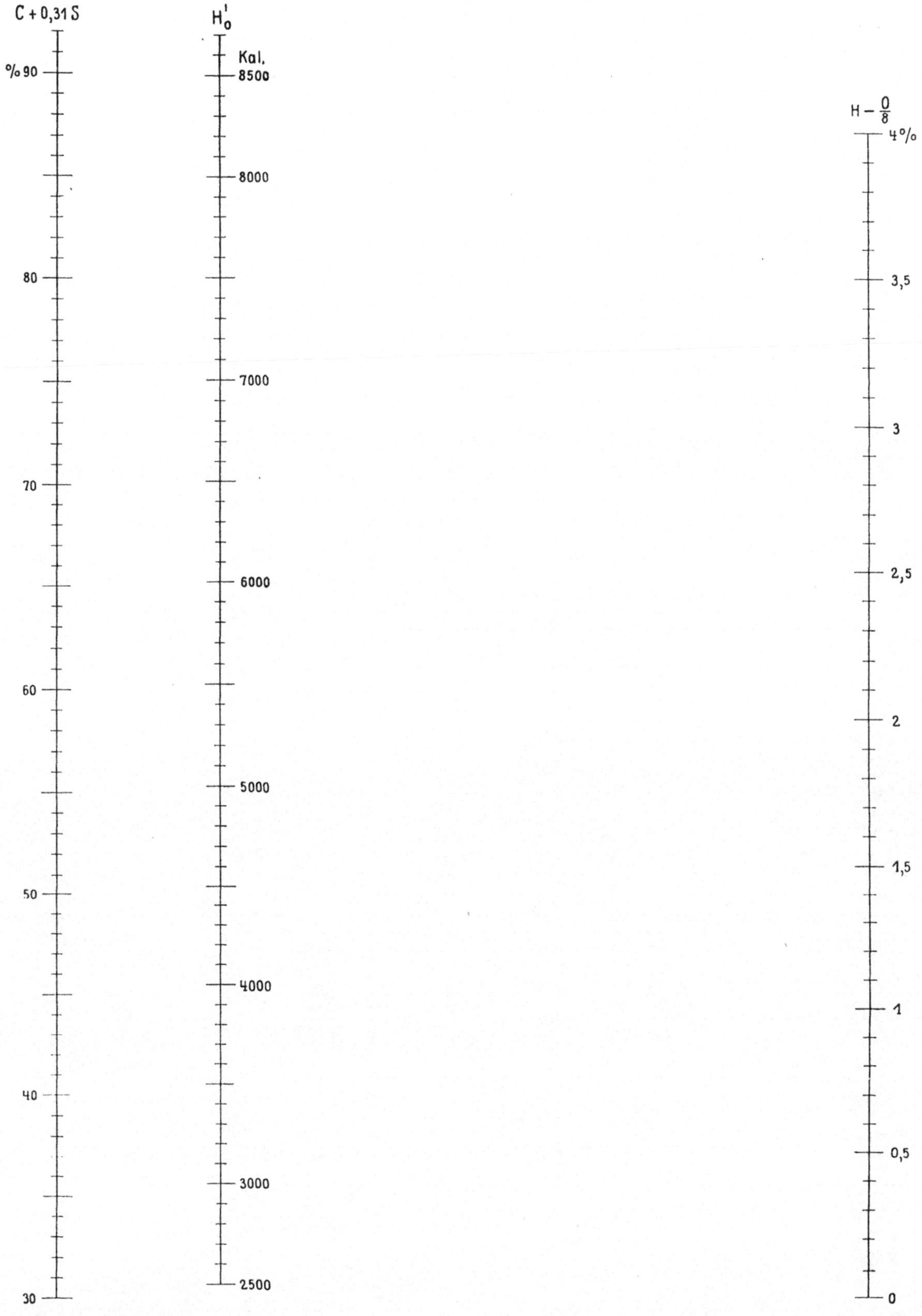

 Verlag von Julius Springer in Berlin.

Wirkungsgrad von Dampfkesselanlagen.

λ = Erzeugungswärme in kcal, H = Heizwert des Brennstoffes in kcal,
η = Wirkungsgrad in %, x = Brutto-Verdampfungsziffer.

$$H\eta = 100\,x\lambda;\quad x_n = \frac{x\lambda}{639{,}4};\quad \eta = 63940\,\frac{x_n}{H}.$$

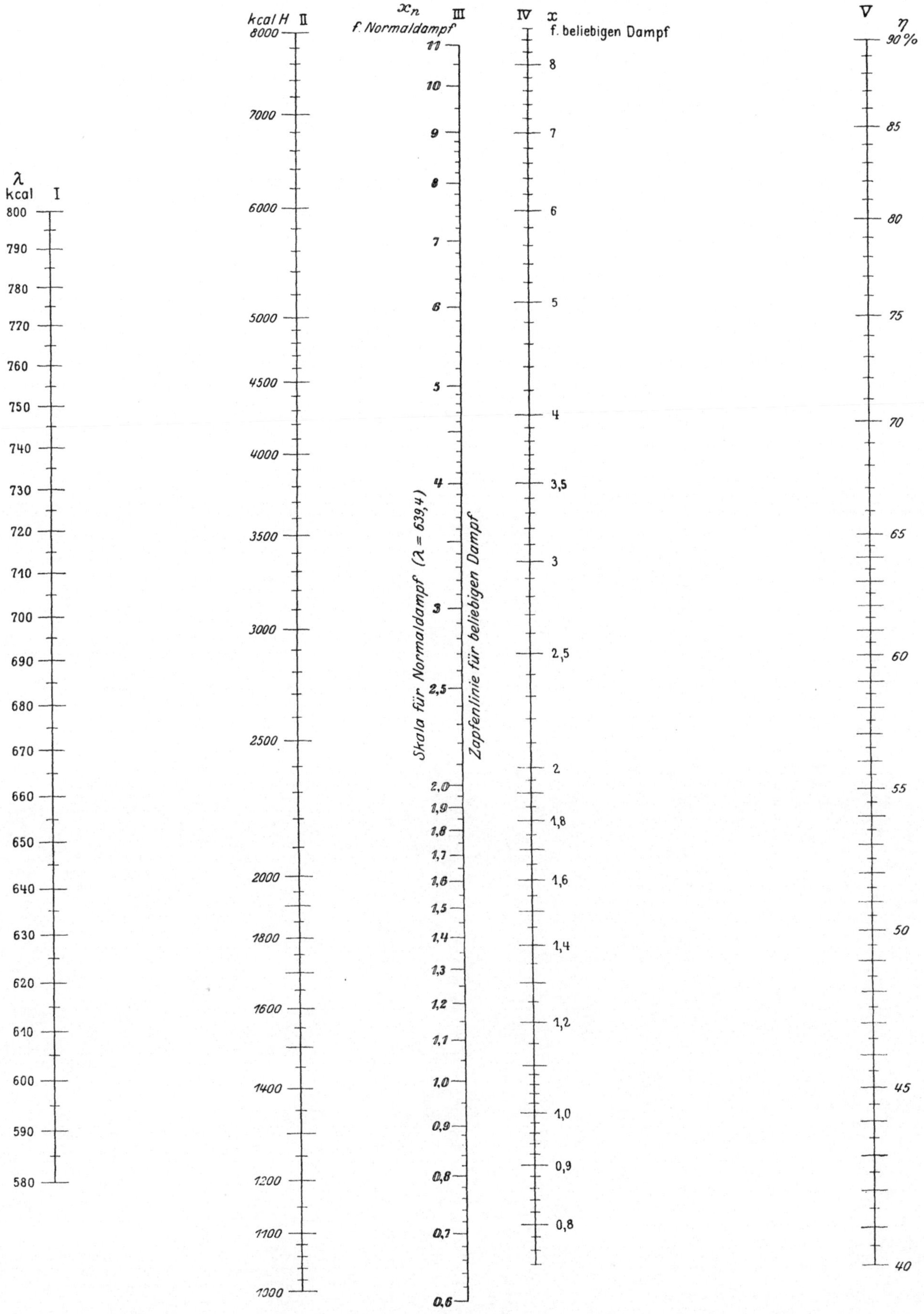

Wärmeverlust im Kessel durch fühlbare Wärme der Abgase in % des Heizwertes

$$V_t = 0{,}65 \frac{T - t}{K + k + 0{,}33}.$$

V_t = Wärmeverlust in %,
K = Kohlensäuregehalt der Rauchgase in %, T = Temperatur der Rauchgase in °C,
k = Kohlenoxydgasgehalt der Rauchgase in %, t = Temperatur der Außenluft in °C.

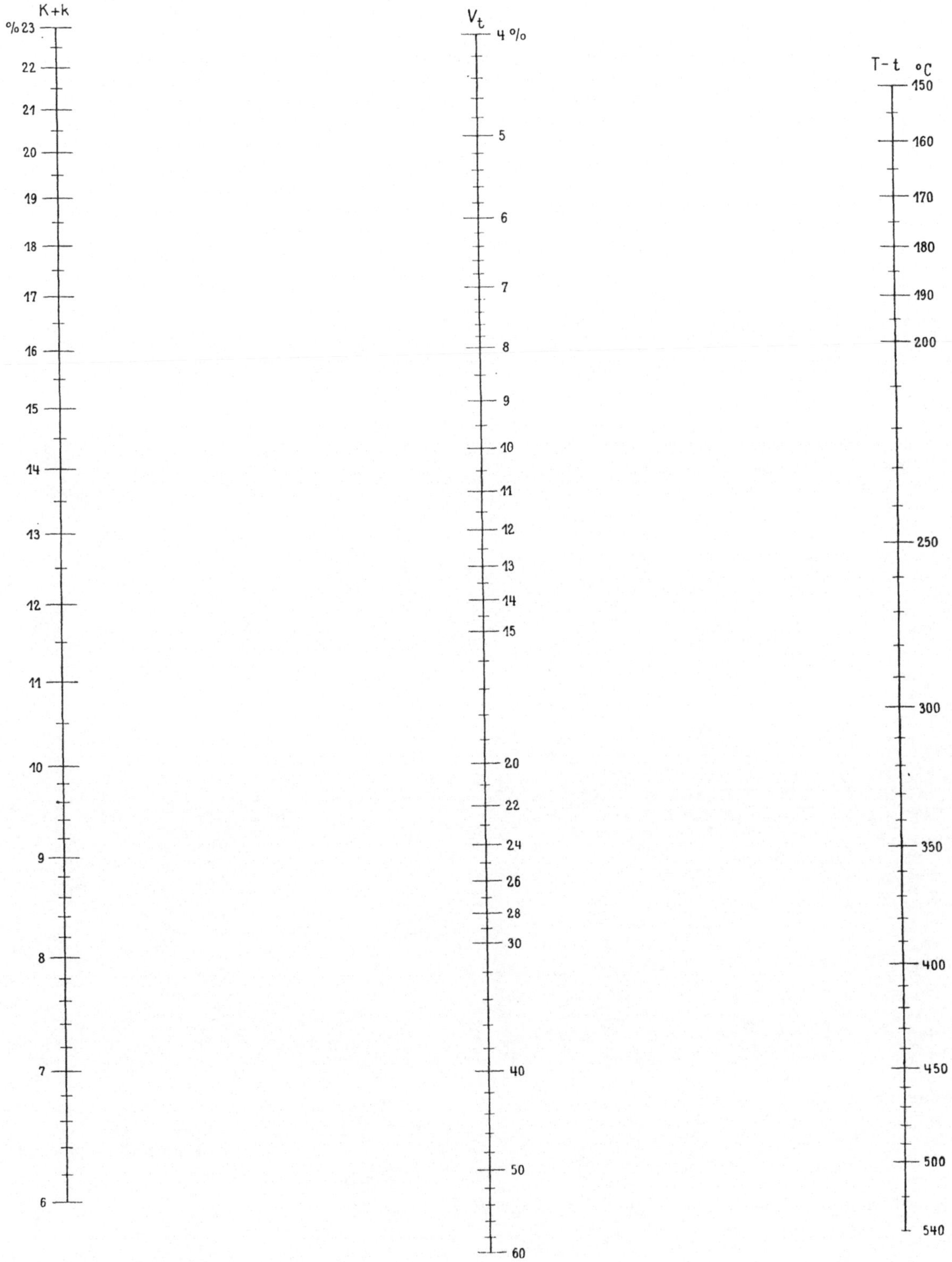

Wärmeverlust im Kessel durch fühlbare Wärme der Abgase in % des Heizwertes

$$V = 61{,}0 \cdot \frac{\vartheta - t}{K + k + 0{,}33}$$

V = Wärmeverlust in %

K = Kohlensäuregehalt der Rauchgase in % ϑ = Temperatur der Rauchgase in °C

k = Kohlenoxydgehalt der Rauchgase in % t = Temperatur der Außenluft in °C

Wärmeverlust im Kessel durch unverbrannte Gase in % des Heizwertes.

$$V_k = \frac{70\,k}{K + k}.$$

V_k = Wärmeverlust in %,
K = Kohlensäuregehalt der Rauchgase in %,
k = Kohlenoxydgasgehalt der Rauchgase in %.

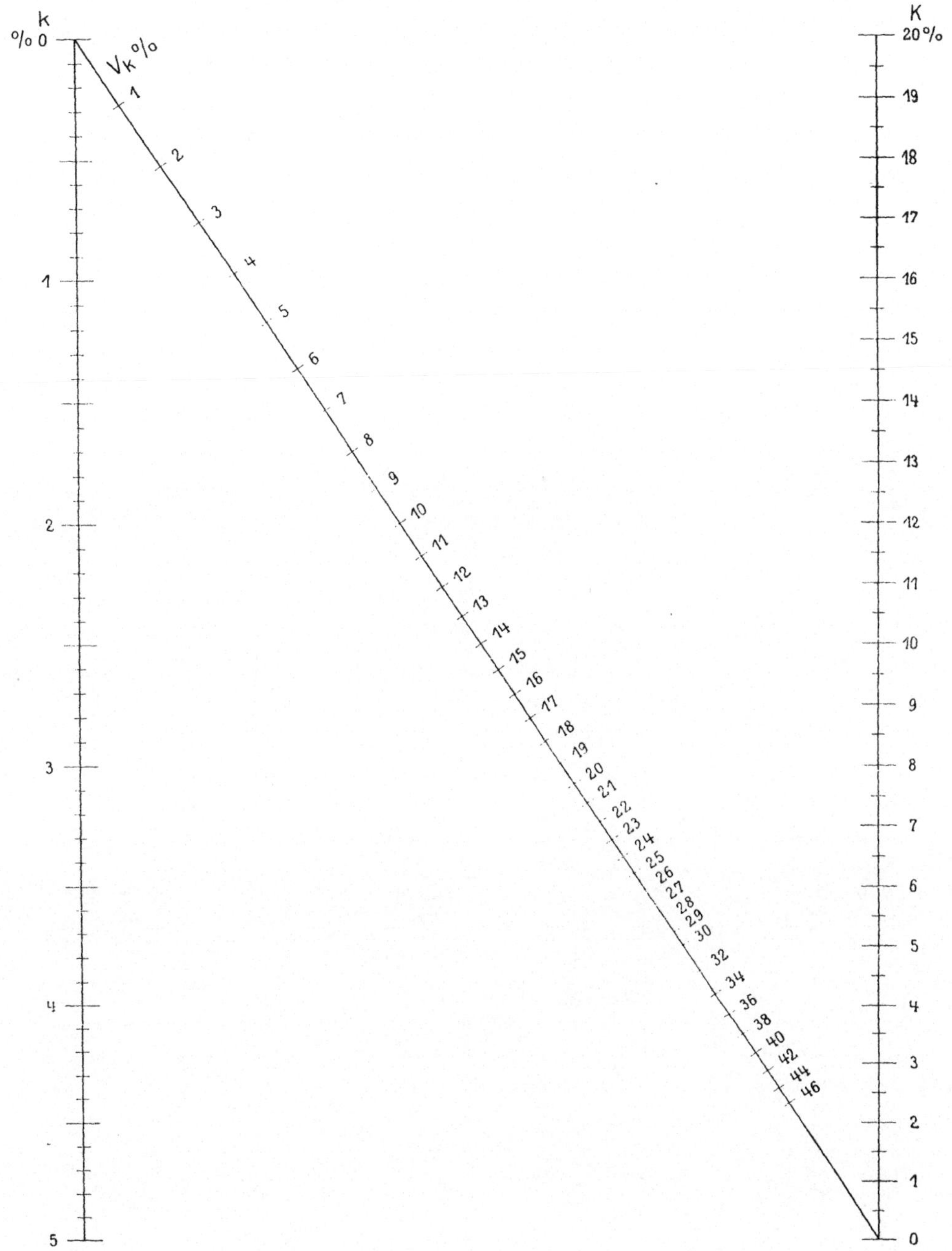

Wärmeverlust im Kessel durch Ruß und Flugteile.

$$V_f = 0{,}891\, f\lambda.$$

V_f = Wärmeverlust in % des Heizwertes,
λ = Luftüberschußfaktor,
f = Koeffizient, von der Rauchbeschaffenheit abhängig.

Rauch tiefschwarz: f = 4,
,, sehr dunkel, flockig: f = 3,
,, dunkel: f = 2,
,, mittelhell: f = 1.

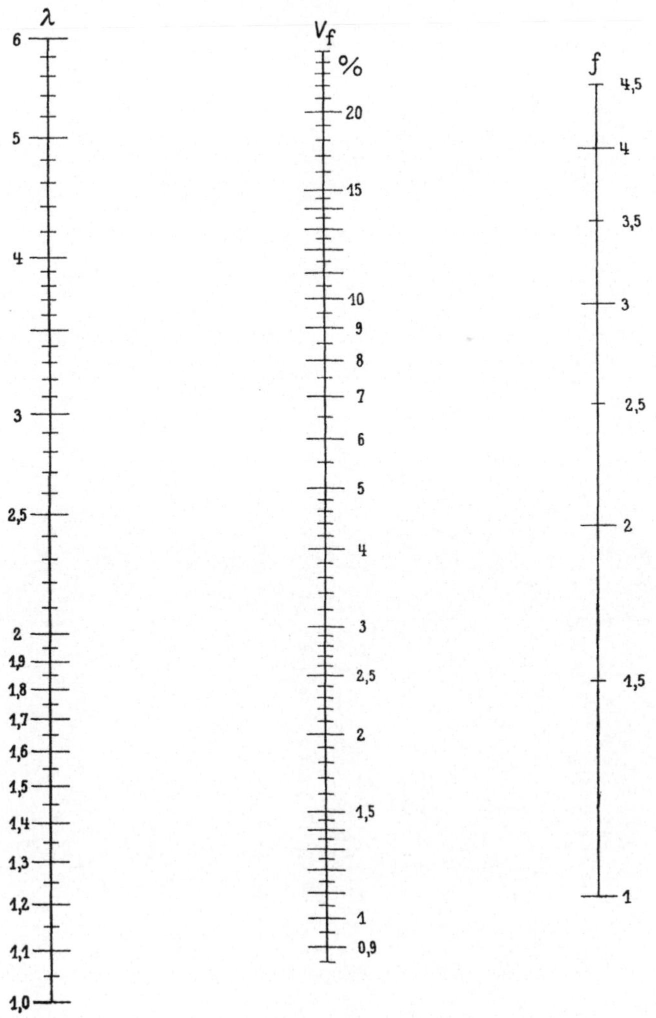

Bestimmung der Temperatur der aus dem Schornstein entweichenden Gase.

t_l = Temperatur der Außenluft in °C,
t_e = Temperatur der in den Schornstein eintretenden Gase in °C,
t_a = Temperatur der aus dem Schornstein austretenden Gase in °C,
φ = Koeffizient, abhängig von den Daten des Schornsteines und des Verbrennungszustandes,
H = Schornsteinhöhe in m, B = stündlich verbrauchte Brennstoffmenge in kg,
G = Verbrennungsgasmenge für 1 kg Brennstoff in m³ bei 0° C und 760 mm Barometer,
D_o = Schornsteindurchmesser oben in m, D_u = Schornsteindurchmesser unten in m.

$$\frac{t_e - t_l}{t_a - t_l} = \frac{0{,}274\,\varphi - 1}{0{,}274\,\varphi + 1} \qquad \varphi = \frac{G\,B}{H\,(D_o + D_u)}$$

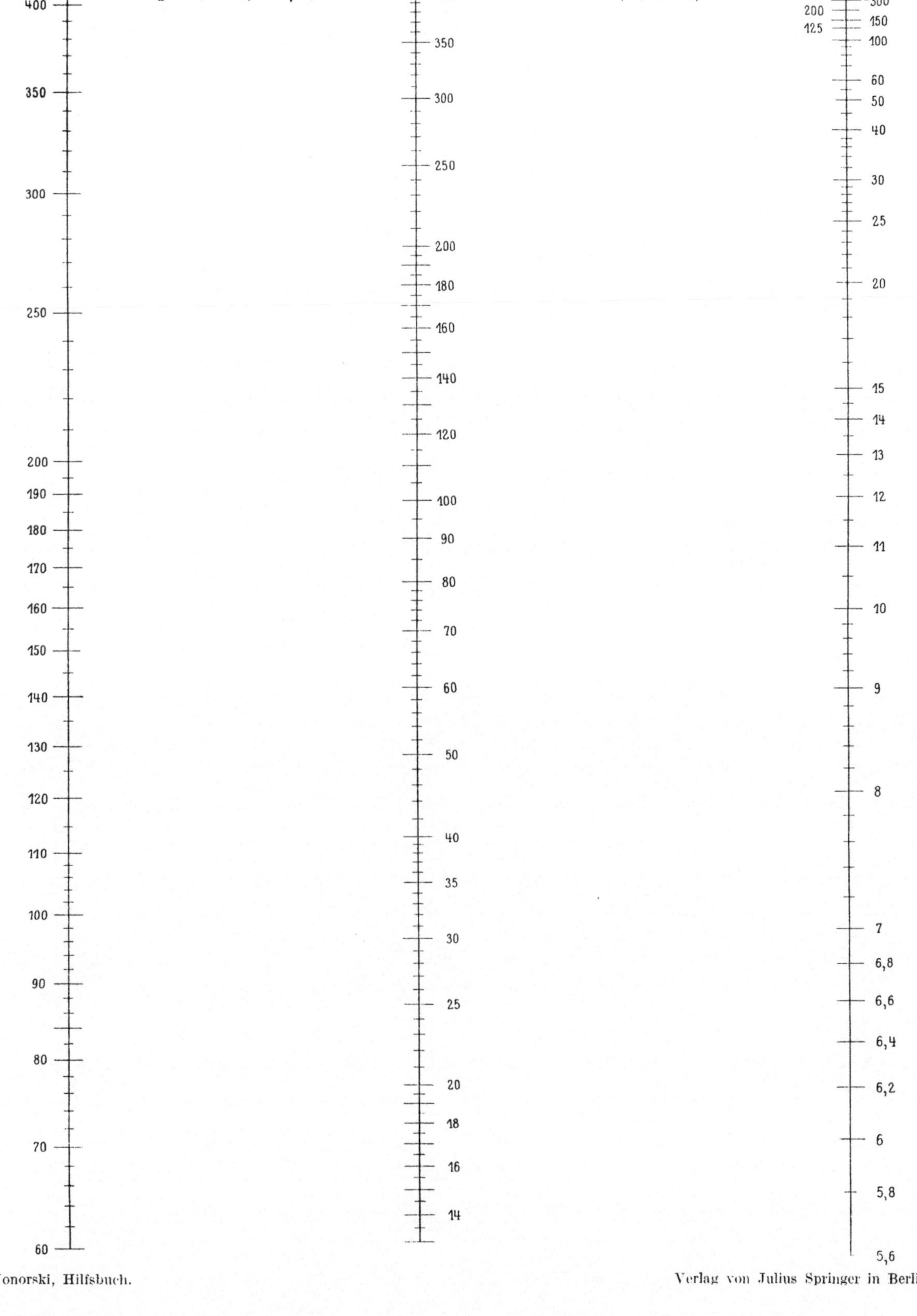

Statische Zugstärke des Schornsteines (am Schornsteinfuße).

Z = Zugstärke bei geschlossenem Schieber in mm Wassersäule, H = Schornsteinhöhe in m,
$\frac{Z}{H}$ = Zugstärke in mm WS für 1 m Schornsteinhöhe,
t_l = Temperatur der Außenluft in °C, t_m = mittl. Temperatur der Verbrennungsgase in °C.

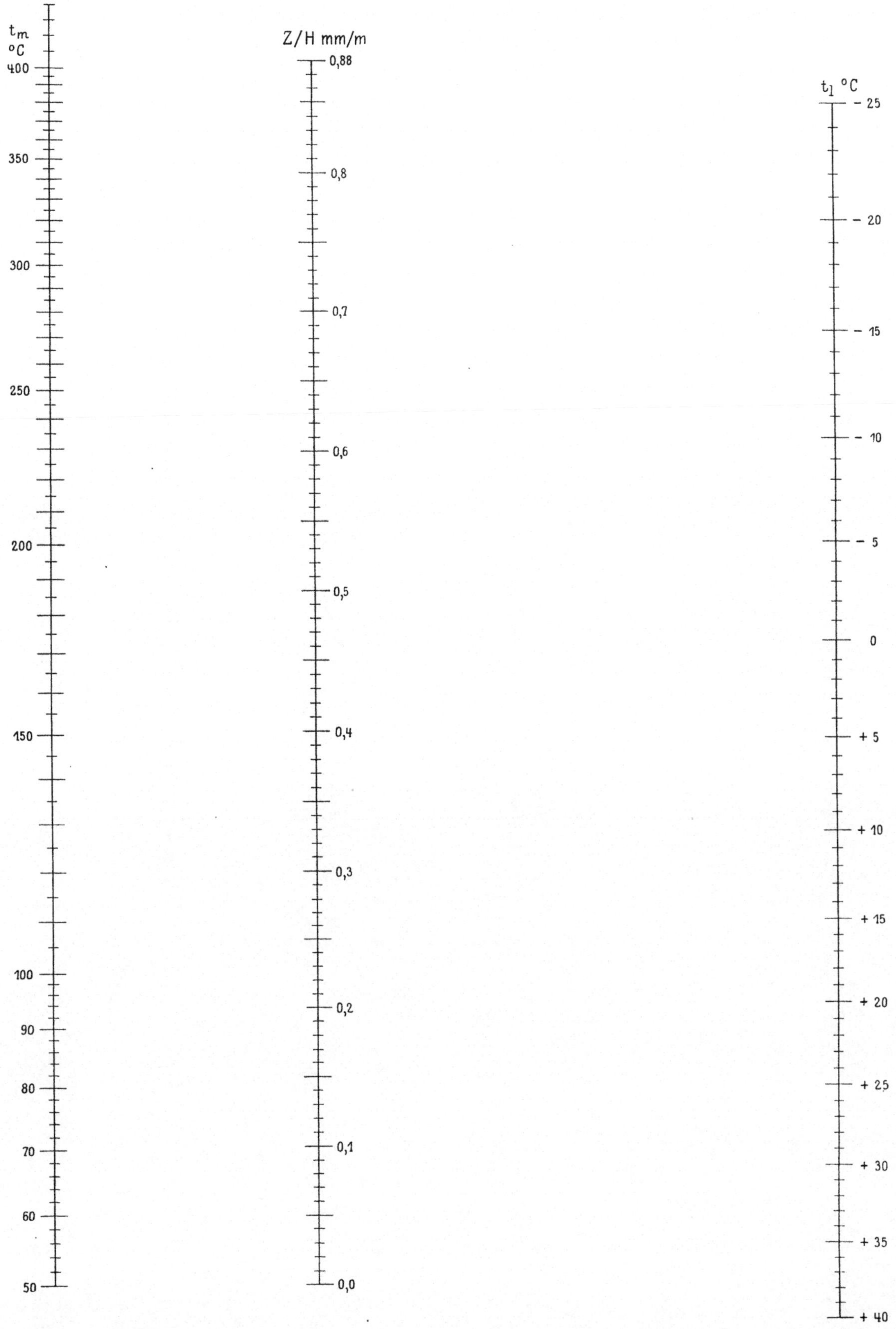

Zugverlust im Schornstein durch Reibung.

D_m = mittl. Schornsteindurchmesser in m, H = Schornsteinhöhe in m,

Z_R = Zugverlust durch Reibung in mm, $\frac{Z_R}{H}$ = Zugverlust für 1 m Schornsteinhöhe,

v_m = mittl. Geschwindigkeit der Gase in m/sek, t_m = mittl. Temperatur der Gase in °C.

$$\frac{Z_R}{H} = 0{,}142 \frac{v_m^{1,851}}{D_m^{1,269}\,(t_m + 273)^{0,851}}.$$

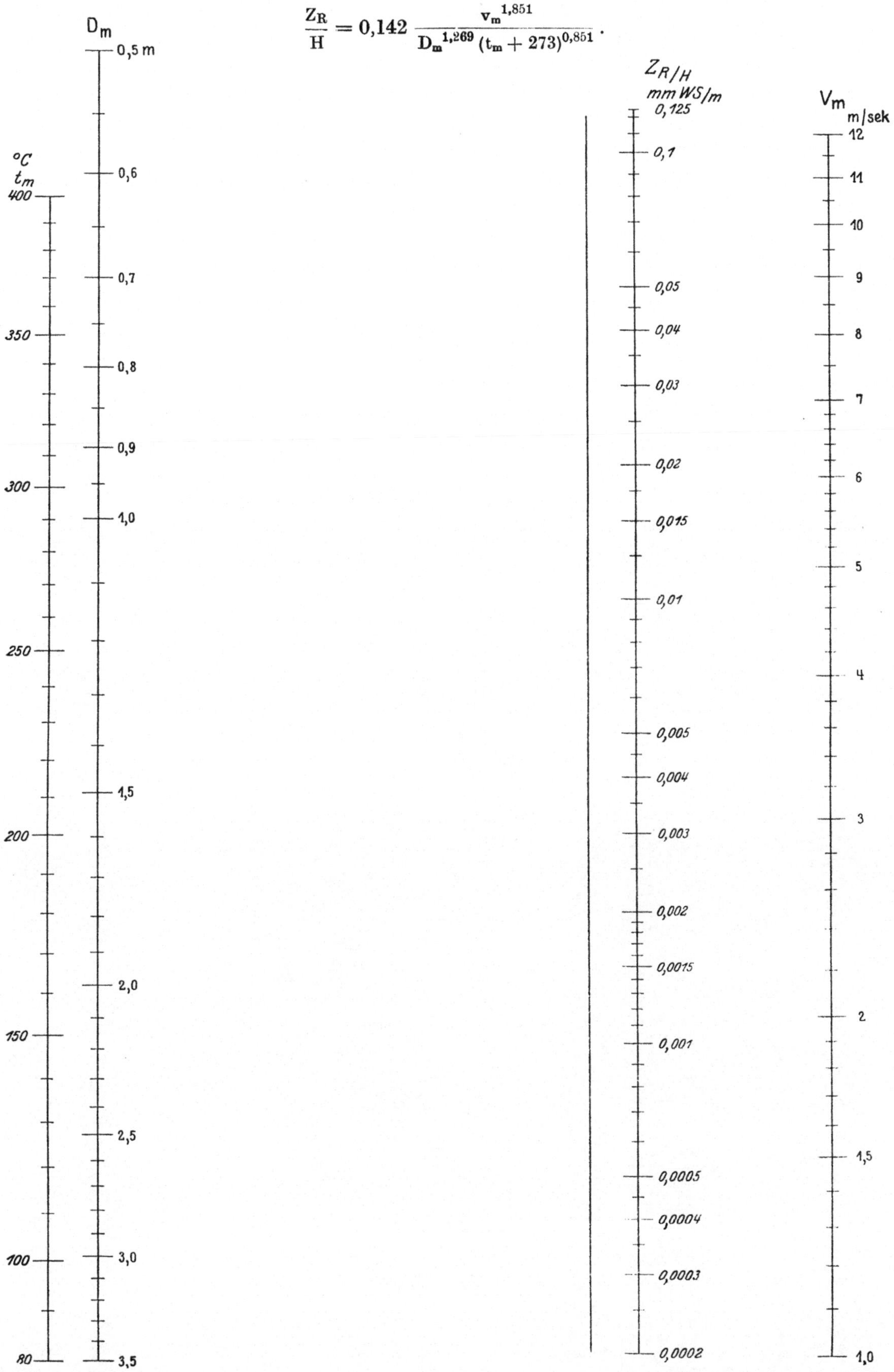

Bestimmung der Beleuchtungsstärke.

$$E = \frac{J_\alpha}{A}\psi.$$

Bezeichnungen s. S. 90.

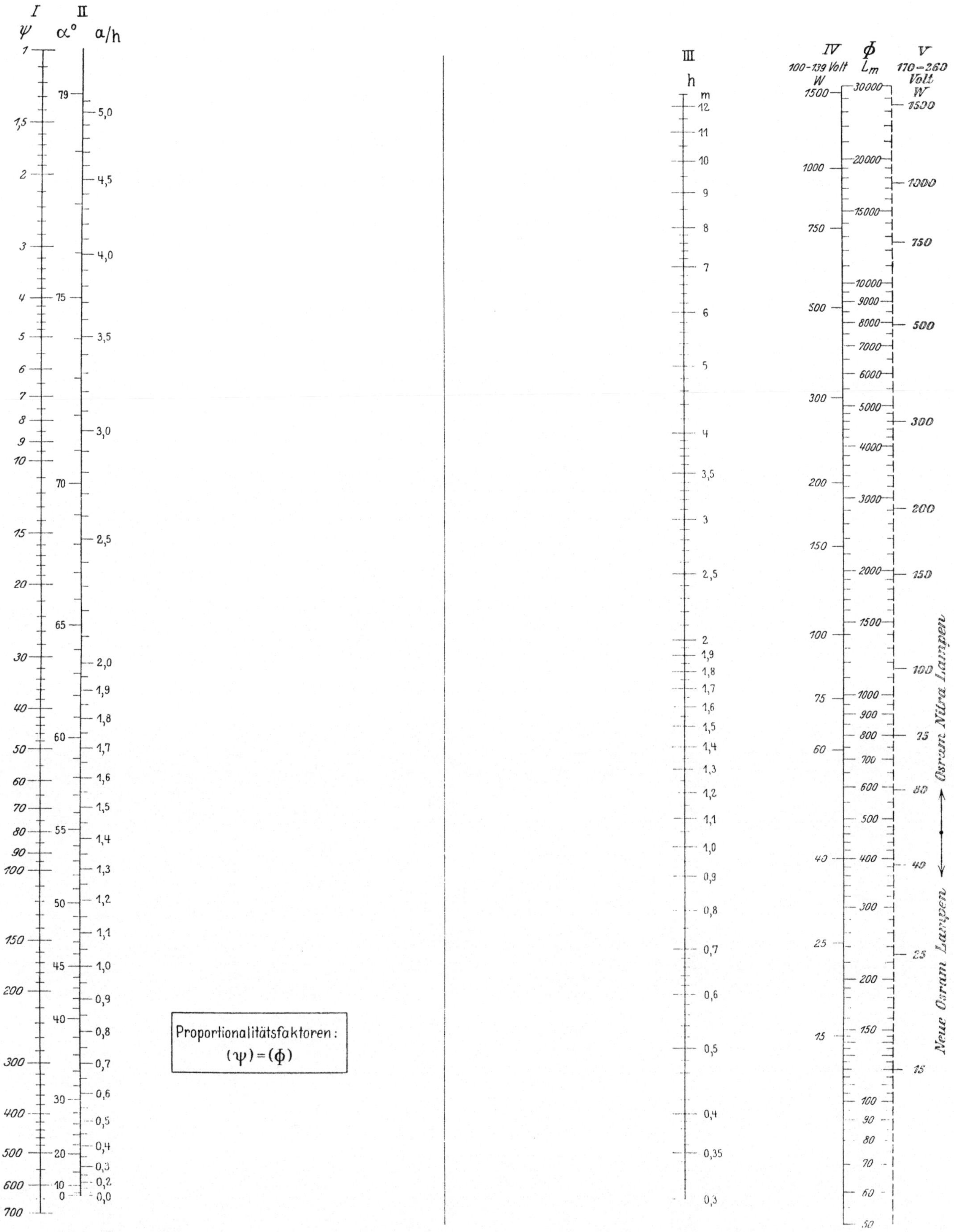

Verlag von Julius Springer in Berlin.

Bestimmung der mittleren Beleuchtungsstärke E_m nach der Wirkungsgradmethode.

$$z \Phi \eta = 100 E_m F.$$

Φ = Lichtstrom einer Lampe (Hefner). z = Lampenanzahl. η = Wirkungsgrad der Beleuchtung in %. F = beleuchtete horizontale Fläche in m².

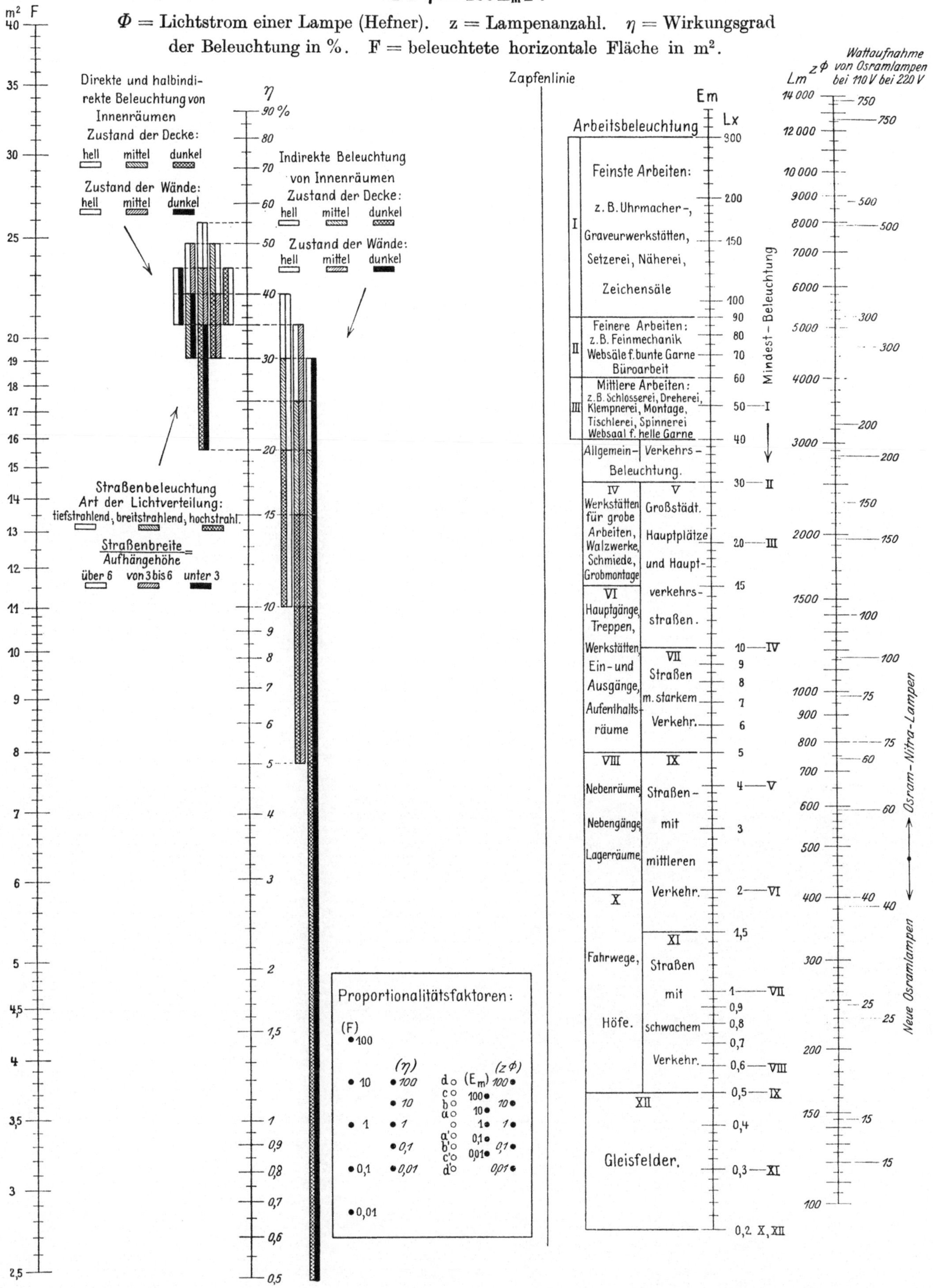

Bestimmung der mittleren Beleuchtungsstärke E_m nach der Wirkungsgradmethode

Elektrischer Widerstand R (Ohm) eines 100 m langen Leiters mit spez. Widerstand σ $\left(\text{in } \frac{\Omega \cdot \text{mm}^2}{\text{m}}\right)$ bzw. eines Kupferleiters von 1 m Länge.

q = Leiterquerschnitt in mm^2,
d = Leiterdurchmesser in mm bei kreisförmigem Querschnitt.

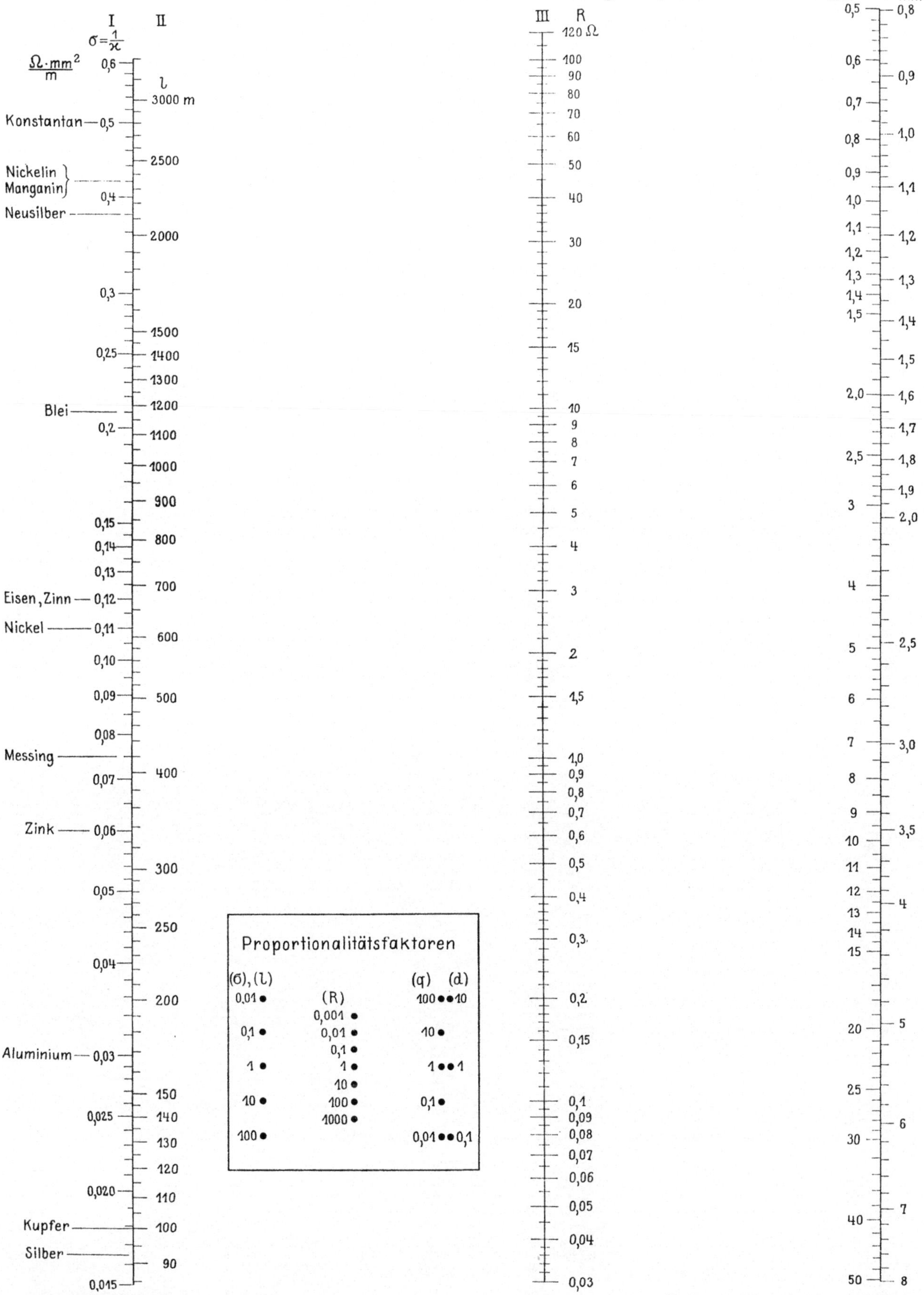

Elektrische Kreise mit Ohmschem Widerstand.

E = Klemmenspannung in Volt, N = Leistung in kW bzw. Watt,
I = Stromstärke in Amp., R = Widerstand in Ω (Ohm).

$N = E \cdot I; \quad E = I \cdot R; \quad N = I^2 R; \quad N = \frac{E^2}{R}$

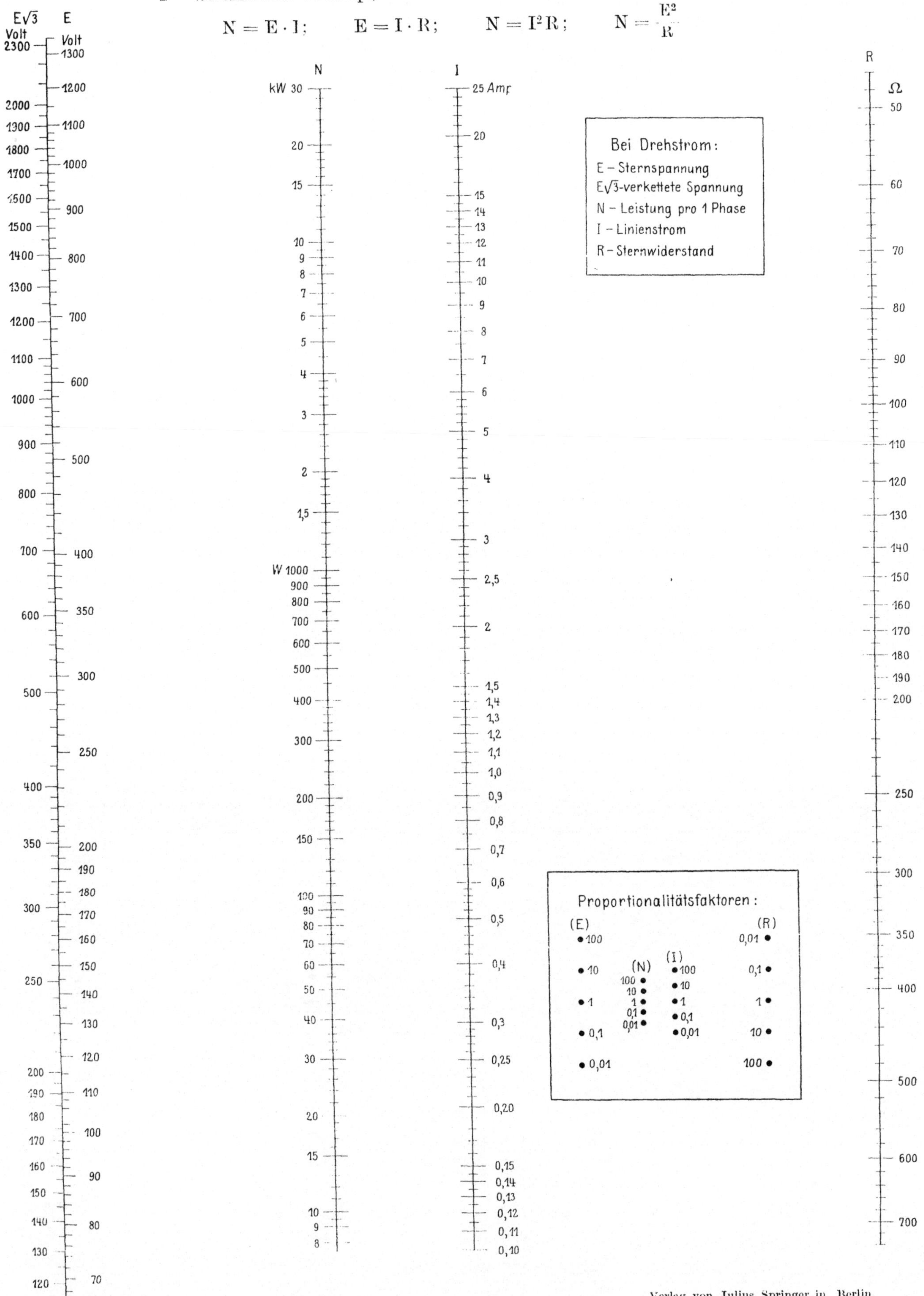

Konorski, Hilfsbuch.

Verlag von Julius Springer in Berlin.

Temperaturerhöhung der Kupferwicklungen in Abhängigkeit von der Widerstandserhöhung.

t = Temperatur der Wicklung im warmen Zustand in °C,

t_1 = Temperatur der Wicklung im kalten Zustand in °C,

R_t = elektr. Widerstand der Wicklung bei der Temperatur t °C,

R_{t_1} = elektr. Widerstand der Wicklung bei der Temperatur t_1 °C.

$$t - t_1 = \frac{R_t - R_{t_1}}{R_{t_1}}(235 + t_1) = (\varrho - 1)(235 + t_1)$$

$$\varrho = \frac{R_t}{R_{t_1}}.$$

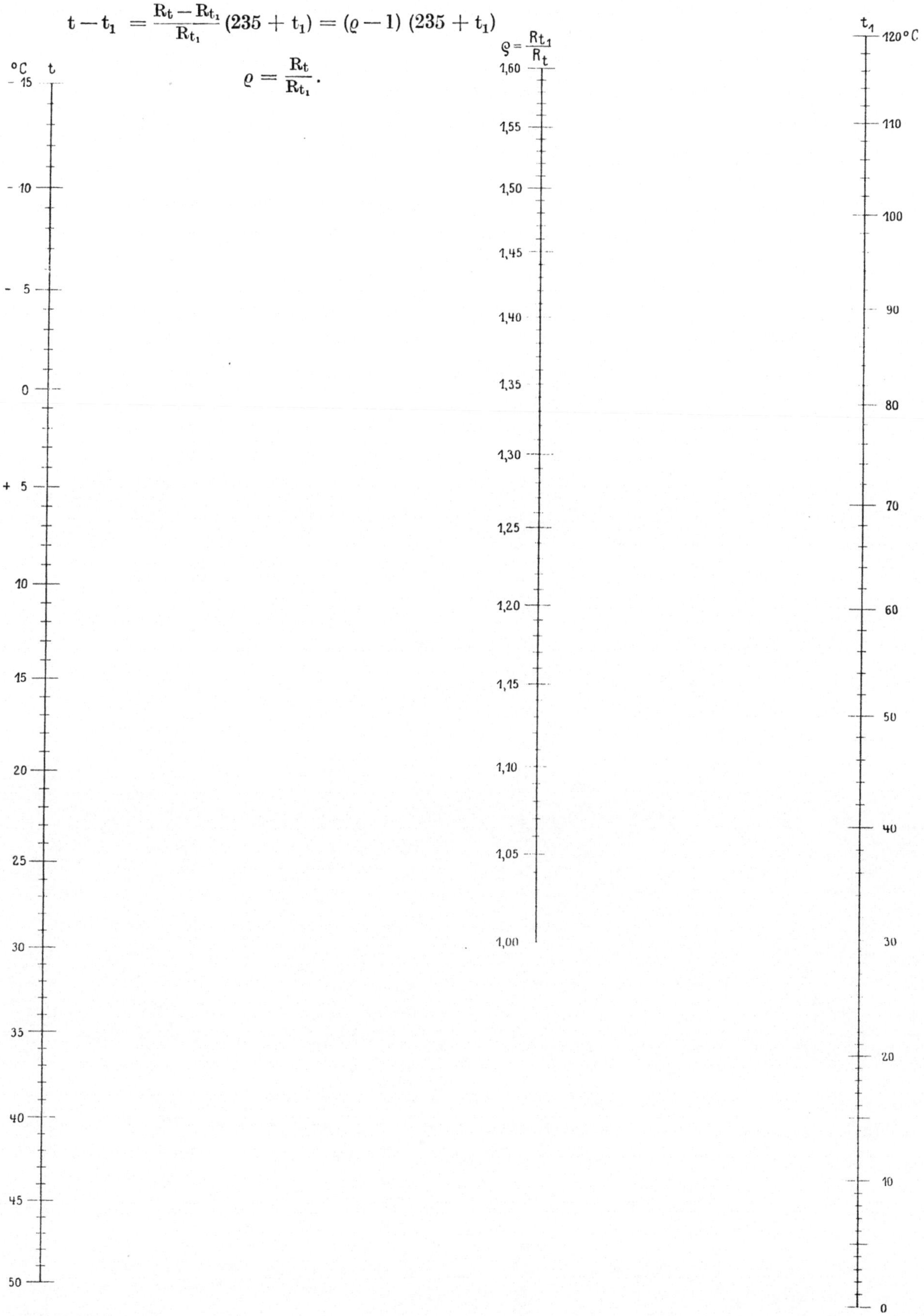

Kupferquerschnitt und Sicherung in der Zuleitung von Drehstrommotoren mit Schleifringanker

und von Gleichstrommotoren mit Anlasser.

E, E = Klemmenspannung des Motors in Volt (bei Drehstrom verkettete Spannung),
N, N = Leistungsabgabe des Motors in kW und PS,
F = Querschnitt der Kupferzuleitung in mm², und zwar für
I. Anlauf unter Vollast,
II. Anlauf unter halber Last.
(Die größer angeschriebenen Zahlen bedeuten die Normalquerschnitte.)

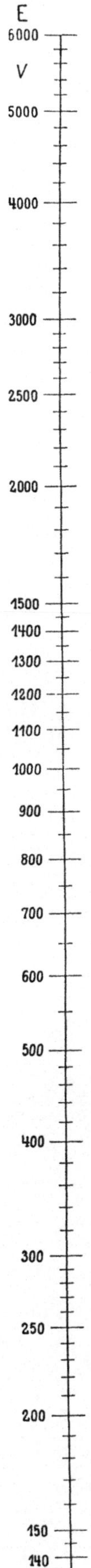

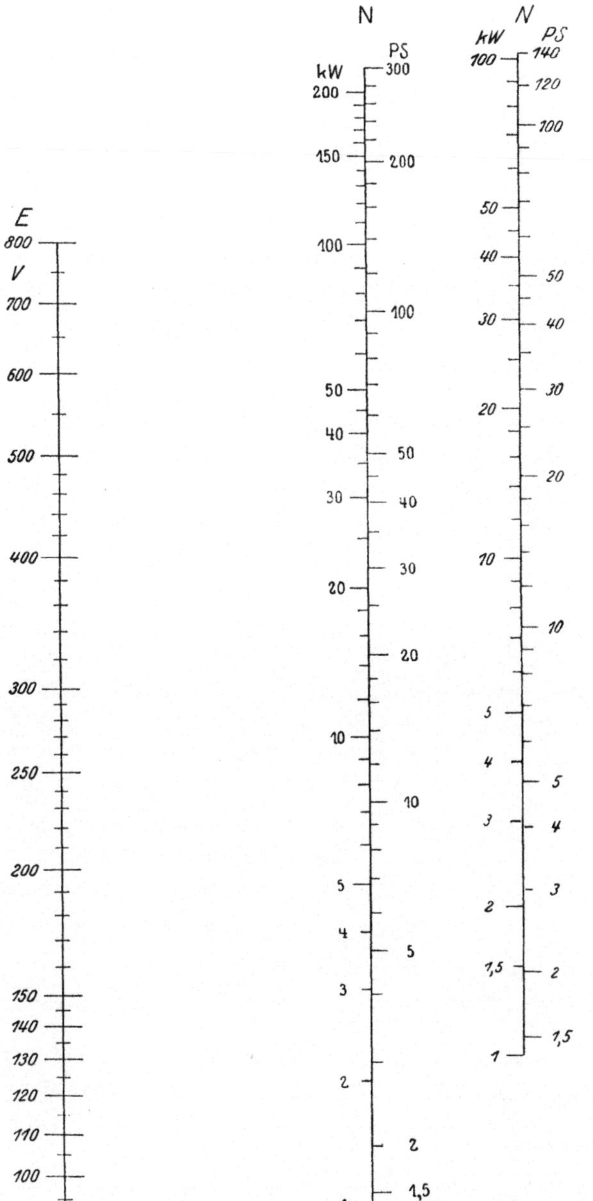

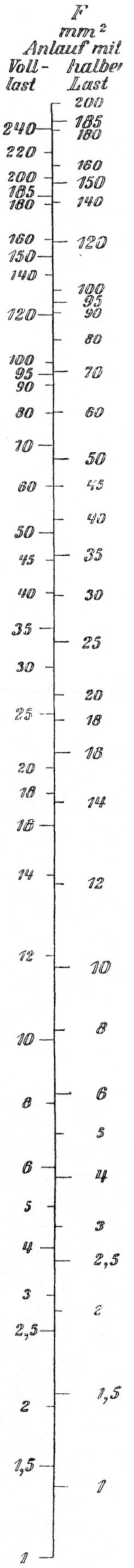

Kupferquerschnitt der Zuleitung															
1	1,5	2,5	4	6	10	16	25	35	50	70	95	120	150	185	240
6	10	15	20	25	35	60	80	100	125	160	200	225	260	300	350
Nennstromstärke der Sicherung															

Relativer Spannungsabfall q (in %) und relativer Leistungsverlust p (in %) in elektrischen Leitungen.

Für Drehstrom-Dreileiter: $p = \frac{10^5 \cdot l N}{\varkappa F E^2 \cos^2\varphi}$; für $\cos\varphi = 1$: $p = \frac{10^5 \cdot l N}{\varkappa F E^2}$; $q = \frac{10^5 \cdot l N}{\varkappa F E^2}$.

Bezeichnungen s. S. 112.

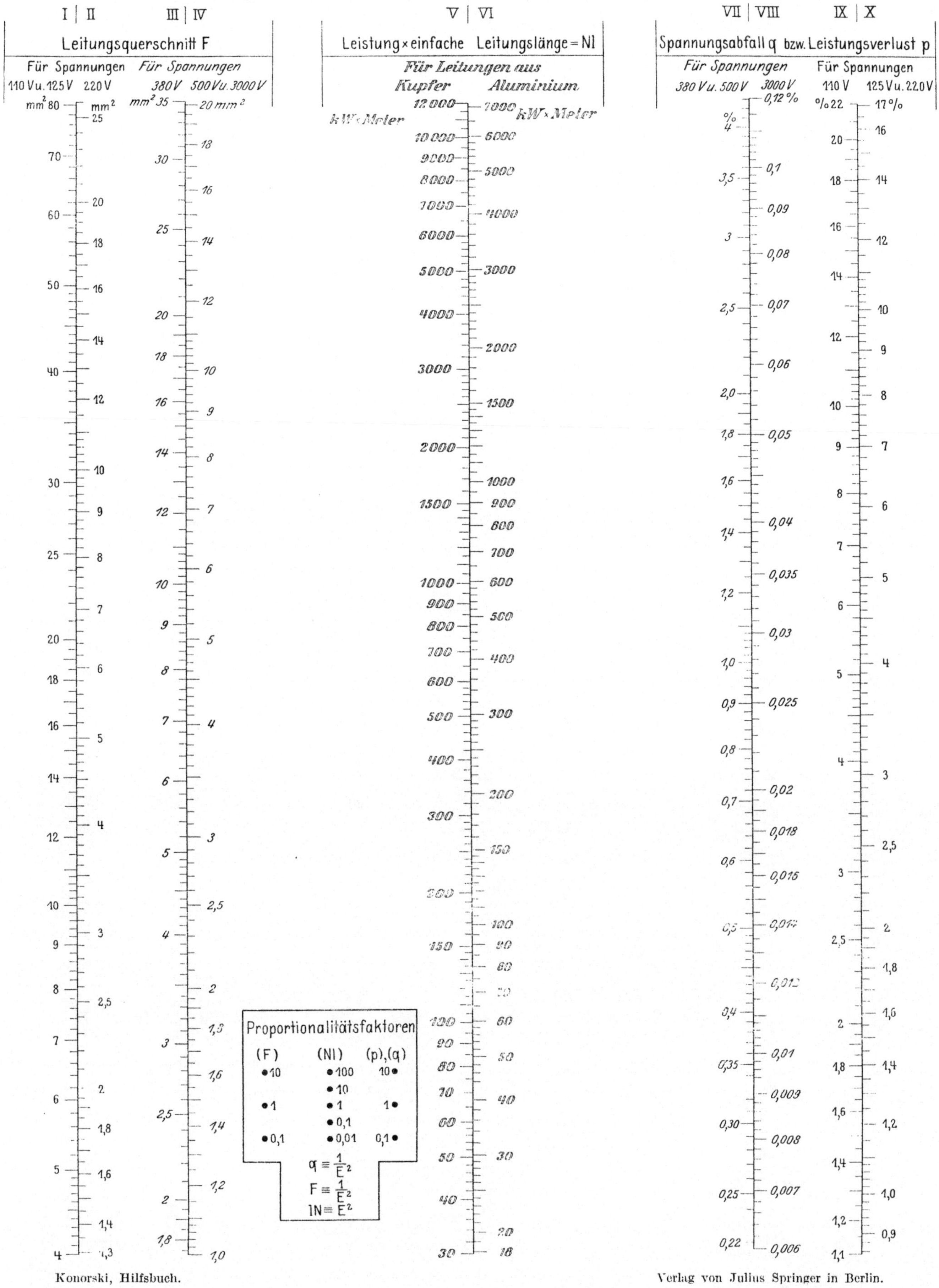

Verlag von Julius Springer in Berlin.

Einfluß des Leistungsfaktors in Wechsel- und Drehstromkreisen.

I_s = Scheinstrom *), N_s = Scheinleistung, V_1 = Leistungsverlust infolge Stromwärme, wenn $\cos\varphi = 1$,
I_b = Blindstrom, N_b = Blendleistung, V_φ = Leistungsverlust infolge Stromwärme, wenn $\cos\varphi < 1$,
I_w = Wirkstrom, N_w = Wirkleistung, φ = Phasenverschiebungswinkel, $\cos\varphi$ = Leistungsfaktor,
p_1 = perzentueller Leistungsverlust infolge Stromwärme, wenn $\cos\varphi = 1$,
p_φ = perzentueller Leistungsverlust infolge Stromwärme, wenn $\cos\varphi < 1$.

Die als konstant angenommenen Werte sind durch lichte Schrift kenntlich gemacht.

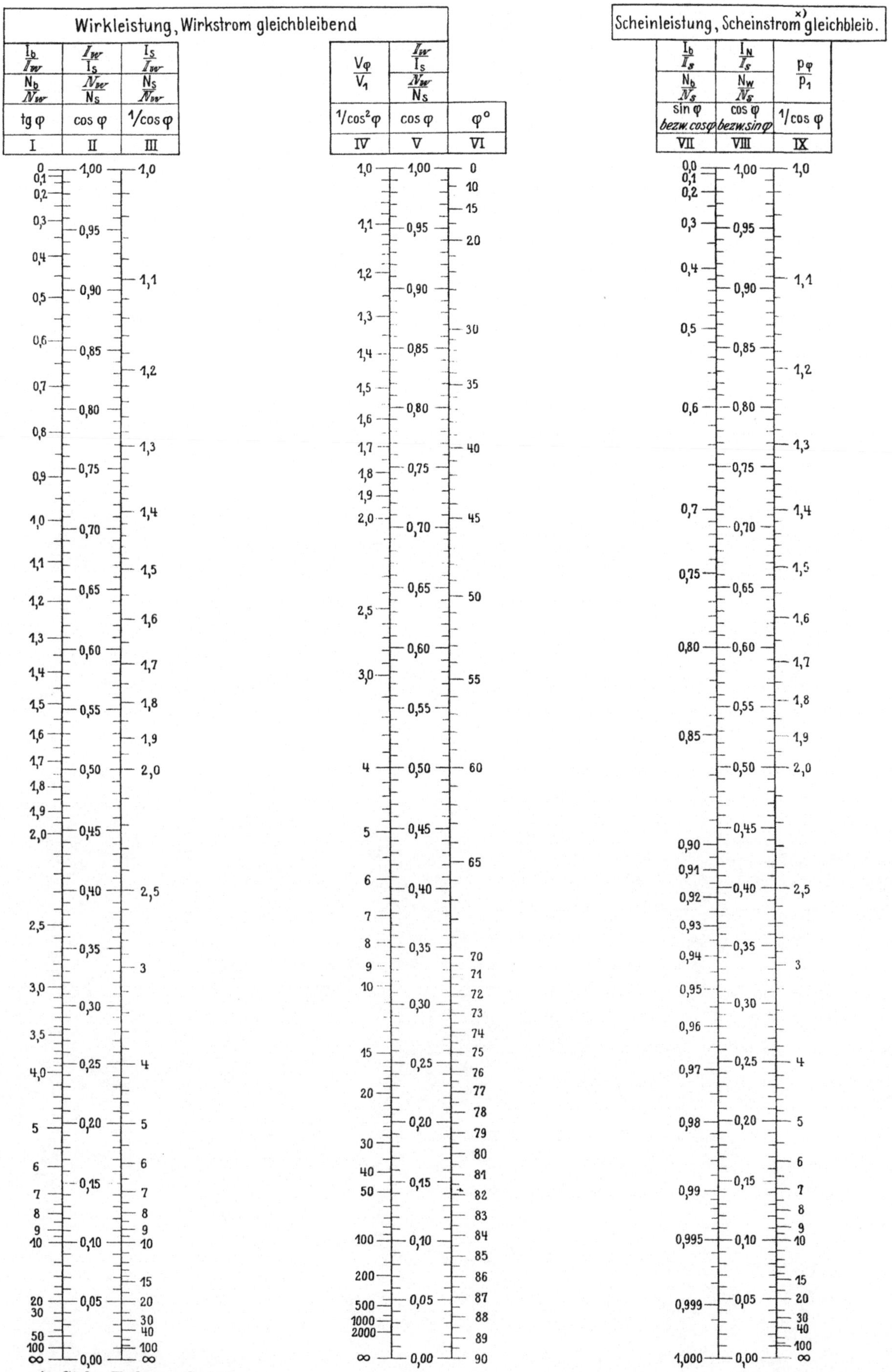

*) Siehe Fußnote S. 120.

Verlag von Julius Springer in Berlin.

Dampfverbrauch D_e von Dampfturbinen (nach Forner).

$$D_e = \alpha \cdot \beta \cdot \gamma \text{ kg/PS-st}$$

p = abs. Druck vor der Turbine in at. V_{abs} = abs. Unterdruck am Ende des Abdampfstutzens der Turbine in %, t = Dampftemperatur vor der Turbine in °C. N = Nennleistung der Turbine in PS.

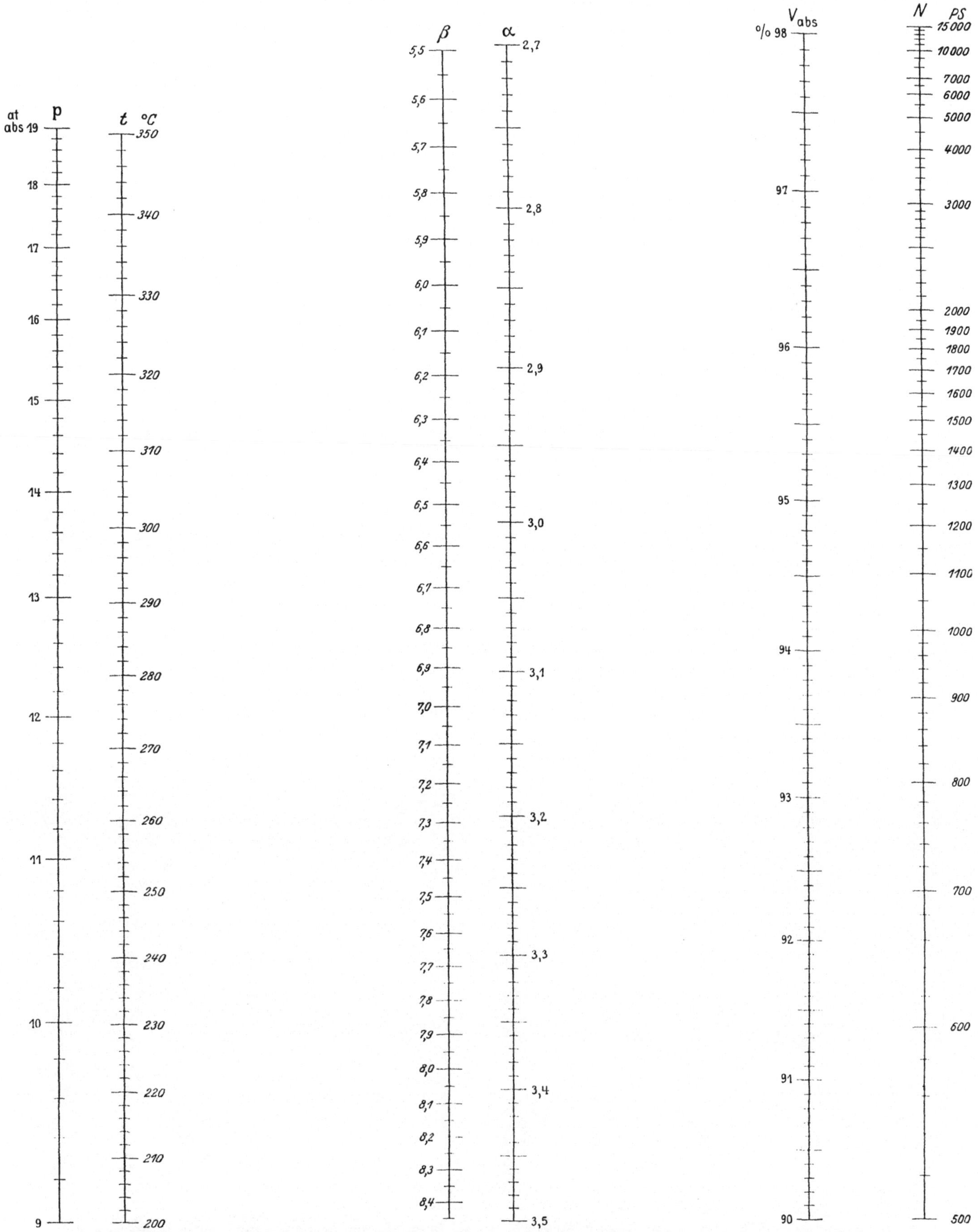

ν =	0,30	0,31	0,32	0,33	0,34	0,35	0,36	0,37	0,38	0,39	0,40	0,41	0,42	0,43	0,44
γ =	0,231	0,228	0,225	0,222	0,219	0,217	0,215	0,213	0,211	0,210	0,208	0,207	0,206	0,205	0,203

ν =	0,45	0,46	0,47	0,48	0,49	0,50	0,51	0,52	0,53	0,54	0,55	0,56—0,59	0,60—0,67
γ =	0,202	0,201	0,201	0,200	0,200	0,199	0,199	0,198	0,198	0,197	0,197	0,196	0,195

Mechanischer Wirkungsgrad und Leerlaufwiderstand der Dampfmaschinen (nach Hrabak).

η_a = mechan. Wirkungsgrad in % der indizierten Normalleistung für Auspuffmaschinen,
η_k = „ „ „ „ % „ „ „ „ Kondensationsmaschinen,
ξ_a = Leerlaufwiderstand „ % „ „ „ „ Auspuffmaschinen,
ξ_k = „ „ „ „ % „ „ „ „ Kondensationsmaschinen,

N_i, N_i = indizierte Leistung in PS,
n = Tourenzahl pro Minute,
s = Kolbenhub in m,
c = mittl. Kolbengeschwindigkeit in m/sek.

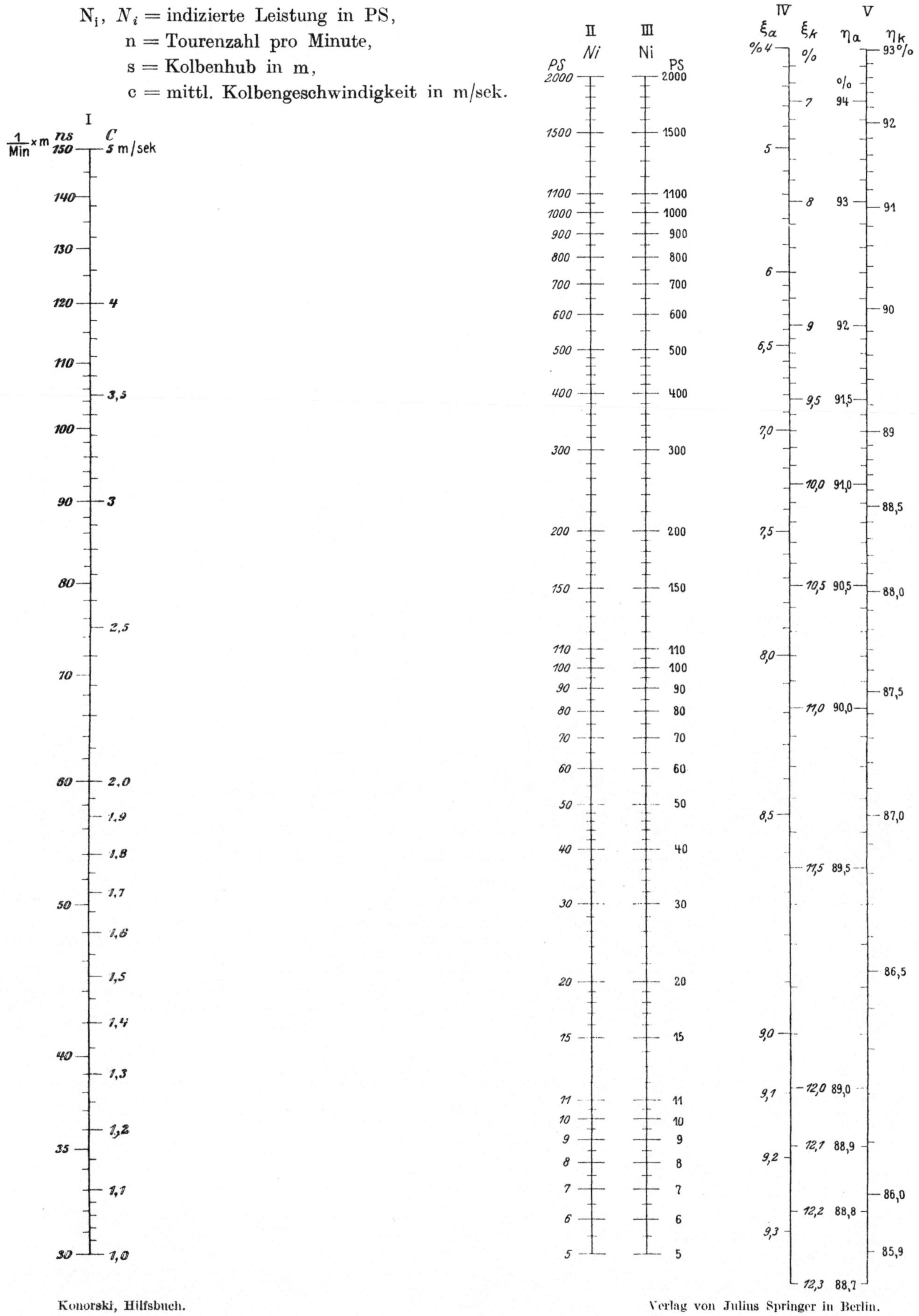

Verlag von Julius Springer in Berlin.

GPSR Compliance

The European Union's (EU) General Product Safety Regulation (GPSR) is a set of rules that requires consumer products to be safe and our obligations to ensure this.

If you have any concerns about our products, you can contact us on ProductSafety@springernature.com

In case Publisher is established outside the EU, the EU authorized representative is:

Springer Nature Customer Service Center GmbH
Europaplatz 3
69115 Heidelberg, Germany

Batch number: 10852595

Printed by Printforce, the Netherlands